中国科协学科发展研究系列报告
中国科学技术协会 / 主编

U0879530

2022—2023

材料科学
学科发展报告

中国材料研究学会　编著

中国科学技术出版社
·北　京·

图书在版编目（CIP）数据

2022—2023 材料科学学科发展报告 / 中国科学技术协会主编；中国材料研究学会编著 . -- 北京：中国科学技术出版社，2024.6

（中国科协学科发展研究系列报告）

ISBN 978-7-5236-0691-9

Ⅰ. ①2… Ⅱ. ①中… ②中… Ⅲ. ①材料科学 - 学科发展 - 研究报告 - 中国 -2022-2023 Ⅳ. ① TB3-12

中国国家版本馆 CIP 数据核字（2024）第 090153 号

策　　划	刘兴平　秦德继
责任编辑	夏凤金
封面设计	北京潜龙
正文设计	中文天地
责任校对	邓雪梅
责任印制	徐　飞

出　　版	中国科学技术出版社
发　　行	中国科学技术出版社有限公司
地　　址	北京市海淀区中关村南大街16号
邮　　编	100081
发行电话	010-62173865
传　　真	010-62173081
网　　址	http://www.cspbooks.com.cn

开　　本	787mm × 1092mm　1/16
字　　数	445千字
印　　张	20.5
版　　次	2024年6月第1版
印　　次	2024年6月第1次印刷
印　　刷	河北鑫兆源印刷有限公司
书　　号	ISBN 978-7-5236-0691-9 / TB · 122
定　　价	130.00元

2022—2023

材料科学学科发展报告

主　　编　魏炳波　李元元　谢建新

执行主编　张增志　王　琦

成　　员　（按姓氏笔画排列）

王占华　王崇臣　王　琦　邓畅光　石　超
伍宏志　刘　峰　刘智勇　闫春泽　李晓刚
邹　冀　张增志　陈人杰　顾忠伟　高　扬
郭世海　黄林科　章文峰　宿彦京　谭　丹
熊定邦　魏佳星

序

习近平总书记强调，科技创新能够催生新产业、新模式、新动能，是发展新质生产力的核心要素。要求广大科技工作者进一步增强科教兴国强国的抱负，担当起科技创新的重任，加强基础研究和应用基础研究，打好关键核心技术攻坚战，培育发展新质生产力的新动能。当前，新一轮科技革命和产业变革深入发展，全球进入一个创新密集时代。加强基础研究，推动学科发展，从源头和底层解决技术问题，率先在关键性、颠覆性技术方面取得突破，对于掌握未来发展新优势，赢得全球新一轮发展的战略主动权具有重大意义。

中国科协充分发挥全国学会的学术权威性和组织优势，于 2006 年创设学科发展研究项目，瞄准世界科技前沿和共同关切，汇聚高质量学术资源和高水平学科领域专家，深入开展学科研究，总结学科发展规律，明晰学科发展方向。截至 2022 年，累计出版学科发展报告 296 卷，有近千位中国科学院和中国工程院院士、2 万多名专家学者参与学科发展研讨，万余位专家执笔撰写学科发展报告。这些报告从重大成果、学术影响、国际合作、人才建设、发展趋势与存在问题等多方面，对学科发展进行总结分析，内容丰富、信息权威，受到国内外科技界的广泛关注，构建了具有重要学术价值、史料价值的成果资料库，为科研管理、教学科研和企业研发提供了重要参考，也得到政府决策部门的高度重视，为推进科技创新做出了积极贡献。

2022 年，中国科协组织中国电子学会、中国材料研究学会、中国城市科学研究会、中国航空学会、中国化学会、中国环境科学学会、中国生物工程学会、中国物理学会、中国粮油学会、中国农学会、中国作物学会、中国女医师协会、中国数学会、中国通信学会、中国宇航学会、中国植物保护学会、中国兵工学会、中国抗癌协会、中国有色金属学会、中国制冷学会等全国学会，围绕相关领域编纂了 20 卷学科发展报告和 1 卷综合报告。这些报告密切结合国家经济发展需求，聚焦基础学科、新兴学科以及交叉学科，紧盯原创性基础研究，系统、权威、前瞻地总结了相关学科的最新进展、重要成果、创新方法和技术发展。同时，深入分析了学科的发展现状和动态趋势，进行了国际比较，并对学科未来的发展前景进行了展望。

报告付梓之际，衷心感谢参与学科发展研究项目的全国学会以及有关科研、教学单位，感谢所有参与项目研究与编写出版的专家学者。真诚地希望有更多的科技工作者关注学科发展研究，为不断提升研究质量、推动成果充分利用建言献策。

前　言

材料科学是当代社会物质文明进步的根本性支撑之一，新材料是经济社会发展的物质基础，是高新技术、新兴产业、高端制造、重大工程发展的技术先导。我国已成为材料科学大国、材料产业大国和材料教育大国，随着科学技术的发展，我国经济社会由高速增长转向高质量发展，在社会与经济对材料巨大需求的牵引和学科交叉的不断推动下，无论当前还是未来，材料学科的发展都面临着全球性挑战，需要从宏观层面进行系统化整合，进一步完善材料学科发展体系。当前，材料学科与物理、力学、化学、数学、人工智能、电子等其他学科不断交叉融合、协同，材料技术与纳米技术、生物技术、信息技术融合发展，呈现出材料结构功能一体化、功能材料智能化的发展趋势，材料学科发展不断向空白领域和无人区迈进，不断有新理论、新技术、新方法和新手段涌现并被运用于前沿领域。

为认真贯彻落实党的二十大精神，需立足于教育、科技、人才一体建设，积极推进材料这一基础性、战略性学科建设，贯通基础研究、应用基础研究和产业化应用全链条，助力打造新材料科技创新技术。用开放的思维、融合的理念、合作的精神推进材料学科建设，积极打造交叉融合的科研学术平台，聚焦建设一流学科，集聚国内外一流科教资源，充分激发基层学术组织活力和自我发展能力，协同推进重大原创型研究和前沿交叉研究，努力形成更多原始创新成果。

本书由魏炳波院士、李元元院士、谢建新院士担任主编，中国材料研究学会新材料发展战略研究院组织材料领域相关专业人士和研究人员编写。书中系统梳理总结了材料学科方向近年来的新观点、新理论、新方法、新技术和新成果，介绍了不同学科方向国内外研究进展，梳理了目前存在的问题及面临的挑战，并提出了未来学科发展战略需求和方向。

全书分为综合报告、专题报告及英文摘要三大部分。专题报告部分在传统的材料学科分类体系中新增电子信息材料、能源材料、环境材料和增材制造，尽可能覆盖新时期材料学科的全领域。参与本书编写的作者分别为：综合报告（王琦、张增志、孙洁、闫佩、刘平平）、金属材料专题（郭世海）、无机非金属材料专题（石超）、有机高分子材料专题（王占华、夏和生）、复合材料专题（邹冀、熊定邦）、纳米材料专题（高扬、黄佳敏、熊俊杰）、能源材料专题（陈人杰、罗冲、吴锋）、电子信息材料专题（谭丹、孙宇）、生物医用材料专题（顾忠伟、何一燕、毛宏理、罗奎、吴立煌）、环境材料专题（付会芬、王崇臣）、材料表面工程专题（刘敏、邓畅光、吕博文、韦春贝、卢冰文、吴华龙）、材料失效与保护专题（刘智勇、李晓刚）、材料检测与分析技术专题（魏佳星、许耀华、郝晨涛、李鹏飞）、增材制造专题（闫春泽、伍宏志）、材料合成与加工工艺专题（刘峰、黄林科、杜敏疏、宋韶杰、杜经莲）、材料基因工程专题（宿彦京）、材料科学与其他学科融合发展专题（章文峰、张文华、俞健、李海敏、李海进）。

材料学科是研究材料组成、结构、工艺、性质和使用性能之间相互关系的学科，为材料设计、制造、工艺优化和合理使用提供科学依据。材料学科体系庞大，具有高度交叉性和综合性。本书的编写符合新时代学科发展战略需求。由于篇幅所限，涉及材料学科分支繁多，无法深入阐述所有分支方向相关内容，加之材料学科还在快速发展中，有关资料文献和新技术难以收集完全。因此，书中难免存在疏漏、不妥之处，敬请读者不吝指正。本书在出版过程中得到了中国科学技术协会的大力支持，在编写过程中除了引用编写成员的相关科研成果，还参阅、引用了大量其他文献。在此，谨向中国科学技术协会和所引用文献的作者表示衷心的感谢。

编　者

2023 年 11 月

目录
CONTENTS

ABSTRACTS

Comprehensive Report

Reports on Special Topics

综合报告

材料学科基础研究发展态势

一、材料学科发展现状

新材料是经济社会发展的物质基础，是高新技术、新兴产业、高端制造、重大工程发展的技术先导。当前，材料学科与物理、力学、化学、数学、人工智能、电子等其他学科不断交叉融合、协同依赖，材料技术与纳米技术、生物技术、信息技术融合发展，呈现出材料结构功能一体化、功能材料智能化的发展趋势，材料学科发展不断向空白领域和无人区境地迈进，新理论、新技术、新方法和新手段不断发展突破并被运用于前沿领域。进入新时期，材料学科的迅速发展主要体现在以下几方面。

一是世界各国不断布局材料领域发展战略，抢占材料科技发展关键制高点。以美国、欧盟、日本为首的世界发达国家和地区十分重视材料科技的发展。美国材料科技战略目标是保持美国在该领域的全球领导地位，支撑信息技术、生命科学、环境科学和纳米技术等领域的发展，满足国防、能源、电子信息等对材料的需求。2020 年 10 月 15 日，美国发布了《关键与新兴技术国家战略》，列出了 20 项“关键与新兴技术”清单，要求确保美国在尖端科技（包括材料）领域的领导地位及竞争优势。日本政府连续制订科学技术基本计划，将材料列为重点发展领域，《第六期科学技术创新基本计划（2021—2025）》的核心内容是如何通过科技创新政策实现社会 5.0，基于《材料创新力强化战略》，通过提高材料领域的创新能力，推动经济发展，解决社会问题，实现日本向可持续发展经济转型的总体目标。欧盟于 2018 年发布的 2021—2027 年科研资助框架“地平线欧洲”的实施方案提案中，先进材料位列“数字与工业”九大领域之一，持续关注具有新的特性和功能的材料设计（包括塑料、生物材料、纳米材料、二维材料、智能材料和复合材料等）。

二是其他领域重大科学问题的解决依赖于材料学科的发展。人类在探索深空、深海、深地时所用的材料需要具有更高使役性能，如耐高温结构材料满足空天飞行器的安全运行，深海资源的开发需要大量耐高压、耐腐蚀的高强结构材料，核电工业的发展需要用于核废料填满和处置的抗辐射材料、固化材料，信息化、智能化时代对超大容量信息传输、超快实时信息处理和超高密度信息存储的需求加快了信息载体从电子向光电子和光子转换的步伐，光纤通信、移动通信和数字化信息网络时代已成为信息技术发展的大趋势，这对信息功能材料高速、低功耗、低噪声等性能提出了更高要求。随着人类社会的发展，原材料短缺、能源匮乏、温室气体排放等已成为全世界范围面临的最为突出的问题，清洁、低碳、安全、高效的现代能源体系的构建推动能源材料的不断革新，绿色、环保、节能、减排已成为环境材料蓬勃发展的强大动力。

三是材料科技的研发范式和发展方向发生根本性转变。一方面，随着超级计算机、大数据、人工智能、量子计算等先进信息技术的发展，材料研发过程正在产生巨变。其中，材料基因组、量子化学等方法可为新材料研发提供海量结构化数据，人工智能技术可从海量数据中迅速找到因果关系，使新材料的研发周期大幅缩短，制备成本显著下降，从而实现新材料研发由“经验指导实验”的模式向“理论预测、实验验证”的新模式转变。新材料研发将加速向第四范式转变，人工智能、大数据等技术在新材料开发中的作用将进一步凸显。另一方面，材料向着个性化、复合化、多功能化的方向迅速发展，随着以原子、分子为起始物质进行材料合成，并在微观尺度上控制其成分和结构成为可能，从微观、介观到宏观等不同层次上，按预定的形状和性能设计和制备新材料的技术日益成熟。以增材制造为代表、以“按需设计和制造材料”为目标的多尺度、多功能、跨层次的新型材料制造方式受到了世界各国的广泛关注，并对医疗、建筑、食品、制造等行业产生了革命性影响。

二、材料学科全球论文产出规模

通过分析科睿唯安（Clarivate Analytics）的综合性科研绩效评估工具 InCites 数据库（该平台集合了自 1980 年至今的 Web of Science 核心合集数据库[①] 的数据，拥有多元化的指标和丰富的可视化效果），选取近十年（2014—2023 年）InCites 数据库（含 ESCI）Web of Science 分类体系中“Material Science”类别下所有 Article 和 Review 类型的论文为统计分析样本，截至 2023 年 9 月 29 日，近十年全球材料科学领域共发表 SCI 论文 1,677,808 篇，整体趋势逐年上升。表 1 展示了 2014 年至 2023 年材料科学领域论文数量变化情况。从表 1 中可以看出，材料科学领域的论文数量由 2014 年的 120,645 篇上升到了 2022 年（2023 年的数据不全）的 224,894 篇，论文数量增长率为 86.4%。

① 包括以下数据库：科学引文索引扩展版（SCI-E）、社会科学引文索引（SSCI）、科学会议论文引文索引（CPCI-S）、社会科学和人文会议论文引文索引（CPCI-SSH）、科学书籍引文索引（BKCI-S）、社会科学和人文书籍引文索引（BKCI-SSH）、新兴资源引文索引（ESCI）。

表 1　2014—2023 年全球材料学科发文概况

年份	论文数量（篇）	被引频次	篇均被引（次）	论文被引百分比
2014	120,645	4,204,752	34.9	95.43%
2015	127,543	4,293,891	33.7	95.94%
2016	136,592	4,262,799	31.2	95.67%
2017	150,111	4,374,214	29.1	95.68%
2018	163,369	4,336,021	26.5	95.71%
2019	190,937	4,154,029	21.8	95.61%
2020	200,602	3,395,050	16.9	94.87%
2021	226,300	2,367,253	10.5	91.59%
2022	224,894	903,295	4.0	74.94%
2023	136,815	73,693	0.5	26.76%

三、我国在世界范围内的学术竞争力

表 2 中列出了在材料科学领域论文被引频次排名前 10 的国家，图 1 展示了上述十个国家论文数量及发文趋势。从整体论文数量来看，中国排名第一，论文总量为美国的 2.6 倍，但被引频次为美国的 1.88 倍，高被引论文的百分比为 1.51%，小于美国的 1.94%，因此我国在论文的数量上占优，在高水平论文的比例方面还需加强。从论文趋势上看，我国论文数量保持逐年递增的趋势，2020 年论文增速放缓，之后又迅速增长，美国论文数量在 2020 年前一直保持稳步增长，但 2020 年后发文数量开始下降，论文数量逐年递减。

四、高水平人才和团队

经过多年积累，我国新材料体系取得了长足发展，自主的新材料产业体系初步形成，核心技术陆续突破，成果创新不断涌现，整体水平和实力大幅提升，新材料有力支撑了高新技术的发展和国民经济及国防建设。当前，我国新材料相关的各类新型学科及交叉领域的研究和建设紧跟发达国家步伐，前沿研究走向世界前列，尤其是包括量子技术、石墨烯、纳米材料、超材料在内的前沿热点基础研究和行业变革或颠覆性技术的探索，表现出强劲的发展势头，呈现出与西方发达国家并跑，甚至处于领跑的态势。近年来，不仅在全国范围内建设了一批国家级和省部级重点实验室，还涌现出一些在材料研究领域取得突出成果的团队，为我国材料科学的研究和发展提供了坚实支撑。

截至 2023 年，全国设置材料类专业的高等学校 420 余所，占本科高等学校的 66%，“211 工程”高等学校中有材料相关专业的学校达 84 所，占总数的 75%。中国材料领域国

表 2　2014—2023 年材料科学领域论文被引频次 Top10 国家论文情况

排名	国家	论文数量（篇）	被引频次	排名前 1% 的论文数量（篇）	被引频次排名前 1% 的论文百分比	排名前 10% 的论文数量（篇）	被引频次排名前 10% 的论文百分比	Q1 期刊中的论文数量（篇）	Q1 期刊中论文的百分比	高被引论文数量（篇）	高被引论文百分比	热点论文数量（篇）	热点论文百分比
1	中国	646,182	13,984,490	13,004	2.01%	106,587	16.49%	280,296	49.85%	9,740	1.51%	333	0.05%
2	美国	248,840	7,449,238	5,938	2.39%	42,689	17.16%	121,437	55.51%	4,828	1.94%	108	0.04%
3	德国	100,112	2,131,183	1,385	1.38%	12,222	12.21%	42,391	48.13%	997	1%	26	0.03%
4	韩国	104,528	2,088,577	1,281	1.23%	12,732	12.18%	44,215	48.32%	1,013	0.97%	21	0.02%
5	英国	71,494	1,783,669	1,318	1.84%	11,075	15.49%	32,135	51.85%	947	1.32%	26	0.04%
6	印度	118,467	1,729,364	872	0.74%	11,026	9.31%	28,000	29.08%	502	0.42%	15	0.01%
7	日本	83,771	1,473,169	865	1.03%	7,540	9%	30,557	41.36%	748	0.89%	17	0.02%
8	澳大利亚	44,165	1,369,662	1,392	3.15%	9,326	21.12%	22,798	59.01%	1,090	2.47%	27	0.06%
9	法国	61,364	1,134,493	582	0.95%	6,101	9.94%	25,796	47.52%	390	0.64%	11	0.02%
10	新加坡	22,985	949,157	916	3.99%	6,060	26.37%	13,865	69.13%	862	3.75%	18	0.08%

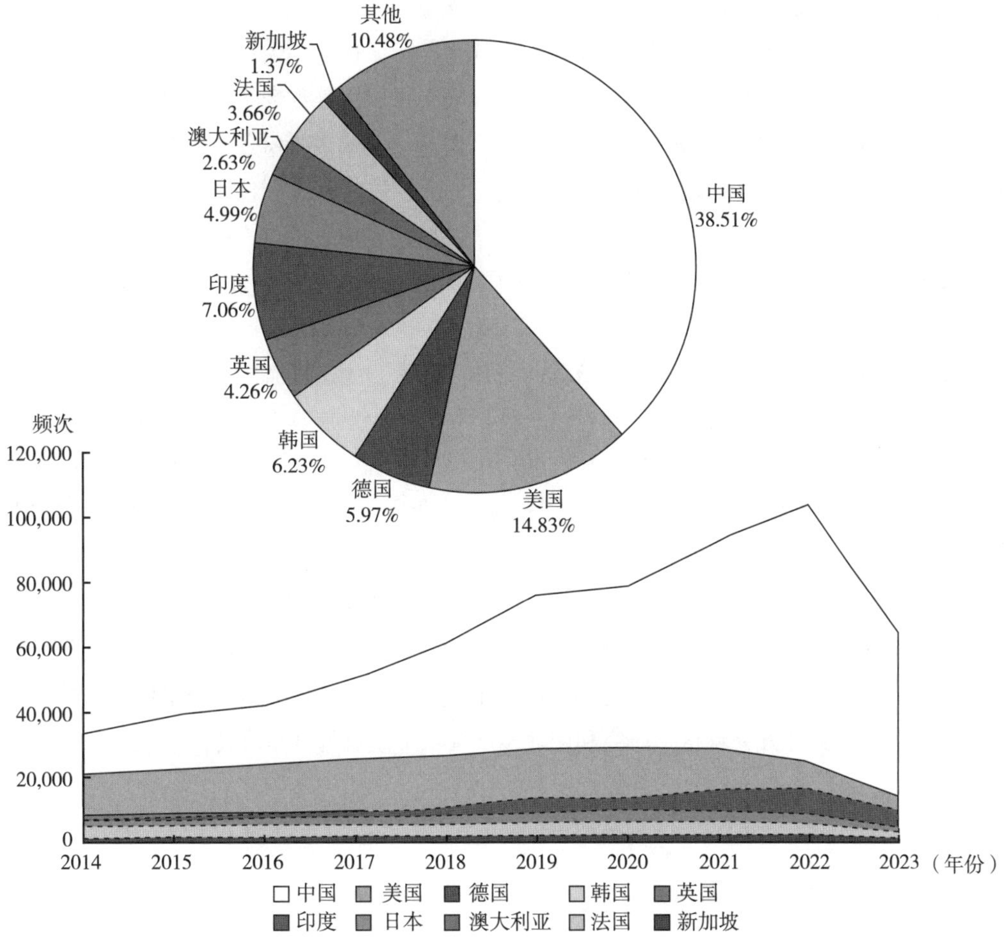

图 1 2014—2023 年材料科学论文被引频次前 10 位国家的发文趋势

家级一流本科专业建设点有 305 个，新一轮学科评估更加重视科学研究水平、社会服务与学科简介。同时，中国科学院等中央级材料类研发机构超过 100 家，我国在材料科学领域建设了 20 多个国家级重点实验室，这些实验室在推动材料科学研究和创新方面发挥着重要作用。其中，清华大学先进材料实验室在纳米材料合成与应用方面具有显著成果，通过开发多种化学和物理方法，该实验室成功合成了一系列具有特定结构和性能的纳米材料，如纳米颗粒、纳米线、纳米片等。这些纳米材料在能源储存、光电传感、催化剂等领域有许多潜在应用。此外，实验室也专注于先进功能材料的研究，在光电子器件、磁性存储和半导体器件等领域取得重要突破。中国科学技术大学的国家同步辐射实验室为材料结构与性能的研究提供了强有力的支持，该实验室配备了高精度的同步辐射仪器，可以通过 X 射线等方法深入研究材料的微观结构，促使材料设计和性能优化的精确实现，从而推动材料科学进一步发展。复旦大学的国家纳米科学中心则致力于在纳米科学领域的突破，该实验室在纳米材料的合成、性能调控，以及在医疗、能源、环境等领域的应用方面取得重要成果，并通过多学科合作，推动了纳米材料的多样化应用。这些国家级重点实验室不仅提供了高端的仪器设备，还搭建了跨学科研究平台，吸引了国内外优秀科研人才。这种交叉学科的合作环境促进了不同领域间的创新和合作，同时，这些实验室还积极参与科研成果的转化和应用，将材料科学的成果投入实际产业，如能源技术和医疗领域。

各省、市、自治区也在材料科学领域建设了一系列省部级重点实验室和研究中心，在地方材料科学研究中具有重要地位。例如，中国有研是国家有色金属行业技术开发基地，下设 10 余个国家科技创新平台，其中有色金属材料制备加工国家重点实验室致力于开发有色金属材料的非平衡制备技术、短流程制备加工技术、先进固态加工技术及制备加工过程的模拟仿真与性能预报技术等，对有色金属材料的产业发展具有重要推动作用。上海拥有国内唯一一所从事纳米技术及应用研究的国家级工程研究中心——纳米技术及应用国家工程研究中心，该中心立足于纳米技术研发与工程化应用，致力于纳米技术在环境治理、功能材料、生物医药、清洁能源、表面信息等领域的应用，努力为我国纳米科技与产业的健康快速发展奠定坚实的基础。华南理工大学下设广东省先进储能材料重点实验室，专注于制氢与储氢材料、储电材料与新型电池技术、储能材料计算、储能材料先进制备等研究领域，对能源领域的发展和环境可持续性产生了重要影响。全国各地围绕国家重大需求和地方资源优势，为地方材料科学研究和产业发展提供了重要的技术支持。

材料学科前沿热点分析及发展趋势

一、研究前沿热点分析

1. InCites 引文主题分析

在 Web of Science 核心合集数据库中检索材料科学领域近 10 年的高水平论文（高被引论文 + 热点论文），论文共 15,216 篇，将其导入 InCites 平台，对三级引文主题进行分析。

从图 1 所示的宏观引文主题可以看出，大部分高水平论文都集中在化学领域，其次是工程与材料科学、物理、电气工程、电子与计算机科学。

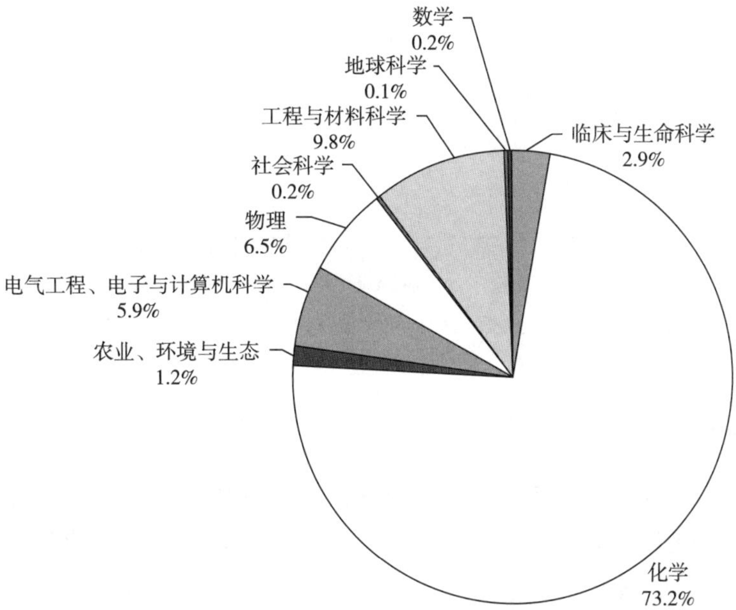

图 1　2014—2023 年材料科学领域高水平论文宏观引文主题

统计材料科学领域的中观引文主题词，电化学、钙钛矿太阳能电池、二维材料、纳米粒子、有机半导体、光催化剂、无线技术等为材料科学的热门研究领域。

统计排在前 25 位的微观引文主题，超级电容器、氧化还原反应、钙钛矿太阳能电池、锂硫电池、光催化、二硫化钼、微波吸收、增材制造等是热门研究方向（图 2）。

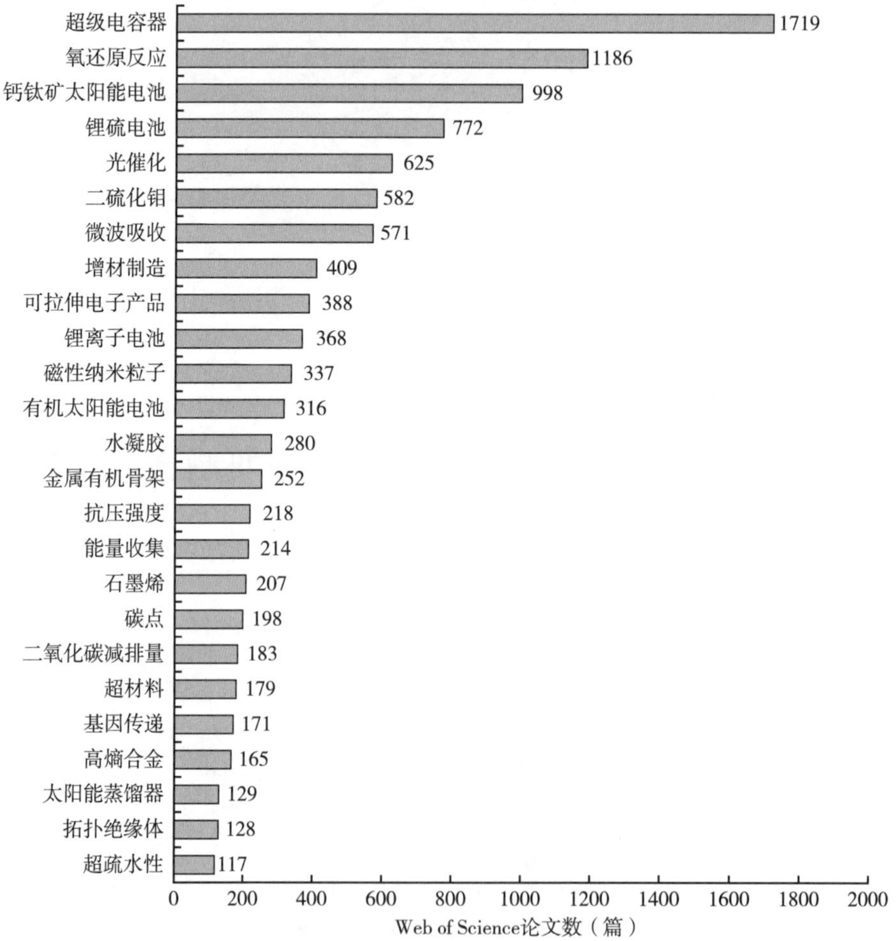

图 2　2014—2023 年材料科学领域高水平论文微观引文主题

2. ESI 研究前沿热点分析

研究 2014—2023 年材料科学领域高水平论文中关键热词分布，发现当前材料科学领域的研究热点，包括石墨烯、电催化、光催化、储能、超级电容器、钙钛矿太阳能电池、纳米颗粒、光动力疗法等。

表 1 对 ESI 平台材料科学领域下所有高水平论文（高被引论文 + 热点论文）进行了分

析，并选择了排名前 15 的研究前沿热点进行展示[①]。

表 1 全球材料科学领域 Top15 研究前沿热点

排名	研究前沿	核心论文数量（篇）	平均发表时间
1	可穿戴摩擦纳米发电机	50	2020.8
2	Kagome 结构 CsV_3Sb_5 超导材料	47	2021.2
2	日间被动辐射制冷材料	47	2019.9
4	有机骨架材料	46	2020.1
5	钙钛矿太阳能电池	45	2020.1
6	电催化氧化制氢	44	2020
7	析氧反应电催化	43	2021.2
7	阻燃材料	43	2020.5
7	纳米流体	43	2021.1
7	连续域中束缚态	43	2019.8
7	锂离子电池	43	2019.8
7	拓扑绝缘体	43	2018.9
13	纳米纤维	42	2022.5
13	$\pi-\pi$ 堆叠、卤键、金属有机框架结构（MOF）	42	2021.3
15	荧光分子染料	41	2019.4

归纳发现，上述研究热点大部分涉及新能源材料与技术、纳米材料和纳米技术的应用和发展。这些材料和技术在能源、环境、医疗、电子等前沿领域具有广泛的应用前景。例如，Kagome 结构 CsV_3Sb_5 超导材料是一种具有独特结构和优异性能的新型超导材料，有望在能源传输和储存等领域发挥重要作用。有机骨架材料、金属有机框架结构（MOF）等是多孔材料的一种，在气体分离和储存、催化剂载体等领域具有广泛的应用。钙钛矿太阳能电池是一种新型的光伏技术，具有高效率和低成本等优势，是太阳能领域的研究热点。电催化氧化制氢、析氧反应电催化等技术则是能源转化和储存领域的重要研究方向。纳米流体、连续域中束缚态等则涉及纳米尺度的流体和材料的研究，对发展高性能材料和器件具有重要意义。锂离子电池是一种广泛应用的储能技术，而拓扑绝缘体和纳米纤维等是其关键材料和技术之一。$\pi-\pi$ 堆叠、卤键等则是分子间相互作用的一种重要形式，在材料设计和合成中具有重要作用。阻燃材料则是为了提高材料的安全性和性能而发展的技术之一。

① 由于 ESI 学科分类与 Web of Science 学科分类是两个不同的分类体系，故分析结果略有差异，仅供参考。

综上所述，这些材料和技术虽然各有特点和应用领域，但都涉及纳米尺度物质的行为和性质的研究与应用，具有内在的联系和相互促进的关系。随着科学技术的不断发展和进步，这些材料和技术将会有更多的应用前景和发展空间。

二、材料学科的发展趋势

新材料作为国民经济高新技术、新兴产业、高端制造、重大工程及国防工业的重要保障，未来将成为各国战略竞争的焦点。当前在新一轮科技革命和产业变革大势下，全球新材料基础研究和产业格局发生重大调整。新材料与信息、能源、生物等高新技术加速融合，互联网 +、材料基因组计划、增材制造等新技术新模式蓬勃兴起，新材料创新步伐持续加快，国际竞争日趋激烈。材料学科未来发展趋势将更趋于交叉融合加速创新，随着材料基因工程技术的推广和大数据的运用，材料研究模式正加快转变，新材料的研发、设计、制造和应用发生重大变革。缩短新材料研发周期，大幅降低研发成本，并加快探索发现新材料，实现材料新功能，从而加速新材料的创新过程是材料学科的转变方向。面向国家双碳战略目标要求，未来材料的设计将充分考虑新材料与资源、环境和能源的协调发展，材料在设计、制备和应用方面将考虑全生命周期绿色化，以实现资源高效利用。材料也将向多功能化、微型化、集成化、智能化和复合化等方向多元化发展，未来新材料的探索需要多维多尺度高通量的表征技术，新材料的研发、设计、检测将对高端设备和先进表征技术的依赖性更强，未来材料研发制备将与应用需求结合更加紧密。

材料学科分支领域发展概况

一、金属材料

金属材料是人类历史上系统应用研究时间最长，也是目前应用最为广泛的一种重要材料。金属材料在人类历史上一直扮演着重要角色，这是由其自身性质决定的。金属材料具有高弹性模量、高韧性和强度硬度较高，且来源广泛、种类繁多和加工技术相对成熟等优点，这些优点都决定了金属材料在材料领域中占有极其重要的地位。随着现代金属材料科学的不断发展，金属材料从结构性材料、功能性材料等单一用途方向逐渐向结构功能一体化材料的方向发展，使金属材料在机械制造业、国防领域、航空航天、建筑业、农业、矿业资源、电子信息等领域，有更明显的性价比优势和更广阔的市场。

金属材料是金属元素或以金属元素为主构成的具有金属特性的材料的统称，包括纯金属、合金、金属间化合物和特种金属材料等。狭义的金属材料通常分为黑色金属、有色金属和金属功能材料。黑色金属材料又被称为钢铁材料，包括工业纯铁、铸铁、碳钢材料，以及各种用途的结构钢、不锈钢、耐热钢、高温合金不锈钢等钢材，广义的黑色金属还包括铬、锰及其合金材料。有色金属材料是指除铁、铬、锰外的所有金属及其合金材料，通常分为轻金属、重金属、贵金属、半金属、稀有金属和稀土金属材料等，有色合金材料的强度和硬度一般比纯金属材料高，并且具有电阻大、电阻温度系数小的特点。金属功能材料包括不同用途的结构金属材料和功能金属材料，是指通过光、电、磁、热、化学、生化等作用后具有特定功能的材料，其中有通过快速冷凝工艺获得的非晶态金属材料，以及准晶、微晶、纳米晶体金属材料等，还有隐身、抗氢、超导、形状记忆、耐磨、减振阻尼等特殊功能合金及金属基复合材料等，涉及面很广。

金属材料在推动工业发展和进步的同时，各国也在金属材料生产和实践中发现了过度发展金属产业或者不加规范地发展金属产业，对生态环境带来的负面影响和产生的资源浪费现象。因此，各国及部分世界性组织对发展金属产业出台了一系列的政策规定，希望在发展金属材料产业促进工业发展的同时，能够减少其对环境的负面影响，并在金属材料生产过程中节约金属资源。

随着尖端工业的发展，尖端工业对特种材料的需求越来越大，因此在未来的金属材料发展过程中，工业领域对单一金属材料和复合金属材料的需求会逐渐减少，而对具有更好的性能、能够满足部分工业产品特殊需求的特种金属材料的需求会逐渐上升。从保护环境和节约社会资源的角度来说，未来各国对金属产业的政策将越来越规范，能够更好地引导金属材料相关企业更加注重保护环境和节约资源，加之未来金属材料生产和加工工艺水平也会得到一定提升，其中如何节省生产所需金属原材料，提高金属原材料的利用效率也将是未来金属材料发展的重要方向之一。

二、无机非金属材料

无机非金属材料是 20 世纪 40 年代后，随着现代科学技术的发展从传统的硅酸盐材料演变而来的、与金属材料和有机高分子材料并列的三大材料之一。无机非金属材料是一类由无机元素构成的材料，不包含碳元素，具有多样性和广泛的应用领域。

无机非金属材料包括传统无机非金属材料和新型无机非金属材料两大类。前者主要是指硅酸盐材料，是以含硅的物质为原料经加热而制成的一类材料，如水泥、玻璃、陶瓷和耐火材料等，在生活和生产中有着广泛应用，是工业和基本建设所必需的基础材料。

无机非金属材料在建筑领域中应用广泛（如水泥、混凝土、陶瓷瓷砖等），支撑着现代城市基础设施建设。在电子领域，陶瓷材料可用于制造电容、传感器等元器件，推动了电子设备的发展。能源领域中，太阳能电池和电池材料离不开无机非金属材料的支持。医疗领域中，生物陶瓷材料被用于人工骨骼、植入物等，助力人体医疗和健康。环保领域中，光催化材料净化水和空气，有望解决环境污染问题。在全球背景下，发达国家已经意识到无机非金属材料的重要性，并通过政策支持和技术创新，保持在该领域的领先地位。我国也在加大研发投入，制定政策，努力填补技术差距，随着我国制造业实力逐步增强，一些领域已经取得重要突破，但仍有发展空间。特别是在新型陶瓷材料、环保材料等领域，我国有望成为全球领先者。随着科技不断进步，无机非金属材料领域仍具有巨大的发展潜力。新材料的研发和应用将持续推动各个领域的创新和进步。在碳减排和环境保护的背景下，低碳水泥基材料的研发将变得更为紧迫，而先进陶瓷材料的不断涌现，将助力各行业实现更高水平的技术应用。国际合作和技术交流将进一步促进全球无机非金属材料领域的繁荣发展。

无机非金属材料的多样性特性和广泛的应用领域使其成为现代科技和工业的重要支撑。无论是在节能环保、信息技术、新能源，还是在医疗健康领域，这些材料都在不断创新和进步，为人类社会创造更加美好的未来。在全球化的背景下，我国在结构陶瓷及陶瓷基复合材料、功能陶瓷、人工晶体、特种涂层、透明陶瓷、陶瓷研究智能化等领域加快战略布局，力争推动信息技术、国防、航空航天、医疗、通信等高新技术产业发展，提升国家的科技创新能力。

三、有机高分子材料

随着科技的飞速进步和产业结构的变革，有机高分子材料作为一类具备多功能和多样性特点的材料，在各个领域展现出引人瞩目的潜力。这类材料以其多样的结构、可调控性和环保属性，正在成为推动创新和满足社会需求的重要资源。近年来，有机高分子材料蓬勃发展，广泛应用于各个领域，具备形状记忆功能的有机高分子材料具备重量轻、变形能力大、易成型等优势，因此被广泛应用于3D打印、医疗自修复等重点领域。

高分子材料3D打印作为3D打印的重要组成部分，主要可以分为挤出型3D打印、光固化光敏树脂成型、粉末床烧结成型3种方法。挤出式3D打印具有操作简单、成本低、材料广泛的优点，但打印精度低、制件结构简单、不能打印晶格结构；光固化光敏树脂成型是一种化学聚合3D打印方法，具有打印精度高（层厚 $< 50\mu m$）、表面质量好等优点，但可打印材料种类受限，对单体的黏度、固化速率、抗溶胀能力要求较高，同时打印制品后处理复杂；粉末床烧结成型是一种利用粉体自身作为支撑材料的3D打印方法，其不需要额外的支撑材料、打印速度快、可打印复杂晶格结构、制件强度高、材料广泛，已经成为高分子3D打印技术的主流方向，发展势头强劲。据Wohlers Report 2022统计，2021年全球增材制造市场达152.4亿美元，材料达25.9亿美元，增长率23.4%。其中聚合物粉体在金属、光敏树脂、聚合物粉体、丝条四大类3D打印材料中占比34.7%，位列第一。粉末床3D打印高分子材料市场从2021年开始超过光敏树脂，增速高达43.3%。

自修复材料的研究始于20世纪90年代的建筑混凝土领域。但直到2001年，White等在《自然》杂志上发文，将填充双环戊二烯的脲醛树脂微胶囊填埋到含催化剂的环氧树脂中，利用材料受损后胶囊破裂导致芯材渗入裂纹后进行自主交联聚合，开发了聚合物自修复材料，相关研究才逐渐引起国际上的广泛关注。2002年，美国航空航天局提出“将损伤自修复材料列为面向2030年新一代航空和空间材料发展重点”。2015年，又发布了一段视频，视频中有一面由两块固态聚合物组成的墙壁，研究人员向其发射子弹，不消数秒破洞就消失了。这是因为当子弹穿过墙身并形成破洞时，在墙壁夹层中注射的液态材料三丁基硼烷与氧气产生化学反应，立即形成固体填塞物，将破洞粘合起来。他们表示，这项研究可用于日后在太空修复破损的航天器，也可以保护航天员的安全。我国发布的《国家中长期科学和技术发展规划（2021—2035）》中也把“机械装备的自修复与再制造”列为19项关键技术之一。该研究领域涉及自修复材料设计、自修复体系构筑、自修复性能评价和自修复机理等多个方面，是多学科综合交叉的热点方向。

四、复合材料

复合材料是人们运用先进材料制备技术将不同性质的材料组分优化组合而成的新材料。复合材料行业经历了从单一到多元、从简单到复杂的发展过程，已经成为材料领域不可或缺的重要部分，在现代科技进程中扮演着重要角色。随着科技的发展，社会对复合材料的要求已不再仅限于单一的机械性能，而是追求结构功能复合化和多功能的响应特性。复合材料因其优异的性能，在多个领域中展现出不可替代的作用，成为空天技术、能源、电子通信、交通运输等领域的关键材料之一，对国家材料科技水平的评价具有重要意义。

复合材料的核心特点在于其丰富的可设计性，可以综合发挥材料性能优势。金属基复合材料可通过弥散强化等方式，使其性能得到显著提升。在航空航天和核能利用等技术的推动下，金属基复合材料得到了快速发展，产生了多种增强材料、基体材料和复合方法。虽然在航空领域的应用稍滞后于航天领域，但其在减重、增强性能等方面的优势使其在广泛领域中有着重要应用。

随着相关基础和应用研究的持续快速发展，复合材料的应用正不断拓展，其在材料设计新理论和新方法上不断突破，努力满足国家重大工程和装备需求。多学科交叉，特别是与材料基因组计划、增材制造技术等的融合，正推动着材料设计和复合制备理念的质变。复合材料的突出特点之一是其能够同时具备高强度、高韧性和功能性，可显著提升装备的可靠性并减轻装备重量，故成为航空、交通等领域亟须的轻质结构材料。而金属基复合材料中的增强体与金属基体之间的弹塑性变形和热变形失配，导致微区应力集中、应变局域化现象加剧，降低了其塑韧性和损伤容限，制约了其进一步发展。近年来，构型化复合材料的理念逐渐崭露头角，研究人员通过以材料微结构为核心的设计，寻求突破强－韧性倒置关系的可能性，多尺度增强和多级结构成为新一代复合材料的发展趋势。通过精细结构设计，可获得超高强度和良好塑性的材料。然而，构型化复合材料面临强韧化机理不清晰、设计难度大等挑战。为此，我国开展了“基于能量耗散的金属基复合材料强－韧性关联重构”重大项目，旨在从能量耗散本质出发，建立高强韧匹配金属基复合材料设计的规范化理论，发展新原理和先进制备技术。

复合材料未来将朝着高性能、多功能、绿色环保等方向发展。其中，高性能复合材料将更多地应用于航空航天、汽车、新能源等领域，以满足这些领域对材料性能更高的要求。同时，复合材料行业也将开发出更多的多功能复合材料，如导电、导热、自修复等，以满足不同领域的需求。面向国家双碳战略，复合材料行业也将更加注重绿色环保，开发出更环保的材料和生产工艺。

五、生物医用材料

生物医学材料是一类用于医疗和医学应用的材料，它们可与人体组织和生理系统相互作用，被用于诊断、治疗、修复、替代、增强或者改善生物功能。这类材料具有特殊的特性，如生物相容性、生物活性、机械强度等，能够在人体内发挥作用。按国际惯例，生物医学材料及其医用植入体与体外用器械是生物医学工程学科与产业的重要组成部分，其管理属医疗器械范畴。

生物医学材料科学是当代科学技术涉及学科最为广泛的多学科深交叉领域，它不仅是构成现代医学基础的生物医学工程和生物技术的重要基础，而且促进了材料科学、信息科学、医学及生命科学等相关学科的发展，在探索人类生命奥秘、保障人类健康与延长人类寿命等方面发挥了重要作用。因此，生物医学材料的发展综合体现了材料学、生物学、医学等多个领域科学与工程技术水平。

生物医学材料在诸多领域展现出重要的应用前景，如组织修复和再生、药物缓释控制、疾病诊断等，其在组织工程、新型药物及药物新剂型的研发中扮演着不可或缺的角色，为医疗器械和新药的研制与应用提供了重要支持。近年来，工程技术如 3D 打印、微流控技术、静电纺丝等及纳米科技的应用，极大地推动了生物医学材料领域的迅猛发展，同时也对这些材料的结构和性能提出了更高的要求。

在基础研究领域，生物学和医学的不断进步，为生物医学材料的发展提供了坚实的支撑。生物医学材料学科的进步又反过来推动了生物医药产业的蓬勃发展。例如，干细胞研究的进展促进了生物医学材料与细胞相互作用的研究，肿瘤生物学的研究成果则催生了生物医学材料在干预肿瘤微环境方面的快速发展。此外，基因编辑技术的快速发展从重组基因技术、RNA 干扰技术的应用拓展到基因操纵领域，为生物医学材料的新机遇和挑战提供了新的视角。

总的来说，生物医学材料科学作为跨学科的前沿领域，已经在现代医学、材料学、生物学和工程技术等多个领域中发挥了不可替代的作用。它的发展不仅是科学技术的结晶，更是人类对健康、生命和未来的探索与呵护。随着科技的不断进步，生物医学材料领域必将迎来更多的突破和创新，为人类社会的发展进步贡献更大的力量。

六、能源材料

能源材料学科作为当今科技领域的重要支柱，致力于开发和应用各种材料在能源转换、储存和利用方面的巨大潜能。随着全球对可持续能源的需求的逐渐攀升，能源材料学科正在高速发展，成为科研和产业界的焦点领域。在这一学科的广阔研究领域中，电化学能源转换与储存是其核心部分，涵盖了电池、燃料电池、太阳能电池等众多应用。电池领域的研究关注点之一是动力电池，旨在不断提升其能量密度、循环寿命和安全性，从而推动电池技术的革新。这方面的研究不仅涉及创新电极材料、电解液，还包括对固态电池体系的深入探索。同时，新型二次电池如钠离子电池、锌离子电池等也备受关注，以满足不同层次、场景下的能源储存需求。此外，作为清洁能源转化技术的燃料电池也引发了广泛关注，特别是质子交换膜燃料电池，研究人员正不断努力提升催化剂性能和耐久性，优化膜电极结构，力求实现高效、稳定的能量转化。此外，能源材料行业正不断推动固体氧化物燃料电池在大规模储能和移动设备中的实际应用。太阳能电池领域则专注提高光电转换效率、降低成本，同时致力探索新型材料和器件结构，以及实现可持续集成和智能化管理，以推动太阳能技术在可再生能源领域的广泛应用。

能源材料学科未来将重点关注以下关键领域。首先，在基础理论与方法方面，需要构建适用于新型界面和反应过程的电化学理论和计算方法，为电化学研究提供坚实的理论基础。其次，在材料领域，学科发展应着眼于优化电极材料的设计和合成，不仅要提升材料性能，更要注重其可持续性和环境友好性。再次在能量存储领域，需要持续发展高比能电池、高活性燃料电池体系，以及高效率太阳能电池，以满足不断多样化的能源需求，促进可再生能源的广泛应用。同时，跨学科研究合作应进一步加强，以应对不断复杂化的能源问题。不同领域的专业知识融合将为解决实际应用中的挑战提供强大的支持，推动科学发展。

能源材料学科还需加强人才培养、技术转化和产业协同。在人才培养方面，需要培养具备跨学科背景的复合型人才，使其能够在不同领域之间灵活应用知识。此外，要建立完善的研究基金体系，将科技成果转化为实际应用，促进产学研融合，将科研成果更好地应用于产业发展。同时，积极推进国际交流合作，借助全球优势资源，加速能源材料学科的创新发展。在国际合作中，学科界将有机会分享最新研究成果、技术进展，引领未来能源的转型和进步，为可持续发展的愿景贡献智慧和力量。总之，能源材料学科将在推动能源技术的创新和可持续发展方面持续发挥重要作用，引领未来能源领域的变革与进步。

七、环境材料

面对复杂的环境污染问题，开发功能化和门类齐全的环境材料是实现环境污染治理、改善地球生态环境、实现绿色可持续发展的关键。环境材料包括吸附材料、催化材料、膜分离材料、光催化材料、压电材料等，其通过吸附、催化、膜分离等过程去除环境中污染物，实现环境修复与净化。当前，环境材料在解决环境污染问题方面极具潜力。在我国生态文明建设的背景下，社会对环境材料的需求将会越来越大，价格低廉、兼具高稳定性、高净化能力和高抗干扰能力的环境材料研发及应用将是未来环境污染治理的主要方向，也是环境材料的重要研究内容。

我国环境材料领域在过去几十年取得了长足发展，各式各样的环境材料被报道出来，但环境材料的产业化应用仍较为欠缺，尤其是在利用环境材料进行大规模的环境修复方面，缺乏大型的、成功的修复案例和经验。为加快环境材料的工业化应用进程，促进生态环境改善，环境材料的规模化制备技术成为学界和产业界关注的重点。如何低成本合成高净化能力的环境材料是实现研发到应用的关键。近年来，我国学者在该方面进行了许多尝试，成功研发了系列产品，同时在环境材料的实际应用方面进行了多方探索，并积累了一定经验，未来如何将实验室水平的先进环境材料转化为可以工程化应用的产品是环境材料领域的目标之一。

随着经济和社会的发展，新的污染问题对环境材料的发展提出了新的挑战。近年来，环境中的新污染物及其治理引起了全世界的关注。新污染物是指新近发现或被关注，对生态环境或人体健康存在风险，尚未纳入管理或者现有管理措施不足以有效防控其风险的污染物。2022 年 5 月 4 日，国务院办公厅印发了《新污染物治理行动方案》，这意味着我国新污染物治理工作已全面启动。我国对新污染物的治理仍处于起步阶段，面临材料、科学、技术等诸多方面的困难，新的防控需求亟须发展绿色高效的新污染物去除技术，这对环境材料的研发和应用提出了挑战，同时也为环境材料的发展提供了契机。

随着全球“碳中和”目标的提出，我国也在加紧落实“碳达峰、碳中和”行动。未来环境材料需以“双碳”目标理念为引领，发展环境材料领域新的理论、方法和关键技术，加快推进我国落实“双碳”目标进程。

八、电子信息材料

由于受摩尔定律物理极限和冯·诺依曼瓶颈的限制，传统硅基半导体器件难以满足未来社会对智能化和高效能的需求。先进电子信息材料是支撑新一代人工智能、通信物联、智能制造等技术的核心，是实现智能化发展理念的重要体现，也是决定国家未来竞争力的关键材料。关键电子信息材料是通信物联、高端装备及工业数字化等现代高新技术产业的基础和先导，电子信息材料产业的发展规模和技术水平已经成为衡量一个国家经济发展、科技进步和国防实力的重要标志，在国民经济中具有重要战略地位，是科技创新和国际竞争最为激烈的科技领域之一。先进电子信息材料涉及信息产生、提取、转换、传输、存储、处理和显示等过程，主要包括微电子材料、光电子材料等。微电子材料是微电子和信息产业发展的基础支撑，包括硅、砷化镓、碳化硅等各类衬底、栅介质、存储介质、集成电路配套材料等。光电子材料是以光子、电子为载体传递、处理与存储信息和能量的材料，包括半导体照明与显示材料、光电功能晶体、红外探测材料和低维光电子材料等。先进电子信息材料的发展面向国家在节能环保、智能制造、新一代信息技术领域的迫切需求，重点突破宽禁带半导体材料与红外半导体、集成电路制造高性能支撑材料、大功率太赫兹电真空材料与器件、智能可穿戴器件、高功率激光和非线性光学等技术领域的核心关键技术，通过体制机制创新、跨界技术整合，构建基础研究及前沿技术、重大共性关键技术、典型应用示范的全创新链，并进行一体化组织实施。

随着各国相继明确“碳中和”目标，先进电子信息材料在消费电子、汽车电子、工业自动化、5G 通信等领域将迎来前所有未的黄金发展期。当前，美国、日本等仍在电子信息材料等领域具备显著优势，例如日本企业在许多关键半导体材料方面全球领先，全球超过 50% 的半导体材料来自日本公司，在产业链上游的芯片制造环节，硅片、电子气体、光掩模 、光刻胶配套化学品、抛光材料、光刻胶、湿法化学品、溅射靶材等多种关键半导体材料的生产都要高度依赖日本企业。美国则依然是全球新材料领域的重要领导者，在包括电子信息材料在内的多方面的技术水平仍远远领先于世界其他国家。现阶段美国布局半导体和芯片技术，大幅提高美国制造的半导体生产，并最终加速关系到国家安全的纳米技术、量子计算、人工智能、下一代通信、计算机硬件、生物技术、网络技术和其他新兴能力的创新和发展。我国一直高度重视电子材料产业的发展，从 2016 年至今，工信部等国家相关部委出台了一系列支持电子材料行业结构调整、产业升级及规范产业发展的政策和法规，优化了半导体材料等电子材料产业的发展环境，深化了产业国际合作，提升了产业创新能力和发展质量。目前随着互联网、大数据、人工智能等新技术兴起，以及以 5G 为首的新基建项目的加速推进，我国电子信息材料产业取得了长足的进步，形成了较为完整的产业体系，产业规模稳步增长，中高端电子材料产品转型升级速度加快。同时，电子信息技术有望取得重大突破，并与行业应用广泛渗透和深度融合，且向泛在、智能、安全方向发展，电子信息技术的突破将影响几乎所有既有行业和新行业，以元宇宙为代表的虚拟世界将成为与现实世界平行，并深刻影响未来生活方式的虚拟映射。未来我国应继续坚定不移地推动先进电子信息材料向价值链的中高端跃进，着力突破高端电子信息材料产业化发展问题，进一步提高电子信息材料对我国发展的基础支撑能力和国际竞争力，保障我国信息产业健康发展，守护国家信息安全和国防安全。

九、纳米材料

纳米材料是一类具有特殊尺寸和物性的材料，其尺寸至少有一维在纳米尺度范围内，或由纳米尺度的基本结构单元构成。一般来说，纳米材料的特征尺寸为 1 ~ 100nm，同时具备与常规尺寸材料不同的物理化学特性。这些特性使纳米材料在多个领域中展现出广泛的应用前景。

20 世纪 80 年代末，我国开始关注纳米材料与技术的研究，20 世纪 90 年代中期之后，越来越多从事纳米材料生产与研发的公司涌现，社会资金投入也逐渐增加，纳米材料应用产业逐渐兴起。进入21世纪，我国的纳米材料产业进入稳定健康的发展阶段，陆续制定相关法规和标准，纳米材料产业外部环境逐渐改善，竞争也更加有序。纳米材料产业集中度高，主要分布在北京和苏州，尤其是苏州，其纳米产业占全国50%以上，是公认的全球重要的纳米产业集聚区之一。北京也在怀柔地区打造了纳米科技产业园，致力于纳米技术在能源、电子、环境、生物医药领域的应用。

纳米材料的应用前景广泛，涵盖生物医学、环境保护、光电催化、能源存储与转化等领域，其特殊的物理化学特性使其在这些领域具有巨大的潜力。政策支持、资金投入和产业集聚，以及全球纳米材料产业的迅速发展，为我国纳米材料产业带来了重要的发展机遇，纳米材料将在未来持续引领科技和工业的发展。中国作为全球制造业大国，在纳米材料领域大有可为。

十、材料基因工程

传统的新材料研发速度和效率已经难以满足各项新兴技术突飞猛进的需求，亟须对材料研发范式和方式进行变革，实现按需设计、快速低耗发展新材料。美国提出的“材料基因组计划”以变革传统离散式经验试错法研发模式，建立实验－计算（包括理论）－数据库相融合、相协同的新型研究方式为基本理念，通过高通量计算，探索物质或材料最底层要素（化学元素及其组合，结构单元及其构建）及其协同调控物性的机制或规律，进行高通量集成计算与多层次材料设计，开展高通量材料组合设计实验，基于高通量计算与实验构建材料设计数据库及信息数据库。该模式能够使新材料从发现到应用的时间从10～20年缩短到5～10年，材料研发成本降低一半以上。材料基因工程是材料研发的最新理念，其将从根本上改变材料领域的研发模式，引领材料领域的一场革命。

实施材料基因组计划为材料领域快速发展提供了新的发展机遇。美国材料基因组计划尝试发展一个集计算模拟、实验和数据库为一体的材料创新平台，建立材料的成分/工艺－组织结构－性能之间的定量关系。这种定量关系是贯穿材料发明发现、设计表征、制备生产、服役回收整个周期的主线，是材料研发的核心。材料基因组计划试图创造一个材料创新框架，以期抓住材料发展机遇，重点包括打造材料创新基础、通过先进材料实现国家目标、培育下一代材料工作者3方面内容。欧盟于2012年提出了“冶金欧洲”计划，该计划集中在合金的设计和模拟方面，升级后的“冶金欧洲”计划更注重相关技术在工业领域的应用，确立了材料发现、创新设计、金属加工和优化、冶金基础理论，对欧洲工业具有很高的战略和技术价值。

对应美国的“材料基因组计划”，中国科学院和中国工程院于2011年开始了我国材料基因组计划的战略研讨和咨询建议，并形成了有关“材料基因组计划”的咨询建议报告。科技部设立了材料基因工程重大专项，国家自然科学基金委设立了功能基元和序构的重大研究计划。国内中国科学院物理研究所、北京材料基因工程高精尖创新中心、南方科技大学、上海大学、松山湖材料实验室等广泛开展了材料基因工程研究。中国科学院物理研究所在北京市和科学院的支持下建立了一流的材料基因工程研究平台；北京科技大学实施了材料基因高精尖人才项目，集聚了一批材料基因工程人才；上海大学成立了材料基因工程学院等。目前，国内结构材料、催化材料、非晶材料、前沿材料等领域都已成功引入材料基因工程的理念和方法，并取得重要进展。

人工智能技术与材料研发和生产技术的融合，成为材料基因工程的核心，未来将形成材料自主计算设计、自主实验研发和智能制造等新软件、新技术和新装备，推动新材料研发-生产-应用全链条的智能化发展。未来材料基因工程也将颠覆传统的研发模式和理念，构筑全新的材料发展模式，促进新材料的快速研发和应用。在可以预见的时间内，材料基因工程的思想和技术将全面贯穿材料领域的方方面面，构建以材料基因工程为主要技术手段的基础设施条件，夯实技术基础和创新能力将成为材料领域重要的发展方向。

十一、材料表面工程

材料表面工程是材料科学的重要分支学科，它是运用表面涂覆、表面改性或多种表面技术复合处理，改变材料的表面或表层物理及化学性质等，赋予其新的复合性能。自1983 年表面工程概念首次被提出以来，材料表面工程技术在国内外获得了飞速发展。

相较于传统电镀、化学镀等表面工程技术，现代材料表面工程技术是运用最新的电子束、离子束、激光束、等离子体、真空等技术，以最经济、有效的方法改变材料或产品表面或表层物理及化学性质等，赋予材料表面减摩、耐磨、耐热、耐蚀、隔热、抗氧化、抗疲劳、防辐射或声光电磁热等特殊功能，以获得新材料、新器件和新应用。材料表面工程集成了材料学、物理学、化学、电子学、机械学等多学科知识，是一门综合性强的新兴跨学科先进工程技术，备受当今国际关注和认可。其技术含量和产品附加值高，且具有多功能性、节能节材、绿色制造等特点，对传统产业转型升级和战略性新兴产业培育具有基础性支撑和重大引领带动作用，已成为我国航空航天、电子信息、新能源、生物医疗、海洋工程、钢铁冶金、石油化工等国家重大工程、重点行业及战略性新兴产业必不可少的基础技术和关键支撑技术。

近年来我国实施了一系列国家重大工程，如航空发动机、高端海洋工程装备、可控核聚变、集成电路、宽禁带半导体等。这些国家重大工程及战略新兴产业中，传统结构材料和功能材料性能已远不能满足其发展需要，必须采用现代材料表面工程技术。如航空航天方面，以所处运行环境最严酷的高温涡轮叶片为例，涡轮叶片工作温度高达上千摄氏度，目前的金属材料无法在保证机械性能的同时满足抗氧化、抗腐蚀等性能，必须采用现代材料表面工程技术对高温合金叶片进行表面处理。在海洋工程装备方面，海洋环境是强腐蚀环境，比常规陆地高 10 倍以上，海洋工程中各种部件造价昂贵且更换不便，使用寿命更需要长久，这类部件均需要采用材料表面工程技术进行相关处理。在集成电路方面，随着芯片尺寸进一步减小，元器件漏电问题更加突出，需要采用现代材料表面工程技术更加精确地控制薄膜沉积和表面修饰。在宽禁带半导体方面，现代材料表面工程通过精密表面修饰和薄膜涂层，调控材料的电学性质，提高载流子迁移率，从而增强半导体器件性能，实现高频、高功率功能和光电领域的新应用。

现代材料表面工程技术在高端装备和国防军工等现代工业中具有重要地位，各国纷纷投入大量人力、物力和财力开展相关研究、开发及工程应用。美国、俄罗斯等国家及欧盟等发达地区积极发展材料表面工程技术并对外实施技术封锁。热喷涂、真空镀膜、激光表面改性技术是近年来材料表面工程技术的重要发展方向和研究热点。我国也非常重视材料表面工程技术的发展，且近年来发展迅速，在材料表面工程技术的研究开发、推广应用等方面都取得了较大进步。

热喷涂技术作为一种新兴的表面防护和强化工艺，近 30 年得到了迅猛发展。其由早期制备一般装饰性和防护性涂层发展到各种功能性涂层；由产品维修发展到大批量产品制造；由涂层工艺发展到包括产品失效分析、表面预处理、喷涂材料和设备的选择、涂层系统设计和涂层后加工等在内的热喷涂系统工程；由单一涂层到多技术复合涂层，以满足复杂工况条件下工件的服役性能。随着材料使用工况日益严酷，国外在采用新型热喷涂技术开发高性能涂层方面发展迅猛，相继开发了等离子喷涂物理气相沉积（PS-PVD）、等离子喷涂化学气相沉积（PS-CVD）、气凝胶喷涂技术；在等离子喷枪方面开发了三阴极、三阳极和串极层流等离子喷涂技术；在超音速火焰喷涂基础上开发了低温超音速火焰喷涂技术，可以低成本制备低氧金属涂层；开发了冷喷涂技术，在制备高性能易氧化涂层材料方面发展迅速。热喷涂技术整体上是向低成本、高性能、长寿命、高可靠性和环保等方向发展；设备方面向高能、高焓和高速度方向发展；材料方面向系列化、标准化、商品化方向发展，以保证多功能高质量涂层的需要；工艺方面向机械化、自动化方向发展，如计算机控制、机械手操作等。

真空镀膜技术是在真空条件下采用物理或化学方法在基体表面沉积薄膜的技术，该技术可使材料具备一定的耐磨、耐蚀、耐热、表面硬化、装饰、光、电、磁等性能，已被广泛应用于半导体、装备制造、冶金工业、工模具，以及航空航天、核能、太阳能电池、传感器等领域中。真空镀膜技术主要分为化学气相沉积和物理气相沉积两大类。蒸发镀是最早的真空镀膜技术，用以取代电镀和化学镀等，但蒸发镀技术存在膜层结合力差和覆盖能力低等问题。基于此，研究人员在 20 世纪 60 年代发展了化学气相沉积技术，它具有结合力好、成分可控、均匀性好等优势，但由于化学气相沉积过程的温度基本偏高，对基体材料有一定的影响，限制了该技术的应用。后来研究的磁控溅射和电弧离子镀技术，能在降低沉积温度的基础上明显改善膜层质量，大大扩展了真空镀膜技术的应用范围。总之，随着不断开发真空镀膜新技术，其应用优势愈加明显，在制造技术中占据越来越重要的地位。近年来，随着国内外等离子体、激光技术的发展，多种复合真空镀膜技术也在不断开发，镀膜设备逐步向高精密度、高真空、数字化及全自动控制领域迈进，真空镀膜技术的优势开始在高、精、专领域得到体现，而且真空镀膜技术的发展始终朝着高性能、低成本方向发展。

在半导体生产制备过程中，材料表面工程涉及表面清洁、掺杂、薄膜沉积、光刻、蚀刻、表面损伤修复等关键步骤。这些步骤直接影响元器件的导电性、导热性和耐压性等关键特性，因此表面工程质量对半导体器件性能的提升至关重要。随着芯片尺寸不断缩小和器件集成度的提高，材料表面工程对解决元器件退化、漏电和热效应等问题变得愈发重要。而在新型材料和元器件的不断涌现中，材料表面工程创新也成为推动半导体技术发展的关键因素。国际上，美国、日本、韩国等发达国家一直在半导体表面工程领域有许多重要研究成果，并在产业化方面保持领先地位。这些国家的研究机构和企业在新材料、新工艺和新设备等方面的投入不断增加，推动了半导体表面工程技术的不断创新。与此同时，我国在半导体领域也取得了显著进展。近年来，我国对半导体产业支持力度不断加大，吸引了大量人才和资金投入，国内研究院所和企业在材料表面工程领域积极探索，取得了一系列关键技术突破。然而，相对于发达国家，我国在一些核心技术和关键设备上仍存在一定差距，需要进一步加强研究和合作。

激光表面改性技术是利用激光的高辐射亮度、高方向性、高单色性等特点作用在材料表面，使材料表面性能得到提高，特别是材料的表面硬度、强度、耐磨性、耐蚀性、抗疲劳性和耐高温性能的改进，大大提高产品使用寿命。激光表面改性技术是新兴激光技术和传统金属热处理技术相结合的产物，也是能长时间稳定工作大功率激光器发展的结果之一。近年来，激光表面改性技术发展有以下特点：①更高质量、高效率，如多能场 / 多工艺复合、超高速激光熔覆、超音速激光沉积等；②更智能化、集成化、柔性化，如无人激光熔覆产线、在线维修方舱、智能监测反馈等；③加工对象多元化，加工大尺度和微纳两极化，如金属、陶瓷、塑料、玻璃等材料与微纳表面技术等；④激光增材制造技术成为研究和应用热点，如多材料、增减材、多激光高效打印、个性化定制等。

十二、材料失效与防护

作为国民经济和国防建设中重要支柱制造业所属的材料失效与防护学科，其具有跨地区跨行业跨部门的特征，社会发展和建设中的各部门和各方面都会涉及该学科。随着近年来我国制造业规模位列世界第一，我国在该学科领域取得了突飞猛进的发展，基础研究空前活跃，发表论文数量和质量都明显提高，跃居世界第二位。这表明我国腐蚀科学研究的发展已经进入一个全新阶段，表明我国材料失效与防护基础研究已经成为国际材料失效与防护研究的重要部分，处于世界领先水平。新型耐蚀材料、缓蚀剂、新型涂层与涂料和电化学保护新技术大量出现，成为推动我国乃至世界材料失效与防护学科发展的重要推动力。材料失效与防护产业不仅能解决我国的材料腐蚀问题，其本身也将形成巨大的产业。该学科积累了大量各类材料的腐蚀数据、规律和实验研究方法等成果在国家重大工程建设中获得广泛应用，例如为西气东输、青藏铁路、南水北调、高速铁路、跨海大桥、大飞机、海洋开发、基础设施和环境保护等建设提供支撑，同时为国防装备建设作出了巨大贡献。在国防建设中，材料失效与防护学科得到了空前的重视和应用，武器装备及其材料腐蚀与失效行为、武器装备环境效应预测与评价、武器装备防护技术成为与武器装备同步发展的重点，我国失效与防护科技工作者在这方面发挥了重要作用，已经成为提高我国武器装备水平不可或缺的力量。

但我国还不是材料失效与防护学科强国，一方面，我国在基础研究上尚未形成足以引领世界材料失效与防护学科研究方向的强势研究方向或贡献较大的基础研究方向。另一方面，我国相关防护技术综合水平仍然较低，原创性技术较少，高品质长寿命耐蚀结构材料、腐蚀研究所需的高档测试设备都需要进口，有关失效与防护方法、技术涉及的标准体系建设也较薄弱。

未来我国材料使用的地域将由陆地向海洋、由浅表向深层，负荷由静载向动载，环境由大气向酸碱，应力由简单向复合变化。新一代高性能设备和构件要求能够在复杂应力、交变应力、动态载荷、多种腐蚀介质下安全服役。材料设计应针对各类不同的复杂环境，结合大气腐蚀、海洋腐蚀、特殊介质腐蚀、湿热环境对材料性能要求，提出新原理、新工艺、新技术，实现对强度、韧性、塑性、耐蚀性、抗蠕变性等综合性能的提高。然而在金融危机、全球经济萎缩、贸易保护主义盛行的当今，材料失效与防护学科必须实现基础研究新突破，建设和发展世界一流的基础研究方向，提升学科自主创新能力，以支撑我国国民经济发展模式的转型，针对海洋、石油、电力、交通和航空航天等领域的国家重大需求，围绕复杂环境、复合载荷、全寿命周期条件下高性能材料的设计、制造和服役行为中的共性技术，构筑政产学研用协同创新体系。同时建立多学科融合、多团队协作、多技术集成的协同创新平台，解决国家在海洋、能源、交通、重大装备领域急需的高性能结构材料和出现的重大材料腐蚀事故，支撑我国工业产业结构调整，促进高端工程人才培养与技术转移。

为满足战略需求，该行业需要构筑政产学研用协同创新体系，围绕国家重大需求和国家核心竞争力，组织社会各种力量进行协同创新。特别是在国家、各级政府和企业领导的强力支持下，以国家重点实验室、大学、国家材料环境腐蚀野外科学观测研究平台等相关研究团队为主体，构建我国材料失效与防护学科基础研究协同研发平台；以企业国家实验室、各行业材料失效与防护重点实验室或中心、各地方或部委的材料失效与防护重点实验室或中心为主体，构建我国材料失效与防护学科应用基础研究协同研发平台；以国有大型企业的腐蚀防护中心、中小型企业的材料失效与防护工程技术人员为主体，构建我国腐蚀防护技术协同研发平台。同时以中国腐蚀与防护学会为协调单位，形成以上 3 个平台内部协同创新研究与开发的局面，构建材料失效与防护学科基础研究协同研发平台、材料失效与防护应用技术协同研发平台和防护技术工程协同研发平台大协作大交流的新机制，推动材料失效与防护学科的快速发展，同时加强腐蚀学科的科普和立法工作，为我国尽快成为材料失效与防护学科强国提供基础和保障，满足我国制造业向国际一流水平发展的需要。

材料失效与防护学科是材料科学、化学、电化学、物理学、表面科学和环境科学等多学科交叉渗透的学科，这些学科的进一步发展与渗透促进了材料失效与防护学科基础理论的发展。但是，材料失效与防护学科与这些学科有着明显的区别。材料失效与防护学科关注的中心问题是设备或构件，也就是各种材料在环境中使用服役中是否安全、寿命多长的问题。这就要求研究人员在微纳米尺度到超大尺寸构件的尺度范围内探索材料与环境相互作用时的失效机理与规律、在微秒到年的时间尺度上认识材料与环境相互作用失效机理与演化规律，以及多重环境因素耦合作用下的材料失效机理与各因素影响规律等方面，研究其中包含的各种科学问题。但解决这些科学问题的难度不亚于解决物理学或化学中的科学问题，它们挑战着目前人类的认知能力和测试水平，与物理学或化学不同，解决这些问题的标志不仅是人类社会接受因解决这些科学问题而产生的技术，而且这些技术必须产生经济效益，否则并不算完全解决了材料失效与防护学科中的科学问题。

到目前为止，对金属腐蚀行为与机理的实验研究与理论分析表明，金属的环境腐蚀失效过程的产生机理、发展过程及其与环境的交互作用相当复杂，是复杂科学问题。复杂性表现在控制变量及影响因素众多；各变量与腐蚀速率之间具有较强的动态耦合变化过程；腐蚀过程呈现随机性、非线性、多变性及突变性。总体上看，人们对这种复杂过程的认识目前还主要处在实验研究和数据积累阶段，这个阶段的特征是发展各种试验方法、观测腐蚀过程的行为与机理和加强动态、原位检测技术的研究。

随着环境腐蚀理论研究工作的深入，从时间尺度上看，目前建立的与时间相关的腐蚀模型具有一定的局限性，例如大气和土壤腐蚀模型主要是对长时间实际暴露腐蚀数据进行拟合，点蚀生长模型主要是用实验室试验数据进行拟合，应力腐蚀裂纹扩展速度的测试精度不高和测试方法各有利弊，模型的建立主要依据经验公式。但是由于获得的腐蚀数据是不连续、非原位检测的结果，建立的腐蚀模型无法动态、连续描述材料表面随时间发生的变化过程。因此，有关理论模型的研究仅仅处于起步阶段，尚需要数代人不断坚持和长期研究才能逐渐取得令人满意的结果，其中非线性非稳态过程研究是关键。

随着宏观腐蚀电化学的不断发展与成熟，与之相对应的微区腐蚀电化学将是腐蚀学科发展的一个重要方面。借助宏观腐蚀电化学的研究方法与成果，利用微区腐蚀电化学的测试方法，对金属局部腐蚀机理、涂层缺陷处腐蚀机理和金属相结构腐蚀电化学进行系统研究，将获得系统的创新性研究成果，极大地推进对腐蚀规律的认识。从空间尺度的角度看，过去对腐蚀的电化学过程的研究只停留在宏观尺寸水平，如今由于纳米表征技术和计算科学的发展，人们开始从原子层面研究溶解和钝化过程中电子和离子的转移反应机制。近几年来扫描电子显微镜、电化学毛细管探针显微镜的发展，以及与其他材料微结构分析技术的结合（如拉曼光谱仪、开尔文扫描探针、原子力显微镜、扫描隧道显微镜等），使得腐蚀科学研究者得到了更多的信息，而这些信息是应用传统的电化学测试方法所不能得到的。同时，空间放射性示踪原子分析与腐蚀电化学方法相结合的研究也是从原子层面认识腐蚀机制的另一途径。这种微纳米腐蚀电化学与其他表征方法的结合将极大地促进腐蚀科学和电化学基础研究的共同发展。

在腐蚀机理的研究方面，从原子层面上研究各种化学成分对腐蚀起源影响才刚起步。例如，在原子层面上离子在点蚀或腐蚀开裂过程中所起到的作用尚不清楚；对材料中重要缺陷的跨尺度层次构建还较为简单；关于缺陷分布对腐蚀的影响研究还处于起步阶段。在材料断裂力学的研究方面，对微米尺寸缺陷的认识已经取得了长足进步，但在腐蚀科学研究过程中对这类缺陷影响的认识尚处于初始阶段。然而，随着成像技术的快速发展，为我们在纳米层次上的研究带来了更多机遇。同时，需要在纳米层次上研究腐蚀过程中水的吸附、钝化、溶解及阴极反应速率等，因为纳米材料具有量子尺寸效应，表面原子增多，相邻的原子数减少，且缺陷和应力的影响很大。由于尺度相近，纳米层次的研究有助于对浓度梯度、双电层、欧姆电场等与腐蚀相关的基础理论研究的进行。因此，纳米材料的应用可能需要在纳米和超纳米层次上对表面和电化学现象有新的研究和理解，这将对纳米电化学的发展产生重大影响。另外，扫描隧道显微镜、原子力显微镜及第一原则建模方法等的发展，进一步促进了腐蚀科学在纳米层次上的研究与发展。

局部腐蚀机理研究是未来关注的焦点之一。其中对闭塞环境中（凹坑处、缝隙处、开裂处、镀层起泡或剥落处）各种各样的化学/电化学反应的认识是关键，基于对这些化学/电化学反应过程的认识，可以进一步理解水溶液中的局部腐蚀过程。目前虽然对点蚀坑和缝隙内的化学成分、电化学反应有了较多认识，但对膜的离子传输、腐蚀产物的沉淀等与局部腐蚀密切相关过程的认识仍具有一定的局限性。同时，需要认识浓溶液的导电、传输等物理化学性能，如活度系数和 pH 值等。由于局部腐蚀的尺寸和腐蚀介质浓度梯度的突变，以及目前用于微区探针技术的局限性，使得现有的腐蚀模型并不完善。

应力与应变对腐蚀起始和进程的影响也是未来一个重要研究方向。弹性应变或塑性应变会对材料的腐蚀溶解产生重大影响、拉应力的影响是多方面的，目前已经认识到拉应力不仅可以通过裂纹加剧晶间腐蚀，还可以使裂缝内的腐蚀电流增大。现在人们对这一影响的热力学或动力学机制的认识有限，还有待进一步的研究。

随着对环境腐蚀连续变化过程的深入研究，利用计算机仿真技术，结合实验室实验和现场试验数据，可以建立并不断完善关于腐蚀过程的理论模型，这是金属环境腐蚀研究的一个重要方向。在不远的将来，实验研究和数据积累、腐蚀模型的建立和计算机仿真实现连续腐蚀变化过程的模拟等，将成为人们认识和控制金属腐蚀过程的相互依赖、相互补充和有机结合的 3 个重要方面。元胞自动机已经在多个腐蚀问题的模拟中得到了成功应用。腐蚀问题的本质是一系列电化学反应和扩散过程，而这两种物理过程都可以通过设置元胞自动机中的演化规则来实现模拟。我国在这方面的研究刚刚起步，与国际先进水平有近十年的差距。

随着材料从传统结构材料到功能材料，从金属材料向陶瓷材料、高分子材料和复合材料方向发展，特别是生物医用材料的大量出现，在目前金属环境腐蚀研究成果与方法的基础上，对功能材料、高分子材料和复合材料的腐蚀失效开展系统的数据积累、规律与机理研究及计算机模拟与仿真将是一个重要的发展方向。人类社会实际已经进入复合材料时代，但是由于材料腐蚀失效研究的滞后性，社会整体对功能材料、陶瓷材料、高分子材料和复合材料，特别是生物医用材料，在各种环境中的腐蚀失效机理与规律及其与环境因素之间的关系研究十分缺乏。可以预见，这将是未来材料失效与防护学科发展的一个不可或缺的重要方向。

随着自然环境的变化、人类向极端自然环境的进军和各种人造极端工业环境的出现，例如太空、深海、湿热海洋气候和高寒等环境中各种大型构件的不断增加和服役条件的恶劣，各种强酸强碱多盐、高温高压的新型工业环境的出现，各种微生物环境的出现，利用已经获得的数据、规律和机理研究成果，进一步加深对这些过程的腐蚀机理与规律的认识，同时建立以上环境下与实际服役环境吻合度较高的加速腐蚀试验方法体系，对在环境中实际服役构件进行腐蚀安全评定和对其腐蚀日历寿命进行准确评估，也将是材料失效与防护学科一个需要长期坚持的方向。

总之，在加强以上基础研究的同时，不断培植我国具有影响力的基础研究方向，是发展我国材料失效与防护学科的基本原则。在此基础上，发展具有国际一流水平的耐蚀材料防腐蚀工程、表面处理与涂装防腐蚀工程、电化学保护防腐蚀工程、环境介质处理或工艺防腐蚀工程和失效分析与防护专用设备工程中的新材料、新工艺、新技术、新设备，不断提升我国材料失效与防护学科的原始创新和应用能力，才是发展我国材料失效与防护学科的根本目的。发展我国材料失效与防护学科，一方面要牢牢抓住我国经济发展和国防建设需求，另一方面必须充分关注国际上学科发展的新理论新动态，大力建设和培植在世界上有影响力的基础研究，力图引领基础研究的发展方向。

十三、材料检测与分析技术

人类历史中，每一次工业革命都是由新材料的涌现引发的，这些材料推动了生活和物质生产的深刻变革。所谓“新材料”通常是指具有出色性能或独特功能的新颖物质，也包括经过改进以展现卓越性能或新能力的传统材料。新材料的发展与检测、分析技术的演变密切相关，这些技术在新材料研究和表征过程中扮演着重要角色。早期的材料研究方法主要依靠经验知识和物理观察，后来逐渐从手工艺进化到工业时代的标准化工厂，实验逐渐从实验室扩展到大型设备，并通过光学和电子观察逐步建立了材料结构、性质和性能之间的关系。随着人工智能时代的到来，材料研究扩展到了高通量模拟、大数据和人工智能领域，涵盖了计算机科学、物理学、数学和化学等学科，推动了新材料的快速和复杂发展，从而为持续的第四次工业革命作出贡献。

材料检测与分析技术是一系列方法和工具，用于评估材料的性能、组成、结构和缺陷等特征。在材料研发过程中，材料检测与分析技术起到了关键作用，它们是分析材料结构和性能的工具。如果将材料研发比作城市的工厂，那么材料检测与分析技术就好比城市的基础设施，支撑着材料研发的进步。这些技术建立在光学、物理学、晶体学、电子光学、数学、图像学等基础理论上，有些相关理论甚至获得了诺贝尔奖。例如，1914 年，马克斯·冯·劳厄证明了 X 射线的波动性质，获得诺贝尔物理学奖。之后，布拉格父子通过提出布拉格方程并设计第一台 X 射线光谱仪，获得了 1915 年的诺贝尔物理学奖。从此，材料检测与分析技术逐渐崭露头角，得到了学术界和产业界的广泛认可。

在不同的层次结构下，材料的性能表现出微观与宏观之间的相互影响。我们一般将材料分为三个层次：原子结构、分子或晶体结构、组织结构。针对这些层次，相应的检测方法也应运而生。例如，对于原子结构，透射电子显微镜、扫描电子显微镜、原子力显微镜等微观表征方法的不断发展，使我们能够更准确地研究微纳米材料的性能和缺陷。而分子或晶体结构的分析方法，如 X 射线衍射、透射电子显微镜等，揭示了晶体结构、非晶结构和位错等缺陷的信息。对于更大尺度的组织结构，扫描电子显微镜、电子背散射衍射等方法能够分析晶体取向、宏观纹理，以及裂纹、孔隙等结构。

不同分析方法基于不同波长的电磁波与物质相互作用，从而揭示了材料内部特异性结构。例如，X 射线光电子能谱、X 射线衍射仪、拉曼光谱、核磁、质谱等方法，根据物理性质或化学性质与材料特征的关系，能够深入了解材料的分子结构和元素成分。同时，这些分析方法也不断发展，实现了在不同环境下的原位测试，以更真实地模拟材料在实际应用中的变化。此外，元素及成分分析方法，如等离子体质谱仪、X 射线荧光光谱等，为定量分析提供了强有力的手段，能够揭示材料中不同元素的含量和分布。对于材料性能的分析，光学性能、热学性能、电化学性能、力学性能等方法也得到了广泛应用，揭示了材料的多方面特性。

十四、增材制造

增材制造作为一种革命性的制造技术，以其高度的定制性、复杂结构成型和跨学科融合特性在各领域引起了广泛关注。增材制造可以快速高效实现新产品、新零件的制造，为产品研发提供了快捷技术途径，其在航空航天、生物医疗、汽车和能源等领域具有广泛的应用前景。增材制造技术为各个领域带来了巨大的变革和发展机会，推动了各个领域的创新和可持续发展。

增材制造以三维 CAD 设计数据为基础，通过逐点逐面地累加材料，实现复杂结构的制造。相较于传统减材制造技术，增材制造具有高度的设计自由度和定制性，能够实现各种复杂形状的制造，为制造业带来了全新的可能性。增材制造技术的发展涉及多个学科的交叉融合，其涉及的多学科主要体现在以下方面：①材料科学与工程，需要开发适合打印的材料，主要包含聚合物、金属、陶瓷等材料；②机械工程，这是增材制造技术的核心学科，涵盖打印机设计、运行原理、工艺参数优化等；③计算机科学与计算机辅助设计（CAD），计算机科学家和 CAD 专家开发软件和工具，帮助材料设计师将创意转化为可打印的模型；④材料力学，对于复杂结构的打印件，需要了解材料的力学性质，以确保其在使用中的稳定性和可靠性；⑤制造工艺与工程，增材制造涉及一系列制造工艺，包括预处理、打印、后处理等步骤，制造工程师需要优化这些步骤，以提高效率、质量和可重复性；⑥材料表征与测试，对于不同材料，需要进行材料性能测试和表征，以确保其符合要求，而材料表征专家的主要任务之一就是研究材料的微观结构、力学性能、热性能等；⑦生物医学工程（在医疗领域的应用），增材制造在医疗领域的应用需要结合生物医学工程的知识，以满足患者的个性化需求，例如定制假体、生物打印等；⑧材料成型与制造技术，增材制造是一种新型的制造技术，但仍然与传统的成型和制造技术有关，理解不同制造方法的优缺点，并思考如何将它们结合起来，也是该学科的特点之一。

总体而言，增材制造技术正逐步从原型制造发展为一种能够在各种行业中实现快速、灵活和定制化生产的方法。随着技术的不断演进和应用的不断拓展，增材制造将在制造业中发挥越来越重要的作用。

材料学科发展趋势及展望

一、材料学科面临问题

当前，面临复杂国际环境和形势，我国发展处于重要战略机遇期，世界经济重心调整、国际政治经济格局变化趋势加快，使得我国新材料发展存在诸多不确定性，面临巨大挑战。面对这些挑战，我国新材料领域需要进一步加强基础研究，提高创新能力，积极拥抱科技创新，加强国际合作，培养优秀人才，推动从模仿创新和组合创新向原始创新和集成创新过渡，实现从“中国制造”向“中国创造”的根本性转变。

（一）学科发展顶层设计和系统化布局不足

当前我国材料学科基础研究系统化布局不足，基础研究立题较为分散，主要为自由探索式研究，科研力量较为分散，导致基础研究相对薄弱，核心技术自主研发不足，缺少学科之间的交叉融合，且同多个领域的产业结合不深入，迫切需要对学科发展和产业布局进行整体的规划和顶层设计，凝聚科研力量和资源。

以碳纤维为例，经过多年发展，国外领先企业围绕“碳纤维＋上浆剂→织物＋树脂→预浸料→应用设计服务”形成了完整的产业链综合竞争能力，牢牢掌握话语权。同时，这些企业还往往放弃低端产品的利润，以低于国内企业成本的价格，通过倾销，遏制我国碳纤维企业的发展。在此严峻形势下，我国碳纤维发展缺乏引导，产业链整体布局能力较差，着眼于“单点突破”，盲目上马并扩大产能，导致低水平重复和同质化竞争，使得我国低端产能过剩，相关产品价格显著下滑，市场内耗严重。国内碳纤维生产亏损、开工量不足，处于进退维谷的艰难境地，严重阻碍了国产碳纤维产业的长远发展。

再以石墨烯为例，在快速发展的同时，“误导”宣传、冒进发展以及大量落后产能等一系列问题亟待解决。近年来，石墨烯受到各路资本市场的投资机构和上市企业的热捧，

“一片蓝海”“万亿级市场”“颠覆性变革”“石墨烯电池充电 8 分钟可跑 1000 千米”“全面替代硅”等言过其实、夸大宣传的报道频繁进入人们视野。然而，上游生产企业盲目扩大产能，下游应用产品附加值低、低端产能扩张过快、产品同质化严重等问题，已初步显示出“低端化”发展的苗头。在专利申请方面，尽管我国石墨烯相关专利申请超过全球总量的一半，但原创基础专利少。除了碳纤维、石墨烯，稀土等也成为市场热炒的新材料题材。

（二）在高端关键领域话语权不足的问题

近些年来，我国自主研发出一大批高端、关键材料，生产和应用技术达到或接近国际先进水平。然而，与国际先进水平相比，目前我国在先进高端材料研发和生产方面差距较大，关键高端材料远未实现自主供给，“大而不强，大而不优”的问题十分突出。

以稀土功能材料为例，尽管我国是稀土原料生产大国、功能材料生产大国，但还不是高端应用强国。我国仅在烧结永磁材料方面占有一席之地，其他应用仍处于中低档技术水平，与世界发达国家差距明显。如稀土抛光材料，我国相关产品的粒度分布、硬度、悬浮性等指标与国外产品还有一定差距，高端抛光粉仍依赖进口。日本和美国的稀土陶瓷材料处在领先地位，分别占据了 50% 和 30% 的全球市场份额。此外，美国企图通过“全面脱钩”方式摆脱对我国稀土永磁材料的依赖，并煽动其他国家放弃应用我国的稀土永磁材料，以此来围堵和遏制我国稀土科技和应用产业的快速发展。

再如碳纤维及其复合材料，国产碳纤维及其复合材料的类别、品种及规格相对单一，主要用于相对低端的产业需求，难以有效满足不同行业、产品、零部件的多样化需求，市场竞争能力有限。特别是在高强高模等高端产品的产业化方面，国产碳纤维及其复合材料仍相对薄弱，纤维性能不高、产品稳定性差等问题突出，无法满足关键领域的需求。同时，国内对国产关键装备的研发投入不足。

在生物医用材料领域，受到国家政策支持、人口老龄化、人均可支配收入提升和行业技术创新等因素的驱动，我国生物医用材料持续保持高速发展。然而，技术含量较高的植入性生物医用材料发展较为薄弱，主要依赖进口。在该材料领域，美国具有显著的领先优势，总部位于美国的跨国企业占据了全球高端生物医用材料市场，拥有 85% 的骨科医疗器械市场份额，医用多孔钽更是“一家独大”。

此外，在高温合金、高端装备用钢、聚酰亚胺等结构材料，光学石英玻璃、防护纤维材料、集成电路制造关键材料、有机半导体发光显示等功能材料领域，西方国家在技术和产品上拥有绝对的优势，处于垄断地位。

（三）原创性成果不足

一代材料，一代产业。材料变革性创造与应用，引领着全球科技创新，推动着高新技术和新兴产业发展。我国在发挥前沿新材料引领带动方面，自主创新能力仍显不足，跟踪模仿较多，原始创新不足，转化率较低。近十年来，中国材料科学领域论文数量为646,182篇，世界排名第一，从论文总量来看，我国论文总量为美国的2.6倍。但高水平成果产出率仍旧落后于美国、澳大利亚、新加坡等国家。自主创新能力仍显不足，跟踪模仿较多，从“0”到“1”的原创性成果不足，转化率较低。引领材料自身发展的一些标志性新材料，如半导体材料、超导体、石墨烯、锂离子电池等获得诺贝尔物理学奖或化学奖的革命性材料，均不是由我国科学家首先发现的。

对于20世纪50年代兴起的半导体产业、90年代崛起的网络信息技术产业，以及当前方兴未艾的信息通信技术产业，无一不是由于单晶硅、光纤等变革性新材料的发明、应用及不断更新换代促成的。然而，在这些发挥重大引领作用的关键材料突破中，来自中国的贡献并不多。

（四）新材料基础研究与市场需求结合不够紧密

材料科学领域的基础研究需要应用牵引、突破瓶颈，从经济社会发展和国家安全面临的实际问题中凝练科学问题，弄通“卡脖子”技术的基础理论和技术原理。由于材料研发与应用的结合不够紧密，工程应用研究不足、数据积累缺乏，使得有针对性的、面向材料实际服役环境的研究缺失，还出现了材料质量工艺不稳定、性能数据不完备、技术标准不配套、考核验证不充分等一系列问题，导致“有材不能用”“有材不会用”“有材不敢用”问题非常突出。当前，美国、欧洲和日本等国家和地区在关键战略材料和前沿新材料方向持续大力布局，如“制造业美国”建设的遍及全美的创新研究所网络，由行业企业、研究机构（大学和国家实验室）、培训组织和政府部门等组成，试图跨越从基础研究到应用的“死亡之谷”，关注领域一般涉及材料方向。这些国家和地区一系列新的举措与行动很有可能拉大我国新材料与世界先进水平的差距，甚至在我们尚未完全解决当前短板的同时又形成新的短板。

二、机遇和挑战

（一）自身发展的状态

中国材料基础研究立题较为分散，主要领域的研究论文集中，整体缺乏体系化。这反映出我国新材料基础研究系统化布局严重不足。

我国新材料基础研究原创能力不足，原创性成果不多，新材料研发不占据引领地位，仍处于跟跑态势。

我国新材料基础研究论文产出数量庞大，前1%的高水平成果快速增长，并超越美国跃居世界第一。但高水平成果产出率仍旧落后于美国、澳大利亚、新加坡等国家。

（二）外部局势带来的新变化

中国经历了 30 多年高速发展，拥有了较为完备的产业链，成为世界第二大经济体，以华为为代表的高科技企业的快速发展，标志着中国制造对美国高端制造形成挑战。从 2018 年开始，美国采取各种政策试图遏制中国发展。经过几年发展变化后，2022 年中美关系和世界格局发生深刻的变化。

一是美国延续一贯的遏制、打压政策，实施一系列对华出口管制措施、继续增加列入实体清单的中国企业数量。与此同时，美国正在构建替代性科技产业链，将亚洲的日韩等纳入其科技产业联盟，意图将中国排除在美国的创新链之外。

二是美国总结以往对华科技打压、科技脱钩、科技代差锁定等策略效果不明显的经验教训，自 2022 年开始，其国内政策有一些调整。这样的调整体现在美国国家科学基金会的《2022 年美国科学与工程现状》报告中，“中国已经在某些领域实现对美超越”的观点后，具体政策调整如下：①《2022 年美国竞争法案》中创立美国芯片基金、拨款 520 亿美元鼓励美国私营部门投资于半导体生产等多项产业政策，意在加强美国国内芯片及半导体领域的优势。②公布针对理工科留学生的签证延期措施，试图挽留美国非本土人才。以上政策的变化说明美国政府认清自身的高新技术优势和在科技领域其本土人才的劣势，也间接承认了以往对华政策“杀敌一百自损五十”的后果，新的政策着手于进一步增强自身对华竞争实力。

三是新型冠状病毒肺炎疫情和地区冲突战争促使世界各国更加重视产业链安全，各国纷纷通过加强资源整合和“保护性措施”，减少对外依赖。当前形势下，全球化背景下形成的产业链已经遭到破坏，中国作为全球制造业中心的逻辑将不再成立。因而，中国新材料必须通过加强基础研究和自主创新来疏通自身产业链上断点、堵点。新材料领域的主要断点存在于以下领域：①上游高纯原材料极度依赖进口，其品种包括高纯碳、硅、陶瓷、金属靶材、化学气体以及高净度钢等。②中游高端辅料受制于国外，其品种包括高端抛光液、高端超硬刀具、高端润滑油等。③下游的新材料生产制造企业对于产品在不同应用场景、应用条件的特性、寿命、失效模式等应用大数据积累不足，导致测试性能优良的材料无法进入产业链，更无法满足多样化的定制需求。

四是全球气候变化、能源危机的加剧，促使我国生态文明建设进入以“降碳”为重点战略方向、促进经济社会发展全面绿色转型、实现生态环境质量改善由量变到质变的关键时期。石化化工、钢铁、有色金属、建材等基础材料行业面临着落后产能淘汰、技术工艺装备改造升级、低碳绿色产能建设等重大课题。

（三）材料领域发展机遇

第二次世界大战以来的历史事实告诉我们，作为世界第二大经济体，中国必然会在诸多领域与美国正面比拼。科技是竞争的核心。因而，材料科技领域面临如下机遇与挑战。

一是美国的卡脖子倒逼中国实现源头创新。美国的卡脖子行为在中国科技和创新领域产生了复杂且深远的影响。这种外部压力实际上激发了中国加快源头创新的步伐。中国面对外部技术封锁和制裁，加强了自主创新的紧迫性，推动政府、企业和研究机构加大科研投入，减少对外部技术的依赖。这种卡脖子倒逼效应激发了创新热情，加速了科技突破的步伐。同时，政策环境得到优化，国际合作加强，人才引进与培养得到重视。美国的卡脖子行为虽然带来了压力，但也推动了中国更积极地投身于源头创新，以实现技术自立和可持续发展，从而在全球科技竞争中赢得更有竞争力的地位。

二是完善并加强我国科技创新链和产业链，推动两链的深度融合，把握进军高端制造的机会。我国正在着力完善和加强科技创新链和产业链，将其两者深度融合，实现资源优势和创新能力的互补，这不仅能够提高科技创新的效率，还有助于构建更加有韧性的产业生态。通过将研发、生产、市场等环节紧密连接，我国能够更好地应对外部压力，实现自主创新的持续推动。此外，我国积极把握进军高端制造的机会。在全球产业分工变化的背景下，中国正逐步从传统制造向高端制造迈进。美国的卡脖子行为虽然造成一定的困难，但也促使中国更加注重技术自主性和核心竞争力的提升。借助技术创新，我国有望在高端制造领域取得突破，从而进一步提升自身产业链的附加值和竞争力。

三是抓住绿色转型的机遇实现产业结构的深度调整。绿色转型是指通过优化资源利用、降低环境影响、推动创新等手段，将传统产业升级为更具环保和可持续性的产业形态。在这一过程中，产业结构的深度调整是关键的一环。首先，产业结构的深度调整要紧密结合绿色发展理念。通过减少高污染、高耗能产业的比重，优化产业布局，实现资源的合理配置和有效利用，推动产业向绿色、低碳、循环经济方向转变。这有助于减少环境污染、降低碳排放，实现生态环境的保护和恢复。其次，深度调整要积极推动新兴产业的发展。新兴产业，如清洁能源、环保科技、可再生材料等，具有较高的环保性和创新性，能够为经济增长提供新的动力。通过加大对新兴产业的支持，鼓励创新研发，可以带动产业结构的升级和转型。此外，深度调整还需要加强科技创新和人才培养。推动产业结构的转型离不开创新技术的支撑。政府、企业和研究机构应共同加大对环保技术、可持续生产工艺等的研发投入，提升产业的竞争力。同时，我国应培养绿色产业相关的人才，提高人员的技能水平，适应产业升级的需求。最后，政府在产业结构调整中发挥重要作用。政府可以制定相关政策，如减税、补贴、绿色金融支持等，鼓励企业朝绿色产业方向发展。此外，政府还可以加强监管，加大对高污染、高排放企业的限制和处罚，引导产业向环保方向转型。

三、材料学科未来发展建议

新材料是新一轮科技革命的物质基础和根本保障。我国新材料发展起步晚，总体上仍处于跟跑和局部赶超的阶段。随着中国“工业革命补课”的基本完成、全方位赶上新一轮科技革命，我国具备了对新材料进行前置性先导研究和创新基础基本条件，为确保中国在未来材料科学领域中的竞争优势，加强我国新时期材料学科体系化建设和布局具有十分重要的意义，具体建议如下。

一是加强材料科学顶层设计，建立健全材料学科发展体系，推动多学科交叉融合。以我国基本国情、重大需求、战略目标、未来场景为导向，充分考虑国际环境、体制机制和创新能力等多方因素，进行战略研究部署，制定我国材料学科发展规划。针对材料领域出现的新理论、新方法、新技术等超前布局相关材料，设立重大科技专项，推动材料学科与其他物质科学交叉融合创新。将新材料基础理论研究列入重大工程、核心装备、关键构件等的规划、设计和制造等前置环节，通过应用场景和服役要求的共同探索和协调，构建材料学科向纵深方向发展。

二是营造有利于材料领域技术创新的优渥环境。我国应重视和鼓励原始创新和系统理论创新，以市场需求为驱动、应用为基础做好符合发展需要材料科技布局。我国应加快布局和建设材料领域国家战略科技力量，强化高校、企业、研究院所的产学研协同创新，解决好创新、技术、产品和商品之间的匹配度问题。我国应加快出台、实施有利于新材料领域创新和产业发展的相关法律、法规、指引、标准等，构建知识产权、标准、计量、检测等材料研发基础联动机制，加强海外知识产权、标准的保护和运营。

三是重视新材料领域人才梯队建设。科学技术的创新关键在于人才，要加强专业、实战、复合等高质量人才队伍的培养。我国要加快打造成新材料领域的人才高地，深化科教融合协同育人，完善科技人才评价和激励机制，建立和完善有利于优秀拔尖人才发挥作用、有利于青年人才脱颖而出、有利于队伍创新能力提升和结构动态优化的人才制度体系。我国还应积极推动“走出去”和“引进来”的融合，积极举荐我国科学家在新材料领域的国际组织担任重要职务，增强科技合作的主导性和引领性，加快引进海外高层次人才，助力新材料领域科技创新进入全球领跑行列。

专题报告

金属材料

一、概述

金属材料对社会、经济及科学技术活动的影响面大、带动力强，人类文明的发展和社会的进步同金属材料之间的关系十分密切。现代社会种类繁多的金属材料已成为人类社会发展的重要物质基础，金属材料的发展前景如何，不仅对相关行业有重大影响，也与整个社会有密切的关系。

金属材料是人类历史上系统应用研究时间最长，也是目前应用最为广泛的一种重要材料。金属材料在人类历史上一直扮演着重要的角色，这是由其自身性质决定的金属材料具有高弹性模量、高韧性和强度硬度较高等优点，同时金属材料来源广泛，种类繁多和加工技术相对成熟等优异的特性，这些优点都决定了金属材料在材料领域中占有极其重要的地位。随着现代金属材料科学的不断发展，金属材料从结构性材料、功能性材料等单一的用途方向逐渐向结构功能一体化材料的方向发展，使金属材料在机械制造业、国防领域、航空航天、建筑业、农业、矿业资源、电子信息等领域，有更明显的性价比优势和广阔的市场。

金属材料是指金属元素或以金属元素为主构成的具有金属特性的材料的统称，包括纯金属、合金、金属材料金属间化合物和特种金属材料等。当前，金属材料通常分为黑色金属、有色金属和金属功能材料。黑色金属材料又称为钢铁材料，包括工业纯铁、铸铁、碳钢材料，以及各种用途的结构钢、不锈钢、耐热钢、高温合金不锈钢等钢材。广义的黑色金属还包括铬、锰及其合金材料。有色金属材料是指除铁、铬、锰以外的所有金属及其合金材料，通常分为轻金属、重金属、贵金属、半金属、稀有金属和稀土金属材料等，有色合金材料的强度和硬度一般比纯金属材料高，并且具有电阻大、电阻温度系数小的特点。金属功能材料包括不同用途的结构金属材料和功能金属材料，是指通过光、电、磁、热、化学、生化等作用后具有特定功能的材料。其中有通过快速冷凝工艺获得的非晶态金属材料，以及准晶、微晶、纳米晶金属材料等，还有隐身、抗氢、超导、形状记忆、耐磨、减振阻尼等特殊功能合金以及金属基复合材料等，涉及面很广。

（一）钢铁材料

钢铁材料是国民经济的重要基础，在整个金属材料大家庭中始终占据着重要地位。随着国民经济的不断发展和科技的更新，钢铁材料的新需求和新技术也不断地出现，特别是能源工业、交通运输、航空技术对新型钢铁材料的社会需求。

钢铁行业是指以金属材料为原料，通过冶炼、加工、制造等工艺制造出各种金属制品的产业。这些金属制品包括但不限于机械设备、工具、建筑材料、家具、电子产品、交通运输设备等。金属制品行业是制造业的重要组成部分，也是国民经济的基础性产业之一。金属制品加工业是机械装备行业的一个子行业，包括结构性金属制品制造、金属工具制造、集装箱及金属包装容器制造、不锈钢及类似日用金属制品制造等，是钢铁、有色等基础金属的重要下游用户。与通用设备、专用设备、铁路设备等机械细分行业一样，金属制品加工业也是衡量一个国家制造业实力强弱的代表产业。在产业链方面，金属制品行业产业链包括从采矿业到矿产品加工业到钢铁业再到交通运输设备制造业及电工电器制造业等应用领域。

铁矿石是冶炼钢铁的重要原材料。近年来我国铁矿石产量呈现上升态势，2021 年我国铁矿石原矿产量为 98,053 万吨，同比增长 13.1%。2022 年为 96,787 万吨，较上年稍有下滑（见图 1）。从 2018—2022 年我国钢材产量情况来看，整体呈现出稳步上升的趋势，从 2018 年的 11.33 亿吨上升至 2022 年的 13.4 亿吨（见图 2）。

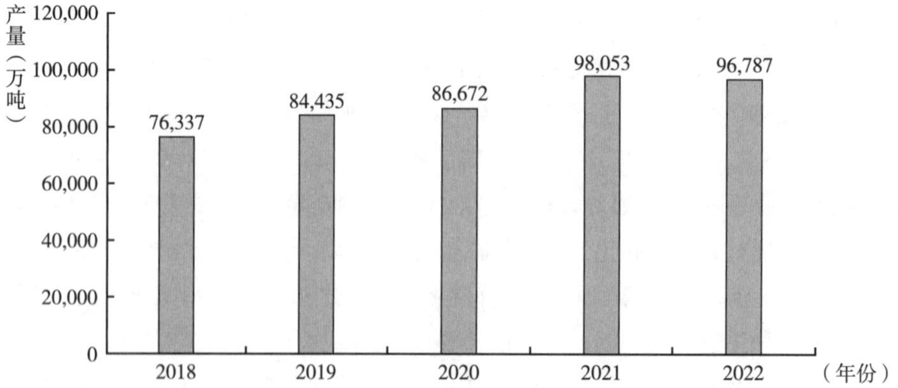

图 1　2018—2022 年中国铁矿石原矿产量

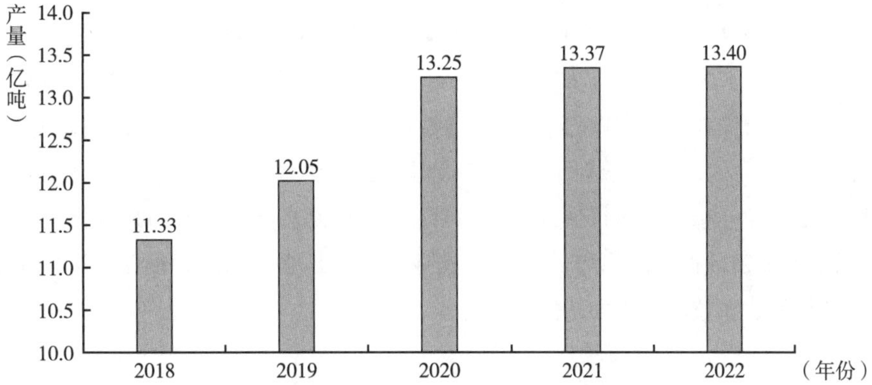

图 2　2018—2022 年中国钢材产量情况

（二）有色金属材料

随着金属材料科学技术的发展，有色金属材料逐步向高性能、高精度、低能耗发展。目前有色金属材料在性能方面获得了长足的进步，我国的有色金属材料行业经过多年发展，品种已较为齐全，工艺多样化，已形成具有一定实力的完整工业体系。随着现代化工、农业和科学技术的快速发展，有色金属扮演着越来越重要的角色。

我国有色金属产业非常庞大，经过近几年不断调整产业结构，转变生产方式，有色金属产业已经由产业大向产业强转变，产业综合实力逐步提升。有色金属产业在科技创新、生态发展方面也取得了一定成就，对国际社会产生了一定影响。我国铝合金材料的性能随着科技的创新有了很大的提高，其中锂合金、高强高韧度铝合金、耐热铝合金等材料性能尤为先进，得到了全球认可。我国在新型航空航天材料钛铝合金方面取得了重大突破，在关键性能指标上达到了国际领先水平。在镁资源方面，我国镁矿资源十分丰富，是我国镁产业发展的重要保障，镁产业的产品广泛应用于汽车、3C 产品等领域，并且我国镁合金材料的性能随着净化、细化和微合金化等技术的发展有了突破性提升。

有色金属的应用领域非常广泛，例如电气、电子、航空航天、化学工业、厨房电器等，是国民经济发展的基础材料，在国家安全、科技发展及人民的生活等方面都有着至关重要的地位，在我国工业与农业现代化进程中也发挥着极大作用。有色金属材料也被应用在新能源、生物工程、激光技术、海洋开发、空间材料等方面，例如铝合金除了是国防工业的关键材料，也是人们日常生活所需的材料。镁合金除了在航空航天领域发挥着重要作用，也被应用在汽车零部件、电子零部件里。铜及铜合金被应用在造船、电子、电气等行业。稀有金属钨、钽等也在不同的领域作为关键材料被开发利用，推动着国民经济的持续发展。在有色金属产业领域，我国的有色金属科技链非常健全，建设链和产业链也很完整，产能规模和市场需求在全球都是最大的。

近年来，我国有色金属工业生产稳中有升。据国家统计局数据，2022 年我国 10 种有色金属产量 6774.3 万吨，同比增长 4.3%（见图 3）。其中，精炼铜、原铝、铅、锌产量分别为 1106.3 万吨、4021.4 万吨、781.1 万吨、680.2 万吨，同比分别增长 4.5%、4.5%、4.0%、1.6%。氧化铝产量 8186.2 万吨，同比增长 5.6%；铜材产量 2286.5 万吨，同比增长 5.7%；铝材产量 6221.6 万吨，同比下降 1.4%。工业硅产量约为 335 万吨，同比增长 24% 左右。2022 年，我国有色金属行业固定资产投资同比增长 1.2%，其中，矿山采选投资同比下降 8%，冶炼及加工领域投资同比增长 3.2%，产业由规模扩张转向加大环保、提高安全性等技改及高端材料、新技术等方面研发。

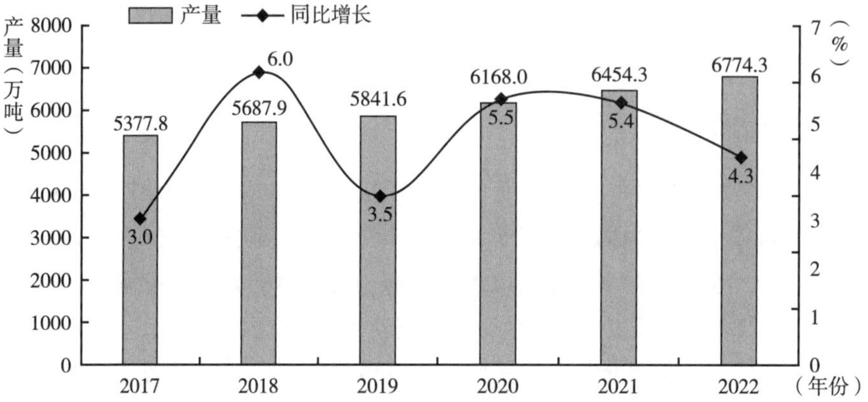

图 3　2017—2022 年中国 10 种有色金属产量及增长情况

我国有色金属工业固定资产投资正逐年增加，投资结构正进一步优化，投资主体多元化成为推动行业快速发展的重要因素，未来许多下游消费行业对常用有色金属需求仍将保持适度增长趋势。

（三）金属功能材料

金属功能材料是一类具有特殊物理性能的金属材料，是指具有独特的声、光、电、热、磁等性能的金属材料。金属功能材料是通信、电子、能源、交通、空间技术及核工业中必不可少的关键材料。我国对金属功能材料的研发始于中华人民共和国成立初期，从最初几家科研院所从事小批量科研和生产，服务国防事业的形式开始，发展到如今颇具规模的产业，已能满足国内大部分行业对金属功能材料质量和数量的要求。

金属功能材料按照材料物理性质分类可分为：磁性材料、电性材料、光学材料、声学材料、力学材料、化学功能材料等。按照功能材料的应用领域分类可分为：电子材料、军工材料、核材料、信息工业用材料、能源材料、医学材料等。其中稀土及稀有金属材料具有多种优良性质，因而在国民经济各部门及近代科学技术各领域中（如航空航天、能源、电子、化工等）占有日益重要的地位。稀土功能材料包括高性能稀土（永）磁性材料及其制品、稀土催化材料、稀土储氢材料、稀土光功能材料、超磁致伸缩材料、稀土光导纤维、稀土激光晶体、稀土精密陶瓷材料、高性能稀土抛光材料、稀土磁光存储材料、稀土磁致冷材料，以及稀土纳米材料、高纯稀土化合物、稀土环保颜料等。在有些领域中，稀有金属材料的应用甚至成为促进该领域在某一阶段发展的主要因素之一。在航空航天技术中，密度小、强度大、耐高温的钛材的应用，使制造宇宙飞行器及马赫数较大的超音速飞机成为可能。

稀土金属及其氧化物可进一步精密加工成稀土磁性材料、稀土催化材料、稀土储氢材料、稀土抛光材料、稀土发光材料、稀土合金材料等稀土功能材料，最后被广泛应用于风力发电、新能源汽车、节能变频空调、节能电梯、机器人及智能制造等。稀土由于独特的电子层结构和耐热特性，在石油化工、玻璃陶瓷、冶金、机械、农业轻纺、永磁新材料等领域得到了广泛应用。目前我国稀土功能材料应用中，稀土永磁材料占比为60%左右。

2022年，我国主要稀土功能材料产量保持平稳增长。在稀土磁性材料方面，烧结钕铁硼毛坯产量为11.6万吨，同比增长15%；粘结钕铁硼产量为4490吨，同比增长2%；钐钴磁体产量为1490吨，同比增长14.6%。在稀土催化材料方面，石油催化裂化催化剂产量为10.9万吨（不含外资企业），同比下降4.4%；机动车尾气净化剂产量为975万升（不含外资企业），同比增长36.4%。在稀土发光材料方面，LED荧光粉产量为289.5吨，同比下降14.9%；三基色荧光粉产量为360吨，同比下降13.9%；长余辉荧光粉产量为120.5吨，同比下降5.9%。稀土储氢材料产量为4398吨，同比下降13.4%。稀土抛光材料产量为1.6万吨，同比下降8.4%。

二、国内外最新研究进展

（一）钢铁材料

提高强度是钢铁材料研发的永恒主题。晶粒细化被认为是唯一能同时提高钢铁强度和韧性的方法。20世纪60年代，微合金化与控轧控冷技术的运用，使人们在晶粒细化方面走得越来越远，到了90年代，人们开始研究将铁素体晶粒细化到亚微米级的方法，期待可以将低合金钢的强度从400MPa级提高到800MPa级。日本国家材料研究所（NIMS）长井寿牵头的Ultra Steel项目的目标是将晶粒细化到1μm以下，随后韩国浦项钢铁公司（POSCO）周雄龙牵头的HIPERS-21项目也有类似目标。翁宇庆院士带领我国钢铁研发优势团队从1997年的国家科技部攀登预选项目开始，到1998—2003年的国家科技部“973”项目（新一代钢铁材料的重大基础研究），同样以提高强度为目标，除了将400MPa级微合金钢的晶粒细化使强度提高至800MPa级，还有将200MPa级普碳钢的强度通过晶粒细化翻番。

钢铁研究总院研究工作最大的亮点是明确了微米级尺度（4 ~ 10μm）的铁素体和少量珠光体是可以工业化接受的晶粒细化范围，我们称之为微晶钢。目前，生产微晶钢已经成为许多钢企的常态。在 21 世纪的最初 10 年里，针对高强度化后出现的延迟断裂和疲劳破坏问题，钢铁研究总院采用界面强化（boundary）、夹杂物控制（inclusion）、氢陷阱导入（trapping）相结合的方法（BIT），开发了长寿命、高强度、紧固件用钢和弹簧钢技术。针对强度提高伴随的钢铁塑韧性下降的问题，以钢铁研究总院为主的各研究团体于 2010 年提出了通过“多相（multiphase）、亚稳（metastable）、多尺度（multiscale）”的 M3 组织调控方法，有效阻碍了裂纹形成与扩展，形成了第三代先进高强汽车钢技术、高塑韧性低合金钢技术、耐 650℃铁素体耐热钢技术。

高品质特种钢铁材料包括核电用、超超临界火电用、高性能汽车用、高速铁路用等特殊钢型材及其锻件，高品质不锈钢，高性能工模具用钢，耐腐蚀及耐高温，高压高强钢，高性能工程用钢等；铁基高温合金铸件，特殊钢铸件，高强度低温和超低温用可焊接铸钢件等，特殊品种高级无缝管等；高速钢、模具钢、高速钢薄板、模具钢薄板、钛及钛合金薄板、双金属结构材料，镁及镁合金薄板；高速钢扁丝、钛及钛合金丝等。

钢铁研究总院结合国民经济建设和国家重大工程对高性能先进钢铁材料的迫切需求，积极开展军工用钢、海洋与船舶用钢、火电核电与石化用钢、建筑交通用钢、模具用钢，以及基础件用钢的基础理论、关键技术和新产品研发工作，在基础理论和关键工艺技术方面取得一系列成果，包括高强度钢氢脆控制机理和轴承钢的长寿命控制机理、大线能量焊接用钢的第二相粒子控制技术、高强度球扁钢截面组织性能均质化控制技术、高止裂性船板韧化控制技术、热作模具钢高等向性控制技术、大型难变形合金均匀化冶炼控制技术、大锻件晶粒组织细化和均匀化的热过程控制技术等。并在此基础上开发了耐低温、抗酸、抗大变形、深海可用等高性能管线钢，连续油井管，超大膨胀量膨胀管，超高压压裂泵液力端用长寿命泵体材料，TiN 粒子增强型耐磨钢，高性能高铁轮轴用钢，建筑用高强度耐火耐磨钢，高品质压铸系列模具钢，630℃超超临界火电用耐热材料，新型马氏体耐热钢，新一代核压力容器用钢，先进核能核岛关键装备用耐蚀合金，以及以飞机起落架、战斗部壳体用钢为代表的超高强度钢，取得了一系列丰硕的成果。同时，钢铁研究总院积极开展材料基因组、钢铁材料数据库建设、网络平台与云端服务等关键技术研究，对支撑和促进我国钢铁工业的发展和进步起到了积极作用。

提高强度是合金结构钢发展的永恒主题，然而提高强度首先需要解决塑性和韧性下降的问题，还需要考虑强度提高导致的疲劳破坏（当抗拉强度≥ 1500MPa）和延迟断裂（当抗拉强度≥ 1200MPa）倾向，并在钢材生产、零件加工、服役评价方面统一考虑性能提高的可行性。钢铁材料强度的发展还有很大空间。1956 年，布伦纳（Brenner）在钢晶须中获得了 13GPa 的抗拉强度；1990 年，日本制铁生产的冷拔珠光体钢丝，其抗拉强度可达 5.7GPa，商业化子午线轮胎用冷拔珠光体钢丝的最高抗拉强度可达 7.0GPa；大部分热处理马氏体钢的抗拉强度在 600 ~ 1800MPa 范围内；目前超高强度钢工业生产的最高抗拉强度接近 2400MPa。这些强度离晶须强度和理想强度尚有一定的距离，说明依靠缺陷强化的钢铁材料仍然有提高强度的潜力，研究人员还需要探索依靠缺陷强化的钢铁强度极限，以及强度和塑韧性倒置问题。从理论来讲，无缺陷 bcc 结构单晶 Fe 沿 <100> 晶向的理论断裂强度为 10 ~ 14GPa，而在弹塑性材料中，裂纹尖端的应力是屈服强度的 4 倍多，因此当钢材屈服强度为 2.2 ~ 3GPa 时，裂纹尖端的强度已超过理论断裂强度，材料将发生脆性断裂。另外，多晶材料中会发生应力集中、晶界脆化等现象，因此强度级别越高，材料脆性断裂的趋势越大。通过热处理获得的 2200MPa 级马氏体钢，尽管其韧塑性不高，但在部分需要超高强度的应用场合下获得了工业应用。

采用传统碳固溶与析出的马氏体强化方式难以获得理想的强度和韧塑性匹配，强韧化方式需要新突破。2017 年，Jiang 等采用高密度共格纳米析出相获得 2200MPa 级钢，创新性提出纳米析出强化理论，对合金设计优化很有意义。同年，He 等报道了高塑性 2200MPa 级超高强度钢的研究结果，通过提高位错密度，均匀延伸率达到 16%。该研究突破了经典理论中认为高位错密度会提高强度，同时降低塑性的认知，对钢的强韧化发展很有贡献。从微观组织看，贝氏体和马氏体钢都可获得超高强度，如 Caballero 等在实验室中研制的贝氏体钢强度级别可达 2500MPa，断裂韧度为 30 ~ 40MPa · $m^{1/2}$，美国 Carpenter 公司研制的 AerMet340 钢抗拉强度接近 2400MPa，断裂韧度为 30 ~ 40MPa · $m^{1/2}$，该钢已获得工业化应用。贝氏体钢相变时间过长，因此该类钢的生产效率偏低，目前大部分超高强度钢为马氏体钢，如二次硬化钢、马氏体时效钢、低合金超强度钢、沉淀硬化不锈钢等。目前实验室中已能制备出块体 2800MPa 级的超高强度钢，但其韧塑性较差，难以获得推广应用。应该说，马氏体钢还有很大的强化和韧化潜力，仍需我们更好地运用多相组织的强韧化作用。

马氏体不锈钢最广泛的用途是制作刀具。刀具是家庭生活、医疗器械、户外运动、军警人员训练及防卫必不可少的重要工具，具有使用广泛且频率高的特点。影响刀具加工和使役性能的因素包括硬度、淬透性、强度、塑性、韧性、锋利度、耐用度、耐蚀性、耐磨性、加工性。目前高端刀具用材主要为高碳马氏体不锈钢。AISI440C（90Cr18MoV/X105CrMo17）是最早发现的马氏体不锈钢之一，同时也是第一代航发轴承钢。高碳及高铬的设计目的是大幅提升材料强度及耐蚀性。

高碳马氏体不锈钢主要用于高端刀具与航发零部件制造。我国不锈钢刀剪产业规模居世界第一，是全球重要生产基地。但在高端刀具用钢及刀具产品方面，与德国和日本仍有一些差距。近年来，我国刀剪企业与钢企及研发机构合作，开展了刀剪用马氏体不锈钢的研发。我国钢企具有先进的冶金设备和生产工艺流程，在工艺技术与应用技术方面持续努力，相信不远的将来可以很好地控制化学成分一致性、碳化物均匀细小，达到产品更高寿命与可靠性的要求。国内相关单位也在研发新型更高性能的马氏体不锈钢，并将其用于航发主轴轴承与刀具制造。

近 10 年来，我国钢铁行业在规模、装备水平、产品质量与品种等方面跃上了新的台阶，目前我国拥有世界钢铁领域中大部分的工艺流程及最先进的装备技术。成形成性的轧制加工领域同样在工艺、装备、产品质量和品种等方面取得了显著进步。总的来看，在轧制成形领域，钢材产品尺寸高精度控制、形状控制精细化水平持续提升，除部分宽幅轧线外，自主知识产权的轧线自动控制系统已普遍应用于我国中厚板、热连轧、冷轧 / 连轧等各类钢材轧制生产线。在轧线产品组织性能调控领域，以在线热处理调控轧态组织为核心的新一代冷却技术取得标志性进展，自主创新技术应用于热轧板、管、型、线领域，达到或赶超国际先进水平；在热轧钢材离线热处理技术领域，以极限规格热轧钢材淬火热处理技术为代表，热轧钢材离线热处理技术已达到国际先进或领先水平；在以铸 - 轧一体化为代表的短流程技术领域，以薄板坯连铸连轧无头轧制、薄带铸轧技术为代表，我国通过对产线或核心技术的持续全面引进，建成和拥有了世界上类别最全的轧制产线；在产品高质化方面，研究人员在工艺与装备技术进步的基础上，大力研发新材料，产品品种全面跟上国际水平，产品质量大幅度提升，基本满足了交通、能源、装备等下游用户行业对高品质钢铁材料的全面需求。

东北大学轧制技术及连轧自动化国家重点实验室（东大 RAL）提出并成功研发了基于倾斜射流冷却的超快速冷却技术，并相继与首钢、鞍钢、敬业钢铁、涟钢等企业进行产学研合作，构建了以超快速冷却为核心的热轧板带新一代 TMCP 工艺技术体系，开发出系列大型射流喷嘴和成套高强度均匀化冷却技术，成功研制出首台套热轧板、带超快速冷却成套装备，开发出以热轧板带节约型合金成分体系为特点的 UFC-F、UFC-B 和 UFC-M 三类核心工艺，实现了基于超快速冷却技术的新一代 TMCP 工艺原理 - 关键装备技术 - 产品技术一体化创新，使我国在该领域与国际最先进水平并驾齐驱，并成为当前我国热轧板带领域主流工艺技术，推动了我国热轧板带减量化生产、量大面广普碳钢升级换代和高端特种钢材产品的突破。

热轧过程最大的能源消耗工序是连铸坯入加热炉加热工序或连铸坯补热工序。连铸后应尽可能减少热量损失，把连铸和轧制两种工艺结合起来。实现铸 - 轧一体化，对降低能源消耗、降低生产成本、增加金属收得率、开发生产极限规格产品等具有重要意义。近 10 年来，我国钢铁行业铸 - 轧一体化短流程工艺技术取得了长足进步，铸轧界面相关技术、无头轧制、薄带铸轧等技术已相继落地实施，国内已拥有当前世界上大部分的铸轧短流程技术。东北大学朱苗勇教授团队结合大断面连铸方坯生产实际，从压下量、压下区间、凝固末端位置检测、装备控制等方面进行系统研究，开发了形成凝固末端重压下集成技术。生产实践表明，采用该技术生产的轴承钢连铸坯及轧材质量有明显改善，其中轧制棒材中心疏松从 2.0 ~ 2.5 级降至 1.0 级以内。在宽厚板坯方面，唐钢集团建成并投产的国际首条连续、动态重压下宽厚板坯生产线，解决了高端大断面连铸坯中心偏析与疏松严重的技术难题，首次实现轧制压缩比 1.87 : 1 条件下 150mm 厚高建用钢大批量稳定生产。进一步，首钢京唐公司应用宽厚板坯连铸大辊径大压下设备，对不同拉速条件下 400mm 宽厚板坯在连铸凝固末端及 300mm 宽厚板坯连铸完全凝固后，进行了大辊径大压下装备工艺及 4300mm 轧机特厚板轧制技术开发和生产应用实践，通过连铸坯大辊径大压下与优化轧制工艺获得了以低压缩比、低成本、短流程生产的组织性能优异的高质量特厚板。

（二）有色金属材料

随着世界各国对空间技术需求的快速增长，航天领域对弹性材料的要求也越来越高，这类材料需要兼具轻质、低弹性模量和高强度的特性，以获得高弹性储能密度，并且要能够在宇宙空间大温差的极端环境中保持稳定性能。目前，具有这类独特性能的材料仍然较为罕见，一是因为高强度和低弹性模量两种对立性能很难同时实现，二是因为材料原子间结合力会随着温度下降产生“弹性硬化”现象，从而无法实现宽温域下的恒弹性模量。

西安交大前沿院铁性智能材料研究团队在轻质镁钪合金中通过调控成分设计了独特的“应变玻璃”合金——具有冻结纳米马氏体畴的合金，该合金在 200MPa 工作应力和宽温域下显示出稳定的高弹性储能密度，属于轻质低模量恒弹性合金。该轻质应变玻璃合金（密度仅为 2g/cm^3，与工程塑料相当）利用应变玻璃的适量弹性软化性质抵消其固有的弹性硬化，克服了上述原理性难题，实现了从室温到 –150℃宽温域下的恒定低弹性模量（20 ~ 23GPa），同时具有镁合金中最高屈服强度等级（200 ~ 270MPa）和百万次量级的疲劳寿命，这一优越性能使该合金有望在航空航天等高科技领域得到广泛应用。

中国科学院金属研究所沈阳材料科学国家研究中心研究发现，受限晶体结构可显著降低铝镁合金中的高温原子扩散速率。在铝镁合金平衡熔化温度附近，受限晶体结构的表观晶间扩散速率比同成分材料的晶界扩散低约 7 个数量级。该发现不但揭示了受限晶体结构一种全新的原子扩散行为，而且表明金属材料的高温原子扩散速率可以利用这种新型亚稳结构得到大幅度降低，这为发展高性能高热稳定性金属材料开辟了一条全新途径。研究团队利用自主研发的低温塑性变形技术，将过饱和 A15Mg 合金薄片的晶粒尺寸细化至 10nm 以下，并成功获得受限晶体结构。利用该结构，研究团队系统研究了该合金在升温过程中的 3 种原子扩散控制的结构演化过程。研究表明，在接近合金熔点的高温下，受限晶体结构可以有效抑制这 3 种结构演化过程，甚至使合金的熔化温度比平衡熔点提升了 69K，表现出超低的原子扩散速率。

近年来，增材制造技术越来越受重视，美国、英国、德国等都提出了增材制造技术研究、产业计划，投入了大量人力物力进行产业竞争。我国也对增材制造技术加以支持，《“十三五”国家战略性新兴产业发展规划》中重点提及了增材制造。《增材制造标准领航行动计划（2020—2022 年）》提出推动 2 ~ 3 项我国优势增材制造技术和标准制定为国际标准，增材制造国际标准转化率达到了 90%，增材制造标准的国际竞争力也不断提升。北京、广东、陕西等地也根据实际情况不断推动增材制造产业发展，2020 年广东省 3D 打印设备产量增长超过 100%。

航空航天是较早开展金属增材制造的领域，早期应用是钛合金支架。钛合金粉末激光增材制造技术制成的飞机中央翼缘条构件，已在国产飞机上实际应用。钛丝在进行电子束增材制造的过程中，熔池前部存在剧烈的合金流体运动，热毛细力是流体运动的主要驱动力，熔滴撞击效应会周期性地影响熔池的传热和流体运动，电子束的高频椭圆扫描可降低熔池的温度梯度和流体流动的幅度，该增材制造技术可用于外太空简单结构及低成本零件的快速制造。电弧增材制造形成的钛合金凝固，不同部位晶体结构不同，在堆积区和熔合区之间有很好的冶金结合。增材制造的钛合金与铸造钛合金相比，抗拉强度提高了 3.7%，延伸率提高了 37%，拉伸断口为韧窝状的韧性断裂，与铸态合金断口形貌差异明显。钛合金电弧增材制造在提高工件质量的同时，也提高了可加工工件的尺寸和加工速度。

镍合金是一种高温合金。Inconel 718 合金增材制造形成的工件抗拉强度和硬度通常介于铸造和锻造 Inconel 718 的抗拉强度和硬度之间，强度取决于所用的增材制造技术、工艺参数、热处理条件、结构几何形状、加载方向等。Inconel 718 合金增材制造的工件表面质量会变差，经后续热处理后缺陷减少，疲劳强度会高于合金本身。Inconel 718 合金增材制造的工件使用温度可达 700℃，在飞机、涡轮增压器转子等方面有着广泛应用。铝合金强度高、耐蚀性好，是航空航天领域常用的轻量化材料。铝合金增材制造技术有选择性激光融化和电弧增材制造，研究主要侧重于工艺参数对工件性能的影响。通过激光融化增材制造技术制造的铝合金天线支撑结构被装在韩国通信卫星 Koreasat-7 上，该结构尺寸大、重量轻，大大节约了制造成本。

（三）金属功能材料

电工钢板的制造技术和产品质量是衡量一个国家特殊钢生产和科技发展水平的重要标志之一。电工钢板的生产工艺复杂，制造技术严格，国外相关生产技术都以专利形式加以保护，被视为企业的生命。电工钢板带主要用来制造各种变压器、电动机和发电机的铁芯。近年来，中国电工钢板带产量呈增长趋势，2021 年中国电工钢板带产量为 1197.41 万吨，同比增长 16.5%，其中热轧电工钢板产量 48.05 万吨，同比增长 109.0%；冷轧电工钢板（带）产量 1149.35 万吨，同比增长 14.4%。近年来，随着我国工业制造行业的快速发展，电工钢板市场需求增长空间相对较大。2021 年中国电工钢板带销售量 1181.10 万吨，同比增长 14.7%，其中冷轧无取向硅钢片在磁性材料中用量最大，是一种节能的重要金属功能材料。市场上对冷轧无取向硅钢的需求量呈稳步上升趋势。2021 年中国冷轧电工钢板（带）销售量 1133.12 万吨，同比增长 12.5%，热轧电工钢板销售量相对较少，仅为 47.97 万吨，同比增长 107.7%。

我国稀土磁性材料主要是稀土永磁材料。永磁材料包括金属永磁材料（铝镍钴合金、铁铬钴合金）、复合永磁材料、铁氧体永磁材料和稀土永磁材料，相较于传统永磁材料，稀土永磁材料是目前磁性能最好、综合性能最优的磁性材料。稀土永磁材料不仅是整个稀土领域发展最快、产业规模最大最完整的发展方向，也是国防工业和现代工业领域不可替代和不可或缺的关键基础材料，以及稀土消耗量最大的应用领域。稀土永磁材料，即稀土永磁合金，是将钐、钕等稀土金属与钴、铁等过渡金属组成的合金，通过烧结、粘结等不同制备方法生产成型，再经磁场充磁后制得的一种具有较强磁性性能和综合性能的磁性材料。稀土永磁材料用途广泛，应用领域包括计算机、汽车、仪器仪表、家用电器等传统行业，也包括风力发电、新能源汽车、节能电梯等新兴行业。根据金属元素组成及制备方法进行分类，稀土永磁材料可分为钐钴永磁材料和钕铁硼永磁材料。

高性能稀土永磁材料是清洁能源和节能环保领域必不可少的核心材料，有助于降低各类电机的耗电量，节能效果显著，在减少碳排放方面有突出优势。根据弗若斯特沙利文咨询公司的报告，全球50%以上的电力消耗来自电机，与传统电机相比，稀土永磁材料电机可节省高达15%～20%的能源。此外，稀土永磁材料的应用使变频家电、新能源汽车、汽车零部件，以及3C智能电子产品实现更轻量小型化，符合消费者的偏好。

我国已成为全球最大的稀土永磁材料生产国。中国稀土永磁材料产量占全球90%左右，可以说主导全球市场。自2000年以后，我国稀土永磁材料应用的产业规模不断扩大，烧结钕铁硼磁体毛坯产量由“十二五”初期的8万吨增加到2021年的20.71万吨，占全球产量90%以上。根据英洛华公司的2022年年报，2022年中国钕铁硼永磁材料产量约为25万吨，较2021年同比增长9%。根据弗若斯特沙利文咨询公司的预测，2025年我国及全球的稀土永磁材料产量将分别达到28.4万吨和31.0万吨，预计未来全球高性能钕铁硼供给增量可能主要集中在中国。

在技术水平方面，我国在高性能稀土永磁材料、重稀土减量化技术、高丰度稀土永磁材料的平衡利用和磁体回收利用技术等领域接近世界先进水平。随着我国企业先后在破碎制粉、双合金配比、后道加工等环节取得重大突破，在坯料成型、线切割、产线自动化、后处理工艺等方面实现赶超，我国钕铁硼永磁材料生产技术水平取得了长足进步，产品磁性能、热稳定性、耐蚀性等指标得到了大幅提升，同时我国钕铁硼永磁材料生产装备基本实现国产化，快淬甩带、破碎制粉、真空熔炼等设备已突破了技术封锁达到或接近国际先进水平，加之国内消费电子、节能家电等应用领域的快速发展，国内钕铁硼永磁材料生产企业正在迅速成长。

镧、铈、镨等稀土元素具有独特的电子层结构，能够在化学反应中实现良好的助催化作用，此类轻稀土及相关稀土氧化物是用作生产工业催化剂的理想材料。稀土催化材料是采用沉淀、浸渍、熔融等方法，将稀土与过渡金属氧化物、贵金属等其他组成成分进行加工而制成的催化材料。稀土催化材料含有少量的稀土，其中稀土、稀土氧化物等主要是助催化剂、稳定剂、混合催化剂中的次要成分，能够起到提高催化剂热稳定性、催化剂活性、催化剂储氧能力，以及减少贵金属活性组分用量等作用。因具有良好的功能特性，稀土催化材料可广泛应用于石油化工、汽车尾气净化、工业废气和人居环境净化、燃料电池等领域。

全球催化剂知名企业有近 20 家，其中巴斯夫、庄信万丰、优美科等公司已在中国设立生产基地，并在中国稀土催化剂市场处于垄断地位，催化剂载体市场则被美国康宁、日本 NGK 长期全面垄断，早期也有部分外资公司选择与中石油、中石化等合资建设基地。

相比行业发展较早、技术水平高、产品稳定性佳的欧美企业，本土稀土催化材料行业起步较晚，生产经验积累不足、技术工艺水平有待提高，叠加产品利润率与企业规模无法与外资企业比肩。与世界同类催化剂相比，国产裂化催化剂在使用性能上已达到相同水平，但在机动车尾气净化催化剂、火电厂用高温工业废气脱硝催化剂领域，如铈锆稀土储氧材料、改性氧化铝涂层等关键材料，大尺寸、超薄壁载体（> 600 目）规模化生产，以及系统集成关键技术与装备等方面，与国外先进水平仍有一定差距。

我国国产稀土催化材料行业企业有数十家，重点企业有中石化催化剂、无锡威孚力达、昆明贵研催化剂、中自环保等，其中石油裂化催化剂以中石化、中石油产业链内部企业为主体，机动车尾气净化剂大型企业一般向下游延伸（如净化器）。稀土基脱硝催化剂当前总体规模较小，尚处于起步阶段，北方稀土下属公司内蒙古希捷环保、山东天璨环保较具优势。

储氢是指把氢气通过物理或化学的方法储存起来。储氢材料是可以在一定的温度和压力下与氢气发生反应，并且能可逆吸放氢气的一种材料。金属化合物储氢材料根据合金的成分可以分为稀土系储氢合金、镁系储氢合金、钛系储氢合金、锆系储氢合金和钙系储氢合金。稀土储氢材料一般指的是稀土储氢合金粉，是将稀土金属和第二种金属制成合金后，在较低温度下能可逆地吸收和释放氢气的材料，此类材料可应用于新能源设备、电子设备、小电流电器等。稀土储氢合金主要有两类：LaNi5 型镧镍储氢合金（AB5 型）和 La-Mg-Ni 系镁基储氢合金（AB3 型、A2B7 型）。稀土储氢材料中的稀土为镧（La）、铈（Ce）、镨（Pr）、钕（Nd）等轻中稀土金属，含量为 35wt.% 左右。稀土永磁材料产业的发展使镧、铈等稀土产品大量积压，因此以镧、铈等高丰度稀土为主要组分的稀土储氢材料的研发及产业化，不仅可以推动混合动力汽车的发展，还将促进稀土资源的平衡利用和稀土行业的可持续发展。

全球稀土储氢材料市场主要由中国与日本两国供应，我国是稀土储氢合金生产大国。2005 年以来，我国稀土储氢材料产量逐渐超过日本，2019 年，全球稀土储氢合金产量中，中国占比 71%，日本占比 25%。在全球市场中，日本稀土储氢合金行业起步较早，技术先进，代表性企业主要有东丽、东邦、三菱、三井等，是全球重要的稀土储氢合金供应国。日本稀土资源缺乏，稀土资源主要依靠从中国进口。我国稀土储氢合金生产企业主要有厦门钨业、北方稀土、内蒙古稀奥科稀土储氢合金有限公司（北方稀土下属公司）、中稀（微山）稀土新材料有限公司、包头中科轩达新能源科技有限公司、包头三德电池材料有限公司（日资）、江西江钨浩运科技有限公司（江钨控股）、四川万凯丰稀土新能源科技有限公司等。但与日本相比，我国在高技术含量稀土储氢合金领域竞争力依然不足。

稀土抛光材料是指以氧化铈为主要成分，用于工业化生产过程的抛光材料，按照氧化铈的含量一般可分为低铈抛光粉和高铈抛光粉，主要用于半导体、集成电路、高精度机械加工等应用领域。自20世纪40年代稀土抛光材料出现以来，由于其粒度均匀、硬度适中、抛光速率高、表面质量好、使用寿命长及清洁环保等优点被广泛应用于透镜、平板玻璃、玻壳、眼镜、表壳等的抛光。特别是近年来随着液晶显示器产业的兴起与不断壮大，高性能液晶抛光粉得到了快速发展，已经广泛应用于光学玻璃、液晶玻璃基板等。2021年中国稀土抛光材料产量4.42万吨，其中北方稀土产量3.19万吨，占比达72%，在国内生产市场中占据绝对主导地位。其旗下主要公司为包头天骄清美稀土抛光粉有限公司、淄博包钢灵芝稀土高科技股份有限公司。其他重点企业包括凯盛科技股份有限公司、湖南皓志科技股份有限公司、包头市昊锐稀土有限公司（内蒙古高新集团）、上海华明高纳稀土新材料有限公司、包头市新源稀土高新材料有限公司等。

稀土元素无论被用作发光（荧光）材料的基质成分，还是被用作激活剂、共激活剂、敏化剂或掺杂剂制成发光材料，这类材料一般统称为稀土发光材料或稀土荧光材料，其所用的稀土材料主要是铕和钆。稀土发光材料主要产品有LED荧光粉、三基色荧光粉、长余辉荧光粉等。稀土发光具有吸收能力强、转换效率高的优点，在交通指示、节能照明、现代农业、军事照明、新能源、新型探测、信息和医疗产业等领域均有应用。随着半导体材料在照明、显示和信息探测领域的加速渗透，市场对光源的品质化需求也越来越高。在照明领域，目前实现全光谱照明被认为是新一代白光LED照明的主导方向。在其他发光材料领域，近红外探测器件是物联网的重要组成部分，已成为全球关注的焦点，在安防监控、生物识别、食品医疗检测等领域有很大的应用前景。

在发光材料领域，以白光发光二极管（LED）用照明与显示材料为例，三菱化学株式会社、电气化学株式会社、日亚化学工业株式会社等日本企业在全球市场的生产量、销售量、资产总额等方面占据绝对优势。我国的白光LED荧光粉国产化率从2000年的不足5%提升至目前的约85%，但在创新驱动力与自我提升能力方面，与国外仍有一定的技术差距。

全球稀土荧光材料趋于饱和，增长缓慢，2012年全球稀土荧光粉需求量为8600吨，到2018年降幅近30%。稀土三基色荧光粉支撑的稀土节能灯与LED节能灯相比，在光效、成本和照明效果方面有一定的劣势，随着LED节能等技术发展，稀土三基色荧光粉的市场需求被蚕食。我国市场份额占比较大的LED荧光粉企业主要有英特美、根本化学、江苏博睿、希尔德、有研稀土、科恒股份、新力光源、中村宇极等。2018年稀土LED荧光粉中的黄粉由英特美和根本化学主导，市场占比达70%，国内企业有研稀土和江苏博睿占20%市场份额；红粉由三菱化学主导，绿粉仍由美国英特美主导，有研稀土的LED荧光粉质量达到国际先进水平，影响力在国内企业中居首。

稀土合金具有质量轻、强度高、耐腐蚀、韧性及延展性好等优点，可大幅提高其他产品的质量和性能，适用于高端工业领域，导弹、飞机、潜艇、航天等制造领域都离不开稀土合金材料。稀土合金材料可用于制造喷气式发动机的传动装置、直升机的变速箱、飞机的着陆轮和座舱罩；可用于制造稀土碳钢，既能做防护装甲，又能增大迫击炮弹杀伤力；可适应太空的高真空和宇宙射线的强辐射，是各类航天器上必不可少的轴承润滑剂。除了稀土储氢合金材料、稀土磁材合金，稀土合金材料的常见产品包括稀土镁合金、稀土铝合金、稀土硅铁合金等。

稀土镁合金比普通镁合金具有更优异的物理性能，是镁合金行业中的新兴领域。稀土元素具有很强的化学活性，对镁合金材料有净化、活化、细化和合金化的作用，有利于提升镁合金材料的质量、成型性、耐腐蚀性、机械性能及物化综合性能，有利于直接降低材料重量，提高材质抗性。航空航天领域为稀土镁合金最大需求端，需求占比达 40.0%。航空发动机材料对合金高温力学性能及合金高温性能要求极高，而稀土镁合金具有阻燃、耐高温等优势，因此其在航空航天领域中获得了广泛应用。在军工领域，稀土镁合金具有轻量化优势，可用于制造中高速导弹舱体、单兵武器、歼击机翼肋等产品。在市场需求带动下，我国稀土镁合金市场规模不断扩大，2021 年我国稀土镁合金市场规模达 22.7 亿元，同比增长 23.6%。我国稀土镁合金生产企业多集中在原生镁锭及稀土资源主产区，包括内蒙古、湖南、广西、江西、广东、宁夏等地。

稀土硅铁合金是我国稀土工业主要传统产品之一，是由硅铁、稀土、钙、生铁或废钢等按一定比例配料经高温熔融而成的合金，可用于铸钢铸铁，有较强脱氧、脱硫的效果，是生产球化剂、蠕化剂、孕育剂的基础材料，在生产钢、铁的过程中作添加剂、合金剂。根据中国稀土行业协会数据，2020 年我国稀土硅铁合金产量为 22637 吨。

稀土晶体是指稀土元素可以完整占据结晶学结构中某一格点的晶体，其作为核心工作物质在激光技术与电离辐射探测技术中得到了广泛应用。稀土晶体包含约 30 种稀土晶体材料，按功能可分为磁学晶体、电学晶体、光学晶体、催化晶体、能源晶体、超导材料等。稀土晶体材料在国防军工、尖端科学装置、医疗、探测、安全检查等领域具有广泛应用，开展稀土晶体材料及其产业化制备技术是该领域未来主要发展趋势。

三、存在的问题及面临的挑战

（一）钢铁材料

当今，金属材料在人类社会中的地位受到了前所未有的挑战。一方面是高分子材料和陶瓷材料对传统金属材料的冲击。高分子材料，尤其是工程塑料，从性能到应用的许多方面已能和传统的金属材料相抗衡，再加上其原料丰富、价格便宜、产量惊人，在市场上迅速崛起。而陶瓷材料在现代电子工业中占有异常重要的地位。另一方面是金属材料自身对能源、资源和环境三方面造成的巨大消耗。金属材料经过数千年的发展，某些主要金属矿产资源日渐紧张、高质量的金属矿产消耗迅速、低质量的矿物使能源消耗和成本增加，这些都使金属工业成为能源最重要的消耗者，同时也是严重的环境污染者。

基于以上原因，金属材料的发展可以在以下两个方面进行。一是对已有的金属材料要最大限度地提高质量，挖掘潜力，使其产生最大的效益。这要求金属材料的制造技术要有飞跃性的进步。冶炼技术、炉外精炼技术、铸造技术、连铸连轧技术、近终形加工成型技术、热处理技术、粉末冶金技术等传统工艺的改进，微量杂质的控制技术、微量元素的合金化技术、高纯净度低偏析技术等新技术的发明都使金属材料焕发了第二春。二是开拓金属材料的新功能，以适应更高的使用要求。如合金的记忆性及生物亲和性等，都是传统金属材料未来发展的新方向。

未来不锈钢的发展趋势主要集中在加强发挥其自身优势，开发能在特殊条件下使用的、有特殊性能的不锈钢；而降低其研发生产成本，也是未来的一个发展方向。随着钢铁生产工艺技术的进步与生产装备的进一步完善，针对连铸质量，围绕无缺陷连铸坯的生产，应重点解决以下技术困难：①高碳钢连铸的中心偏析与疏松缺陷；②包晶钢、含钛不锈钢的表面质量控制；③卷渣造成的大型夹杂物控制技术；④铸件质量的准确预报与表面修磨技术。为实现上述目标，钢铁行业要大力推广并不断优化铁水预处理、全自动转炉吹炼、二次精炼、保护浇注和无缺陷连铸等重大新工艺技术。高性能、高精度连轧工艺技术轧钢工艺的发展则主要围绕“三高”技术开展：①高性能，通过采用控轧控冷（又称形变热机械处理）工艺，控制钢材的组织结构，提高钢材的性能，特别是强度、韧性指标；②高精度，除了精确控制轧材的尺寸精度，进一步减小长型材的椭圆度，提高板材的板形控制精度及表面质量；③高效率，进一步提高连轧机的轧制速度和轧机作业率，大幅提高连轧机组的生产效率。

（二）有色金属材料

经过多年的调控与优化产业结构，我国重金属产能过剩的问题有所改善，但由于行业规模较大，供需不平衡，产能过剩的问题还没有得到根本解决。产能过剩导致的产品附加值低的问题依然存在。

我国有色金属资源虽然很丰富，但是在部分金属材料上还是存在资源短缺的问题。当前我国的钨、锡、锑资源因为开采过度已经失去优势，而铜资源严重短缺，铝、铅、锌、镍资源的供应无法保障，发展再生有色金属是目前我国有色金属产业可持续发展的必然需求。

因为过度开采有色金属资源，我国有色金属资源枯竭的速度在不断加剧。另外由于开采技术不够先进和生产粗放，加上部分企业生产技术落后，生产不集中，造成了资源浪费和资源能源消耗量过高。而且我国单位产量的污染物强度较大，对周边环境产生了严重的环境污染问题。

近些年，我国有色金属工业的技术创新有了较大突破，但在基础研究和基础创新能力方面依然有所欠缺。我国有色金属产业在关键基础材料、先进基础工艺、产业技术基础、核心基础零部件等方面欠缺自主创新能力，制约着我国有色金属产业的稳步发展。发展有色金属材料不仅需要局部性的工程技术创新，还要迈向产业体系性原始性技术革命。自主创新能力不足，导致了我国有色金属材料无法满足相关领域对高性能新材料的需求，如电子信息、国防军工、航空航天等重点领域。

我国有色金属工业总量规模世界第一，却是资源严重对外依赖型产业。长期以来，有色金属工业一直坚持以满足国内需求为主，积极利用境外资源的发展方针。但在双循环格局下，我国有色金属工业应加快形成以国内大循环为主体、国内国际双循环相互促进的新发展格局。内循环要扩大有色金属消费，外循环要保障供给安全，为我国经济健康发展作出新贡献。“十四五”期间有色金属工业的重要任务是以满足国家重大工程和高端装备等领域重大需求为导向，围绕“卡脖子”材料和技术开展技术攻关，争取全面突破。工作重点是电子信息、航空航天、海洋工程、生物工程、新能源等领域关键材料的开发，以及研究开发下一代战略材料和颠覆性技术，争取占据未来国际竞争中的技术制高点。在“十四五”规划及“双循环”格局的助推下，未来我国有色金属行业将加速突破行业技术，解决资源严重依赖及“卡脖子”的问题。

（三）金属功能材料

系统研究高性能金属功能材料制备过程中各环节的关键技术，实现各主要环节工艺的集成优化，不断提高产品性能，提升产业水平和国际竞争力是金属功能材料的发展趋势。同时要加强材料前沿技术及工程化应用技术开发，建立和完善我国稀土材料科技创新体系，推进我国稀土产业相关专利和标准体系的建立；加强下游产业的技术开发，提升高端应用水平，真正形成具有我国资源优势的高科技产业链。另外，避免稀土价格大幅波动，既要重视上游，也要关注下游，保证稀土产业链健康持续发展，这也关系到我国稀土产业的前途和其在全球的地位。

四、未来发展战略需求和方向

金属材料种类繁多，不同功能的金属材料品质性能都有所不同，使用范围极其广泛，市场需求量很大，拥有很好的发展前景。在国家任何时期制定的重点支持行业中，金属材料始终榜上有名，这也反映出金属材料对国家经济和工业安全的重要性。在未来的发展中，金属材料会向高性能、低成本、高技术含量等方向发展，并且随着这种发展，金属材料行业也将焕发出新的生命力。

（一）钢铁材料

细晶化是新一代钢铁材料的发展方向之一，对我国钢铁材料的开发具有关键意义，未来钢铁材料的发展应持续坚持细晶化方向，不断深入研究，推动细晶化技术更新。现有的研究将细晶化等级区分为若干部分，在低温加热的同时加入微合金属钛，动态再结晶后形成的金属等级高达590MPa、780MPa等级，其高扩孔性能、延伸性能良好，能够进行工业化生产。

钢的复杂相变机制能够为钢材组织控制及性能提供更大的空间，可通过对相变过程中材料性能的管控，发现高级性能，开发多样材料类型，解决当前材料存在的各种问题。细晶强化的过程中，材料的屈服强度发生改变，如抗拉强度不能提升到相应水平会对材料的使用产生负面影响。对此，可以通过碳锰细晶钢的开发，在细晶化的基础上，进行冷却过程控制，从而提升材料的抗拉强度，对材料的力学性能进行改善，提升材料的实际使用效果。

对材料的研究不能仅局限于强度、塑性及韧性等力学性能指标的研究，还要注意材料在实际工程中的应用研究，满足特定的使用性能标准，在强化材料的焊接、成形、疲劳断裂的基础上，根据实际需要调整组织性能的方向。材料在应用过程中需要经过组织加工，为了使其成为能够应用的构建，需要在焊接过程中对材料的控制变化进行控制，对HAZ晶粒进行控制，这是新一代钢材料细晶化研究中的主要问题。

材料的耗损也是当下主要关注的问题之一，锈蚀导致的钢铁材料的耗损导致了巨大的经济损失，新一代的钢铁材料应该能够应对各种环境下的腐蚀，如大气、工业气体、海水等方面的腐蚀，可通过合金金属如镍、钼、钨等的应用，提升钢铁材料的抗腐蚀性能。但此类材料价格昂贵，资源量有限，实际应用受限，未来可尝试将钙作为合金材料，以提升钢铁材料在海洋、大气方面的抗腐蚀性能，而如何实现这一目标则是研究的重点问题。为了提升材料的力学性能，研究人员应强化控制钢铁的化学成分及生产工艺，实现不同屈服强度及延伸率的获得，将不同性能的材料用于合适的场合。

新一代钢铁材料的可持续发展从功能、资源节约、能源、使用寿命等方面出发，对钢铁材料提出了新要求。①节约能源及减少CO_2排放。想要实现资源节约，需要开发高强度、高性能的钢铁材料类型，应用高r值、低屈服强度的钢材料，应用铁素体、马氏体等结构强化钢材强度，减少对材料成形性的影响，还可以通过材料的超细晶粒钢的开发，提升材料强度，优化材料的塑性及韧性。低铁损、高磁通的高效能电工材料的开发，能够提升电能的利用效率。相较于原有钢种，高强度铁素体系耐热钢通过优化金属间化合物的蠕变强度及冲击性能，能够大幅提升钢材高温下蠕变强度，可在家电和电机领域解决电机的效率问题。在实际制造应用中，我们可以选择轴承能力较大的材料，降低材料的损耗，以减少生产所需要的能量，减少CO_2排放量。②材料的可循环使用及废弃物的排放。不断开发各种类型钢铁材料的新应用，增加材料的使用寿命，降低材料损耗，避免对环境造成负面影响。如在实体工业中使用的各类钢板主要是镀层钢板，其能够在一定程度上延长制造品的寿命，如果将耐候钢、高耐腐蚀性能的材料应用在各类工程中，能够强化建筑结构的性能，延长建筑结构的寿命，降低对环境的影响。当前常用的提升合金耐腐蚀性的材料包括铝、硅等，这类材料资源较为丰富，能够循环再生，可以在有效实现资源节约的同时，提升材料的耐腐蚀性。③环境保护。大力开发环境友好型产品，保证产品不会对人类及环境造成损害，如将家电产品中应用的无铬镀锌材料类型应用于汽车、轮船燃料箱中，不仅能够有效降低外在环境对材料的腐蚀，还能在保护环境的同时，提升材料的使用寿命。

新一代钢铁材料的开发，在着力于材料本身的同时，需要新的工艺流程及设备与之配合，从而充分激发材料的生命力，研究人员需要开发新的工艺流程及设备类型，保证钢铁材料的不断创新。薄板坯连铸是新一代钢铁材料生产过程中的一部分，我国引进此项技术后，将其作为重要的研发工具，应用于钢材生产各环节，如在对钢中夹杂物开发研究时，将有害的非金属夹杂向有利纳米级转换，提升了钢材的整体强度，实现了对新的集装箱钢及大梁用钢的结构优化。在考虑重复利用的前提下，合理处理在钢铁材料中增加的材料，实现废弃材料的重复利用，其中高磷、高铜等的处理是需要考虑的重点，在进行薄板坯连铸过程中，通过高冷却速率细化晶粒，对合金偏析形成抑制，从而降低有害金属带来的损害，将材料中的有害元素向有利元素转化，为磷、铜的处理提供新的途径。将新一代的钢铁材料与生产工艺、轧制及冷却设备联系，合理控制生产路径，得到不同形式的组织类型，提升相变控制的能力，拓展产品的性能范围，提高钢铁材料的性能。

以高强、特厚为主要方向，开展齿条钢特厚板、大壁厚半弦管、大规格无缝支撑管、钛合金油井管、X80 级深海隔水管材及焊材、大口径深海输送软管、极地用低温钢等的开发及批量试制，在海洋工程平台上完成应用验证。加快高止裂厚钢板、高强度双相不锈钢宽厚板、船用殷瓦钢及专用高强度聚氨酯绝热材料的产业化技术开发，实现其在超大型集装箱船、液化天然气（LNG）船等高技术船舶上的应用。重点发展汽车轻量化急需的700MPa 及以上高强度汽车大梁板、780 ~ 1500MPa 高强度汽车板、高强及超高强帘线钢等产品，同时提高产品表面质量和质量稳定性。突破钢铁材料高洁净度、高致密度及新型冷 / 热加工工艺，解决坯料均质化与一致性问题，建立高精度检测系统，掌握不同工况下材料损伤与失效原理及影响因素，制定符合高速轨道交通需求的材料技术规范，提高车轮、车轴及转向架用钢的强度、耐候性与疲劳寿命，并实现批量生产。重点推进核电压力容器大锻件系列钢种组织细化与稳定化热处理工艺开发，突破核电机组用高性能钛焊管产业化瓶颈，加快银合金控制棒、锆合金管堆外及堆内考核验证，实现核电用材成套保障。重点发展超临界、超超临界火电机组用大口径耐热、耐高压管，核电机组用高性能铁素体和奥氏体不锈钢、锰镍钼类合金钢管，以及低铁损、高磁感硅钢等。开发高强高硬耐磨钢系列化产品，在农机装备及配件中实现对高碳弹簧钢的替代。重点发展高强度、薄规格钢板，提高板材表面质量与平整度，推广钝化或耐指纹膜处理的镀铝锌钢板、热镀锌无铬钝化板、无铬彩涂板、电工钢环保涂层板等绿色环保用材。

高性能化不仅是提高材料自身的性能，更要考虑材料生产、零件制造和服役评价等技术产业链的构建。我国钢铁行业在诸多方面已经走到了世界前列，想要从跟跑变成领跑，就需要考虑新型材料的研发方式与方法。

（二）有色金属材料

我国多种有色金属材料的产量在全球名列前茅，但有色金属材料还面临着产业转型和技术创新的巨大挑战，我国对高新技术材料的自主创新能力还有待提升。每一个领域的深入发展都需要特定的新型材料作为基础，材料是新兴产业实现高质量和快速发展的先导性基础材料，加强有色金属材料的创新，实现高新核心技术的全面突破已经迫在眉睫。

在重点基础材料的设计研发和工艺方面，我国要发挥自主创新精神，不断进行产业结构调整，实现产业升级，不断提高基础材料的性能和产品附加值，通过高效的生态生产，打造高附加值产品。在战略性先进电子材料方面，我国要强化体制创新，在深入基础研究的同时，实现前沿技术和重大关键技术的突破，先进结构与复合材料也是我国要实现自主创新的重点，通过对关键材料和关键技术的创新发展，推动我国高性能结构研究与应用的发展。同时，我国研发新型功能与智能材料的目标是重点满足各类现代化新兴产业对技术与材料的需求，例如精准医疗领域对新一代生物医用材料的需求，清洁能源产业对生态环境材料的需求等。在纳米材料与器件方面的重点任务是提升高端纳米材料的研发力度与核心竞争力，引领关键技术，推动产业结构优化与升级。

发展再生有色金属产业一方面可以缓解资源短缺带来的压力，另一方面可以节约煤炭的使用量，减少单位能耗排放量，达到节能减排的效果，再生有色金属产业在这方面有很明显的优势。发展再生有色金属产业可以降低生产成本，例如再生铜、铝、铅的生产加工成本比原生金属材料加工成本低很多，分别仅为原生金属加工成本的 25%、2.86% 和 66.7%。

打造产业集群可以补齐有色金属链条的短板，通过行业龙头企业和下游优势企业互相集合协同，可以聚集有色金属产业生产要素，提升产业链优势和产业竞争力。以陕西省宝鸡市的钛及钛合金生产基地为例，宝鸡市集合 1 家龙头企业和 17 家优势企业，形成了有色金属产业集群，共同打造了一条以钛为主，包含钨、钼、钽、铌、锆、镍等稀有金属新材料产业科研、生产、加工、贸易和流通为一体的完整产业链，形成了“中国宝钛”和“中国钛谷”两大有色金属产业品牌，在国内及全球范围都产生了巨大的影响力。比如，钛谷重点打造钛及钛合金新材料产业，致力于形成千亿产业集群，钛谷的 TC11 钛合金管材锻造工艺已经达到世界先进水准，成功打破了国外技术垄断。所以，有色金属产业一定要结合产业优势，编制系统的产业发展计划，优化整合产业技术，融合发展新模式，加大产业创新力度，推进有色金属产业做大做强，进一步推动国民经济发展。

发挥资源优势，打造绿色生产全产业链。有色金属产业在抓生产抓技术的同时，也要不断发展新技术。要高效地利用现有有色金属材料资源，创造优势生态产品。因此，有色金属产业必须优化产业布局，控制产业无序扩张，保护生态环境，转变发展观念，推动自身绿色发展，才能推动有色金属产业的稳定发展。此外，要大力发展矿山生态恢复综合整治技术和清洁生产技术，实现高效清洁生产，推动有色金属产业的高质量的发展。对已经废弃的有色金属矿山要进行综合治理，致力于环境自然再生恢复；对正在使用的有色金属矿山，要制定完善的与生产同步的环境保护体系，规范生产操作，利用节能减耗的新技术减少生产对环境的污染，将有色金属产业绿色发展落到实处。

目前我国有色金属材料信息化集成工作有待进一步提升，在企业方面要加大企业内部信息化管理，有色金属行业内要建设完善的系统的智能信息化平台，在生产方式的创新上要推动智能制造技术和产业链的发展，在商业模式上要不断提升运转效率，在金融模式上要拓展服务领域，在合作方面要强化协同机制，形成产业集群的信息化产业体系。我国要重视有色金属智能制造，搭建数字化和网络化信息化平台，提高有色金属产业知识的复用率，打通开采、生产、冶炼、加工、应用、创新等各个要点的信息通道，通过整合信息资源，建立有色金属产业的智能服务应用体系。在大数据时代的背景下，要不断提升信息化管理水平，培养复合型人才，通过进一步整合产业信息平台，落实有色金属产业信息化建设的要求，不断满足有色金属产业的发展需求和竞争力需求。

（三）金属功能材料

新型铈磁体是稀土永磁材料的一种，也是钕铁硼磁体的替代产品。新型铈磁体所用原材料铈（Ce）是储量最大的稀土材料，相较于钕，其来源更广泛且成本优势突出，用其替代钕可大大降低稀土永磁材料的生产成本。同时，新型铈磁体综合性能优于铁氧体，可替代部分铁氧体和钕铁硼产品，应用于磁力吸盘、磁选机、电动自行车、箱包扣、门扣、玩具、电声、移动智能终端、工业电机、空调压缩机等领域。

我国新型铈磁体于 2015 年实现产业化生产，经过数年发展，国内新型铈磁体产量已超过 7 万吨，占国内烧结稀土永磁体产量的 33% 左右。从整体上看，近年来国内新型铈磁体配方体系及制备工艺技术取得明显进步，铈磁体产品类型越来越丰富，先后推出各类高磁能积的铈磁体，使新型铈磁体的应用场景更加多元化，应用范围从磁吸附类拓展至电声、移动智能终端、风电、核磁共振、矿山机械、工业电机等领域。包括新型铈磁体在内的稀土永磁材料是国家政策鼓励的行业，新型铈磁体下游应用范围也将越来越广泛，如机器人、高端机床、电动自行车、风电等领域中的各类电机等。

永磁材料性能的稳定性是永磁材料的重要指标，常见的引起磁性能变化的原因有温度、时间、电磁场、辐射、机械振动与冲击等。磁体长时间工作或长时间放置，周边环境（如温度、湿度、腐蚀性液体等）可能导致磁体物理及化学性质改变。永磁体充磁后大部分区域被磁化至特定方向，但仍有一些小磁畴的磁化方向是混乱的（称为反磁化核），在各种环境因素作用下，原有的反磁化核会长大，使永磁体的磁性能发生衰减。这种改变一般是由表及里的缓慢且不可恢复的变化，直接影响磁体的主要性能参数，如剩磁、内禀矫顽力、矫顽力、最大磁能积等，甚至会导致磁体完全失效。这种磁性能损失是不可恢复的，即使磁体再充磁，也不能恢复到长时间放置前的水平。近几年，随着钕铁硼永磁材料在航空航天、电动汽车、大功率风力发电等使用寿命要求较长的领域内的广泛应用，应用设计人员对钕铁硼永磁体的时间稳定性越来越重视。

在金属功能材料未来的发展中，非晶态合金也是一个重点方向。非晶态金属是一种“年轻”的金属材料，从它诞生以来，就显示出巨大的潜能，人们不断发现非晶态金属的各种奇异的、优良的特性，非晶态材料已被广泛应用于开关电源、脉冲变压器、磁头、电源变压器、磁放大器、电感器、焊料、漏电保护器、磁屏蔽、传感器、电机、机器零件、设备面材等方面，近年来，对非晶态金属的性能和应用的研究又有了新进展。2022年6月，工信部等六部门联合印发了《工业能效提升行动计划》，文中提出2025年新增高效节能电机占比达到70%以上，新增高效节能变压器占比达到80%以上，文章在加大节能新技术储备力度部分提出，加强特种非晶电机和非晶电抗器等电机核心元器件的研发，开展非晶合金等变压器用材料创新和技术升级。2023年2月，国家发展改革委等九部门联合印发了《关于统筹节能降碳和回收利用 加快重点领域产品设备更新改造的指导意见》（发改环资〔2023〕178号），并附《电力变压器更新改造和回收利用实施指南（2023年版）》。文中提到要加快发展方式绿色转型，逐步分类推进重点领域产品设备更新改造；到2025年，在运能效达到节能水平（能效2级）及以上的高效节能电力变压器占比较2021年提高10个百分点。鼓励电力变压器生产制造企业与上游原材料供应企业加强合作，开展非晶合金带材等关键工艺提升，降低材料损耗，改进材料性能；有序实施在运电力变压器节能降碳改造；逐步淘汰低效落后电力变压器；不断加强节能电力变压器生产制造关键核心技术攻关，推进非晶合金带材等高效节能电力变压器用材料创新和技术升级，加强立体卷铁芯结构等结构设计与加工工艺技术创新。国家政策文件的发布对推动电力变压器产业链绿色高质量发展具有重要指导意义，这也对我国非晶变压器相关企业提出了更高的要求，对非晶态材料行业来说既是机遇也是挑战。近年来，随着5G应用加快落地、新能源汽车领域的快速发展及第三代半导体的加速应用等，社会对与之配套的软磁材料性能提出了更高要求，纳米晶材料成为行业发展焦点，有望迎来广阔的市场增长空间。

参考文献

［1］董瀚，心桐，胡春东，等. 钢的高性能化理论与技术进展［J］. 金属学报，2020，56（4）：558.
［2］袁盛章，王海斗，董丽虹，等. 钢铁材料新型等离子体渗氮工艺的研究现状［J］. 材料热处理学报，2023，

44（10）：1.
［3］冯凯．钢铁材料与钢铁工业未来发展分析［J］．金属世界，2021（2）：7.
［4］袁国，王国栋．高品质钢铁材料轧制加工新技术研究进展及发展趋势［J］．轧钢，2022（6）：12.
［5］陈高强，赵晨航，张彰，等．金属材料的应用与发展分析钢铁材料与钢铁工业未来发展分析［J］．信息记录材料，2020，21（6）：22.
［6］孙子文．金属材料增材制造技术应用现状及发展趋势［J］．广东科技，2021，30（8）：99.
［7］蒋禹恒，曾攀，韦能链．我国有色金属材料现状及发展战略［J］．世界有色金属，2022（4）：18.
［8］董雅君．新一代钢铁材料的研究开发现状和发展趋势分析［J］．冶金管理，2019（21）：20.

无机非金属材料

一、概述

无机非金属材料是20世纪40年代以后，随着现代科学技术的发展从传统的硅酸盐材料演变而来的与金属材料和有机高分子材料并列的三大材料之一。无机非金属材料是以某些元素的氧化物、碳化物、氮化物、卤素化合物、硼化物，以及硅酸盐、铝酸盐、磷酸盐、硼酸盐等物质为主组成的材料，是除金属材料和有机高分子材料外的所有材料的统称，工程领域往往把无机非金属材料称为陶瓷材料。

无机非金属材料包括传统无机非金属材料和新型无机非金属材料两大类。前者非金属材料主要是指硅酸盐材料，是以含硅的物质为原料经加热制成的一类材料，如水泥、玻璃、陶瓷和耐火材料等，这类材料在生活和生产中有着广泛应用，是工业和基本建设必需的基础材料。新型无机非金属材料是指20世纪中期以后发展起来的，具有特殊性能和用途的材料，如结构陶瓷、陶瓷基复合材料、功能陶瓷、透明陶瓷、人工晶体，以及21世纪初蓬勃发展的纳米陶瓷、生物陶瓷、能源材料等，该类材料大部分应用于高性能领域（航空航天、先进制造、信息技术、环境能源、医疗健康等），在组成上已不局限于硅酸盐，还包括其他含氧酸盐、氧化物、氮化物，本文主要从新型无机非金属材料角度进行阐述。

（一）结构陶瓷及陶瓷基复合材料

结构陶瓷及陶瓷基复合材料主要是指基于机械性能、热性能、化学性能和生物使用性能的先进陶瓷材料。它们具有耐高温、高强度、高硬度、高耐磨、耐腐蚀、耐冲刷等一系列优异性能，可以承受金属材料和高分子材料难以胜任的严酷工作环境，常成为某些新兴科学技术得以实现的关键，在能源、航天航空、机械、汽车、冶金、化工、电子和生物等方面具有广阔的应用前景及潜在的巨大经济和社会效益，受到世界各国的广泛高度重视。

与其他新材料一样，结构陶瓷及陶瓷基复合材料是现代战略高技术、新兴产业和传统制造业技术改造和创新的物质基础。近二十年来，我国尤为重视先进结构陶瓷材料的研发与产业化，制订了一系列先进陶瓷材料的研发计划，通过产学研结合和市场牵引的双轮驱动，在其结构功能一体化的研制方面取得了大量成功应用。

结构陶瓷按使用领域进行分类可分为：①机械陶瓷；②热机陶瓷；③生物陶瓷；④核陶瓷及其他。若按化学成分分类可分为：①氧化物陶瓷（Al_2O_3、ZrO_2、MgO、CaO、BeO、TiO_2、ThO_2、UO_2）；②氮化物陶瓷（Si_3N_4、赛龙陶瓷、AlN、BN、TiN）；③碳化物陶瓷（SiC、B_4C、ZrC、TiC、WC、TaC、NbC、Cr_3C_2）；④硼化物陶瓷（ZrB、TiB_2、HfB_2、LaB_2 等）；⑤其他结构陶瓷（莫来石陶瓷、MoSi 陶瓷、硫化物陶瓷及复合陶瓷等）。从相别来分类可以分为单相陶瓷和多相陶瓷。在复相陶瓷中则有纤维（或晶须）补强陶瓷基复合材料、第二相颗粒弥散复相陶瓷、金属 - 陶瓷、高分子 - 陶瓷，以及多相陶瓷。陶瓷材料的分类方法还有很多，比如按照晶粒尺寸大小可以分为传统意义上微米陶瓷及目前的热点研究纳米陶瓷。

在陶瓷基复合材料中，连续纤维增强碳化硅陶瓷基复合材料结合了碳化硅陶瓷强度高、抗氧化、高温性能优异和纤维高强度、高比刚度、应力作用下高应变等优点，同时改善了碳化硅陶瓷的韧性，表现出多种优良性能，在航空航天、国防军工、新能源及交通运输等领域具有广泛的应用前景（如火箭喷管、核反应堆壁、轻量化支撑结构、核聚变反应直接接触的第一壁构件、超高马赫数飞行器耐热部位、高速刹车系统材料等）。此外，碳化硅陶瓷基复合材料被认为是唯一可在高温条件下（≥ 600℃）应用的聚变材料，对聚变发电和聚变制氢具有重要意义，其主要应用有两方面，一是用作聚变堆中第一壁材料，二是用作高温冷却介质材料 PbLi 的壁材料。

（二）功能陶瓷

功能陶瓷材料是指检测、转换、耦合、传输及存储电、磁、声、光、力、热、化学和生物等信息的一类无机非金属材料，主要分类包括压电、铁电、介电、热释电 / 电卡、微波介质等，是电子信息、集成电路、通信技术、人工智能、能源、环境、医疗健康、航空航天等高技术领域和国防建设、国民日常生活不可或缺的关键基础材料，其已成为衡量一个国家高技术发展水平和未来核心竞争力高低的重要标准之一。

当前，功能陶瓷材料正向高性能、多功能、低成本、复合化、集成化、低维化、智能化等方向发展。一大批重大且影响深远的信息功能陶瓷材料相继涌现，对社会发展和人们生活水平的提高发挥了极其重要的作用，将成为未来人类社会绿色、高效、可持续发展的原动力之一。材料研究范式的革新及制备技术的完善，不仅大幅提高了现有材料的性能，也促使新型功能材料不断涌现。以原子、分子为物质起点合成新材料，在微纳尺度上精细 / 精准控制材料成分和结构，已成为先进材料合成制备技术的重要发展方向。同时，我们也要重视环境协调、低成本的合成制备技术、材料合成制备与器件设计制造一体化，以及材料制备合成新技术、新装备。而信息功能陶瓷材料领域发现了一些具有特殊性质和功能，甚至是自然界不存在的人工材料，扩展了材料的研究范围。功能陶瓷材料也是一个涉及材料科学、物理学、化学、电子学、力学等多学科交叉领域，且该类材料最终也将应用于交叉领域。信息功能陶瓷材料与工程学的结合，对现有的信息功能陶瓷材料理论提出挑战，也使材料制备、检测和实验的任务更为繁重。

从市场格局来看，功能陶瓷的很多核心技术由欧、美、日厂商掌握，其中日本在功能陶瓷材料领域中一直以门类最多、产量最大、应用领域最广、综合性能最优著称，占据了世界功能陶瓷市场约 50% 的份额。我国正向功能陶瓷材料生产大国迈进，近年来保持着较快的增长速度，在“工业强基专项行动”和“中国制造 2025”等政策的大力支持下，我国功能陶瓷产业正积极追赶，部分领域有所突破，但是在许多高技术领域应用的关键功能陶瓷及器件仍然强烈依赖进口。

（三）人工晶体

晶体是原子（或离子、分子）在三维空间按一定规律周期重复排列的固体，其具有长程均匀有序、各向异性、固定熔点等特征。人工晶体材料是指通过人工合成方法制备出具有长程有序结构、凭借其结构特性实现电、磁、声、光、力、热等各种能量形式相互转换的一类功能材料。人工晶体在先进制造技术、信息技术、能源科技、航空航天科技等领域有广泛应用，是一类不可或缺、不可替代的基础材料。人工晶体也是我国材料领域少数被公认为国际领先的研究方向之一。

按照功能，人工晶体可分为激光晶体、闪烁晶体、非线性光学晶体、铁电压电晶体、半导体晶体和光学晶体。国际上功能晶体材料的发展可概括为三个阶段，第一阶段是早期人们发现并研究了许多天然晶体，形成了矿物学和结晶学的知识基础；第二阶段是随着物理学、化学及其他技术科学的快速发展，人们对晶体材料的研究进入了系统化、科学化的阶段，晶体成为化学家、物理学家的研究对象，晶体研究领域与其他科学研究领域之间的界面趋于明晰，研究内涵渐趋完整，独有的规则、定律与理论不断涌现；第三阶段是物理学、化学、结晶学相互融合，构成了晶体研究完整的知识基础，现代电力电子技术、自动控制技术、精密制造技术和计算技术的快速发展，给晶体研究创造了巨大的技术“红利”。特别是自 20 世纪下半叶起，当代先进制造技术，如半导体技术、信息技术、激光技术、传感技术等，成为晶体材料研究的核心驱动力。

（四）特种无机涂层

特种无机涂层是指依靠表面与界面技术对材料表面进行性能优化或赋予材料新的光学、热学及力学功能的表面材料。由于大部分固态工程材料的性能都可以通过无机涂层得以改善，无机涂层被广泛应用于航空航天、机械工业、化工工业、汽车工业、纺织、造纸、印染等各个工业领域，如航空和航天方面应用的耐热、抗氧化涂层，卫星上应用的热控涂层，机械工业上应用的耐磨涂层，人工机体上应用的生物涂层，以及化学工业中应用的耐酸碱涂层等。

随着新材料朝着多功能化、复合化、低维化、智能化和一体化方向发展，无机涂层及薄膜材料在新材料研究领域的地位越来越高，是未来新材料发展的一个重要方向。比如，在航空领域，飞机发动机、超燃冲压发动机，以及高速飞行器的气动外形热防护需要大量高性能耐高温、抗氧化、抗冲刷特种防护涂层，相关涂层材料的研究水平直接影响到航空领域的技术进步。在航天领域，随着天地往返系统、长寿命空间站、深空探测、空间攻防等各种新型航天器的发展，人们对航天器热控涂层提出了长寿命热控涂层、抗激光热控复合功能涂层、主动热控涂层等越来越复杂的要求。深空探测用大推力运载火箭发动机涡轮端的动环密封耐磨涂层是目前迫切需要解决的瓶颈材料。发动机用高温复合材料的环境障碍涂层直接决定了复合材料的性能，是高温复合材料研究中的一个关键课题。在能源领域，随着能源结构的调整和环保理念的提升，太阳能利用、高效能源设施（如重型燃气轮机），以及核电技术在我国能源结构中的地位日趋重要，对社会经济的可持续发展具有重要意义。高温选择性吸收涂层、电致变色薄膜、热致变色薄膜、高温抗氧化涂层及抗核辐射涂层在上述领域也具有广阔的应用前景。

（五）透明陶瓷

透明陶瓷作为一类新型多晶光学材料，与传统的晶体、玻璃等光学材料相比，其不但具有结构陶瓷材料的高强度、耐高温、耐磨耐腐蚀特性，还在制备成本、尺寸和复杂形状（与单晶相比）、光功能效应和热性能（与玻璃相比）等方面具有优势，尤其是可以运用复合结构设计原则制备出功能集成的透明陶瓷，为光功能系统设计提供了无可比拟的灵活性。根据材料特性，透明陶瓷可分为光学透明陶瓷和光功能透明陶瓷，前者包括紫外、可见和红外透明陶瓷，后者包括激光透明陶瓷、闪烁透明陶瓷、电光透明陶瓷和磁光透明陶瓷等。由于高性能透明陶瓷涉及国家战略发展，美国和日本等在透明陶瓷研究和应用方面领先的国家，在透明陶瓷材料设计、研究、制备及其应用方面对中国实行保密与封锁，我们必须开展自主研发。例如，我国武器装备的快速发展对可见－中红外整流罩材料/透明装甲材料提出了迫切应用需求，尖晶石结构的 AlON 和 $MgAl_2O_4$ 等透明陶瓷兼具高可见－中红外直线透过率、高机械强度和高抗（热）冲击性能，是我国新一代武器装备多模制导整流罩和大尺寸复杂形状光学窗口的关键材料。激光技术对社会经济发展和国家安全具有极其重要的战略意义，而激光材料是激光技术发展的核心和基础，发展透明激光陶瓷材料及器件是高能激光技术等提出的重大需求，也是材料科学技术领域中的前沿性重大课题。高能物理、医学成像、无损探伤、地质勘探、安全检查等众多领域需要高性能的闪烁探测器，发展新型闪烁透明陶瓷对实现具有更高光输出、更高能量分辨率和更快衰减的闪烁探测器意义重大。现代高速光衰减器、光隔离器、光开关等高品质电光调制器的发展对新一代电光透明陶瓷提出了更高要求，发展新型高光学品质和高电光性能稳定性的电光透明陶瓷是我国材料领域目前的工作重点之一。

（六）陶瓷研究智能化

陶瓷材料研发的核心是陶瓷材料的结构–性能关系，它包含人们对陶瓷材料力、热、电、磁、电磁与光、化学性质及其相互耦合的基本理解、性能多维尺度（微观–介观–宏观）的结构基础和调控机制、结构的热力学和动力学演化及其对性能的影响规律。自然材料的研究范围毕竟受到材料本征属性的限制，所以突破本征属性的限制自然需要一种超出自然材料的新研究范式，从而提高人们对材料各属性的综合认识与利用能力，并以此为基础构筑新型材料以获得新属性，以及性能更加优异的器件。陶瓷材料的智能化研究技术融合了大数据分析、高性能计算、人工智能技术、自动化实验、实时监测与物联网等先进技术，在前沿新材料的智能化设计、智能无人实验等方面不断取得突破，推动陶瓷材料研发智能化新范式的形成。针对前沿陶瓷材料创新能力不足的问题，开展材料人工智能研究技术，为解决材料跨尺度设计、极限条件下制备工艺、服役行为的监测与动态调控等材料精准创制的技术瓶颈提供全新解决方案，而且这对提升前沿陶瓷材料研究水平和质量、提高我国陶瓷材料科技竞争力具有重要意义。

二、国内外最新研究进展

（一）结构陶瓷和陶瓷基复合材料

1. 结构陶瓷

我国先进结构陶瓷研究始于 20 世纪 50 年代，随着国际上先进陶瓷跨越式的发展，国内诸多高校和科研院所也开始重视先进陶瓷材料研究，并取得了一系列创新性成果：我国创新性地将纤维补强陶瓷基复合材料应用于战略导弹和各类卫星天线窗的保护框上；多元氮陶瓷相图的研究在国际上有较高的影响，多相复合陶瓷概念的提出促成了一大批具有优异综合性能的新材料的诞生；20 世纪 90 年代时，我国在纳米陶瓷粉体制备与团聚方面的研究，以及纳米陶瓷固相烧结理论等方面均有国际一流的创新成果。

碳化硅作为一种重要的结构陶瓷材料凭借其优异的高温力学强度、高硬度、高弹性模量、高耐磨性、高导热性、耐腐蚀性等性能，不仅被应用于高温窑具、燃烧喷嘴、热交换器、密封环、滑动轴承等传统工业领域，还可作为防弹装甲材料、空间反射镜、半导体晶圆制备中夹具材料及核燃料包壳材料。中国科学院上海硅酸盐研究所黄政仁团队在前期提出的高温熔融沉积结合反应烧结 3D 打印碳化硅陶瓷的基础上，进一步将陶瓷打印体等效碳密度从 0.80g/cm³ 提高至接近理论等效碳密度 0.91g/cm³，但等效碳密度的增加导致渗硅难度呈指数级提升，直接液相渗硅容易阻塞通道导致渗硅失效。近期该研究团队提出了气相与液相渗硅联用逐次渗硅方法，通过气相熔渗反应形成多孔 SiC 壳层，避免高碳密度的陶瓷打印体在液相渗硅初期发生快速剧烈反应，同时限制液态硅与固体碳的接触面积，这样就不会发生熔渗通道的堵塞，使后续的液相反应能够缓慢且持续地进行。此法制备的 SiC 陶瓷密度可达 3.12g/cm³，硅含量降低至 10vol% 左右，抗弯强度和弹性模量分别达到了 465MPa 和 426GPa，力学性能与常压固相烧结 SiC 陶瓷相当，可以极大提高 SiC 陶瓷环境使用温度。

氮化硅（SiN4）是强共价键陶瓷材料，具有低密度、高比强、高比模量、高硬度、低热膨胀系数、高导热系数、耐磨损、耐高温、抗热震、耐腐蚀和抗氧化、电绝缘性良好和可加工性良好的综合性能。在微波介质应用方面，中国科学院上海硅酸盐研究所曾宇平团队研制的飞行器用热防护罩（天线罩）材料，通过低温催化相转变烧结，基于微区反应烧结的近净尺寸成型技术，可制备出各种薄壁及复杂形状天线罩部件（其中最大尺寸可达 Φ500mm × 1200mm），并实现了氮化硅天线罩在某重要型号上的应用。目前该技术和产品已陆续在多个飞行器型号上获得应用。在热管理部件方面，国内人员开展了氮化硅毛细芯材料的研制工作，创新性地提出了 β-Si_3N_4 不均匀液相低温生长调控技术，制备出高强度和高气孔并存且孔径单峰分布的多孔氮化硅材料，解决了多孔氮化硅陶瓷高气孔率 – 高强度与毛细抽吸力和渗透率的矛盾问题。在高热到基板方面，中国科学院上海硅酸盐研究所开展了有关高热导氮化硅基板的研究，通过选用稀土氧化物和碱土氧化物作为烧结助剂，成功获得了热导率 135 W/（m · K）、抗弯强度 > 800MPa、热膨胀系数 ≤ 5ppm/℃的 Si_3N_4 材料，同时生产出热导率 85 ~ 90 W/（m · K）、强度 750 ~ 850MPa 的 Si_3N_4 覆铜基板，产品性能达到了市场应用要求。

2. 陶瓷基复合材料

以 C/SiC 复合材料、SiC/SiC 复合材料为代表的陶瓷基复合材料不仅具有较高的耐温特性（1000 ~ 1600℃），还具有较高的比强度特征（120 ~ 160 MPa · g^{-1} · cm^3），是未来高超声速飞行器轻质承载热防护材料的主要材料体系。中国科学院上海硅酸盐研究所董绍明院士团队是国内开展陶瓷基复合材料研究最为深入的团队之一，该团队近年来着重开展连续纤维增强陶瓷基复合材料的设计、制备和应用方面的研究，攻克了多种功能特异性陶瓷基复合材料研究、超大尺寸陶瓷基复合材料构件设计与加工等关键技术难题。

在高结构稳定陶瓷基复合材料研究方面，提出活性填料原位反应辅助晶化、基体 / 纤维界面化学键合增强，以及基体与纤维热膨胀择向互偿的思想。并通过三者协同，提高了材料模量，降低了热膨胀系数，解决了碳化硅基复合材料高模量与低热膨胀难以兼顾的技术难题，实现了高模量、低热膨胀碳化硅基复合材料的制备，奠定了材料在高分辨率空间遥感系统的应用基础。

在高热导陶瓷基复合材料研究方面，通过对多孔基体颗粒和孔隙的结构、尺度及分布的有效调控促进熔渗反应动力学过程，发明了陶瓷基复合材料孔道构建反应熔渗制备技术，在熔渗预制体内部构筑具有气孔 / 碳连续网络互穿结构的多孔碳基体，可以显著降低热解碳的颗粒尺寸。同时，利用多孔碳的强毛细作用、高反应接触面积和低反应扩散程，加速熔渗反应进程，提高材料的力学性能和热导率。碳化硅基复合材料孔道构建反应熔渗制备技术的开发，为我国高导热碳化硅基复合材料支撑结构的研制和应用打下了坚实的基础。

在超大尺寸陶瓷基复合材料构件研制方面，研制了包括镜筒、支撑框等多类大型、高稳定、轻量化碳化硅基复合材料光学支撑结构，标志着陶瓷基复合材料在我国空间遥感系统中应用中取得重大突破，并成功引领了我国陶瓷基复合材料支撑结构的后续快速发展，助力我国空间遥感技术实现跨越式发展，成像分辨率达到亚米级。该成果填补了国内陶瓷基复合材料及其轻量化结构在空间遥感系统中的应用空白，在国内外开辟了大口径望远镜高稳定高精度支撑结构的新途径，具有广阔的应用前景，经济、社会效益显著。整体技术达到国际先进水平，其中大尺寸、整体加强筋碳化硅基复合材料支撑结构制备技术为国际首创。

（二）功能陶瓷

1. 压电陶瓷材料

高性能压电陶瓷材料是电子信息、医疗健康、人工智能等领域不可替代的关键功能材料之一，当前全球压电陶瓷材料与器件市场规模已达千亿美元 / 年，我国占比超过 60%。但高端压电陶瓷材料及器件市场完全被美、日、德等国占领，我国主要以中低端压电材料及产品为主，这影响了我国在压电领域的创新能力。当前，美国、欧盟、日本等都将高性能压电材料及高端压电器件列为重大研究课题。随着环保问题和可持续发展越来越受关注，发展环境友好的高性能无铅压电陶瓷已经成为国际功能材料领域的重要科学前沿和技术竞争焦点之一。国内外的主要进展如下：Yu 等研究发现，BMZ-BSPT 陶瓷的压电系数为 360pC/N，居里温度为 449℃时，介电损耗仅为 0.58%，该陶瓷既具备高压电性能，又具备低介电损耗，有望取代锆钛酸铅材料，被应用于高温压电器件领域。Zhao 等采用两步烧结法制备的 BSPT 陶瓷的压电系数可达 540pC/N，该陶瓷适用于高温压电器件领域，可用于制备温度稳定性要求高的制动器和换能器。中国科学院上海硅酸盐研究所对 BS-PT 压电陶瓷开展了系列研究，并取得了系列进展。基于晶格畸变和对称演化理论，科研人员设计了 $BiScO_3$-$PbTiO_3$-Bi（$Sn_{1/3}Nb_{2/3}$）O_3（BS-PT-BSN）高温压电陶瓷，实现了压电性能（d_{33} 从 380pC/N 提高至 450pC/N）和温度稳定性（T_d 从 250℃提高至 330℃）的双重调控。进一步通过 TEM/PFM/XRD 等跨尺度结构表征，揭示了其性能提升的关键因素是丰富畴形态的形成和畴密度的提高，验证了四方相结构是提高温度稳定性的重要依据。

2. 铁电陶瓷材料

铁电陶瓷材料的基本特征是具有可随外电场翻转的自发极化。利用铁电体所拥有的电畴开关和极化反转特性，科研人员可制备具有广阔应用前景的铁电薄膜存储器和各种电光器件。Huang 等探究了不同水热反应时间制备 $AgNbO_3$ 粉体后烧结对陶瓷储能性能的影响，得到晶粒尺寸 1.08 ~ 1.81μm 的 $AgNbO_3$ 陶瓷，发现晶粒尺寸的明显细化使其储能性能得到显著改善，晶粒尺寸约 1.19μm 的样品的击穿场强 E_b 达到 $273kV \cdot cm^{-1}$，表现出优异的储能性能（$W_{rec} = 3.34J \cdot cm^{-3}$，$\eta = 54.4\%$）。Chao 等研究 AGN 陶瓷时发现：La/Ta 共掺不仅将相变温度移至室温，而且抑制了氧空位迁移和局域电子跃迁，同时具有细化晶粒的作用，使击穿场强得到提升，使 AGN 陶瓷在 $490kV \cdot cm^{-1}$ 下获得了 $6.9J \cdot cm^{-3}$ 储能密度。Luo 发现将 ATO 引入铌酸银中，在使其弛豫化的同时构建出室温 M2–M3 相界，随 ATO 含量增加，Pr 逐渐减小，电滞回线显著变细，表现出独特的弛豫反铁电特性，该陶瓷材料表现出优异的储能性能（$W_{rec} = 6.3J \cdot cm^{-3}$，$\eta = 90\%$），此外，该团队通过加入过量的 Ag_2O 来弥补制备过程中因高温造成的 Ag_2O 分解、挥发。

3. 热释电材料

热释电效应能够将红外 –THz 光照引起的热起伏转换成材料的自发极化电荷变化，进而实现红外 –THz 光电探测，具有无须制冷、光谱宽、功耗低、分辨率高、易于集成等特点，可为红外 –THz 光电探测提供重要实现方案，该技术在国家重大需求和生命健康领域有重大应用，同时热释电材料向着高热释电系数、大探测率优值及器件设计研究方向发展。Chi 等研究发现，掺杂镧、钙、铌、锆的钛酸铅系陶瓷的热释电系数和探测率优值均有提高。掺杂钙、锑和锰元素的 PTO 陶瓷的电阻率较掺杂前有显著提高，可提高 4 个数量级，介电损耗大幅降低至 0.57%，同时热释电系数和探测率优值提高，热释电系数可达 $2.6 \times 10^{-8}C \cdot cm^{-2}K^{-1}$，该陶瓷可用来制备热释电红外传感器中的敏感元器件。此外，通过 BNT–BT 双元固溶，该材料在 MPB 相界处的热释电系数可以达到 $3.15 \times 10^{-4}C \cdot cm^{-2}K^{-1}$，通过调整 Bi/Na 比和 Ba 含量，该材料热释电系数可提高到 $6.99 \times 10^{-4}C \cdot cm^{-2}K^{-1}$ 左右。同时，通过 La/Ta 等离子掺杂可进一步提高 MPB 组分的热释电系数。在 BNT–BKT 体系中，半径较大的 Zr^{4+}（0.72A）取代半径较小的 Ti^{4+}（0.605A）后会产生晶格扭曲，会降低 B 位离子位移的激活能，这增强铁电畴活性，进一步提高了热释电系数，但是会降低铁电相 – 弛豫相的相变温度。Fei 等人避开 BNT–BT 的 MPB 相界，在 BNT–BT 中通过增大四方相 BT 的含量，将退极化温度提高到 209℃，同时将热释电系数维持在 $2.24 \times 10^{-4}C \cdot cm^{-2}K^{-1}$，使其成为双元固溶体中综合性能最佳的组分。

4. 微波介质陶瓷

国内已有多家厂商自主研发了微波介质陶瓷材料，但由于起步较晚，高端材料仍严重依赖进口，器件部分仍是美日韩企业占据大部分市场份额，国内企业近几年开始在此领域有所突破，但高端器件制备仍受控于人，尤其在集成电路领域，“卡脖子”现象更为明显。当前，微波介质陶瓷材料发展的关键是对其科学机理的深入研究，掌握材料本征结构对宏观性能的影响规律及其调控机理，发现和构筑影响材料宏观新奇物性的关键功能基元，并通过人工干预引发的功能基元间的耦合增强效应，人工构筑新型有机－无机先进结构/功能微波介质材料，方可支撑新一代微波器件设计制备。Xiang 等制备了由5种稀土阳离子占据同一氧八面体位置的橄榄石型高熵微波介质陶瓷 $Li(Gd_{0.2}Ho_{0.2}Er_{0.2}Yb_{0.2}Lu_{0.2})GeO_4$，相对于只有 Lu^{3+} 占据氧八面体的橄榄石 $LiLuGeO_4$，高熵陶瓷的氧八面体畸变度更小，对应的 τ_f 绝对值更小。最近，Zhou 等报道了两种新型橄榄石微波介质陶瓷 $NaLnGeO_4$（Ln=Sm、Y），它们的 ε_r 很低，均在7以下，有望应用于介质基板领域。Xiao 等研究发现 $LiNiPO_4$ 体系在825℃烧结条件下理论密度超过95%，介电常数为5.18，品质因数为24,076GHz。由于其具有介电常数和烧结温度较低的特点，$LiMPO_4$（M=Mg、Ni、Mn）系陶瓷还可以与 Ag 共烧，因此 $LiMPO_4$ 系陶瓷在低温共烧陶瓷（Low Temperature Co-Fired Ceramics，LTCC）技术中有较大潜力。

（三）人工晶体

激光晶体是固体激光技术发展的基础材料。当前，1μm 近红外波段的商用激光晶体发展较成熟，面向定向能、超强激光装置、前沿科学研究等方面的应用需求，该波段的激光晶体以更大脉冲能量、更高平均功率、更高峰值功率为发展目标。我国自主发展了 Nd 掺杂 CaF_2 激光晶体、Nd:LuAG 激光材料，在重频大能量激光技术领域具有重要应用前景，国内 Nd:YAG、Yb:YAG 等激光晶体元件尺寸、激光平均功率等核心指标已达到国际最高水平，支撑我国高能固态激光技术的发展。目前，美国诺思罗普·格鲁曼公司（Northrop Grumman）、激光材料（Laser Material）等公司依旧严格禁止对华销售用于高功率激光的大尺寸 YAG 激光晶体。我国研制的国际最大钛宝石激光晶体支撑我国超强超短激光装置取得国际领先技术指标，Yb:YCLGO 等系列超快激光晶体有望在商用超快激光技术领域取得重要应用。另外，2～5μm 中红外波段的固态激光器具有更重要的应用背景，但国际最高水平激光功率仅数十瓦，远不能满足光电对抗应用需求，是当今世界大国竞相突破的重点方向。我国相关单位布局发展了 $Er:CaF_2$、Er:YSGG 等中红外激光晶体，在解决中红外激光自终止、量子效率低等方面取得了重要突破，部分领域处于国际领先地位。

（四）特种涂层

欧美等发达国家在特种涂层材料上开展了大量研究，已经在抗原子氧涂层、智能型热控涂层、抗氧化烧蚀涂层等方向取得广泛应用。我国在特种涂层研究领域，也开展了大量工作，在航空航天用特种涂层领域研发出系列高性能涂层。

针对航天器关键材料因原子氧侵蚀和其他环境因素（紫外、带电粒子、冷热循环）协同损伤导致的服役可靠性问题，开展防原子氧表面改性层构建及其多功能化研究是目前的重要课题之一。加拿大 Kleiman 等报道了离子注入表面改性和光活化硅烷化表面改性技术，中国科学院上海硅酸盐研究所开发出了聚酰亚胺基材表面湿法活化硅烷化表面化学改性技术，解决了低轨环境下薄膜型热控涂层表面原子氧防护问题。

针对高真空环境中，航天器材料释放出的有机分子污染热控和光学部件表面，制约长寿命高可靠航天器发展的问题，开展了新型分子污染物吸收 / 热控双功能涂层研究。美国 NASA 研制出分子吸附热控涂层应用于磁性多尺度任务卫星、全球生态系统动力学研究卫星、詹姆斯・韦伯太空望远镜等航天器，解决了在轨分子污染问题。中国科学院上海硅酸盐研究所研发的分子吸附涂层真空污染物吸附性能也达到了 NASA 水平。

高性能超黑高吸收热控涂层是提高航天器光学成像系统分辨率、稳定性的关键材料，以色列 ACKTAR 公司等已经发展了多款超黑高吸收热控涂层。国内航天材料及工艺研究所研制的低可凝挥发超黑涂层已实现型号应用，中国科学院上海硅酸盐研究所研制的超黑高吸收性热控涂层在 200 ~ 2500nm 波段实现了 0.99 以上的高吸收，然而宏量工程化应用的高性能超黑高吸收热控涂层仍依赖国外进口，这可能成为制约我国未来高性能、长寿命航天器发展的关键“卡脖子”材料。

（五）透明陶瓷

国际上，众多研究机构和公司都致力于透明陶瓷的研究与开发，主要涉及光学窗口与装甲用透明陶瓷、激光透明陶瓷、闪烁透明陶瓷及电光透明陶瓷等。

1. 光学透明陶瓷

在尖晶石结构透明陶瓷（$MgAl_2O_4$ 和 AlON）方面，美国 TA&T 公司、陆军实验室在 $MgAl_2O_4$ 透明陶瓷制备方面于 2000 年左右取得突破。目前，TA&T 公司可以制备最大尺寸约 381mm × 508mm 的 $MgAl_2O_4$ 透明陶瓷。2012 年以来，美国装甲线（ArmorLine）公司不断开展大尺寸（889mm × 889mm 平板）$MgAl_2O_4$ 透明陶瓷的工程性开发。在 AlON 透明陶瓷方面，美国雷神（Raytheon）公司经过近 30 年的研究，成为世界上唯一能够生产高质量 AlON 光学透明陶瓷的机构，并将其用于军用吊舱、光学窗口等领域。2002 年，Raytheon 公司将相关技术转移到苏尔梅特（Surmet）公司，开展提升工程化应用能力方面的工作。2017 年，Surmet 报道了 1m × 1m 尺寸的 AlON 毛坯的制备。随着制备工艺水平的提升和成本的降低，AlON 的应用逐渐从国防领域拓展到民用领域。在国内，中材北京人工晶体研究院、中国科学院上海硅酸盐研究所、武汉理工大学、烁光特晶、四川大学、东北大学等单位相继开展了透明陶瓷的制备，以及其光学与光子学应用的研究工作。其中中国科学院上海硅酸盐研究所是国内最早从事透明陶瓷研究的单位，从 20 世纪 70 年代就开展了透明陶瓷光学窗口、高压钠灯用透明陶瓷管的研制与应用。在热压烧结中红外透明陶瓷如 ZnS、MgO、ZnSe 等方面取得了较好的研究成果，有力保障了当时的国防需求。2000 年以来，硅酸盐所陆续开展了 YAG、AlON 及 $MgAl_2O_4$ 透明陶瓷的研究，其中 YAG 基透明陶瓷方面，

已经实现 Φ293mm 球罩和 Φ300mm 平板的制备，是目前该体系最大尺寸的报道。该类透明陶瓷采用了与雷神公司类似的工艺，小尺寸样品整体性能接近美国苏尔梅特公司水平，上海硅酸盐所通过微结构优化将 $MgAl_2O_4$ 透明陶瓷的强度提升到 354MPa 的国际先进水平。

2. 激光透明陶瓷

1995 年，日本 A. Ikesue 采用反应烧结工艺，首次制备出高光学质量的 Nd:YAG 透明陶瓷，并实现激光输出。日本神岛化学公司经过 13 年持续努力，采用纳米晶粉体制备技术结合注浆成型，于 2001 年实现了 YAG 透明陶瓷的小规模商业化，成功制备出与 YAG 单晶质量相媲美的 YAG 透明陶瓷，该材料主要用于固体激光增益介质。2003 年，该公司制备的大尺寸样品的光学质量甚至超过单晶。基于神岛化学公司高质量的 YAG 基透明陶瓷，美国劳伦斯利弗莫尔国家实验室（LLNL）、格鲁曼、达信公司分别实现了 67kW、105kW、100kW 的激光输出。2016 年，欧洲 HiPER 项目团队报道了 100J、10Hz 这一具有里程碑意义的高重复频率固体激光，并稳定运行超过 1h，其中核心激光器采用了神岛化学提供的大尺寸、复合结构 Yb:YAG 激光陶瓷，充分显示了激光陶瓷在固体激光器中的应用潜力。在国内，2006 年中国科学院上海硅酸盐研究所制备的 Nd:YAG 激光透明陶瓷实现了激光输出，中国成为继日本之后第二个掌握 Nd:YAG 透明陶瓷的制备工艺并成功实现激光输出的国家。目前在陶瓷激光材料制备方面，上海硅酸盐研究所已经可以制备性能优良的大尺寸激光透明陶瓷，单块 Nd:YAG 陶瓷板条的准连续激光输出已达到 4.35kW。上海硅酸盐所初步具备了为高能固体激光系统提供大尺寸、低散射损耗、高光学均匀性激光透明陶瓷的能力。

3. 闪烁透明陶瓷

20 世纪 80 年代至今，随着高能物理、医学诊断和工业领域的迅速发展，人们大力发展纳秒（ns）级快衰减、高密度、高效率闪烁体。1997 年，世界首次报道了应用于快闪烁体的 Ce^{3+} 掺杂 YAG 陶瓷，其光输出仅达到单晶材料的 50%。21 世纪初期，神岛化学公司研发出透明 YAG:Ce 闪烁陶瓷，其光输出能够超越相应条件的单晶材料，其研制的 LuAG:Ce 透明陶瓷的光产额达 14,800ph/MeV，优于提拉法下生长的 LuAG:Ce 单晶。近年来，上海硅酸盐研究所也制备得到了高性能 LuAG:Ce 陶瓷，其通过 Mg^{2+} 掺杂，引入快衰减发光中心，有效提高了材料闪烁性能。其光产额（1μs 门宽）高达 21,900ph/MeV（为 BGO 的 2.5 倍，比文献报道的相应单晶高 22%），其快分量占比 79%。2009 年我国报道的 LuAG:Pr 陶瓷，其光产额仅为单晶材料的一半。2016 年，上海硅酸盐研究所制备了光产额达 24,400ph/Mev 的 LuYAG:Pr 闪烁陶瓷，通过“缺陷工程”与“能带工程”的结合，实现了 LuAG:Pr 闪烁陶瓷性能的提升。

多组分石榴石闪烁陶瓷是近年来的新研究方向。2012 年，Kanai 利用热压烧结的方法制得透明 Ce:GAGG 陶瓷，但其在 550nm 处透过率仅为 33%。中国科学院宁波材料技术与工程研究所与美国田纳西大学合作，制备出质量优良的 GLuGAG:Ce 透明陶瓷，其光产额为 48,200ph/MeV，能量分辨率为 7.1%@662keV。2013 年，美国劳伦斯利弗莫尔国家实验制备得到高闪烁性能（$Gd,Y)_3(Ga,Al)_5O_{12}$ 的透明陶瓷，其光产额达 50,000ph/MeV，能量分辨率为 4.5 ~ 4.8@662keV，与单晶性能相似。多组分石榴石透明陶瓷具有优良的荧光和闪烁特性，尤其是其高光产额，在 X 和 γ 射线探测器中具有巨大前景，但是多组分石榴石中闪烁机理复杂，有待进一步深入探究其能量传输机制，并用以优化石榴石体系闪烁材料。

4. 电光透明陶瓷

20 世纪 70 年代初国外就已开始 PLZT 电光陶瓷的研究并已实现军事应用。如美国利用 PLZT 电光陶瓷成功研制出电光防护镜，用于飞行员头盔；80 年代后期英国将 PLZT 电光防护镜用于武器装备的潜望镜和瞄准器。20 世纪末美国波士顿应用技术（BATI）公司首先报道成功研制 PMN-PT 电光陶瓷［材料光学透过率约为 70%，电光系数 γ 约为（$2 \sim 13) \times 10^{-16}(m/V)^2, l = 1550nm$］，并以该材料为核心研发出高速可变光衰减器（VOA）。美国康宁（CORNING）公司于 2005 年形成授权专利（US 6,890,874 B1），采用特殊真空热压设备，研制获得 PLMNT 透明电光陶瓷，其光学透过率接近 70%（$l = 1550nm$），二次电光系数 $\gamma \geqslant 2 \times 10^{-16}(m/V)^2$。美国 Yingyin Zou 等利用 PLMNT 电光陶瓷研制成 Q 开关（US 7,068,688 B2）。总之，美国、英国等少数发达国家已拥有高品质 PLZT、PLMNT 电光陶瓷的研制和生产技术，高品质电光陶瓷及以其为核心功能材料的高速电光调制器已形成系列商品，但对我国实行限制销售，电光陶瓷则禁止销售。

与国外相比，国内透明陶瓷的相关研究水平差距较大，而工程化能力差距更大，主要体现在最大可制备尺寸、强度，以及光学质量（散射损耗与光学均匀性）等方面。装备能力不足、领军人才不突出等问题也比较严重。国内该领域在迫切实现工艺突破和进一步提升材料性能的同时，尽早将基础性的科研成果转化为工程化能力，从而更好地满足国内国防和实际工业应用需求，尽快形成研究高地。

（六）陶瓷研究智能化

材料研发智能化技术突破传统材料物理化学的直观逻辑分析，成为材料科学与工程的前沿交叉和颠覆性技术，已经引起国际科学界广泛关注，重点研发团队如表 1 所示。

表 1　材料研发智能化技术重点研发团队

重点团队	关键技术	研发成果
英国利物浦大学 英国格拉斯哥大学	智能无人实验	*Nature*，2020，583，237；*Nature*，2018，599，377
美国空军实验室 美国国防部	自主研究系统（ARES），行家（Maven）	—
美国哈弗福德学院 美国普渡大学	材料定制化制备工艺图谱	*Nature*，2016，533，73

续表

重点团队	关键技术	研发成果
德国慕尼黑大学	化学逆向合成	*Nature*，2018，555，604
美国加州大学 美国麻省理工学院	材料计划（Material project）数据库	—

国际方面，以美国为代表，人工智能在材料研发中主要有两个重点方向：一是以美国空军研究实验室为代表，利用人工智能开发自主材料试验机器；二是在美国国防部、自然科学基金和能源部、美国标准与技术研究院（NIST）等机构资助下，加州理工学院、西北大学、斯坦福大学等研究机构不断开发人工智能深度算法，开展新材料成分和配方设计。2013 年，美国空军研究实验室功能材料部高级研究人员丸山勉治（Benji Maruyama）受英国剑桥大学和亚伯大学开发的“Adam”和“Eve”科学研究机器系统的启发，利用人工智能与机器人、大数据、高通量计算、原位表征等技术结合，开始研发可自主开展材料制备试验的机器系统。2016 年，其成功研制出世界首套可自主进行材料试验的样机——自主研究系统（ARES）。该系统能在材料制备迭代试验过程中，自主学习并优化试验设计，确定最佳制备参数，使材料制备试验效率提高百倍，大幅提高材料研发速度。目前，ARES 已在碳纳米管生长研究领域进行了试验，通过“确定碳纳米管最佳生长参数试验”验证了 ARES 的能力，采用计算机“大脑”确定了碳纳米管最佳生长参数，每一次实施新的试验，都会获得新的知识积累，ARES 也使这些新知识成为未来试验设计的一部分。大量试验后，试验结果变得更加稳定，AERS 在一天内可完成 100 多个试验。相比 ARES，人工开展相同制备试验，单人完成时间超过 500 天。2017 年美国国防部将材料自主试验系统纳入行家（Maven）项目，推动美国工业界、学术界和国家实验室合作，针对国防部的一些棘手挑战，开发和部署基于人工智能的算法。此外，美国麻省理工学院、加利福尼亚大学伯克利分校、西北大学等也正在开展人工智能相关算法在材料成分设计、工艺参数选取、性能预测等方面的研究。2017 年 11 月，美国麻省理工学院开发出一套机器学习系统，其采用谷歌深度学习人工智能算法，可从大量论文中提取数据进行分析学习，针对特定材料需求，定制性给出材料配方方案。对比试验数据，该系统可以给出准确率高达 99% 的材料方案。2018 年 4 月，美国西北大学成功利用人工智能算法从数据库中设计出了新的高强超轻金属玻璃材料，比传统试验方法快 200 倍。可以说，人工智能是材料研发的一种突破性工具，也是未来材料技术的重点发展方向，其将改变新材料的研发模式，革新材料研发效率。

我国已成为世界材料大国，特别是在新材料基础研发领域的经费投入和论文数量均已超过日本，仅次于美国，位列全球第二。但是，由于国内新材料成果转化率低，工程化程度不高，导致我国距世界军用材料强国还有较大差距。通过发展针对材料研发的人工智能技术，有可能快速解决我国材料制约装备发展的问题。

三、存在的问题、面临的挑战

（一）结构陶瓷及陶瓷基复合材料

我国先进结构陶瓷方面许多企业和产品还处于中低端，总体水平与发达国家相比还有一定差距。从先进陶瓷大国向强国转型，面临的主要问题、挑战与痛点至少包括以下几个方面。

1）缺乏优质先进陶瓷粉末原料。国内企业生产的陶瓷粉末性能通常存在较大的分散性和不稳定性，直接影响后续批量化制备的陶瓷产品性能和可靠性。特别是高性能非氧化物陶瓷粉末，如氮化硅、氮化铝、碳化硅、碳化硼、硼化锆等共价键陶瓷粉末，国内尚缺乏一流的生产供应商。

2）规模化生产技术与装备相对落后。虽然我国高性能结构陶瓷生产工艺技术已有很大提升，但在关键工艺技术和装备上仍有较大差距，国产装备的性能和可靠性还难以达到国际先进水平。

3）陶瓷的本征脆性限制了其应用领域。陶瓷是典型的脆性材料，无法通过塑性变形来吸收能量，这导致陶瓷韧性较差，极大限度地限制了陶瓷材料的应用、可靠性和重现性。因此，增加结构陶瓷的韧性至关重要。增韧的机理包括颗粒增韧、须和纤维增韧、力诱导相变增韧等。值得注意的是，增韧有可能会降低强度，因此制造者必须根据不同的应用场合，优先考虑主要性能，以降低成本、提高可靠性和重现性。

（二）功能陶瓷

我国功能陶瓷材料产业总体体量虽然很大，但产能、产品种类很分散，且强势企业很少，总体技术水平不高，以中低端产品为主。以压电陶瓷材料为例，目前国内从事压电陶瓷及元器件生产的企业约 60 家，产业规模仅次于日本。同国外知名企业相比，我国压电陶瓷与元器件生产企业普遍投资规模偏小，产品品种少、产量低、质量水平不高，在国际市场特别是利润率高的高端应用领域所占份额很低。而原材料性能不稳定，导致产品一致性、重复性、稳定性均较差，同时国内企业生产线工艺装备和测试手段落后，且自动化水平不高。企业研发尤其是自主创新的能力较弱，基本上还处于对国际同行先进产品的模仿、追赶阶段，另外，国内企业环境保护的意识普遍有待加强。

（三）人工晶体

在具有基础性与战略性价值的人工晶体材料研究方面，发达国家为保持自身科技与产业竞争优势，正不断“收紧”与中国大学和研究机构交流合作的“口子”，甚至采取技术隔离和技术封锁的政策。我国人工晶体原始创新成果偏少，创新策源能力有待进一步提高，工业上规模应用的人工晶体甚至陷入被“卡脖子”的窘境。以闪烁晶体为例，我国闪烁晶体材料的优势在于晶体生长理论和制备技术。为突破专利壁垒，亟须开展材料研发的原始创新。我国在人工晶体自动化、智能化、低成本制备技术等方面，仍处于“跟随”状态。同时，国内晶体生长技术现代化水平不足，关键核心技术突破能力急需提升。部分核心关键晶体仍然受制于人，例如，DUV 光刻机对 CaF_2 晶体的透过率和应力双折射等性能指标要求接近物理极限，目前国内完全依赖进口；毫米波通信用 YIG 晶体 / 薄膜（0.5 ~ 50GHz）目前也主要依赖进口。

此外，我国的晶体研发单位一般只专注于晶体的组分、缺陷、性能研究，以及晶体生长技术的改进和完善，很少涉足晶体器件和后续产品的开发。然而，单纯的晶体材料开发不仅附加值低，而且与下游产业的关联度不够，难以占领行业的制高点和取得竞争优势。所以，现在国际上的几家大型晶体材料研发单位都不是单一的只开发晶体材料，而是将晶体材料、材料加工和器件研制融为一体。

（四）特种涂层

在航天领域，空间原子氧、带电粒子、温度交变、光污染、在轨分子污染等会加速涂层性能的退化。发展苛刻服役条件下高性能特种无机热控涂层是克服未来低轨及深空探测航天器所面临的极端苛刻环境的关键手段，是我国实现“航天强国”的重要保障。国内已经开展了系列航天器特种涂层研发与应用，但仍然无法满足苛刻服役条件下长寿命高可靠航天器发展的应用需求，关键高性能涂层（英国 Vantablack 涂层、法国 PNC 涂层）遭到国外禁运。此外，鉴于空间环境的复杂多样性，多因素耦合空间作用环境下热控涂层服役行为与寿命退化机制尚不明确，无法有针对性地进行涂层结构优化设计并建立高性能涂层性能评估体系。

（五）透明陶瓷

我国透明陶瓷与国际先进水平存在明显差距，主要表现在光学质量、尺寸和性能影响机理等方面。透明陶瓷中的各类缺陷构成了主要的光散射和吸收中心，并对材料的热学、力学性质和光功能特性有重要影响。透明陶瓷研究过程中存在的共性问题和面临的挑战包括适用于透明陶瓷的粉体基础问题，如高纯度、高分散性粉体制备及成型性能改善问题；晶内和晶界杂质、残余气孔、二次相等对光学透明性及陶瓷力学、热学和电学性能等的影响规律；晶界偏析、晶界结构和类型等对光散射、光发射和吸收过程的影响规律；大尺寸、复杂形状透明陶瓷在成型过程中素坯微结构均匀性控制、烧结过程中不同位置差分烧结现象的解决，以及放大尺寸引发的微结构不均匀问题等导致的对光学均匀性、力学性能等的影响；透明陶瓷强度和硬度的提升问题，对其强韧化方法与机理、微结构优化等方面的研究；极端外场（强激光、宇宙射线和高能粒子辐照、紫外光、电场、力场）和极端服役条件下材料缺陷产生机理与预防措施等。总之，解决透明陶瓷的基础科学问题，揭示光学陶瓷材料的制备工艺－微观结构－光学性能之间的相互关系，才能解决其在光学窗口、固体激光器、核医学探测和高速电光调制器等方面的实际应用问题。

（六）陶瓷研究智能化

未来陶瓷智能化研究面临的挑战有：①需要具有多源异构、标准自适应、跨时空尺度结构的材料数据库，为陶瓷材料设计与制备提供技术支撑。主要包含陶瓷材料元素组成、多尺度结构、物理化学性质、制备工艺、不同工况条件下服役行为等。②发展可应用于性能靶向设计、制备工艺智能优化、服役行为预测等陶瓷材料精准创制的智能化理论与技术。针对陶瓷材料组成结构多样性、制备工艺复杂的特点，以人工智能算法为基础，结合陶瓷材料领域知识，发展材料结构弛豫与预测的优化模型和算法，开发逆向合成、制备工艺图谱、动态预测等陶瓷材料智能化研发技术。

四、未来发展战略需求及方向

（一）结构陶瓷及陶瓷基复合材料

结构陶瓷及陶瓷基复合材料未来的发展主要包括以下三个方面。

1）高韧性层状复相陶瓷材料的仿生结构设计。仿生结构设计是陶瓷材料获得高韧性的一个有效途径，主要思想是仿照天然材料，如竹、木、骨骼、贝壳等的结构特征，通过结构的模拟和精细的组合，实现材料的高韧性、抗破坏性及使用可靠性，改善陶瓷材料的脆性本质，为陶瓷材料的强韧化提供了一条崭新的研究和设计思路。

2）纳米陶瓷材料的开发和应用。纳米级陶瓷原料能改善陶瓷体的物理性能，提高陶瓷体的韧性和塑性，减少陶瓷的破裂，降低烧结温度，提高烧结体的密度和硬度等，纳米陶瓷显示出优良的力学性能，同时纳米陶瓷也展示出其他优异性能。例如：纳米陶瓷的导热系数随着晶粒尺寸的减小而下降，甚至出现负值，这一特异性能将成为超大规模集成器件的设计基础；纳米陶瓷固体比热比传统金属高 2 倍；纳米陶瓷的高导电率、高磁化率、高矫顽力、低饱和磁矩、低磁耗及特别的光吸收效应，都将为纳米陶瓷材料的应用开拓崭新的领域。

3）高热导性结构陶瓷材料。随着电子器件小型化和大功率输出，热耗散逐渐成为一个关键问题，高热导性结构陶瓷材料主要用于对散热性能要求高的大功率器件，在航空航天、国防、电子等领域有很大需求。目前，国内外正致力于开发碳化硅、氮化铝、氮化硼等系列高热导性结构陶瓷材料，为新一代半导体材料相关产业进一步升级提供重要基础。

（二）功能陶瓷

小型化、低损耗化、复合化、多功能化、智能化是未来新型功能陶瓷材料的发展趋势。电子产品有向轻、薄、小发展的趋势，这就要求材料、损耗必须越来越小，当材料尺寸达到纳米级，其表面、量子效应会显著加强，会产生独特的光、热、电等特性，从而使材料产生一些新功能。随着科技的发展，人们对材料功能的要求也越来越高，单一材料往往难以满足需求，可以通过离子掺杂、材料复合等手段开发出综合功能材料。智能材料是功能陶瓷发展的更高阶段，它是人类社会需求和现代科学技术发展的必然结果。

具体地讲，压电材料重点发展面向高端器件制造的高性能压电材料体系、无铅压电陶瓷材料的大规模制备及其普通器件与高端器件研制；电学性能增强的物理机理及调控规律；极端条件下压电材料及其器件的研制与服役行为研究；压电材料在生物医疗、催化、光伏等交叉领域方向的研究和应用。铁电材料重点发展面向铁电存储、光电等新型信息存储与处理等应用的高性能铁电薄膜；摸索大尺寸（15cm 以上）高质量钙钛矿氧化物基、氧化铪基、氮化物基等体系铁电薄膜材料的制备工艺；发掘极性拓扑结构、二维铁电异质结、单相多铁化合物等新颖铁电材料的新奇物性，并探索其在超低功耗存储与计算、太赫兹光电子、非线性光学等前沿交叉领域的器件应用。热释电与电卡材料应重点发展利用多层次结构优化，开发出高热释电系数、低介电损耗、稳定性好和高探测率优值的热释电陶瓷；高熵变和温变及大电卡强度的电卡材料；稳定性高、传热结构设计合理的叠层片式电卡陶瓷的规模制备技术。微波介质陶瓷应重点发展在新型器件设计牵引下，建立按需设计高性能微波介质陶瓷材料的新方法；探索非常规及极端条件下微波介质陶瓷材料制备、本征性能及微波器件性能；微波介质陶瓷材料高质量、大规模、低成本的规模制造精准合成技术。

（三）人工晶体

未来需要发挥我国在人工晶体领域长期形成的独特优势，解决人工晶体规模化、智能化制备技术的“卡脖子”问题，形成人工晶体全链条协同发展模式，实现人工晶体材料的完全自主可控，满足大功率激光、信息技术、高端医学装备等国家重大需求，形成我国在人工晶体领域的战略优势力量。

1）人工晶体性能预测与使役评价。人工晶体材料的宏观性能及其使役性能与其结构、格位粒子的价键特性，结晶学环境、格位粒子外层电子的结构及运动有密切关系。综合使用数学建模、高通量计算、数据库和机器学习与推理等方法与技术，建立人工晶体的化学组分、结构与其宏观性能、使役性能之间的关系，力争在闪烁晶体、宽禁带半导体和激光非线性光学晶体的新结构设计、新性能预测、新晶体的创制上取得若干突破。

2）人工晶体生长计算模拟。人工晶体制备过程是多物理场耦合的复杂过程，重点围绕极端尺寸无机闪烁晶体、宽禁带半导体和激光非线性光学晶体生长，综合使用数值模拟、高通量计算、数据库和机器学习与推理等方法与技术，在已有晶体制备技术系统基础上获取相关工艺技术参数，实现对制备技术系统中温度等标量场及变化梯度矢量场、热量产生与输运过程、生长界面的形成、结构与结晶过程等重要问题的科学模拟，形成图形化虚拟制备实验方法体系，与实物制备实验设计与调控相耦合，获得关于人工晶体制备过程共性科学问题和技术的解决方案。

3）人工晶体加工共性技术。人工晶体材料需要经历加工制成晶体元器件才能实现应用，针对具有不同结构与化学组成的极端尺寸人工晶体材料，制成不同几何形状、不同尺寸、满足不同加工要求的晶体元器件，需要采取不同的技术和工艺，重点研究极端尺寸闪烁晶体、宽禁带半导体晶体、激光非线性光学晶体的加工共性技术问题，研究晶体软硬程度的硬度、晶体脆性的韧性、晶体承载能力的强度、晶体环境特性的潮解性等方面的差异对加工特性影响，揭示极端尺寸晶体加工与材料硬脆度的关系。

4）人工晶体元器件研制。人工晶体需要完成元器件结构设计与优化，需要开展后端电子学设计与优化，以及器件集成，才能实现人工晶体的实际应用。

（四）特种涂层

在航天领域，主要以航天任务对热控技术发展需求为牵引，开展深低温环境下的超黑热控涂层及极端高温环境下的耐高温涂层技术研究，重点研究涂层的耐空间环境（质子/电子辐射、真空紫外辐射等）适应性及温度环境适应性，开展多因素耦合作用下涂层失效机制与寿命预测分析；开展智能涂层优化技术研究，提高涂层发射率调节范围，降低涂层太阳吸收比和转变温度。

在航空领域，研制自主航空发动机，成为世界航空航天工业大国与强国，是国家重大战略需求方针中的重中之重，解决新一代超高温热障涂层材料（TBCs）制备工艺和寿命预测问题，是特种涂层的主要研究方向之一。研究 TBCs 制备过程中成分、微观结构控制与优化方法，形成系统研究与相关理论，研究 TBCs 在高温、冲蚀、腐蚀等服役环境下发生相变、氧化、烧结、冲蚀、腐蚀等多种复杂失效形式间的影响机制是该领域的重点研究方向。

（五）透明陶瓷

透明陶瓷在国防和民用领域均有广泛应用，在半导体装备制造、精密传感器保护窗口、整流罩、透明装甲、高能激光武器、激光核聚变点火、核医学成像、高能物理探测、国家安全检测、激光照明及高速电光调制器等领域的需求呈现逐年增长趋势，随着我国关键核心技术的全面自主可控发展，高技术应用推动透明陶瓷向高光学均匀性、大尺寸、复杂形状、复合结构、高强度和耐急热等方向发展。

在共性基础科学问题方面，高纯度、细晶、优异烧结活性透明陶瓷原料粉体制备和处理技术、新型大尺寸复杂形状素坯成型技术、差分烧结控制技术，以及透明陶瓷光学级加工技术等均是透明陶瓷未来的重点发展方向。在光学窗口透明陶瓷方面，聚焦 $Y_3Al_5O_{12}$（YAG）、$MgAl_2O_4$ 和 AlON 透明陶瓷体系的大尺寸、复杂形状、高光学质量制备难题，在不断提高材料性能的同时，逐步放大材料最大可制备尺寸，实现高光学质量、高强度透明陶瓷的制备。在激光透明陶瓷方面，重点关注大尺寸、低光学损耗、高光学均匀性的激光透明陶瓷（包括复合结构）的开发。在闪烁和荧光透明陶瓷方面，通过石榴石体系闪烁陶瓷的组分调节、能带结构设计与调控和关键制备技术的突破，实现高光输出、高能量分辨率、高荧光寿命陶瓷的可控制备。在电光透明陶瓷方面，通过发展制备新技术，开展性能优化和新材料筛选工作，减小电光效应的场致滞后，提高电光效应的稳定性，丰富其基础理论。

（六）陶瓷研究智能化

瞄准人工智能、机器人、材料科学的国际前沿交叉技术，以先进人工智能技术与智能机器人推动材料创制，提高陶瓷材料精准度、研究效率、质量与水平，突破现有新材料原始创新能力不足的瓶颈，建立我国陶瓷材料研发人工智能体系。同时针对国家重大需求，围绕材料与物理数学、能源、信息、仿生、制造、深空、深海、深地等材料交叉前沿方向，在新能源、生物材料和深空探测涂层等前沿陶瓷材料体系开展示范应用研究，抢占材料科技竞争制高点，形成国际影响力。

参考文献

[1] 谢志鹏. 结构陶瓷［M］. 北京：清华大学出版社，2001.

[2] 任国浩. 稀土晶体材料［M］. 北京：冶金工业出版社，2018.

[3] Ding Q, Ni D W, Jiang Y L, et al. Ablation behavior and mechanism of Cf/SiBCN composites in plasma ablation flame［J］. Journal of the American Ceramic Society, 2020, 103: 1321–1331.

[4] Yu Y, Yang J K, Wu J G, et al. Ultralow dielectric loss of $BiScO_3$–$PbTiO_3$ ceramics by Bi（$Mn_{1/2}Zr_{1/2}$）O_3 modification［J］. Journal of the European Ceramic Society, 2020, 40（8）: 3003–3010.

[5] Huang J, Hou X, Gao SH B, et al. Greatly enhanced energy storage and discharge properties of $AgNbO_3$ ceramics with a stable antiferroelectric phase and high breakdown strength using hydrothermally synthesized powders［J］. J. Mater. Chem. A, 2022, 10: 16337–16350.

[6] Liu SH P, Jiri A. Mares, Feng X Q, et al. Towards Bright and Fast $Lu_3Al_5O_{12}$:Ce, Mg Optical Ceramics Scintillators［J］. Adv. Optical Mater., 2016, 4: 731–739.

[7] Seeley, Z. M., Cherepy, N. J., Payne, S. A.. Homogeneity of Gd–based garnet transparent ceramic scintillators for

gamma spectroscopy [J]. Journal of Crystal Growth, 2013, 379: 79–83.

[8] Xiang H CH, Yao L, Chen J Q, et al. Microwave dielectric high–entropy ceramic Li ($Gd_{0.2}Ho_{0.2}Er_{0.2}Yb_{0.2}Lu_{0.2}$) GeO_4 with stable temperature coefficient for low–temperature cofired ceramic technologies [J]. J. Mater. Sci. Technol, 2021, 93: 28–32.

[9] Lv L, Li K, Xie Y T, et al. Enhanced osteogenic activity of anatase TiO_2 film: Surface hydroxyl groups induce conformational changes in fibronectin [J]. Materials Science and Engineering C, 2017, 78: 94–104.

[10] Feng Y H, Ran N, Wang X L, et al. Nanoparticulate WN/Ni_3C Coupling in Ceramic Coatings for Boosted Urea Electro–Oxidation Adv [J]. Energy Mater, 2023 (42): 2302452.1–2302452.13.

有机高分子材料

一、概述

有机高分子材料作为一类多功能、多样性材料，在各个领域展现出巨大的发展潜力，推动着技术创新，不断满足社会需求。有机高分子材料以其丰富的结构多样性、可调控性和环保性质，成为当前科技飞速发展和产业结构转型中的重要资源。

近年来，有机高分子材料得到迅速发展并被广泛应用，但其难以在自然环境中降解，引起了大量白色污染，因此发展可降解高分子材料成为必然趋势。有环境降解功能的有机高分子材料在食品包装盒、医药领域具有巨大的应用潜力。形状记忆功能的有机高分子材料具有质量小、形变量大、成型容易等优点，被广泛用于医疗、包装、建筑等领域。离子交换树脂等高分子材料是化学工程、环境工程中常用的吸附分离材料，高吸水性树脂还可用作农业、园林、苗木移植用保水剂。液晶功能高分子材料近年来发展迅猛，被广泛应用于光缆结构件、机械手、复合材料、功能件等。导热功能高分子材料在航空航天、日化等领域应用广泛。

（一）3D 打印高分子材料

3D 打印，又被称为增材制造（AM），是一种利用各种材料将计算机辅助设计模型转化为真实 3D 对象的过程。3D 打印以其卓越的灵活性著称，能够逐层构建具有复杂形状和几何特征的功能部件，因而成为传统工业生产技术的可行替代方案。

高分子材料 3D 打印作为 3D 打印的重要组成部分，主要分为挤出式 3D 打印、光固化光敏树脂成型和粉末床烧结成型 3 种方法。其中，挤出式 3D 打印具有操作简便、成本低、材料广泛等优点，但打印精度较低，制件结构简单，无法打印晶格结构。光固化光敏树脂成型是一种化学聚合 3D 打印方法，具有打印精度高（层厚 $< 50\mu m$）、表面质量良

好等优点，但可打印材料种类有限，对单体的黏度、固化速率、抗溶胀能力有一定要求，同时，打印后的制品需要复杂的后处理。粉末床烧结成型是一种利用粉体自身作为支撑材料的 3D 打印方法，无须额外支撑材料，打印速度快，可打印复杂晶格结构，制件强度高，被广泛应用于高分子 3D 打印领域，是目前的主流方向。根据 Wohlers Report 2022 的统计，2021 年全球增材制造市场达 152.4 亿美元，材料市场规模为 25.9 亿美元，增长率达 23.4%。在聚合物粉体、金属、光敏树脂和聚合物丝条这四大类 3D 打印材料中，聚合物粉体占比最高，达 34.7%。粉末床 3D 打印高分子材料市场自 2021 年开始超过光敏树脂，增速高达 43.3%。

1. 挤出式 3D 打印

挤出式 3D 打印（Material–Extrusion–Based 3D Printing，简称 ME–3DP）技术通过喷嘴或孔将聚合物细丝、黏性油墨或聚合物颗粒连续挤出到构建平台上，然后进行硬化或固化。ME–3DP 技术的代表包括熔融沉积建模（FDM）、喷墨打印（IJP）、直接墨水书写（DIW）等，其中 FDM 是最常用的形态。尽管 FDM/FFF（熔丝制造）技术在公司数量和市场份额上仍然是 ME–3DP 的主要形态，但也不断涌现出多个技术变种，如以大尺寸粒料打印为核心的 BAAM 技术、连续纤维增强打印技术，以及以热固性材料为主的 DIW 技术。后者主要应用于功能性材料体系和器件的制备，虽然与其他基于热塑性高分子材料的 ME–3DP 技术存在一定差异，但目前其产业化程度相对较低，使用较少。

2. 光固化光敏树脂成型

光固化快速成型技术是目前加工精度最高的 3D 打印技术之一。该技术利用液态光敏树脂为加工材料，通过计算机控制紫外激光束按照零件分层截面信息逐层扫描光敏树脂，使其发生光聚合反应。每次固化形成零件的一个薄层截面，工作平台随后上升一个层厚的高度。这一过程重复进行，直至零件原型制造完成。其中，数字光处理（Digital Light Processing，DLP）是一项利用液态光敏聚合物在光照下固化的技术。DLP 技术使用高分辨率的数字光处理器（DLP）来固化液态聚合物，逐层对液态聚合物进行固化，直到最终模型完成。DLP 技术的核心部分是光学半导体或数码显微镜设备，该仪器由德州仪器 Larry Hornback 博士于 1977 年发明，并于 1996 年由德州仪器商业化。

3. 粉末床烧结成型

粉末床烧结成型是最重要和最受欢迎的 3D 打印技术之一，具有原料可重复使用性更高、生产速度更快、功能部件强大、成本更低，以及应用领域广泛和材料兼容性高的优点。该技术分为黏合剂喷射、粉末床熔融（Powder Bed Fusion，PBF）和定向能量沉积三个类别，其中只有 PBF 技术可用于聚合物粉末的 3D 打印工艺。

聚合物 PBF 技术是一种常用的增材制造技术，设计灵活，资源利用率高。在聚合物 PBF 中，热源（如激光、红外光、热打印头等）照射在粉末床上选定的粉末区域，选择性地将粉末颗粒逐层熔融成三维结构。与其他增材制造工艺相比，PBF 的粉末床结构可以在不使用支撑结构的情况下制造复杂的零件，因为固态未熔融的粉末足以支撑悬垂特征。缺乏支撑结构也意味着各个零件可以在粉末床中自由堆叠，增加每次构建中可以生产的零件数量，从而提高生产率。

粉末床烧结成型技术最初商业化为选择性激光烧结（SLS），利用高能激光束扫描一层粉末，将烧结材料层融合在一起，形成复杂的3D结构。与激光烧结相比，其他PBF系统主要侧重于降低加工成本、提高生产率或允许在加工过程中使用多种材料。在激光烧结中，零件每层的横截面都是“点到点”进行光栅扫描。同时融合零件整个层或至少融合零件完整水平或垂直线的方法，可以提高生产速度并减少延迟时间的负面影响。由于二氧化碳激光器的成本相对较高，因此考虑了替代热源。其他的聚合物PBF系统还有选择性掩模烧结（Selective Mask Sintering）、高速烧结（High-speed Sintering）、选择性抑制烧结（Selective Inhibition Sintering）、选择性热烧结（Selective Heat Sintering）和多射流熔融（Multi-jet Fusion）等。

在选择性掩模烧结中，设备通过将红外热能沿着零件所需的横截面的掩模轮廓施加到粉末床上，将整个层即时曝露于红外加热器下，将完成该层所需的时间缩短至约1秒。由于采用了红外加热源，因此聚合物必须具备吸收红外区域光线的特性，这限制了材料的选择，主要以深色材料为主。在高速烧结中，喷墨打印机绘制零件每层所需的图案，辐射吸收材料（RAM）被选择性地直接沉积到粉末床表面上。红外灯用于照射整个构建区域，使包含RAM的区域能够吸收足够的能量进行整合，而不包含RAM的区域则保持未合并状态。同样，使用的材料仅限于深色，通常是灰色或黑色。选择性抑制烧结的工作方式与高速烧结相反，其在将涂层暴露于红外辐射之前，会在粉末床区域打印抑制剂，而这些区域并非零件的特定层。尽管在此过程中未使用的粉末更难回收，但这确实意味着零件本身不包含RAM。选择性热烧结采用热敏打印头来固结粉末，虽然目前选择性热烧结系统无法与激光烧结的速度和机械性能相比，但它们提供了工业激光烧结系统的低成本替代方案。多射流融合技术利用惠普热喷墨阵列将化学药剂打印到粉末床中，该阵列从左到右（反之亦然）穿过构建区域，然后，结合分层和能量过程的第二个滑块从上到下（反之亦然）巩固零件并将下一层粉末铺在构建区域。尽管适用于制造聚合物的PBF技术还包括高速烧结（HSS）和HP多射流熔合工艺（MJF）等，但大部分聚合物PBF-AM文献都集中在SLS技术上。

（二）自修复材料

近年来，受到自然界生物体损伤自愈合过程的启发，研究人员致力于开发具有自修复能力的材料。这种“有生命”的材料在受损后能够自主愈合，为提高材料使用寿命、安全性，以及降低维护成本提供了新的解决方案。在此背景下，近年来，自修复材料领域蓬勃发展，涉及自修复材料设计、构筑体系、性能评价和机理研究等多个方面，成为多学科综合交叉的热点方向。

自修复材料的研究始于 20 世纪 90 年代的建筑混凝土领域，但直到 2001 年，White 等在《自然》杂志上发表的研究将填充双环戊二烯的脲醛树脂微胶囊引入含催化剂的环氧树脂中，通过材料受损后微胶囊破裂导致修复剂渗入裂纹进行自主交联聚合，这才开创了聚合物自修复材料的先河，引起了国际广泛关注。2002 年，美国 NASA 提出“将损伤自修复材料列为面向 2030 年新一代航空和空间材料发展重点”。2015 年，美国 NASA 发布了一段视频，视频中，研究人员向由两块固态聚合物组成的墙壁上发射子弹，几秒后弹孔就自动愈合了。这是因为当子弹穿过墙身并形成弹孔时，在墙壁夹层中的液态材料三丁基硼烷会与氧气发生化学反应，立即形成固体填塞物，将弹孔粘合起来。NASA 表示，这项研究可用于日后在太空修复破损的航天器，也可以保护航天员的安全。我国 2020 年《中长期科学技术发展规划》中将“机械装备的自修复与再制造”列为关键技术之一，凸显了自修复材料在科技发展中的战略地位。

经过多年的发展，根据修复机理，自修复材料可分为外援型和本征型两大类。

外援型自修复材料一般采用将修复剂封装在微胶囊或纤维中，再整体包埋到材料中的方式。这类材料大部分是基于 White 等开创的“微胶囊填充剂”模型。当材料受损时，微胶囊破裂，使修复剂渗出并在损伤部位聚合反应，实现自修复。然而，由于微胶囊添加量受限，同一位置修复剂仅能发挥一次作用，这限制了多次自修复的可能性。为解决这一问题，研究人员借鉴人体血管结构，采用微纤维替代微胶囊，设计了微脉管型自修复材料。这种材料通过在材料中设置互联的三维微型脉管，实现了多次修复的可能性。尽管外援型自修复材料已经在实验室阶段取得一定进展，正逐渐向工程应用迈进，但其修复效率、修复剂与基材相容性、修复剂分散均匀性等方面仍需进一步优化。

本征型自修复材料则不依赖外部修复剂，而是引入可逆共价键或动态非共价键。当材料受损时，通过改变外界环境（如光照、加热等），向材料提供能量，使得可逆动态键发生断裂重组，实现自修复。相较于外援型自修复材料，本征型自修复材料无须额外引入修复剂，理论上实现了无限次数的自修复，同时避免了因异物引入而降低材料强度的问题，且其制备工艺简单，与传统聚合物工艺相同。

在本征型自修复材料中，根据修复机理，研究人员开发了基于氢键、配位键、二硫键、D–A 键和硼酸酯键等多种能够通过可逆反应进行修复的材料。早期的研究将热塑性自修复材料的自修复过程分为断裂面重排、表面接触、润湿、扩散和随机化分布 5 个阶段。润湿和扩散阶段在自修复中起关键作用，材料通过表面相互润湿和分子链相互扩散重新缠结，实现断面的愈合。这一过程同样适用于依靠动态作用力的本征型自修复材料，其中润湿和扩散阶段促使动态键作用点重新形成，实现了材料的自修复。本征型自修复材料在多个领域展现出广阔的应用前景，但仍需进一步研究优化其性能，推动其在实际应用中的广泛应用。

二、国内外最新研究进展

（一）3D 打印的研究进展

1. 挤出式 3D 打印的研究进展

近年来，挤出式 3D 打印领域迎来了快速发展，受到国内外广泛研究关注。本文将系统探讨挤出式 3D 打印的多个方面，包括材料挤出过程的表征与研究、成型过程的表征与模拟、材料打印性模型的建立与材料创新、设备结构与技术创新，以及最近涌现的一些新方法与成果。此外，本文还罗列了一些国内外重要的挤出型 3D 打印研究团队与企业，供读者参考。

（1）材料挤出过程的表征和研究。

材料挤出是 ME-3DP 的核心工艺，然而，由于挤出机构通常较小，其直接表征和测试手段受到限制，因此研究工作普遍采用理论计算和模拟。早在 2004 年，Bellini 等人就推导了挤出系统流道中三个特征区域的压力降方程，尽管推导过程中存在简化，但其为后续研究奠定了基础。近年来，新的研究加入了更完善的传热模型和高分子流变理论，同时，引入了一系列新的实验方法，如通过测量不同挤出工艺参数下的挤出力来获取有关传热和流变过程的信息，为工艺开发和材料筛选提供指导。然而，ME-3DP 挤出机构的封闭性导致了直接、在线观察和测量的困难，需要一些代价较高的实验方法，如染料颗粒和热电偶的间接测量。尽管新的研究包含了对特定挤出现象的表征，如返流现象、微打滑现象、鲨鱼皮现象、口模胀大现象和线材回抽等，但对整体挤出过程的研究仍处于初期阶段，对产业的实际影响有限。

目前，挤出式 3D 打印仍缺乏统一的理论框架，挤出机构设计主要依赖经验，科学理论的设计标准较为匮乏。重要现象的深入研究仍待展开，例如对线材回抽的认知仍相当有限；具体问题仍有待解答，如回抽的有效性与高分子熔体的黏弹性特性的关系、如何基于材料特性设计合适的回抽条件、挤出机构设计对不同材料回抽有效性的影响等。这些问题意味着挤出型 3D 打印领域仍需深入研究，特别是在建立统一理论框架、解决挤出机构设计问题、深化对挤出过程现象的理解等方面。

（2）成型过程的表征和模拟。

ME-3DP 成型过程中的挤出后逐层堆积比材料挤出过程更复杂。该过程的研究对 ME-3DP 的工艺和材料开发至关重要，其主要涉及两大方面，一是对打印过程热历史的研究，二是由热历史引起的内应力和层间融合现象的研究。

对热历史的直接测量，目前主要使用基于红外的热成像技术（Infrared Thermography），然而，这一技术存在测量局限性，如无法进行全局性测量、受环境影响较大，仅能测量表面温度。因此，研究者更多采用建模和仿真的方法进行热历史的研究，将机器学习与热历史研究相结合，例如 Roy 和 Wodo 在 2020 年使用三层神经网络实现了对打印过程体素级别热历史的快速预测，显示了该技术路线的可行性。国内苏州奇流科技也通过“双引擎”技术（物理模拟 + 机器学习）实现了对打印工艺的快速预测和优化。

ME-3DP 热历史研究的挑战之一是缺乏普遍认可的可用于描述热历史的特征性物理量。对于此问题，采用基于高分子松弛的时温等效原理计算的在某一参比温度下的等效时间是一种有潜力的方法，但仍有局限。此外，热历史会对两个重要因素产生影响：内应力和层间融合。层间融合力极大程度上决定了 ME-3DP 中打印件的最终力学性能，其源自高分子链的扩散和再缠结过程，可使用 Reptation 模型进行描述，但实际应用中复杂结构打印件的整体力学性能的预测依然困难。相比之下，打印过程中的内应力变化更为复杂，如高分子链的取向、热应力和结晶过程。解决内应力问题的关键是保证充分的应力松弛，但对于复杂结构打印件，动态、定量的测量与表征仍然非常困难。

总体而言，ME-3DP 过程的表征和模拟仍面临较大挑战，目前的研究成果尚不足以提供系统和量化的指导，导致该工艺开发仍然依赖经验。这也是工艺失败率高、性能无法预测且波动大等问题的核心原因。

（3）材料打印性模型的建立与材料创新。

许多热塑性高分子材料理论上可通过 ME-3DP 加工成型，但实际中只有极小部分能成功打印，大部分材料面临各种难以解决的工艺问题。因此，业界需要设计适合 ME-3DP 工艺的材料体系，实现材料打印性的优化。打印性的定义为符合 ME-3DP 工艺要求，能在宽广工艺窗口下实现高打印质量和成功率的材料性能。

Duty 等人（2018）提出的打印性模型以高分子黏弹性为核心，考虑了挤出过程和成型过程的双重要求，为材料的快速开发提供了指导。苏州聚复高分子材料有限公司在 Jam-Free 和 Warp-Free 技术的商业化中成功解决了聚乳酸和尼龙等材料的打印性问题。该公司通过技术创新解决了聚乳酸的过早软化和尼龙的翘曲等问题，展现出对 ME-3DP 技术的专注。

过去的观点认为结晶性高分子不适合 ME-3DP 技术，但近年的研究挑战了这一看法。通过对结晶行为和热历史的控制，结晶性高分子也能实现较好的打印性。然而，这仍需更多基础研究，包括 X 光散射和 Flash DSC 技术对结晶行为的研究。在提升打印性方面，使用高刚性填料和复合填充，如碳纤维，有效降低了结晶性高分子的内应力，提升了其刚性，目前已有不少商业化成功案例。

除了提升传统高分子的打印性，近年还涌现了一些新的材料开发思路。例如，利用液晶高分子和剪切效应原位生成独特的核壳结构、通过 Diels-Alder 可逆反应实现自修复效应和高层间强度、制备核 - 壳结构双材料线材等。这些创新为 ME-3DP 材料领域带来了新的活力。

这些研究成果使业界能更好地理解和开发适用于 ME-3DP 工艺的高分子材料，为该技术的进一步发展提供了有力支持。

（4）设备结构与技术创新。

在过去的10年中，橡树岭国家实验室核心开发的BAAM技术是ME-3DP领域最为重要的设备创新之一。BAAM技术成功将传统高分子粒料的螺杆挤出工艺应用到超大尺度3D打印中，不仅在设备、工艺和软件的研究与开发方面取得了成功，而且在大型模具，特别是航空、风电等复合材料模具，以及建筑相关应用中展现出广阔的前景。我国在该领域的研究工作相对起步较晚，仅在2018年由上海建工引领，开展了在建筑领域的应用。苏州聚复高分子材料有限公司与上海酷鹰机器人科技有限公司合作，共同完成了材料和设备的开发，并与上海建工协作在上海、泉州和成都的3座人行桥上实现了打印施工。目前，苏州聚复高分子材料有限公司正在联合制定建筑领域3D打印的相关标准文件。

另一项设备创新是由美国Markforged公司最早商业化的连续碳纤维打印技术。这一技术可以原位生成连续碳纤维增强的热塑性复合材料，在*XY*方向实现超高的模量和强度。除Markforged公司外，俄罗斯的Anisoprint和西安斐帛科技在内的多家公司也成功商业化了这一技术。苏州聚复高分子材料有限公司与Anisoprint合作，成功商业化了两款尼龙基材料，实现了高打印质量和纤维/高分子界面结合力。在传统的ME-3DP技术方面，近年来出现了一系列有亮点的设备创新，主要集中在挤出机构和运动机构两个方面。Go等设计了一个高速挤出机构，其通过使用带螺纹的线材和激光预加热段，将挤出效率提高了超过10倍。德国BigRep公司推出的MXT技术通过微型化的正向位移计量泵实现了熔体的高速、稳定挤出，但目前配备MXT技术的打印机尚未实现大规模稳定出货。

在运动机构方面，西班牙创业公司BCN3D提出的独立双喷头技术（IDEX）解决了双喷头打印的问题。Sygnis SA与波兰波兹南密茨凯维奇大学共同开发的L-FDM技术可以在3D打印过程中直接引入各种具有典型特征的聚合物材料。Essentium公司等采用直线电机提高了打印过程的加速度和线速度。这些设备创新为解决ME-3DP的打印效率问题提供了基础，但并不意味着问题已然解决。即使有了更快的挤出效率和运动速度，ME-3DP的工艺仍然面临诸多挑战，如依赖经验的工艺开发、成功率低、打印件性能波动大且难以预测等。未来，基于科学理论和工具的工艺开发方法将是解决这些问题的关键。

（5）新方法与成果。

英国温彻斯特大学Steven McCulloch团队利用弧形悬垂无支撑（Arc Overhangs）创新方法，逐个打印单独的弧形结构，这些结构相互支撑，从而实现了大型水平表面的无支撑3D打印技术。这一方法有望替代传统的支撑结构，从而减少制造过程中的浪费和后期加工。

美国佛罗里达大学Thomas E. Angelini团队采用硅胶3D打印技术，精确复制了大脑中的血管结构。他们开发的AMULIT工艺（即在超低界面张力下的增材制造）通过直接在材料槽中将有机硅打印到部件上来实现模型成形。充当打印介质的有机硅，由硅油中的微滴水乳液制成。通过 AMULIT 工艺，研究团队设计出精度可达 4μm 的模型，高度精确地再现了大脑中的血管结构。

魔芯科技推出具有颠覆性的 KOKONISOTA 高速、静音 FDM 3D 打印机，不仅具备专业级的功能设计和卓越的打印性能，而且保持了低使用门槛和简单易操作的特点。该打印机以极快的打印速度著称，通过颠覆性的设计，即使在高速打印的情况下仍能保持高精度和稳定性。此外，该产品还具有几乎可以忽略的噪声、颠覆性的外形设计、AI 智能控制、微米级光学雷达监控，以及可通过手机 App 连接操控等特点，实现了拍照即可建模的便利操作。

德国 LIQTRA 公司的 3D 打印机 FX-7 采用了复杂的打印喷头，拥有 7 个线材入口，能够同时输入 7 种材料，并可集成在 1 个喷头上的 7 个喷嘴进行挤出。这使该打印机能够实现不同颜色和材料的打印，提高了生产效率和打印质量，多喷嘴技术将 3D 打印机生产率提高了 300%。

2. 光固化光敏树脂成型的研究进展

本文主要从 DLP 技术本身的进展与用于 DLP 的材料两方面对 DLP 技术的研究进展进行论述，并同样列举了国内外研究团队及企业，供读者参考。

（1）DLP 技术进展。

DLP 技术在 3D 打印领域的最新进展涵盖了几项强大技术，包括用于高分辨率打印的投影微立体光刻（PμSL）、连续液体界面生产（CLIP）、高面积快速打印（HARP），以及灰度数字光处理（g-DLP）等。

1）高分辨率 3D 打印的投影微立体光刻（PμSL）。Zheng 等人（2019）采用了一种被称为投影微立体光刻的精密技术，成功制造出包括聚合物、金属和陶瓷在内的八元体微晶格。这类微结构材料在超低密度下仍能保持几乎恒定的刚度，这得益于其高结构连通性和纳米级特征的近乎各向同性的微尺度单元网络。通过聚合物、金属或陶瓷作为组成材料，结合投影微立体光刻和纳米级涂层技术，实现了这些微晶格的生产。

2）连续液体界面生产（CLIP）。Tumbleston 等人（2015）设计了一种名为连续液体界面生产的方法，通过在固体结构和液体前体之间创建含氧的“死区”，实现了从液体浴中培养固体结构的高效方法。该方法允许制造几十厘米大小的结构，其中包含分辨率低于 100μm 的特征，且固体部件以每小时数百毫米的速度从液体树脂池中升起。

3）高面积快速打印（HARP）。Walker 等人（2019）采用了非反应性氟化油作为所谓的死层，在放热聚合过程中有效地移除热量，从而克服了传统打印速度受热量限制的问题。这项技术允许连续垂直打印速度超过 430mm/h，体积吞吐量为 100L/h。通过此方法，研究团队成功打印了包括硬塑料、陶瓷前体和弹性体在内的概念验证结构。

4）灰度数字光处理（g-DLP）。Yin 等人（2018）提出了灰度数字光处理（g-DLP）技术，其中光强度是空间图案化的，创造了位置依赖性的反应条件。通过控制光强度，研究团队成功制备了具有异质性质的样品，这些样品在显微镜下呈现出不同的亮度和硬度。

（2）数字光处理（DLP）材料研究进展。

除了新技术，基于 DLP 的 3D 打印还展示出与各种软材料的出色相容性，这包括形状记忆聚合物（SMP）、水凝胶、液晶弹性体、可拉伸弹性体和可再加工的热固性塑料等。只要将这些软材料的前体溶液设计成可紫外光固化，就可以利用 DLP 技术制备高精度的 3D 模型。在特定条件下，这些模型甚至能够实现运动，为软机器人或制动器的发展提供了新思路。

1）形状记忆聚合物（SMP）。Ge 等人开发了一种高度可定制的基于甲基丙烯酸酯的 SMP 系统。甲基丙烯酸酯官能团使 SMP 系统具有高度的紫外光固化性，使其可与基于 DLP 的高分辨率 3D 打印相媲美，后者通过在聚合物树脂表面上投射一系列 3D 图案来制造 2D 结构，以触发局部光聚合，从而使液态树脂转化到实心模式。基于甲基丙烯酸酯的 SMP 具有很高的适应性，通过调整单体和交联剂之间的混合比例或使用不同的交联剂自由调整热机械性能。比如，通过将 90% 的甲基丙烯酸苄酯与 10% 的双酚 A 乙氧基化二甲基丙烯酸酯（BPA）混合，研究团队开发了一种拉伸度 300% 以上的 SMP。高变形性与基于 DLP 的 3D 打印的兼容性使 4D 打印具有大变形和高分辨率。采用此 4D 打印技术制造的埃菲尔铁塔，其精致的特征在加热后逐渐从弯曲形状恢复到原来的直线形状。此外，研究人员还使用基于 DLP 的多材料 3D 打印制造了一个微型抓手，其中铰链部分是 SMP，尖端是软材料。研究人员通过加热触发 SMP 铰链的弯曲，以便微型夹持器可以抓住一个小螺栓。紫外光固化 SMP 通常属于热固性材料，为解决再加工和自修复的问题，Zhang 等人于 2020 年提出了一种 UV 固化双网络自愈 SMP 系统（SH-SMP）。该系统使用甲基丙烯酸苄酯为单体，聚（乙二醇）- 二甲基丙烯酸酯为交联剂，同时引入聚己内酯（PCL）为自愈剂，赋予 4D 打印结构自愈能力。Zhang 等人于 2022 年报道了一种机械坚固且可紫外线固化的 SMP 系统（tBA-AUDSMP）。该系统主要由丙烯酸叔丁酯（tBA）和脂肪族聚氨酯二丙烯酸酯（AUD）组成，具有高度的紫外线固化性，与基于 DLP 的 3D 打印技术兼容。该 SMP 系统具备出色的拉伸性能，能够在 80℃下有高达 80% 的拉伸，并可在室温下保持这种变形，还能通过加热使材料恢复到原始形状。这种 SMP 系统在 3D 打印中展现出优异的机械性能，可用于制造高分辨率的 3D 模型。Yang 等人于 2023 年采用基于 DLP 的 SMP 3D 打印技术，实现了几何可重构、功能可部署和机械可调的轻质超材料。他们以丙烯酸（AA）为单体，双酚 A 乙氧基化物二甲基丙烯酸酯（BPA）为交联剂，通过光聚合形成交联聚合物网络。该超材料不仅表现出形状记忆行为，还能在冲击载荷期间改变冲击吸收，具有出色的机械性能。这些研究为 DLP 技术在软材料领域的应用提供了广阔前景，为未来的工程应用和科研探索打开了新的可能性。

2）水凝胶。水凝胶作为一种含水的聚合物网络，在生物医学、柔性电子等领域得到了广泛应用。然而，传统的成型和制造方法限制了水凝胶应用范围。3D 打印技术因其能够自由创建复杂 3D 对象的特性而成为制造 3D 水凝胶结构的理想选择。在众多 3D 打印技术中，基于 DLP 的 3D 打印以其制造复杂几何形状和高分辨率水凝胶结构的能力脱颖而出。

为了克服紫外光固化水凝胶受限于光引发剂的挑战，Zhang 等人（2022）提出了一种通用的制备方法，用于制备适用于 DLP 的高度可拉伸和紫外线固化的水凝胶。他们将这种水凝胶命名为丙烯酰胺 – 聚（乙二醇）二丙烯酸酯（AP）水凝胶，其中丙烯酰胺为单体，聚（乙二醇）二丙烯酸酯为交联剂，采用自主研发的高水溶性 2,4,6- 三甲基苯甲酰基二苯基氧化膦（TPO）纳米颗粒作为水溶性光引发剂。这项工作的关键在于将不溶性 TPO 粉末转化为高度水溶性的 TPO 纳米颗粒。AP 水凝胶是紫外光固化的，因此与基于 DLP 的 3D 打印兼容，能够制造高分辨率（高达 7mm）和复杂几何形状的水凝胶 5D 结构。AP 水凝胶体系表现出高拉伸性，印刷的水凝胶结构可以通过大变形被压缩或拉伸。水凝胶通常与其他聚合物结合形成杂化结构，用于增强、保护或赋予新功能。Ge 等人（2023）提出了一种多材料 3D 打印方法，可制造由高度可拉伸和高含水量水凝胶组成的复杂混合 3D 结构。这些水凝胶可与各种 UV 固化聚合物形成共价键，包括弹性体、刚性聚合物、ABS 类聚合物、形状记忆聚合物等。通过这种方法，成功制备了杂化开尔文泡沫结构，该结构一半由弹性体制成，一半由 AP 水凝胶制成。由于水凝胶和其他聚合物之间的强共价键，杂化开尔文泡沫能够承受较大压缩而不发生脱粘。为证明多材料 3D 打印方法的多功能性，研究人员还制造了一个开尔文泡沫，其中三个晶胞分别由硬质聚合物、AP 水凝胶和弹性体打印。水凝胶与其他聚合物之间的强共价键使得杂化结构可以在大变形中保持拉伸，而不会发生晶胞之间的脱粘。这些创新方法为拓展水凝胶在 3D 打印领域的应用提供了新思路，有望推动其在生物医学和其他领域的广泛应用。

3）液晶弹性体。液晶弹性体（LCE）作为一种智能材料，能够对各种环境刺激（如热和光）做出可逆的大变形。与 SMP 或水凝胶不同，LCE 无须外部载荷或水性环境即可实现可逆的大变形，这使其成为软机器人的理想材料。在各种 3D 打印技术中，DIW 被广泛应用于制造 LCE 结构，因为液晶基元在挤出加工过程中容易对齐，但基于挤出的 DIW 制约了印刷 LCE 结构的几何复杂性和分辨率。

Jin 等（2023）采用了一种熵方法，不使用 DIW，而是通过注入溶剂到各种纯 LC 有机凝胶中，以基于 DLP 的 2D 打印的形式编程和重新编程结构的形状。这种溶剂辅助编程过程可实现 LCE 的 4D 打印。通过基于 DLP 的 3D 打印实现了实心起重机、空心格子和空心结构。在施加机械载荷后，通过溶剂的蒸发，印刷结构被编程到变形的状态。在蒸发甲苯溶剂后，结构实现了临时形状，并在升温和冷却过程中表现出可修正的变形。溶剂膨胀和蒸发使研究人员可以对 3D 打印结构进行重新编程，通过在甲苯中膨胀并用压缩蒸发，可以将柱状结构重新编程为可逆的压缩膨胀结构。

Traugutt 等（2023）采用基于 DLP 的 3D 打印方法，利用 LCE 制造了能量吸收晶格。他们使用定制的硫醇丙烯酸酯 LCE 树脂和 DLP 3D 打印机，制造了高分辨率、细节丰富的块状 LCE 结构。这种打印机能够制造具有正交各向异性、各向同性和横向各向同性对称性的不同晶格结构。通过单轴压缩测试，研究了各种晶格结构的应变能量密度，结果显示 LCE 在各加载方向上都表现出良好的能量耗散性能，相较于纯弹性材料 TangoBlack，正交各向异性晶格的应变能密度更为出色。这项研究为 LCE 作为耗散器件的应用提供了新的可能性。

4）弹性体。弹性体由于其杰出的弹性、回弹性、电绝缘和隔热性，在橡胶密封件、汽车保险杠、柔性电子产品等多个领域得到广泛应用。此外，弹性体也被认为是制造软机器人和智能生物医学设备的理想材料，这些设备需要顺应性和可变形性，以便与人类建立安全顺畅的互动。主流的用于制造弹性体的 3D 打印技术有 DIW 和 DLP。与 DIW 通过挤出墨水创建 3D 物体相比，基于 DLP 的 3D 打印是通过局部光聚合实现的，该光聚合由紫外线辐射触发并在液体浴中进行。由于基于 DLP 的打印能够生成各种高度复杂的 3D 结构，分辨率高达亚微米，因此我们需要开发与基于 DLP 的 3D 打印兼容的 UV 固化弹性体，以制造弹性结构和设备。然而，市售的紫外光固化弹性体在拉伸性方面存在一定限制，为解决这个问题，Patel 等研究人员开发了一系列高度可拉伸和紫外线固化（SUV）弹性体，其拉伸高达 1100%。这些 SUV 弹性体使用环氧族脂肪族丙烯酸酯（EAA）作为单体，脂肪族聚氨酯二丙烯酸酯（AUD）作为交联剂。EAA 和 AUD 上的丙烯酸酯官能团赋予了 SUV 弹性体高度的紫外光固化性，并与基于 DLP 的 3D 打印兼容，用于制造柔软和可变形的 3D 结构和设备，包括可承受大变形的软机器人和执行器，用该弹性体制造的柔性电子设备可变形 2000 次以上。聚二甲基硅氧烷（PDMS）作为商业弹性体，由于其优异的理化性能（透明性、弹性、生物相容性、透气性、透水性），在各领域得到了广泛应用。然而，PDMS 的传统制造依赖成型，需要烦琐的加工步骤，限制了其设计自由度。为了通过单一打印工艺制造具有复杂几何形状的 PDMS 结构，Bhattacharjee 等研究人员提出了一种基于市售 PDMS- 甲基丙烯酸酯大分子体的 3D 打印 PDMS 树脂，结合基于 DLP 的 3D 打印机，能够打印出各种光学透明的亚毫米结构和微流体通道。印刷的 PDMS 结构具有良好的柔韧性和生物相容性，因此有望应用于微流体、器官芯片平台、软机器人等领域。

5）可重加工热固性塑料。在 3D 打印材料中，热固性光敏聚合物占据了约一半的市场份额，这是因为其在高温下优异的机械稳定性、卓越的耐化学性及与高分辨率 3D 打印技术的协调性。然而，这类光聚合物在 3D 打印后会形成永久且无法再加工的共价网络，导致了材料的大量浪费，对环境造成了不可忽视的影响。为了解决这个问题，Zhang 等研究人员提出了一种两步聚合策略，旨在开发可重塑、可修复和可回收的 3D 打印可再加工热固性塑料（3DPRT）。在 3DPRT 溶液中，UV 反应性丙烯酸酯官能团与基于 DLP 的 3D 打印相容，并且在加热时，羟基和酯官能团之间发生键交换反应（BER），赋予材料可再加工性。经过热处理后，样品的模量显著增加，从 7.4MPa 增加到 900MPa。这种显著的刚度提升促进了 3D 打印结构的可塑性。此外，通过机械折叠和热固化热成型，打印的细条可以变形成 3D 立方体和波浪形。3DPRT 打印还使结构具有可修复性，经过热处理后，修复的样品刚度和强度恢复了约 100% 和 93%。与热塑性 3D 打印材料相比，3DPRT 在高温下尺寸稳定；与传统热固性塑料相比，其利用 BER 实现了 3D 打印的可回收性，并且回收后的样品整体机械性能相当良好。

6）可降解塑料。3D 打印材料的可持续废弃管理中的一个重要方向是利用可降解性能。含有可降解部分的 3D 打印零件逐渐成为传统 DLP 热固性塑料的吸引人的替代品，因为它们有助于减轻废弃物管理的负担和成本。

Oesterreicher 等研究人员合成了六种新型末端碳酸炔单体，并与市售的多功能硫醇进行交联，制备了热固性材料。其通过将这些网络浸泡在 1M NaOH 或 1M HCl 溶液中，在 45℃下，研究了这些网络的水解降解性，发现这一性能取决于炔单体中的碳酸盐键和硫醇交联剂中的酯键。在碱性条件下，单体降解速率更快，且可以通过选择炔和硫醇单体进行选择性调节。研究人员根据基础条件下的降解结果进一步外推，以估计不同热固性材料的完全降解时间，根据所选用的单体和交联剂，研究人员推测单体的降解时间在一周到一个月不等。从可持续性的角度看，这种阶梯生长的硫醇 - 炔体系的好处是降解产物是低分子量的片段。这与链式生长的丙烯酸酯系统不同，链式生长的丙烯酸酯系统中的降解产物是高分子量聚丙烯酸酯链。该研究还验证了 TCBC/DiPETMP 炔 - 巯基化合物的 DLP 打印，其精度可达 40μm × 40μm。

（3）国内外重要研究团队与企业。

我国在光固化 3D 打印领域取得了显著进展，其中以西安交通大学卢秉恒院士领衔的团队为代表。其他贡献突出的团队包括清华大学颜永年教授团队、华中科技大学史玉升教授团队、北京航空航天大学王华明教授团队及西北工业大学黄卫东教授团队。

卢秉恒院士在国内率先开展光固化快速成型制造系统研究，成功开发了紫外光快速成型机及具有国际水平的机、光、电一体化快速制造设备和专用材料。这一成果在提高我国制造业竞争力和迎接国际挑战方面发挥了重要作用。他的团队在增材制造、微纳制造、生物制造、高速切削机床等领域取得了重要突破，并在汽车、农业、医疗等多个领域实现了广泛应用。

国家增材制造创新中心，由卢秉恒院士所在的团队领衔，是国内唯一的国家级创新中心。该中心以国家战略目标和制造创新发展为导向，专注于前沿共性关键技术、创新技术、转化技术和孵化技术的研究。通过多学科交叉创新和协同创新，该中心致力于打造完整的创新链和产业链，推动整个制造业的转型升级，为实现我国制造强国战略提供服务。相关团队和机构成员包括中国工程院院士、特聘教授、技术骨干等，形成了一支高水平研发队伍。该团队已经成功开发了一系列光固化 3D 打印设备和专用材料，取得了多项国际领先成果，涵盖了增材制造、微纳制造、生物医学等多个领域，并得到了广泛应用。在该项目的研发中，西安交通大学、清华大学、华中科技大学、北京航空航天大学、西北工业大学等多家知名机构和企业积极参与。这些团队共同努力，推动了我国在光固化 3D 打印领域的科研和产业发展。

德国海森堡大学的 Prof. Dr. Eva Blasco 研究小组专注于设计和合成可用于 4D 打印的新型聚合物功能材料。尽管三维打印领域已经取得了相当大的进展，但大部分技术仅限在制造静态物体。为了将“生命”融入三维物体（也称为 4D 打印），即在时间维度上以可控的方式改变其形状或功能属性，研发新型自适应可打印材料是至关重要的。因此该团队采用了光三维打印技术，如双光子三维激光打印和立体光刻技术。

基于光刻的增材制造技术（AMT）可以制造具有出色表面质量、良好特征分辨率和精度的零件。该项目旨在开发基于光刻的集成增材制造系统，该系统将首次促进未来工厂对光聚合物基材料的加工。该项目的重点是在项目结束时提供完全集成的工艺链，涵盖供应链管理、软件开发、光敏聚合物和陶瓷、高性能光源、系统集成和最终用户领域的工业知识等。该项目将依靠两个光子聚合（2PP）用于制造具有 100 ~ 200nm 范围内特征的高分辨率结构，目标是通过调整工艺以降低系统成本，并显著提高吞吐量和可靠性，为最终用户提供一次成功的策略。目标应用包括纺织机械的导线器、用于制造高性能涡轮叶片的陶瓷模具和用于计算机断层扫描设备的微观结构。

此外，美国北卡罗来纳大学教堂山分校的 Edward T. Samulski 教授和以色列耶路撒冷希伯来大学的 S. Magdassi 教授领导的研究小组也在材料创新领域对 DLP 技术的发展作出了贡献。欧盟在 DLP 领域专注于基于光刻的 AMT，该技术可通过几个工艺步骤创建具有任意形状、表面质量出色、特征分辨率良好和高精度的复杂 3D 零件。最新发展的高性能光源，如数字光投影仪（DLP）和超短脉冲激光器，使 AMT 成为高性能标准化产品，其经济耐用，适合于工业使用。在光固化树脂领域的最新进展中，基于光刻的 AMT 已经不再仅仅是原型技术，一些增材制造零件的性能甚至优于采用传统技术制造的产品。为增材制造定制的光聚合物项目（PHOCAM）发展了两种有前景的基于光刻的 AMT：数字光处理（DLP）和双光子聚合（2PP），这两项技术克服了 3D 打印领域产品机械性能不足和分辨率低这两个主要障碍。

美国的 Carbon 和 Formlabs，以及国内的北京清锋时代（LuxCreo）和博理（POLLY POLYMER）是全球光固化 3D 打印领域的代表性公司。无论是在工业级打印设备、自主研发材料，还是在 3D 打印应用产品端，这 4 家公司都推出了具有创新性的代表产品。

在工业级打印设备方面，Carbon 的 L1 和 M2 光固化打印机与北京清锋时代的 LUX3 和 LUX3L 是不同尺寸的工业级设备。博理的工业级设备包括小幅面 G01S 和大幅面 G04L，而 Formlabs 则推出了较小幅面的 Form3 和 Form3L 桌面型 3D 打印机。就材料而言，Carbon 的材料种类全面，对不同产品应用更具针对性，这与创始人 Joseph DeSimone 的材料学背景有关。Formlabs 的材料市场应用广泛，是目前应用场景最多的企业之一。在国内企业中，北京清锋时代推出了弹性材料 EM 系列、韧性材料 TM 系列及 8 种齿科材料。博理目前主要对外提供 ELASTO1000 弹性材料，其在齿科材料和鞋类产品的 3D 打印方面有较为成熟的应用。

综合来看，无论是 Carbon 和 Formlabs，还是北京清锋时代（LuxCreo）和博理（POLLYPOLYMER），这 4 家公司的 3D 打印专利正在迅速涌现，尤其是近两年。当前正处于这些公司对相关技术进行大力研发和布局的阶段，尤其是国内企业，除了北京清锋时代和博理，还有大量 3D 打印公司在积极进行相关技术的研发和专利申请。

3. 聚合物粉末床烧结成型的研究进展

目前，全球商业化的激光烧结（SLS）3D 打印设备通常将粉末床最高预热温度设定在约 200℃，主要用于成形热塑性聚合物材料，如 PA12 及其复合材料，这类材料占据 SLS 商品化材料的 90% 以上。但高性能聚芳醚酮、聚芳酰胺等特种聚合物材料，其熔点较高。例如，聚醚醚酮（PEEK）的熔点约为 340℃，因此需要在 330 ~ 337℃的激光烧结窗口范围内进行预热，以防止零件在成形过程中翘曲变形。华中科技大学史玉升教授团队研发的激光烧结 3D 打印机能够有效实现高达 400℃的高温预热，特别适合高熔点聚合物如 PEEK 的激光烧结成形。该团队还成功制备了适用于激光烧结工艺的 PEEK 粉末材料，满足了高温流动性、烧结窗口和堆积密度等关键指标的要求。在国家重点研发计划项目的支持下，该团队与华中科技大学附属协和医院合作，将该技术应用于 PEEK 椎间融合器的临床研究，取得了良好的临床效果。

比利时 3D 打印公司 Aerosint 通过项目“将 3D 打印重塑为真正的多材料工艺（Reinventing 3D printing into a true multimaterial process）”，致力于突破粉末床 3D 打印只能打印单一材料部件的难题。该项目得到了欧盟 5 万欧元的资金支持，旨在发明一种能够打印多材料部件的 3D 打印技术，涵盖金属、聚合物和陶瓷材料。这种多材料增材制造技术可以根据零件功能优化几何形状和材料分布，使零件更轻、更坚固，更有效地利用原材料。Aerosint 展示了使用选择性粉末沉积系统的多材料聚合物 L-PBF 的可行性，并成功集成且测试了第一个集成到金属 L-PBF 系统中的选择性粉末沉积系统。这一创新将为航空、医学和能源等领域的材料应用提供更多可能性，有助于加强欧洲在全球制造业创新方面的领导地位。

新加坡南洋理工大学周琨教授团队在《先进材料》期刊上发表了题为“多射流熔融 3D 体素打印导电弹性体（*Multi Jet Fusion 3D voxel printing of conductive elastomers*）”的文章，提出了一种基于惠普多射流熔融（Multi Jet Fusion，MJF）技术的 MJF3D 体素打印方法，实现了单个打印件导电性能在体素尺度上的精准可控，这一技术为打印具有导电性能的零件提供了新的途径，并有望在电子器件制造等领域取得广泛应用。

欧盟资助的 Powerfuse S 4AM 项目旨在通过引入 Vapor Fuse 堆焊技术来改善塑料 3D 打印的表面质量，使材料结构表面光滑，并具有防水、气密等特性。该项目由德国 Dyemansion GMBH 牵头，欧盟投入 1,498,404 欧元。Vapor Fuse 技术的引入将为塑料 3D 打印提供更高质量的表面，使其更适合食品和医疗领域应用，有望推动3D打印技术向增材制造领域的过渡。

SIRAMM项目旨在加强蒂米什瓦拉理工大学在增材制造（AM）领域的研究，该大学与挪威科技大学和帕尔马大学建立了合作网络。欧盟全资投入797,651.25欧元，项目的长远目标是为东欧创造卓越的AM基础。该项目将在提高生产力、优化设计、验证粉末回收、过程中无损检测、验证进程中的几何结构和开发高规格材料工艺等领域推动AM技术的进步。

英国Rolls-Royce公司领导的MERLIN项目旨在利用增材制造（AM）技术降低航空运输对环境的影响。该项目投入4,886,561欧元，致力于开发环境友好的AM技术，包括实现接近100%的材料利用率、无毒化学品的使用、无模具成本等目标。MERLIN将通过提高生产效率、优化设计、验证粉末回收、过程中无损检测等方面推动AM技术的发展，以生产更高性能的航空发动机部件，减少整个产业生命周期的排放。这将有助于推动增材制造技术在航空领域的广泛应用。

（二）自修复材料最新研究进展

1. 动态非共价键自修复材料的研究进展

韧性是评价材料在塑性变形和断裂过程中吸收能量能力的重要力学参数。提高材料的强度和韧性一直是应用化学和材料领域关注的焦点。然而，在给定的合成材料中实现高强度和高韧性的优异弹性组合一直是一个挑战。这些力学性质通常源于不同的分子机制，因此它们往往是相互排斥的。为了克服这一挑战，研究人员通过引入适当的超分子相互作用，实现了聚合物形成物理交联网络结构，超分子相互作用作为可逆交联和牺牲键是制备高韧性、可自修复和可回收弹性体的有效策略。

吉林大学刘小孔教授团队进行了精细的分子设计，研制了一种可修复、可回收的超分子聚（脲－尿素）(Supra-PU）弹性体。通过构建多酰氨基脲和带有不同间隔层的聚氨酯集团，设计出了具有丰富氢键供体和受体的硬链，形成了密度更高的氢键阵列。该Supra-PU弹性体表现出超高真应力和超高韧性，其真应力相当于蜘蛛丝的断裂真应力，韧性是普通蜘蛛丝的2.4倍。此外，经过36小时的修复，材料的拉伸强度和断裂伸长率可达到约100%的修复效率。

山东大学王旭教授团队通过刚性和柔性超分子片段之间形成的错配超分子作用，实现了热塑性弹性体的增韧。他们制备的SPUU-DA弹性体具有高真实断裂应力，集合了高弹性、高拉伸性、抗冲击性等多重功能。在溶剂辅助下，材料在60℃下加热6小时后机械性就能完全恢复，具有多次重加工性能，符合可持续发展战略的需求。

南京理工大学傅佳骏教授团队提出了仿生设计策略，模仿人体跟腱组织的可修复的分级“硬－软”结构。其通过将超分子组装技术和复合材料定构加工方法相结合，成功利用

MXene 纳米片在超软的自修复聚脲基体中构建了高能的连续层状结构，开发出了兼具超高抗疲劳性、断裂韧性和弹性的室温自修复柔性复合材料。该材料在室温下修复 5 分钟后即可恢复至原长的 5 倍，修复 30 小时后基本完全修复综合机械性能，修复效率高达 97%。

美国橡树岭实验室 Tomonori Saito 团队报道了一种具有机械可调的抗穿刺的脲改性聚二甲基硅氧烷自修复聚合物材料（U–PDMS–SP）。该材料通过控制化学和物理交联结构实现了高伸长率和韧性。在室温下，切断的样品仅需修复 2 分钟，即可实现应变值的迅速恢复。在室温下修复 16 小时后，材料的拉伸强度和伸长率几乎完全恢复，表现出优异的自修复性能。

斯坦福大学鲍哲南教授团队开发了一种高弹性自修复材料，包含 Fe（Ⅲ）配位络合物交联的聚（二甲基硅氧烷）链的网状结构，该材料具有高可拉伸性和自主自我修复等性能。在拉伸过程中，材料的弱配位键断开耗散能量，而强配位键仍然存在以保证材料不致断裂，这赋予了该材料非常好的可拉伸性。强配位键与弱配位键的结合具有高度动态性，受到破坏后能够快速自发形成，实现无须外界刺激即可完全修复。而且切断的材料接触后能够再次完美结合，恢复约 100% 的强度和 90% 的可拉伸性。

2. 动态共价键自修复材料的研究进展

近年来，随着大众环保意识的提升，绿色合成方法备受社会关注。在传统的聚氨酯和聚脲合成中，通常采用有毒的多官能异氰酸酯。现在，为了替代这些有毒物质，学术界开始关注使用 CO_2 作为无毒且可再生的聚合物合成原料，且目前已经有多种基于 CO_2 的自修复和可回收聚合物材料报道。

2016 年，Caillol 等通过将糠基缩水甘油醚转化为环状碳酸酯衍生物，成功开发出热响应性 CO_2 基聚氨酯。他们将其与双马来酰亚胺封端的聚丙二醇和部分二胺混合，得到了含动态酰胺键的热可逆材料。为了更环保地合成含动态酰胺键的 CO_2 基聚氨酯，中国科学院长春应化所赵凤玉教授团队采用了更为绿色的合成路线，从 CO_2 和糠醇出发合成了一种自修复可回收的含动态酰胺键的 CO_2 基聚氨酯材料。该材料在 120℃下愈合 10 分钟，然后在 60℃下愈合 24 小时，自修复效率可达 94%。中山大学章明秋教授团队通过点击化学模块化组装，直接通过商品化 1,4– 亚苯基二异硫氰酸酯和胺开发出无催化剂可逆聚硫脲库。该团队仅通过异硫氰酸酯和胺之间的点击反应制备目标网络化的聚硫脲，不涉及其他反应基团。拉伸试验结果显示，交联聚硫脲的自修复可以在室温和 120℃之间进行，愈合效率大部分高于 90%。这项工作可能有利于促进自愈合聚合物的研发和应用，以满足各种需求和情景。东京工业研究所 Otsuka 等人研究了 BiTEMPS 小分子及其在线性（BTLPU）和交联聚合物（BTNPU）中的动态性。所获得的聚合物显示出可控制的分子量、随温度变化的溶胀性质、愈合能力和可回收性，反映了 BiTEMPS 二聚体的热可调动力学。交联聚合物 BTNPU 在 100℃条件下，在空气中修复 24 小时后，修复效率约为 90%，这表明 BiTEMPS 在可控动态性和机械性能方面具有潜在应用价值。

3. 自修复商用高分子材料的研究进展

通用聚烯烃材料在现代社会中广泛应用，是不可或缺的部分。赋予通用聚烯烃自修复性能有望提升其在多个应用领域中的使用寿命、安全性和环境友好性。然而，实现从简单的商品烯烃合成到实际有用的自修复聚合物仍是一个挑战。

Hou 等人报道了一种通过使用高空间位阻的半夹层钪催化剂受控共聚合成的乙烯和茴香基官能化丙烯的多嵌段共聚物。这种多嵌段共聚物由相对较长的无定形乙烯 -alt- 茴香基丙烯序列和短结晶乙烯 - 乙烯链段组成。该共聚物表现出高弹性，且其机械性能显著依赖于分子量，分子量较大的共聚物表现出更高的拉伸强度和更高的韧性。茴香基取代基的改性进一步影响了共聚物的机械性能，从软黏弹性材料到坚韧的弹性体，以及柔性和刚性塑料都得以获得。尤其值得注意的是玻璃化转化温度 T_g 低于室温的共聚物表现出卓越的自修复特性，不仅在干燥环境中，而且在水和水酸碱溶液中，无须任何外部能量或刺激，就可以从机械损伤中自主自愈。同时，这些共聚物在 T_g 约等于室温或高于室温的情况下，还具有优异的形状记忆性能，形状保持率和形状恢复率接近 100%。这一系列全新共聚物具有独特、高度可调的特性，且易于合成，未来可能在广泛的实际应用中找到用武之地。

南卡罗来纳州克莱姆森大学材料科学与工程系的 Urban 教授通过计算模拟结合实验证明，当单体摩尔比在 45 : 55 ~ 53 : 47 范围内时，主要交替的苯乙烯 / 丙烯酸正丁酯［p(Sty/nBA)］共聚物无须外部干预即可自我修复。这一自愈行为是因为夹在芳香环中的脂肪族 nBA 侧基在 π–σ–π 相互作用的驱动下形成环锁结合，产生有利的链间相互作用。通过分子动力学（MD）模拟及光谱和热力学分析的联合分析得到的结果表明，芳香环的 π 轨道与脂肪族侧基的 σ 成分之间的环锁链间的范德华力是自愈的关键。这种微弱而普遍的分子力为开发具有可持续特性的聚合物材料提供了新的思路。

聚丙烯酸酯是一种性能优越的高分子聚合物，被广泛应用于皮革涂饰、织物整理、建筑涂料、胶粘剂等领域。然而，其存在低温变脆、高温变黏失强、易回黏等缺点，限制了其应用范围和使用价值。因此，开发自修复聚丙烯酸酯材料备受关注。研究表明，基于氢键、离子相互作用和酯交换反应等机制的自修复聚丙烯酸酯材料呈现出优越的性能。例如，通过合理设计的氢键或离子相互作用可以实现该材料室温下的自愈。而基于酯交换反应的 vitrimer 材料则通过调节酯交换速率实现了自修复和可调性能。这些材料在材料科学领域有望取得重大突破，并被广泛应用于可持续发展的领域。

4. 原位表征材料自修复的新方法

自修复机制的实验研究面临挑战，而红外线和拉曼光谱是最灵敏的光谱工具，为研究人员提供满意的空间分辨率。电子顺磁共振和核磁共振波谱，特别是 Overhauser 效应光谱（NOESY）和相关光谱（COSY）2D1HNMR，虽然灵敏度不错但空间分辨率较低。动态核极化（DNP)NMR 波谱是一种有前途的方法，能监测聚合物中的自愈事件，提供高达~ 660 倍的增强。固态 DNP13C 光谱已被用于微孔有机聚合物，但需外用双氮氧化物自由基极化剂，也可使用其他内征自由基作为偏振剂。计算研究在预测或解释自修复行为中扮演重要角色。例如，采用布朗动力学模型对涂有黏合剂的基材上的微胶囊滚动运动进行建模，以设计颗粒填充的微胶囊来修复基材中的裂缝。计算模型为解决异构系统中的 3D 自修复问题提供了机会。总体而言，计算机模拟和建模有助于解决实验难以测量的问题。

尽管已有多种自修复材料，但在聚合物中仍需解决许多问题，尤其需要找到能够定量监测自修复性能和动力学的方法。已有文献提出了几种定性方法，如光学显微镜、扫描电子显微镜和共焦激光显微镜，但还是难以评估愈合程度和自修复动力学。定量方法中，机械测试是应用最广泛的，通过切割并愈合哑铃型样条来测定材料的拉伸强度和断裂伸长率，但其重现性有限。阿利坎特大学的 Martín-Martínez 团队提出了一种原位评估材料自修复性能的新装置和程序。该装置通过对材料进行穿孔，使惰性气体穿过受损区域，而气体流速与自修复动力学相关。这种简单、快速的方法可重复应用，且能在不同温度下进行多次原位测量。

综上所述，自修复材料领域仍然面临多方面挑战，但通过实验和计算相结合的方法，有望取得更多突破，推动自修复材料的发展。

三、存在的问题及面临的挑战

（一）3D 高分子打印材料

1. ME-3DP 领域

ME-3DP 是最早发明和商业化的 3D 打印技术之一，也是当前设备出货数量最大、应用最广泛的 3D 打印技术之一。相对于其他高分子 3D 打印技术，ME-3DP 具有明显优势：成本最低；材料和功能性选择更为丰富；实施更为灵活（设备简单，不受粉末床或树脂槽的限制）；能够覆盖从几毫米到数十米的打印件尺度范围。因此，ME-3DP 具备广泛的工业应用前景，是最值得发展的高分子 3D 打印技术之一。然而，正如前文所述，ME-3DP 是一项物理过程和工艺开发极其复杂的技术。其看似简单的操作容易导致资源在一定程度上的错配，特别是当对 ME-3DP 过程的核心科学技术研究方面存在不足时，这在国内尤为突出。尽管近年来该领域吸引了许多不同领域的研究者，但整体而言，该技术的科学研究仍处于相对初级的阶段。行业内对于工艺、材料和核心部件的开发缺乏系统的科学理论框架和成熟的工具方法。

在未来，为了更好地推动 ME-3DP 技术的发展，需要加强对该技术核心科学问题的深入研究，建立更为完善的理论框架和工具方法。这样将有助于进一步拓展 ME-3DP 的应用领域，提高其在工业中的适用性。

2. 光固化光敏树脂成型

软材料 3D 打印的发展面临着多方面的挑战，包括材料性能、精确驱动控制、生物相容性和材料浪费等问题。

在软材料方面，对于 SMP 和弹性体，研究人员已经实现了高拉伸性和 UV 固化性。然而，拉伸性和材料刚度通常存在矛盾，因此，需要开发具有高拉伸性和高模量的紫外光固化 SMP 和弹性体。针对在加热时表现出大驱动力的 LCE 和 SMP，实现对这些热触发 SAM 的快速准确控制是一个巨大的挑战。在水凝胶方面，基于 DLP 的多材料 3D 打印功能可以制造具有增强材料刚度和可调机械性能的水凝胶复合材料。然而，由于水凝胶广泛应用于生物医学领域，紫外光固化水凝胶和增强材料的生物相容性是一个问题。当前，光固化 3D 打印存在材料浪费严重的问题，因为制备的大部分材料是热固性的，难以回收利用。解决这一问题的途径包括可重加工的材料或可降解材料的研究。此外，光固化 3D 打印仍然面临一些挑战，包括光敏树脂的黏度和性能之间的矛盾、固化引起的收缩和变形、多功能光敏树脂的研发、全彩色、多材料的一次成形等问题。改善光固化 3D 打印过程中的生物安全性，例如提高光敏树脂的生物相容性，也是当前亟待解决的问题。

总体而言，软材料 3D 打印在材料性能和工艺控制方面仍需进一步研究和发展，以推动其在不同领域的实际应用。

3. 聚合物粉末床烧结成型

热塑性粉末的选择性激光烧结（SLS）和选择性激光熔融（SLM）技术是一种先进的 3D 打印技术，其最显著的优点之一是无须支撑结构，与其他增材制造方法相比，不会在 3D 打印部件中留下可忽略的残余应力，从而可以使整个工作腔的体积内充满打印零件。粉末床熔融（PBF）技术能够充分利用粉末材料的多功能性，实现可持续的材料管理和可回收性。在 PBF 过程中，材料几乎没有丢失，因为不需要支撑结构，材料仅用于部分建筑。这使得 3D 打印部件的生命周期更环保，制造过程具有高能源和材料效率，应用的聚合物可以轻松回收，减少了对环境的伤害和浪费。

值得注意的是，尽管像 SLM 和 SLS 这样的聚合物粉末床熔融方法具有许多优点，但也存在一些缺点。①后处理需求：包括清洗和喷丸处理，这增加了制程的复杂性。②工程材料的限制：目前常用的聚合物主要是半结晶热塑性塑料，如聚酰胺（PA）12 和 11，这导致工程材料的可选择性受限。虽然理论上我们可以使用任何能够以粉末形式生产的材料，但实际上受系统控制和复杂热性能的影响。③设计规则的限制：为确保可打印性、准确性和零件组装的可能性，零件必须按照特定规则设计。④静电电荷积累：聚合物粉末容易产生静电电荷积累，存在放电风险，需要特殊的工作室清洁设备。⑤烧结过程带来的孔隙：烧结是一种表面张力驱动的过程，其在低于熔点的温度下发生，这导致烧结件的体积存在一些孔隙，会对力学性能产生负面影响。

在 PBF 技术的发展中，研究人员正努力增加可用于激光烧结工艺的聚合物的数量和种类，以解决当前的材料选择有限性问题。同时，规模化加工更多种类的聚合物材料，如 TPU 与 PA12，以及解决构件翘曲的问题，仍需要进一步的研究与探索。

（二）自修复材料面临当前挑战

1. 自修复性能与机械性能之间的平衡

本征型自修复材料面临的主要挑战之一是在机械强度和自修复性能之间达到平衡。通常情况下，机械强度高的材料在中等温度下很少能够表现出高效的自修复效率。这主要是因为高自修复效率需要聚合物链段的快速运动和易于解离 / 交换的动态键，而这些通常以低模量和弱动态键的软聚合物链为代价。

尽管我们期望各类材料都能够迅速实现自修复，但实际上只有在相对较弱的动态键存在于软聚合物和凝胶中时才能实现这一目标。但这些能够快速自修复的材料通常并不适用于大部分应用。当在高强度的聚合物网络中引入动态键时，它们的键能和玻璃化转变温度（T_g）通常较高，从而无法在操作环境下实现有效的自修复。虽然通过加热可以加速自修复过程，但在许多应用中，加热触发自修复过程并非理想选择。使用特定的溶剂也可加速某些材料在环境条件下的自修复过程，这种方法相对于加热来说更简单，但在很多应用场景中并不可行。因此，在温和条件下实现高强度材料的快速自修复仍然是亟须解决的问题。

2. 分子结构和聚合物网络结构的设计

为实现材料的快速自修复，需要确保聚合物的 T_g 低于修复温度，并且动态键具有相对较低的解离能。然而，过低的 T_g 可能导致材料的机械强度下降。聚合物网络中硬域的存在可以通过纳米填料的引入、自修复聚合物的结晶域或相分离硬域等方式实现，从而提高材料的拉伸强度，前提是硬域的形成不影响自修复效率。

此外，引入多种动态键到聚合物网络中可以实现键间的优势互补，实现材料的多重刺激响应性，增强材料的机械性能和提高材料的动态性。不同键能的动态键，如牺牲键，可以提供快速自修复能力，而键能较高的动态键则增加了材料的机械性能，同时保留了自修复性能。结合多种动态键策略，如将多重氢键与动态共价键相结合，可以制备具有高韧性、高拉伸强度和快速自修复的自修复聚合物。这种多动态键的设计为材料的性能提升提供了新途径。

3. 原位自修复分析方法

该领域的另一个挑战是自修复动力学研究缺乏标准，该标准应能够对不同批次中获得的结果进行直接定量比较，因此建立评估自修复性能的标准化方法对该领域至关重要。但当前更重要的任务是开发一种实验方法，提供愈合过程动力学的原位表征。其中非线性流变学就是一种监测材料自修复的原位表征方法。非线性流变学可以在不需要破坏样品的前提下，特别是在具有多种类型的动态键和具有硬域和软域的分相结构的体系中，直接监测材料机械性能的恢复来协助我们理解材料的自修复过程。

4. 理论模型的挑战

Rubinstein 等人当前开发的自修复聚合物模型只涉及单一类型动态键的支化均聚物，

而高效自修复聚合物的合理设计需要更复杂的模型，需要考虑具有不同离解能的动态键的组合、动态键簇之间的键重排，以及官能团之间具有不同柔性和分子量的主链的潜在组合。自修复聚合物设计中可调参数的数量非常广泛，这种复杂性阻碍了为具有所需性能的自修复材料的设计提供定量预测的理论能力。将机器学习（ML）、人工智能（AI）与理论模型研究相结合也可能有助于设计这些复杂的分子结构。

四、未来发展战略需求及方向

（一）3D 打印材料的未来发展

1. ME-3DP 领域

（1）重视基础理论研究。在 ME-3DP 领域中，仍有许多科学问题亟待解答，例如挤出过程中高分子熔体的传热和流变行为、成型过程中的内应力生成与松弛机理，以及高分子结构在复杂热历史和流变场条件下的演化等。忽视这些基础的科学问题，将 ME-3DP 仅看作技术开发，将极大地限制该技术在未来的发展潜力。

（2）工艺 > 材料 > 设备。对于 ME-3DP 而言，更符合实际的认知是工艺 > 材料 > 设备。这意味着对工艺的深入了解驱动着材料的研发，进而驱动设备的创新。通过对工艺过程的表征，可以定义符合工艺过程的材料物性，例如黏弹性、结晶行为等，从而进行材料的设计与开发，最终再根据材料物性定义与之匹配的打印设备。这种流程的颠倒将使研发过程事倍功半。

（3）重视 ME-3DP 与复杂科学、数据科学的结合。尽管在基础科学理论上仍存在待解决的问题，但 ME-3DP 的技术挑战主要源自超多变量导致的复杂性。目前大部分与 ME-3DP 相关的学术研究仍基于传统还原论思想，即在固定大部分变量的前提下研究单个或少数变量对整体的影响。为了更有效地解决实际复杂工艺问题，应引入复杂科学研究中的工具和手段，特别是结合数据科学。已经有一些人工智能、机器学习与 ME-3DP 的结合，主要应用于设计优化、辅助性工艺开发和性能预测。该过程中的实际挑战在于定义和规范数据结构，以及如何获取有效数据。

2. 光固化光敏树脂成型

光固化 3D 打印技术经过数十年的发展，已成为新一代工业先进技术之一，其汇聚了计算机、自动化、机器人、材料、工业设计等跨学科、跨领域技术，实现了即设计—即打印—即成型—即验证的产品高效率设计与制造过程。3D 打印技术初期是以先进制造为基础不断发展，目前已进入了以应用需求为导向的先进材料设计与制备阶段，而 3D 打印材料逐渐成为制约技术进步的核心要素和控制瓶颈。人类科技发展的历史证明，技术发展的不同阶段有不同的侧重点，对此应有清醒认识和足够重视，为 3D 打印技术及其制品提供可持续发展动力和制造基础。

软材料 3D 打印的进一步发展面临材料性能、精确驱动控制、生物相容性和打印材料浪费等问题。SMP 和弹性体目前已实现高拉伸性和 UV 固化性，但拉伸性与刚度通常是矛盾的，需要开发既可拉伸又具有高模量的紫外光固化 SMP 和弹性体。对于热触发 SAM，实现加热时的快速准确控制是一个挑战。水凝胶在 DLP 的多材料 3D 打印中具有潜在应用，但紫外光固化水凝胶和增强材料的生物相容性需要解决。目前大部分 DLP 制备的材料是热固性的，导致材料浪费严重，可通过可重加工或可降解材料缓解。光固化 3D 打印未来发展的方向包括丰富打印材料种类、提升制件性能、研发新型打印技术实现多材料一次成型、提高打印分辨率和效率等。

3. 聚合物粉末床烧结成型

聚合物粉末床烧结技术的关键优势之一是无须支撑结构，与其他增材制造技术相比，该技术提高了设计自由度并在后处理中减少了工作量。相比之下，其他增材制造技术需要支撑结构以防止悬垂，要么将其内置于设计中，要么需要在构建结束时移除。然而，对于聚合物粉末床烧结，需考虑从内部结构中去除支撑粉末的挑战。PA12 和 PA11 作为激光烧结材料的主要使用材料，一定程度上是由于其建立的历史和可用性，更主要的是因为它们在复杂和波动的热条件下相对稳定。目前的研究主要基于这类材料，但为了拓展激光烧结聚合物的应用，需要考虑其他聚合物。改进的过程监视和控制也将有助于优化整个部分和构建。为了使激光烧结能与传统制造竞争，需降低原材料成本。在实现工业批量生产之前，必须确认机器和工艺能力的可控性，并在构建批准过程及之后确定适用于增材制造的质量保证措施。

尽管 PBF 技术有了重大机器技术改进，但很多先进机器仍受到限制，无法很好地适应新材料。为了更好地探索基础科学对制造过程的影响，需要更多地对参数进行控制，而新型开放式机器的出现将有助于这一目标。此外，粉末床喷墨 3D 打印的 HSS 工艺具有诸多优势，如高打印速度、低损伤材料等，尤其在批量制造方面有明显优势。HSS 的高速打印是一个引人注目的特点，为其未来规模化生产提供了潜在可能。

（二）自修复材料的未来发展

本征型自修复聚合物为延长制件使用寿命提供了独特而重要的功能。该领域在过去几十年取得了显著进展，尤其在动态键类型的不断创新方面，显示了自修复聚合物在当前和未来技术中的巨大潜力。

根据新思界产业研究中心发布的《2021 年全球自修复材料行业市场现状调研报告》，自修复材料最初应用于高资金投入的航空航天设备制造，以降低其损耗和损毁概率，降低设备的制造及使用成本。随着研究深入和技术进步，自修复材料的应用领域逐步扩展至能源、汽车、电子、建筑等行业，包括自修复轮胎、自修复塑料结构、自修复涂料等产品。

未来自修复材料的研究前景包括：新型自修复动态键的结构设计与性能研究，力求在保持材料原始性能的基础上提高自愈合效率；自修复材料的多功能化研究，兼顾防汗、抗菌、生物相容等性能，增加应用价值；综合性能与应用场景的匹配性研究，根据实际需求设计材料的其他性能，最大程度提升使用寿命和匹配性。

商用高分子材料的自修复性能开发是当前自修复聚合物研究的关键方向。聚合物在现代社会的广泛应用中扮演着重要角色，商用高分子材料具有自修复能力将显著改善许多应用中材料的使用寿命、安全性和环境影响。该领域的最终目标之一是创造坚韧、自主自修复的通用聚合物，能够在复杂环境中自发修复机械损伤，无须外部干预。

参考文献

[1] Ngo, T.D., Kashani, A., Imbalzano, G., et al. Additive manufacturing (3D printing): A review of material, methods, applications and challenges [J]. Compos Part B-Eng., 2018, 143.

[2] Pigeonneau, F., Xu D, Vincent, M., et al. Heating and flow computations of an amorphous polymer in the liquefier of a material extrusion 3D printer [J]. Addit. Manuf., 2020, 32.

[3] Luo C, Wang X, Migler, K.B., et al. Effects of feed rates on temperature profiles and feed forces in material extrusion additive manufacturing [J]. Addit. Manuf., 2020, 35.

[4] Serdeczny, M. P., Comminal, R., Pedersen, D.B., et al. Experimental and analytical study of the polymer melt flow through the hot-end in material extrusion additive manufacturing [J]. Addit. Manuf., 2020, 32.

[5] Edwards, D.A., Mackay, M.E. Postextrusion Heating in Three-Dimensional Printing [J]. J Heat Trans-T Asme, 2020, 142 (5).

[6] Pourali, M., Peterson, A.M. Thermal Modeling of Material Extrusion Additive Manufacturing. In Polymer-Based Additive Manufacturing: Recent Developments [J]. American Chemical Society, 2019, 1315.

[7] Roy, M., Wodo, O. Data-driven modeling of thermal history in additive manufacturing [J]. Addit. Manuf., 2020, 32.

[8] Kuznetsov, V. E., Solonin, A. N., Tavitov, A., et al. Increasing strength of FFF three-dimensional printed parts by influencing on temperature-related parameters of the process [J]. Rapid Prototyping J., 2020, 26 (1).

[9] Coasey, K., Hart, K. R., Wetzel, E., et al. Nonisothermal welding in fused filament fabrication [J]. Addit. Manuf., 2020, 33.

[10] Coogan, T. J., Kazmer, D. O. Prediction of interlayer strength in material extrusion additive manufacturing [J]. Addit. Manuf., 2020, 35.

[11] Das, A., Marnot, A. E. C., Fallon, J. J., et al. Material Extrusion-Based Additive Manufacturing with Blends of Polypropylene and Hydrocarbon Resins [J]. Acs. Appl. Polym. Mater., 2020, 2 (2).

[12] Gao X, Qi S X, Su Y L, et al. Hierarchical Structures and Mechanical Performances of Semicrystalline Polymer Parts Fabricated by Means of Fused Deposition Modeling [J]. Adv. Eng. Mater., 51 (11).

[13] Hart, K. R., Dunn, R. M., Wetzel, E. D., et al. Though, Additively Manufactured Structures Fabricated with Dual-Thermoplastic Filaments [J]. Adv. Eng. Mater., 2020, 22 (4).

[14] Ge Q, Jian B, Li H, et al. Shaping soft material via digital light processing-based 3D printing: A review [J]. Forces in Mechanics, 2022, 6.

[15] Zhang B, Li H, Cheng J, et al. Mechanically Robust and UV-Curable Shape-Memory Polymers for Digital Light Processing Based 4D Printing [J]. Advanced Material, 2021, 33 (27).
[16] Ge Q, Chen Z, Cheng J, et al. 3D printing of highly stretchable hydrogel with diverse UV curable polymers [J]. Science Advances, 2021, 7 (2).
[17] Li Z, Zhu Y L, Niu W, et al. Healable and Recyclable Elastomers with Record-High Mechanical Robustness, Unprecedented Crack Tolerance, and Superhigh Elastic Restorability [J]. Adv. Mater., 2021, 33 (27).
[18] Wang L, Guo L, Zhang K, et al. Development of Tough Thermoplastic Elastomers by Leveraging Rigid-Flexible Supramolecular Segment Interplays [J]. Angew. Chem. Int. Ed. Engl., 2023, 62 (29).
[19] Xu J, Li Y, Liu T, et al. Room-Temperature Self-Healing Soft Composite Network with Unprecedented Crack Propagation Resistance Enabled by a Supramolecular Assembled Lamellar Structure [J]. Adv. Mater., 2023, 35 (26).
[20] Li B, Ge S, Zhao S, et al. Puncture-resistant self-healing polymers with multi-cycle adhesion and rapid healability [J]. Mater. Horiz., 2023, 10 (8).
[21] Li Y M, Zhang Z P, Rong M Z, et al. Tailored modular assembly derived self-healing polythioureas with largely tunable properties covering plastics, elastomers and fibers [J]. Nat. Commun., 2022, 13 (1).
[22] Wang H B, Yang Y, Nishiura, M., et al. Making Polyisoprene Self-Healable through Microstructure Regulation by Rare-Earth Catalysts [J]. Angew. Chem. Int. Edgl., 2022, 61 (42).
[23] Wang S, Urban, M. W. Self-healing polymers [J]. Nature Reviews Material, 2020, 5 (8).
[24] Gaikwad, S., Urban, M. W. Ring-and-Lock Interactions in Self-Healable Styrenic Copolymers [J]. Journal of the American Chemical Society, 2023, 145 (17).
[25] Lai H, Jin C, Park J., et al. A Transformable and Bulky Methacrylate Monomer That Enables the Synthesis of an MMA-nBA Alternating Copolymer: Sequence-Dependent Self-Healing Properties [J]. Angew. Chem. Int. Ed. Engl., 2023, 62 (14).
[26] Paez-Amieva, Y., Carpena-Montesinos, J., Martin-Martinez, J. M., et al. Innovative Device and Procedure for In Situ Quantification of the Self-Healing Ability and Kinetics of Self-Healing of Polymeric Material [J]. Polymers (Basel), 2023, 15 (9).

复合材料

一、概述

复合材料是人类社会不可或缺的一类重要材料，随着现代科学技术的发展，人们对材料的使用要求不再局限于单一的机械性能，而是要求材料在多场服役条件下，具有结构功能复合化和多功能的响应特性。复合化成为材料实现高性能化和功能化的有效途径。复合材料是由增强体（功能体）、基体与界面复合而成的多相材料，不但具有优异的力学性能，而且可集成导电、导热、阻尼降噪、耐热耐磨、辐射屏蔽等多功能特性，是空天技术、能源、电子通信和交通运输等领域高速发展不可缺少的共性关键材料。复合材料应用广度、生产发展的速度和规模，已成为衡量一个国家材料科技水平的重要标志之一。按照复合材料基体类型分类，可将复合材料分为金属基复合材料、陶瓷基复合材料和树脂基复合材料等。通过金属或无机非金属基体与增强体的复合，可以有效改善金属材料耐温不足的问题，也可以有效提升陶瓷材料的断裂韧性并降低其对缺陷的敏感程度。因此先进复合材料在现代工业和国防领域有举足轻重的战略地位，其应用领域涵盖几乎所有的技术领域和工业部门，对相关领域的发展和技术进步起到了巨大的推动作用。

与传统金属材料不同，金属基复合材料的基本科学与技术问题多出了第二相及其复合界面，复合设计要考虑增强体、基体、界面等构成要素的协同作用与综合贡献。金属复合材料的重要特点表现在具有丰富的可设计性，可以最大限度地综合和发挥材料的性能优势：①能够实现性能的优势互补或独特组合；②可以使其性能在一定的范围内连续变化；③可以复合出原材料本身所不具备的性能。

金属基复合材料的例子可追溯到古文明时期。在土耳其发现的公元前 7000 年的铜锥子，在反复拓平和捶打的制备过程中，非金属夹杂物在铜中充分弥散，进而起到强化作用。而弥散强化金属材料的现代科学与技术研究，则起始于 1924 年 Schmit 关于铝 / 氧化铝粉末烧结的工作，这促进了在 20 世纪 50—60 年代的广泛研究。金属基复合材料体系发展和系统研究是在空天技术发展的驱动下发展起来的。20 世纪 60 年代初期新型的碳纤维、硼纤维与晶须出现。1963 年，美国国家航空航天局（NASA）利用液相浸渗方法，成功制备出 10% 钨丝增强铜基复合材料，其强度较铜基体提高了 90% 以上，而热导率仅下降 4%。1978 年，美国采用扩散连接法制备了硼纤维增强 6061 铝复合材料管材，将其应用于航天飞机机身主体框架和翼肋支撑件、框架稳定支架等，开启了金属基复合材料的应用发展。80 年代以后，航空航天和核能利用等技术的发展，对材料提出了更高的性能要求。在此推动下，金属基复合材料的研究和应用进入了快速发展时期，产生了多种增强材料、基体材料和复合方法。空天领域应用技术的积累，也辐射到汽车、电子等领域的发展。1983 年，日本丰田汽车公司在涡轮增压发动机的活塞上，采用了压力浸渗法制备的 Al_2O_3–SiO_2 短纤维增强铝基复合材料，起到了减重和增加发动机效率的作用。航空工业始终是先进金属基复合材料最具挑战性的应用领域。由于对安全系数及使用寿命的要求极高，先进金属基复合材料的航空应用进程稍滞后于航天应用，但其应用范围却更加广泛，包括航空发动机的机芯、叶片、排气喷嘴接头、叶片盘和中空轴一体结构，以及飞机机身蒙皮结构、电子设备架、印刷电路板、多芯模块、导向系统外壳等。

陶瓷基复合材料可以大幅提升金属基复合材料的耐热温度。随着高推重比航空发动机单位推力的提高，发动机燃烧室出口温度也有了较大幅度的提高，这对燃烧室、涡轮及加力燃烧室等热端部件的材料提出了更高要求。通过开发单晶定向凝固制备技术、气膜冷却技术和热障涂层技术，传统镍基高温合金材料的耐温性能已经提升到了极致，但仍难以完全满足航空发动机更苛刻的设计工况的使用要求。连续纤维增强陶瓷基复合材料（CMC）是非常有潜力的新型热结构材料之一。CMC 兼具金属和陶瓷材料性能优点，将 CMC 用于航空发动机燃烧室、涡轮、加力燃烧室和喷管等热端部件，可使发动机工作温度提高 300–500K 并可实现结构减重 50–70%。陶瓷基复合材料引起美国、日本、法国、德国和我国的普遍关注，历经几十年研究，已经逐渐将 CMC 应用于其高推重比航空发动机热端部件；其中 2015 年 GE 公司将高致密 SiC/SiC 转子叶片在 F414 发动机上成功实现了 500 个循环，成为了领域的里程碑式的工作。在我国，仅在航空发动机部分静止件如密封片、调节片等少量采用陶瓷基复合材料。因此加强战略型、革命性 CMC 的低成本制备及应用技术研究迫在眉睫，同时也需要大力推动 CMC 在航空发动机转动件上的应用。

在航天领域，陶瓷基复合材料也有很多重要的应用场景。临近空间飞行器在航空航天领域具有非常重要价值，是维护国家安全和夺取制天权的战略制高点。临近空间的开发是空间开发新的阶段，临近空间飞行器的发展可反映出国家科技水准和文明程度，是未来航空航天器的重要发展方向。在高超速飞行中，在靠近飞行器鼻锥、热前缘等热防护部件的薄层内由于气固界面的摩擦力的存在，高速气体的动能会转化为热能使得热防护部件的温度上升。计算表明，飞行速度越快，飞行器关键热防护材料与高速、高温的气流发生非线性耦合会更明显，而热防护部件遭受的气动加热也会更明显。而温度升高的程度与防护材料的热导率和防护构件的几何轮廓相关：在相同的热载荷下，轮廓曲率半径越小，热导率越低，温度升高程度就越明显。随着飞行马赫数的提高（> 5Ma），来流通过激波压缩或黏性阻滞减速，导致大量动能转变成热能，气体混合物温度升高并发生能量激发、离解、电离、电子激发等一系列复杂的物理化学反应（非平衡效应），飞行器前缘、超燃冲压发动机燃烧室及大面积迎风面等关键热结构的表面需要承受长时间、超高温（最高可达2500℃以上）、高焓值及中低热流的气动热环境，这无疑对关键热结构防热材料的耐温性、可靠性和结构效率提出了极为苛刻的需求。我国神舟飞船再入大气层时底部最大气动加热仅为 $1.7MW/m^2$，高超飞行器关键防热部位需要承受的热流密度可达 $17MW/m^2$，而超燃冲压发动机喷管喉衬等部位则需抵御 > 2500℃高压含氧化物颗粒气流的冲蚀。传统热结构材料如高温合金、Cf/SiC 和 SiCf/SiC 等因耐温不足无法满足上述全部要求。熔点超过 3000℃的 IVB–VB 族过渡金属硼化物、碳化物和氮化物，因其具有优良的力学性能、良好的热导率和抗氧化烧蚀性能，又被称为超高温陶瓷（Ultra–high Temperature Ceramics，UHTCs）。与碳化物和氮化物相比，硼化物 UHTCs（如 ZrB_2 和 HfB_2 等）具有更好的抗氧化性能且热导率高。因而，作为高超飞行器热防护的重要候选材料，硼化物引起了人们更多的关注。而利用连续碳纤维增强超高温陶瓷（Cf/UHTCs），可从本质上解决硼化物陶瓷本征脆性的不足、避免构件在断裂过程中发生灾难性破坏且显著提高复合材料抗氧化烧蚀性能。

我国从 20 世纪 70 年代末开展金属基和陶瓷基复合材料研究，起步比美、日等复合材料强国晚了 20 多年。在金属基复合材料领域，从 1987 年开始，国家“863”计划就把金属基复合材料作为国家战略材料之一给予重点支持。与此同时，1988 年国家在上海交通大学设立了金属基复合材料国家重点实验室。此后，上海交通大学、中国科学院金属研究所、哈尔滨工业大学、有研科技集团有限公司、中国航发北京航空材料研究院等国内众多机构开展了基础应用全链条研究。经过 40 余年的自主发展，发展起搅拌铸造、粉末冶金、浸渗铸造、原位自生等关键制备技术，并形成吨级大尺寸复合材料坯锭制备能力，同时突破了挤压、轧制、锻造等塑性变形加工及构件精密加工制造技术，研制的多种金属基复合材料性能达到了国际先进水平。在“十二五”“十三五”期间，我国金属基复合材料在航天飞行器关键结构件中获得应用突破，以碳化硅颗粒、晶须增强的铝基复合材料被应用于天宫、祝融、玉兔、嫦娥、遥感、风云、高分、北斗等几十个系列、百余个空间飞行器型号，发挥了显著的承载、减重、热物性综合性能优势，填补了传统材料的空白，为提高我国航天飞行器技术水平奠定了坚实基础。这些成果有力地支撑了国家载人航天、探月工程、高分辨对地观测等重大专项任务的实施，并为我国航空航天和国防等领域的发展提供了强有力的支撑。

在陶瓷基复合材料领域，在航空用纤维增强陶瓷复合材料方面，我国形成了以西北工业大学、中国科学院上海硅酸盐研究所、中南大学、国防科技大学、北京航空航天大学和相关航空集团为代表的研究团队，在碳化硅纤维制造、复合材料结构设计、显微结构调控、界面结构调控、致密化技术和材料服役性能研究等方面取得了极大进步。在制备工艺上，掌握了化学气相渗透、有机前驱体浸渍－热解、反应熔渗等材料技术，通过上述技术的单一或组合使用，所研制的陶瓷基复合材料构件在航天、空间科技、制动等领域均取得了较好的试验或应用效果。近年来我国 SiC 纤维技术取得较快的进展，形成了以国防科技大学和厦门大学为优势研发单位，通过科技成果转化已经形成以苏州赛力菲陶纤有限公司为代表的第一代 SiC 纤维、以宁波众兴新材料科技有限公司和福建立亚新材有限公司为代表的第二代 SiC 纤维、及以福建立亚新材有限公司为代表的近化学计量比型第三代 SiC 纤维的生产线。国内多家单位均在研发耐温性能更高的第三代 SiC 纤维，为我国 SiC/SiC 陶瓷基复合材料研究步入快车道创造了有利条件。在航天用超高温陶瓷及其复合材料方面，在高校中形成了以哈尔滨工业大学、西北工业大学、上海硅酸盐研究所、中南大学和武汉理工大学为代表的多家科研优势单位。制备的超高温陶瓷材料在室温 / 高温力学性能、抗氧化烧蚀性能等方面已经达到或超过国际上最新公开报道的数据，并通过大量地面模拟环境考核试验和飞行演示验证试验，获得了大量科学数据。尤其是近些年来，在超高温陶瓷的强韧化技术研究方面，开展了全尺寸连续碳纤维增韧超高温陶瓷复合材料研制，材料断裂韧性、破坏应变等关键性能得到了大幅度提升；开展了梯度化碳纤维增韧超高温陶瓷复合材料设计与制备技术研究，在组分、含量以及微结构上可多尺度设计，材料达到了国际领先水平。未来我国将着力实现从原理探索到装备应用的转变，在发展高熵陶瓷与复合材料基础前沿研究，宽温域（1800～3000℃）、耐高焓热高驻点压力气体冲刷、长时间抗氧化烧蚀技术研究，以及在实现分区设计、局部强化的复合材料和构件低成本制备等方面持续投入科研力量。

二、国内外最新研究进展

（一）金属基复合材料

航空航天、国家安全、通信电子、轨道交通等领域技术的提升，使金属基复合材料的技术优势愈加明显，相关基础和应用研究得到了持续快速的发展。金属基复合材料的发展在材料设计新理论和新方法上不断突破，在满足国家重大工程和装备需求上持续发力。多学科交叉，特别是与材料基因组计划、增材制造技术等的融合，使材料设计和复合制备的理念和模式正发生质的转变。

兼具高强度和高韧性的先进金属基复合材料是空天、交通等领域所急需的轻质结构材料，对提升装备可靠性、减轻重量有着不可替代的关键作用。金属基复合材料中增强体与金属基体间本征的弹塑性变形和热变形失配，导致微区应力集中，加剧应变局域化现象，大大降低了金属基复合材料的塑韧性与损伤容限，严重制约了金属基复合材料的发展。近年来，以材料微结构为首要要素的构型化复合理念逐渐发展为突破强－韧性倒置关系的最有希望的思路。相比传统的均质组织和结构设计理念，多尺度增强、多级结构正成为新一代金属基复合材料的发展趋势。通过精细结构设计（仿生微纳砖砌、网状、分级、梯度结构等），科研人员可获得均匀分布复合材料所不具有的超高强度与良好塑性。然而，构型化复合材料目前仍面临强韧化机理不清、设计调控难等瓶颈问题。为此，国家自然科学基金委在 2021 年发布了“十四五”第一批重大项目指南，经评审由上海交通大学牵头，联合哈尔滨工业大学、中国科学院金属研究所、中国科学院力学研究所等国内优势单位，共同承担“基于能量耗散的金属基复合材料强－韧性关联重构”重大项目。围绕金属基复合材料强－韧性关联的能耗机理，构型化金属基复合材料跨尺度设计原理，以及金属基复合材料构型化复合制备技术等问题开展研究，旨在从材料形变的能量耗散本质出发，建立高强韧匹配金属基复合材料设计的规范化理论，发展复合设计的新原理和先进制备技术。

碳纳米管、石墨烯、纳米颗粒等新型高性能增强材料的出现，也为实现金属基复合材料的性能超越带来了新契机。通过对石墨烯结构参数、金属基体微结构、石墨烯 / 基体位相关系等参数的定向调控，科研人员在极少含量石墨烯与铜的复合材料中即可获得超高电导率，较铜和银分别提高约 17% 和 10%，且界面微区导电性能分析表明电导率还有更大的提升空间，在电子、电力、通信等领域极具应用前景。科研人员还通过纳米颗粒在熔融金属中的自稳定机制，在镁中实现了碳化硅纳米颗粒的高密度（14vol.%）均匀分散，制备了抗拉强度超过 800MPa、弹性模量高达 86GPa、具有良好塑性和高温稳定性的纳米颗粒增强镁基复合材料，突破了人们对镁基复合材料的传统认识。

金属基复合材料性能影响因素繁多，实验试错和个案攻关研制周期长、成本高、适用性差。过去金属基复合材料的研发以单因素工艺探索为主，近年来逐渐融合了基于材料基因工程思想的高通量研发模式。对种类各异的增强体与基体合金，科研人员通过集成计算、材料基因工程、高通量样品制备与表征等手段，建立起了复合材料体系设计所需的性能数据库，从而尝试构建最优化体，突破现有复合体系的性能极限。此外，高通量表征与模拟仿真技术为加快研发提供了有效手段。在集成计算技术和高通量表征技术发展的推动下，通过精确把握性能影响因素，以及制备加工全流程的数字化控制，可对性能进行理性优化和精确调控，从而为实现复合材料性能的跨越式提高提供途径。

与传统减材制造技术（对原材料去除、切削、组装的加工模式）相反，增材制造基于三维模型数据，采用的是逐层叠加材料的方式，是直接制造与相应数字模型完全一致的三维物理实体模型的制造方法。激光粉末床熔融是一种新型的制备金属基复合材料的增材制造方法，独特的逐层工艺方式突出了直接从粉末加工复杂和近净形部件的优势，为简化制备金属基复合材料的工艺路线、缩短交货时间提供了巨大潜力。此外，通过激光粉末床熔融制备金属基复合材料还具有晶粒细化以及激光吸收率高的特点，从而使所制备的复合材料拥有极佳的力学性能。

在应用研究方面，面向国家在航天、航空、交通、电子及国防领域对轻质高强、多功能金属基复合材料的重大迫切需求，高品质、多品种的高性能金属基复合材料在我国航天和国防等重大工程领域得到应用，为支撑我国国家安全和高科技发展做出了重要贡献。国内高校和科研院所突破了宏量化高性能 SiCp/Al 复合材料的设计、制备及形变加工等技术难题，为探月工程（“嫦娥”系列卫星、“玉兔号”系列月球车）、载人航天工程（空间站、“天宫”系列卫星）、火星探测（“天问一号”着陆器、“祝融号”火星车）、对地观测和通信卫星（“高分”系列卫星、“风云”系列气象卫星、“北斗三号”导航卫星、“墨子号”量子卫星等）等国家重大航天工程提供了数万件关重构件。原位自生 TiB_2/Al 复合材料（陶铝）已通过国产发动机叶片性能验证及工艺验证，在大涵道比航空发动机、C919 大飞机等航空领域展现重大应用前景。仿生微纳砖砌碳纳米管 /Al 复合材料已在我国运载火箭舱体结构开展应用验证，比高强铝合金构件减轻 12%。耐高温和高强高模钛基复合材料也已在航天和国防等领域得到应用。

（二）陶瓷基复合材料

连续碳纤维增强复合材料微结构由纤维、基体和界面三部分组成。复合材料致密化的过程，也是预制体中孔隙逐渐被填充的过程。预制体中纤维束在三维方向上纵横交错，陶瓷粉末很难直接填入其孔隙中，相反气相或液相介质则很容易渗透入其中。在实践中，纤维预制体致密度的提升是通过转化的办法来实现。比如：气相转化为固相的过程（化学气相渗透 CVI）是将反应性的先驱体通入多孔预制体中，控制反应温度，使得纤维表面连续、多次沉积基体物质从而形成致密的复合材料；液相转化为固相可采用前驱体浸渍裂解（PIP）和反应熔体浸渍（RMI）等方法。其中大部分陶瓷的气相前驱体（如 $HfCl_4$、$ZrCl_4$ 等）分子量比较大，在预制体内的沉积需采用低温低压工艺以增大分子平均自由程，导致沉积周期过长。除沉积碳和碳化硅外，CVI 技术多利用在碳纤维表面做界面层或在 C/C 表面制备超高温陶瓷涂层而非实现陶瓷基复合材料基体的密实化。这里主要介绍反应熔渗技术、浆料浸渍技术和先驱体浸渍裂解法近年来的研究进展。

1. 反应熔渗法

反应熔渗法（Reactive Melt Infiltration，RMI）是在高温下使金属或合金熔化成为液态，依靠毛细管力作用使熔融金属或合金熔体渗入多孔预成型体的孔隙中，并与多孔预成型体基体中的残余碳等物质发生反应生成致密基体，从而制得陶瓷基复合材料的一种制备方法。该制备方法优点包括：周期短、成本低、材料残余孔隙率低（2% ~ 5%）；可制备形状复杂构件；通过一次熔渗处理即可获得基本致密的复合材料；制备全过程尺寸变化极小，能基本保持纤维骨架形状和纤维强度。因此，该方法常被用于制备抗氧化改性的 C/C 复合材料、连续碳纤维增强的超高温陶瓷基复合材料、SiC/SiC 基复合材料。

1）抗氧化改性的 C/C 复合材料。C/C 复合材料。不仅具有低密度（$< 2.0g/cm^3$）、低

热膨胀系数、高强度、高导热及优异的抗热冲击性等优点，其力学性能也会随着环境温度的升高而提升，使得 C/C 复合材料在航空涡轮喷气发动机涡轮盘 / 叶片 / 燃烧室、航天飞行器鼻头锥和翼端前缘、发动机燃烧室内衬和喷管等关键热防护结构中获得了广泛应用或具有重要应用价值。然而，C/C 复合材料在高温有氧气氛下的抗氧化性能较差，在 400℃以上的有氧环境中就开始发生氧化，而且氧化速率随温度的升高而迅速增加，在超高温有氧的极端环境下烧蚀后退严重，导致其力学性能急剧下降，甚至出现灾难性的结构损伤。因此，改善 C/C 复合材料的抗氧化性能，研发能够在极端超高温有氧环境下使用的新型 C/C 复合材料是目前的发展趋势，也是技术挑战。为此，国家自然科学基金委在 2022 年发布了和 C/C 复合材料相关的十四五重大项目指南，经评审，由西北工业大学牵头，联合哈尔滨工业大学，航天特种材料及工艺技术研究所和武汉理工大学等单位共同承担“耐极端环境碳基复合材料主动热疏导设计与长寿命防护机理”重大项目。目前，抗氧化改性的 C/C 复合材料主要有 C/C–SiC 复合材料和 C/C–UHTCs（–SiC）复合材料。

2）C/C–SiC 复合材料。Ronggang Tong 等将 Si–Zr 熔体引入气孔率不同的 C/C 预制体中通过反应溶渗法制得了 C/C–SiC–$ZrSi_2$ 复合材料，并研究了 C/C 预制体气孔率对最终材料力学性能和抗烧蚀性能的影响。最终发现，随着预制体气孔率增加，最终复合材料的抗弯强度先增大后减小，线烧蚀率先急剧减小，后稍稍增大，最终趋于稳定。此外，该团队还研究了 C/C–SiC–$ZrSi_2$ 复合材料在超 / 高温区间的抗热震性能及其热震损伤机制。Haijun Zhang 等将不同比例的铝和硅熔体（铝的质量分数分别为 20% 和 40%）渗入 C/C 基体中通过反应溶渗法制得了改性的 C/C–SiC 复合材料（AS2 和 AS4），该研究发现，AS4 具有更加优异的抗循环烧蚀性能。Ridao Zhao 等将硅熔体渗透到连续碳纤维增强的纳米孔碳基体中制备了纯的 Cf–SiC 复合材料，且所得复合材料中不存在残余硅，与传统 RMI 法制备的 C/C–SiC 复合材料（含大量残余 Si）相比，该方法制备的材料具有更高的抗弯强度（218.1MPa）和更加优异的抗烧蚀性能（氧乙炔焰 2200℃、500s 条件下的线烧蚀率仅为 0.168 μm/s）。

3）C/C–UHTCs（–SiC）复合材料。Zaidong Liu 等将 Si–Zr–Hf 熔体引入具有双碳基体（裂解碳 PyC 和多孔树脂碳 PRC）的 C/C 预制体中通过反应溶渗法制得了烧蚀性能明显提升的 C/C–SiC–（$ZrxHf_{1-x}$）C 复合材料。与采用单碳基体（PyC）的 C/C 预制体制备的相应复合材料相比，其在 1766℃、1853℃和 2187℃烧蚀 60s 的条件下质量损失率分别减少了 49.81%、57.97% 和 68.00%。Li Hongtao 等将 Zr_2Cu 熔体引入不同密度的 C/C 预制体（1.28g/cm^3、1.40g/cm^3、1.58g/cm^3 和 1.73g/cm^3）中通过反应溶渗法制备了 C/C–ZrC–Zr_xCu_y 复合材料并研究了它们的力学性能和抗烧蚀性能，发现当 C/C 预制体密度较低时（1.28g/cm^3 和 1.40g/cm^3），即陶瓷组分含量较高时，材料具有更高的抗弯强度和压缩强度，当 C/C 预制体密度为 1.28g/cm^3 时，最终复合材料在 2800℃具有最优的抗烧蚀性能，在烧蚀 54s 后其线烧蚀率和质量烧蚀率分别仅为 33.70 ± 1.33μm/s 和 22.39 ± 2.99mg/s。Li Geng 等将 Si 熔体、

Si–Zr 合金熔体及其与 $MoSi_2$ 的熔体分别引入 C/C 预制体中通过反应溶渗法分别制备了 C/C–SiC、C/C–SiC–ZrC 及 C/C–SiC–ZrC–$MoSi_2$ 复合材料，并通过高能二氧化碳激光表征了它们的抗烧蚀性能，发现 C/C–SiC–ZrC–$MoSi_2$ 复合材料呈现出最优抗烧蚀性能。Yi Zeng 等首先将 Zr–Ti 熔体引入 C/C 预制体中通过反应溶渗法获得 C/C–$Zr_{0.8}Ti_{0.2}C_{1-x}$ 复合材料，然后通过包埋工艺使 B_4C、B_2O_3、SiC、Si 等粉末与材料中的 $Zr_{0.8}Ti_{0.2}C_{1-x}$ 反应最终制得宽温域（2000 ~ 3000℃）抗烧蚀性能优异的 $Zr_{0.8}Ti_{0.2}C_{0.74}B_{0.26}$ 涂层改性的 C/C 复合材料。

4）连续碳纤维增强的超高温陶瓷基复合材料。连续碳纤维增强超高温陶瓷不仅可以发挥连续纤维增强陶瓷基复合材料密度低、强度高、韧性好、抗热震性好的优点，还使材料具备了高温抗烧蚀的特性，能够满足超高温环境的使用要求，是最有前景的高超声速热防护材料。Xiaowu Chen 等将 $ZrSi_2$ 熔体分别渗入两种具有不同孔结构的 Cf/B_4C–C 预制体中通过反应溶渗法分别制备了 Cf/ZrC–ZrB_2–SiC 复合材料，其中两种孔结构的预制体分别通过料浆浸渍法和溶胶浸渍法获得，后者具有更加均匀的孔径分布，有助于制备过程反应熔体的均匀渗透，使最终制得的复合材料具有更加均匀的组织结构，从而表现出更加优异的力学性能。Si'an Chen 等首先将 Zr 熔体渗入 3D Cf/C 预制体中通过反应溶渗法制备了 Cf/ZrC 复合材料，然后进一步经化学气相渗硅工艺制得了气孔率仅为 4.8% 的 Cf/ZrC–SiC 复合材料，并发现该材料在 1600℃氧化十分钟后的弯曲强度与室温强度相比仅衰减 5% 左右，且该复合材料具有优异的抗烧蚀性能，其在氧乙炔焰 2000℃的条件下灼烧 30s，质量烧蚀率和线烧蚀率分别仅为 0.0071g/s 和 0.0047mm/s。Guo 等人将 TiZrHfNbTa 高熵合金熔体引入 Cf/C 预制体中通过反应熔渗法制备了连续碳纤维增强的高熵碳化物陶瓷基复合材料 Cf/（TiZrHfNbTa）C，并报道了它优异的力学性能（抗弯强度为 612.6MPa）和抗烧蚀性能，其在氧乙炔焰 2000℃的条件下灼烧 120s，线烧蚀率和质量烧蚀率分别仅为 1.2μm/s 和 0.8mg/s，远低于 Cf/ZrC 的相应值。

5）SiC/SiC 基复合材料。连续碳化硅纤维增韧碳化硅陶瓷基复合材料（SiC/SiC）具有低密度、高损伤容限、优异的高温力学和抗氧化性能等一系列优点，作为航空发动机热结构部件具有广阔的应用前景。Hongzhong Lv 等将 Si–13 at% Y 合金熔体引入多孔、含酚醛树脂裂解碳颗粒的 SiCf/SiC 复合材料（SiCf 表面通过 CVI 法包覆了 BN 涂层）中，通过反应溶渗法制备了高度致密的 SiC/SiC–YSi_2–Si 复合材料，发现其具有优异的高温热导率和抗长期氧化的能力（1200 ~ 1300℃，100h）。此外，他们还将 Si–Y 合金熔体引入多孔、含石墨颗粒的 SiCf/SiC 复合材料（SiCf 表面通过 CVI 法包覆了 BN 涂层）中通过反应溶渗法制备了高度致密的 SiC/SiC–SiYC 复合材料，发现其耐高温水氧腐蚀性能良好，在 1300℃水氧环境腐蚀 20 小时后，该材料的抗弯强度与室温强度相比提高了 14.2%。Fabia Süß 等通过 PIP 和 RMI 相结合的工艺制备了 SiC/SiC 复合材料，他们的研究显示采用该工艺可以有效减少 PIP 的循环次数，大幅缩短材料的制备时间，并且使最终复合材料中的残碳量减少，呈现出优异的抗弯强度（433MPa）。

2. 浆料浸渍法

浆料浸渍法（Slurry Infiltration，SI），是一种简单有效的制备碳纤维复合材料的方法。通过施压渗透或者注射压力等形式，可将均匀混合的超高温陶瓷粉体浆料灌注填充于切割成型的碳纤维预制体中。与 PIP 和 RMI 工艺相比，SI 工艺具有低成本和短流程的优势。张幸红等通过浆料注射和真空浸渍工艺，实现了陶瓷粉体与纤维基体的有效复合与 Cf/ZrB_2–SiC 复合材料的低温（1450℃）烧结制备，并阐述了裂纹偏转、裂纹分叉和纤维桥联等多种增韧机制对复合材料高断裂功和非脆性断裂行为的影响。Ping Hu 等采用浆料注射、真空浸渍和放电等离子烧结制备 Cf/UHTCs 复合材料，和未纤维表面未处理试样相比，在碳纤维表面引入 0.5μm 厚 PyC 涂层后，所制备复合材料断裂韧性和断裂功性能提高近一个数量级。B. Baker 等开发了一种用高纤维密度预制件制备致密且均匀超高陶瓷基复合材料的方法，系统研究了注射间距对坯体均匀性的影响。Yuan Cheng 等提出超声波振动辅助注射的方法实现超高温组元在纤维预制体内的均匀担载。在注射过程引入超声，使得浆料中粉料颗粒保持高频率振动，进而均匀地填充到碳纤维预制体中。其相对密度、断裂韧性和断裂功均比未无振动时所制备的复合材料高，但复合材料内部超高温陶瓷组元不均匀分布和烧结后的高孔隙率仍制约材料性能进一步提升。Haoyang Wu 等人将可反应的 $ZrSi_2$ 和酚醛树脂通过注射和浸渍的方式担载入碳纤维针刺毡中，通过放电等离子烧结实现复合材料的致密化。在后续烧结的过程中，$ZrSi_2$ 与 C 原位反应生成 ZrC 和 SiC，该反应会放热并引发材料体积膨胀，二因素均可促进复合材料的密实化。另一方面在压力烧结过程中，部分注入预制体的 $ZrSi_2$ 与 C 从纤维中被挤出，可以在复合材料表面原位形成致密陶瓷层，实现了陶瓷与复合材料的连接的同时，大幅度提升了复合材料表面的硬度。

3. 先驱体浸渍裂解法

先驱体浸渍裂解法（Precursor Infiltration and Pyrolysis，PIP）是将超高温陶瓷组分原材料有粉体变为对应组分的先驱体聚合物，通过压力浸渍将润湿效果好的先驱体溶液引入碳纤维编织物中进行固化 – 裂解，在编织物内部直接转化为超高温陶瓷组分。PIP 工艺可以用于制备复杂构建，但是多次浸渍 – 固化 – 裂解会导致坯体形成阶段式闭孔，使材料内部存在缺陷且不易消除，并且制备周期很长。董绍明等人将 CVD 与 PIP 工艺结合，使 SiC 纳米线（SiCNWs）增强，也使 SiCf/SiC 复合材料更加致密化，同时他们研究了 PyC 沉积过长导致内部气孔关闭，进而对材料力学性能的不利影响。房金铭等以碳纤维为增强体，以聚碳硅烷和聚烷基为前驱体，采用 PIP 工艺制备了 C/SiC–HfC 复合材料。HfC 组分可以抑制基体内 SiC 晶粒生长，减少裂纹产生，高温时推动 SiO_2 包覆层形成防止材料内部深入氧化。刘星煜等使用 $Zr_{0.5}Hf_{0.5}C$ 先驱体和聚碳硅烷，通过 PIP 工艺成功制备 C/$Zr_{0.5}Hf_{0.5}C$–SiC 复合材料，并碳纤维表面具有不同裂解碳涂层（0.97，0.84，1.36μm）的复合材料均具展现出密实的结构和优良的力学性能。张曦挚等针对陶瓷填料的分散工艺、复相低成本陶瓷基复合材料的制备技术、功能性低成本陶瓷基复合材料的研发三个方面，提出了获得低成本、高致密度陶瓷基复合材料的方式。Sufang Tang 等通过高压浸渍，将含界面层的碳纤维增强碳气凝胶预制体的密度控制在 0.8 ~ 1.5g/cm^3 范围内可调，提高了基气凝胶材料的使用温度极限。

三、存在的问题及面临的挑战

经过 40 余年和几代人的不懈努力，我国复合材料实现了从 2000 年前的“跟跑”，到 2010 年后在部分基础和应用研究领域“领跑”的跨越式发展，体现了后发优势。总体而言，我国复合材料在标准化建设方面仍落后与欧、美、日等发达国家和地区，并滞后与我国复合材料的广泛需求，在应用和产业化等方面与欧、美、日等发达国家和地区存在较大差距。存在的问题和面临的挑战具体表现在以下几个方面。

（1）我国复合材料研究和应用缺乏系统的复合材料结构技术体系。尽管我国金属基复合材料的体系和高性能研发已经取得显著进展，用量也有了显著提升，但仍缺乏完整的复合材料结构设计和分析技术规范、工艺规范和材料性能数据库等。国外已经形成整体成型复合材料结构设计、制造、分析和验证的立体化和全链条的先进理念，并进行了实践应用，取得了显著收益。而目前我国复合材料已经积累了一定的数据和经验，但与国际先进水平仍存在一定的差距。

（2）我国复合材料产业化程度不高严重制约了金属基复合材料的应用和开发。据估计，国外仅从事铝基复合材料制备的公司已达百余家，包括美铝、加铝等大型跨国企业。虽然我国目前金属基复合材料的发展依靠国家重大需求牵引和高校科研院所推动，已经取得了巨大进步，但是目前金属基复合材料产业基础薄弱，尚无具有一定规模的标准化企业专门从事金属基复合材料的生产与研发。

四、未来发展战略需求和方向

轻质高强、多功能复合材料是航天、航空、交通、电子及国防不可替代的关键战略性新材料。近年来，国家在航天、航空、交通、电子及国防建设领域制定了一系列发展规划。如《2021 中国的航天》制定了航天强国规划，包括载人登月、深空探测、星际基地等重大工程；《通航产业发展白皮书（2022）》航空规划中包括 C919 大飞机及国防战机等重大装备，要求自主创新，迫切需求先进的轻质高强材料。我国“双碳”战略部署和《中国交通的可持续发展（2020）》中，明确加快发展轨道交通、新能源汽车等绿色交通，而发展轻质高强轻量化材料是节能减排的必需途径。陶瓷基复合材料方面，2017 年，国家工信部牵头四部委联合编制的《新材料发展指南》中也强调了“开展超高温结构陶瓷基复合材料等极端环境材料的开发”的重要性。在电子信息产业，电子产品朝高集成度、高功率密度快速发展，迫切需要高强高导电 / 热、尺寸稳定的多功能新材料。发展轻质高强、多功能复合材料，也是先进武器装备打得远、飞得快、战略威慑力大的重要保障。

针对现代航天、航空、交通、电子及武器装备在极端、多场服役环境，社会对金属基复合材料提出了更苛刻的要求，其规模化应用也面临着成本高、产能低等挑战。因此，金属基复合材料应以完善材料体系、实现提升技术成熟度、实现材料与成型制备技术换代、形成大规模产业化能力等为发展方向，主要包括但不限于以下内容。

（1）设计理论与制备技术中的关键核心技术问题。发展以多元多尺度和有序化结构设计为内涵的构型化复合、基于纤维结构优化等复合材料制备新原理和新技术；基于原子尺度精细结构分析和跨尺度关联的构效关系研究，发展超常性能复合材料设计理论与技术。

（2）研发模式的革新。改变现有以单因素工艺探索为主的研发现状，向基于材料基因工程思想的高通量研发模式转换，发展面向使役性能的复合材料智能设计制造基础理论与技术。

（3）结构 / 功能一体化发展趋势。通过合理设计，充分发挥增强相和基体合金 / 陶瓷的优良特性，获得具有良好力学性能和功能特性的结构功能一体化金属 / 陶瓷基复合材料。

（4）低成本技术与成型加工技术革新。改善现有制备技术，提高成品率；发展复杂编织结构纤维增强铝基复合材料等高性能制备和构件的近净成形一体化；发展精密成形加工与高质量焊接技术，提高材料利用率；发展高性能易加工的新型材料，降低加工难度；注重金属基复合材料绿色回收新原理、新策略研究。

（5）对复合材料组成进行高熵设计，实现材料多性能的协同提升。“高熵”是近年来材料界提出的一种新的设计理论，其概念最初来源于高熵合金，于 2004 年由中国台湾清华大学学者叶均蔚教授最先提出。高熵合金一般定义为由等原子比或近等原子比的 5 种或 5 种以上金属元素（每种元素含量在 5 ~ 35mol%）组成的多组元单相固溶体。与传统材料相比，高熵材料有着独特的高熵效应，主要归纳为 4 个方面：①热力学上的高熵效应，在高构型熵的状态下，材料具有很高的稳定性；②结构的晶体畸变效应，高熵材料晶体中不同原子的差异导致晶体内部具有很大的晶格畸变和缺陷；③动力学上的迟滞扩散效应，每个晶格位点的邻近原子差异及较大的晶格畸变导致原子扩散和相变的速率降低；④性能上的鸡尾酒效应，不同组元的基本特性以及它们之间的相互作用使高熵材料呈现出更为复杂的特性，往往起到多组元的协同增效的作用。大部分超高温陶瓷会受限于自身的抗氧化和抗烧蚀能力不足而无法满足使用需求。“高熵设计”为开发具有优异抗氧化和抗烧蚀性能的新型超高温陶瓷提供了一个新平台。一方面，高熵的迟滞扩散效应和晶格畸变可以抑制活性氧的入侵和金属原子的向外迁移；另一方面，不同的过渡金属在烧蚀氧化过程发挥不同的作用，可形成成分复杂和具有不同区域分布的氧化层，通过各组分氧化过程的接力衔接，可起到宽温域烧蚀屏障的作用。

目前高熵研究主要集中在单相高熵材料的制备和性能报道上，利用高熵策略对复合材料性能提升的工作尚显不足。在组分设计方面，其面临最大的挑战是要从一个庞大的组元系统中去搜寻和设计高熵材料结构、组成和性能，并建立组元 - 工艺 - 结构 - 性能之间的联系。另外，通过跨长度和时间尺度的计算方法进行高通量实验和性能驱动的高熵材料的开发、建立组元 - 工艺 - 结构 - 性能之间的联系、发掘高熵基体的复合材料潜在的、在复杂服役条件下的性能和应用也是未来重要的发展方向。

参考文献

[1] Binner J, Porter M, Baker B, et al. Selection, processing, properties and applications of ultra-high temperature ceramic matrix composites, UHTCMCs-a review [J]. Int. Mater. Rev., 2019, 65 (7).

[2] Ni D, Cheng Y, Zhang J, et al. Advances in ultra-high temperature ceramics, composites, and coatings [J]. J. Adv. Ceram., 2022, 11 (1).

[3] 李贺军，付前刚. 碳/碳复合材料 [M]. 北京：中国铁道出版社，2017.

[4] 李贺军，史小红，沈庆凉，等. 国内 C/C 复合材料研究进展 [J]. 中国有色金属学报 2019，29 (9).

[5] Tong Y G, Cai Z H, Bai S X, et al. Microstructures and properties of Si-Zr alloy based CMCs reinforced by various porous C/C performs [J]. Ceram. Int., 2018, 44 (14).

[6] Tong Y, Zhang H, Hu Y, et al. RMI-C/C-SiC-$ZrSi_2$ composite serving in inert atmosphere up to 2100℃ : Thermal shock resistance, microstructure and damage mechanism [J]. Ceram. Int., 2021, 47 (14).

[7] Zhang H, Liu L, Feng W, et al. Effect of Al addition on the single and cyclic ablation properties of C/C-SiC composites [J]. Ceram. Int., 2023, 49 (4).

[8] Zhao R, Pang S, Hu C, et al. Fabrication of C/SiC composites by siliconizing carbon fiber reinforced nanoporous carbon matrix preforms and their properties [J]. J. Eur. Ceram. Soc., 2023, 43 (2).

[9] Liu Z, Wang Y, Xiong X, et al. Structural optimization and air-plasma ablation behaviors of C/C-SiC- (Zr_xHf_{1-x}) C composites prepared by reactive melt infiltration method [J]. Corros. Sci., 2023 (222).

[10] Li H, Yang X, Chen F, et al. Tuning ceramic content, mechanical and ablative properties of C/C-ZrC-Zr_xCuy composites via using various C/C skeletons [J]. Ceram. Int., 2023, 49 (8).

[11] Geng L, Cheng S, Liu G, et al. Laser ablation mechanism of ZrC-SiC-$MoSi_2$ ternary ceramic modified C/C [J]. J. Mater. Sci. Technol., 2023 (149).

[12] Zeng Y, Wang D, Xiong X, et al. Ablation-resistant carbide $Zr_{0.8}Ti_{0.2}C_{0.74}B_{0.26}$ for oxidizing environments up to 3000℃ [J]. Nature Communications, 2017, 8 (1).

[13] Chen X, Feng Q, Kan Y, et al. Effects of preform pore structure on infiltration kinetics and microstructure evolution of RMI-derived Cf/ZrC-ZrB_2-SiC composite [J]. J. Eur. Ceram. Soc., 2020, 40 (7).

[14] Chen S A, Li G, Hu H, et al. Microstructure and properties of ablative C/ZrC-SiC composites prepared by reactive melt infiltration of zirconium and vapour silicon infiltration, Ceram. Int., 2017, 43 (3).

[15] Guo W, Hu J, Fang W, et al. A novel strategy for rapid fabrication of continuous carbon fiber reinforced (TiZrHfNbTa) C high-entropy ceramic composites: High-entropy alloy in-situ reactive melt infiltration [J]. J. Eur. Ceram. Soc., 2023, 43 (6).

[16] 郭广达，成来飞，叶昉. 航空发动机热结构部件的 RMI 工艺研究进展 [J]. 航空科学技术，2022，33 (8).

[17] Lv H, Ge M, Zhang H, et al. Microstructure, thermophysical properties and oxidation resistance of SiCf/SiC−YSi_2−Si composite fabricated through reactive melt infiltration [J]. J. Eur. Ceram. Soc., 2023, 43 (14).

[18] Li J, Liu Y, He F, et al. Preparation and properties of SiC/SiC−SiYC with excellent water−oxygen corrosion resistance [J]. J. Eur. Ceram. Soc., 2023, 43 (14).

[19] Süß F, Schneider T, Frieß M, et al. Combination of PIP and LSI processes for SiC/SiC ceramic matrix composites [J]. Open Ceramics, 2021 (5).

[20] 张幸红，张东洋，胡平，等. 不同 SiC 源对 Cf/ZrB2−SiC 复合材料微结构和力学性能的影响 [J]. 硅酸盐学报，46 (12): 6. (2018): 0454−5648.

[21] Hu P, Cheng Y, Guo X, et al, Architectural engineering inspired method of preparing Cf/ZrC−SiC with graceful mechanical responses, Journal of the American Ceramic Society, 102 (1) (2019): 70−78.

[22] Baker B, Rubio V, Ramanujam P, et al, Development of a slurry injection technique for continuous fibre ultra−high temperature ceramic matrix composites, Journal of the European Ceramic Society, 39 (14) (2019): 3927−3937.

[23] Cheng Y, Hu P, Zhang W z, et al, One−step introduction of ZrC−SiC inside carbon fabric to fabricate high homogeneous and damage−tolerant composite inspired by vibration, Journal of the European Ceramic Society, 39 (7) (2019): 2251−2256.

[24] Wu Hao−Yang, Zou Ji, Mirva Eriksson, Jing−Jing Liu, Wei−Min Wang, Zheng−Yi Fu, Reactive sintering of 2.5 D Cf/ZrC−SiC ceramic matrix composite, Journal of the European Ceramic Society, 41 (13) (2021): 6189−6195.

[25] 董绍明，丁玉生，江东亮，等. 制备工艺对热压烧结 SiC/SiC 复合材料结构与性能的影响 [J]. 无机材料学报，2005，20 (4): 6.

[26] 房金铭，梅敏，李军平，等. 超高温陶瓷改性 C/SiC 复合材料的制备及其性能 [J]. 宇航材料工艺，2021，51 (4): 120−125.

[27] 刘星煜，万帆，高世涛，等. PIP 工艺制备 C/Zr_ (0.5) Hf_ (0.5) C−SiC 复合材料及其微观结构和弯曲性能 [J]. 材料工程，2023，51 (8): 155−161.

[28] 张曦挚，崔红，胡杨，等. 低成本 PIP 工艺制备陶瓷基复合材料研究进展 [J]. 航空制造技术，2022，65 (13): 7.

[29] Yao J J, Pang S Y, Tang S f, et al, Mechanical, oxidation and ablation properties of C/ (C−SiC) CVI− (ZrC−SiC) PIP composites, Corrosion Science, 162 (2020): 108200.

纳米材料

一、概述

纳米材料作为一种近年来快速发展的材料分支，其定义为三维空间中至少一维处于纳米尺寸（1 ~ 100nm）或由其作为基本单元构成的材料，且必须具有与常规材料截然不同的光、电、热、化学或力学等性能的材料。纳米材料的组成单元尺寸较小，表体比大，对于研究从微观到宏观体系的过渡过程中微观结构的有序度变化和状态非平衡性质的转变具有重要意义，已成为国际材料科学的一大研究热点。纳米材料具有广阔的应用前景，目前已在环境、能源和医疗等领域得到应用。

材料的性质与其结构息息相关。纳米材料具有纳米尺度的组成单元，具有不同于传统材料的多重纳米效应。一般而言，纳米材料具有纳米尺度的四大物理效应：①表面效应，纳米粒子表面原子与总原子数之比随着粒径的变小而急剧增大所引起的性质上的变化；②小尺寸效应，当纳米粒子的尺寸与光波波长、德布罗意波长及超导态的相干长度或透射深度等物理尺寸相当或更小时，晶体周期性的边界条件将被破坏，导致材料的声、光、电、磁、热、力等特性呈现出新的物理性质的变化；③量子尺寸效应，当纳米粒子尺寸下降到某一数值时，费米能级附近的电子能级由准连续变为离散能级或出现能隙变宽的现象；④宏观量子隧道效应，当微观粒子的总能量小于势垒高度时，该粒子仍能以一定概率穿越这一势垒。

纳米材料可从维数、组成相数、导电性能等不同角度进行分类，纳米科学研究中通常按维数分类。纳米材料的基本单元按维数划分可以分为 4 类：①零维，指在三维空间尺度的尺寸都在 1 ~ 100nm 范围内的结构单元，如纳米颗粒、纳米团簇、量子点等；②一维，指在三维空间尺度中有两个维度的尺寸都在 1 ~ 100nm 范围内的结构单元，如纳米丝、纳米棒、纳米管等；③二维，指在三维空间尺度中有一个维度的尺寸在 1 ~ 100nm 范围内的结构单元，如纳米薄膜、纳米壳、纳米花等；④三维，指由零维、一维、二维纳米材料中的一种或多种组合成的复合材料，如纳米金属、纳米陶瓷、纳米玻璃等。

纳米材料的发展经历了三个阶段。

第一阶段（1990 年以前）：主要是在实验室探索用不同手段制备各种材料的纳米颗粒粉体，合成块体（包括薄膜），研究评估表征的方法，探索纳米材料不同于常规材料的特殊性能。

第二阶段（1990—2004 年）：人们关注的热点是纳米材料的开发、组装和图案化，发掘其奇特的物理、化学和力学性能，以及新型纳米器件的设计制备。

第三阶段（2004 年至今）：研究者主要聚焦于低维纳米材料的开发、研究和应用，尤其是纳米材料在能源、信息、生物、医疗等领域的应用。

二、国内外最新研究进展

（一）零维纳米材料的研究进展

零维纳米材料是指在空间三维尺度方向均在纳米尺度的物质，如纳米颗粒、原子团簇和量子点等。纳米颗粒的尺度大于原子团簇，一般在 1 ~ 100nm，只能用电子显微镜进行观察。当粒子尺寸进入纳米量级时，会表现出小尺寸效应、表面效应、量子尺寸效应和宏观量子隧道效应，因而在催化、滤光、光吸收、磁介质等领域有着广阔的研究价值和应用前景。20 世纪 60 年代，久保（Kubo）等人指出，金属超微粒子中电子数较少，因而不再遵循费米统计，小于 10nm 的纳米颗粒强烈地趋向于电中性，这就是久保效应，该效应对微粒的比热、磁化强度、超导电性、光和红外吸收等均有影响。

通常，把仅包含几个到数百个原子或尺度小于 1nm 的粒子称为“簇”。原子团簇的形状多样，尚未形成规整的晶体，仅以化学键紧密结合的聚集体的形式存在，因而不同于具有特定大小和形状的分子、分子间以弱的结合力结合的松散分子团簇和结构基元周期性排列的晶体。原子团簇可以分为一元原子团簇、二元原子团簇、多元原子团簇和原子团簇化合物。一元原子团簇包括金属团簇（如 Na_n、Ni_n、Au_n 等）和非金属团簇（如碳簇 C_{60}、C_{70} 富勒烯等和非碳簇 B、P、S 等）。二元原子团簇包括 In_nP_m、Ag_nS_m 等。多元原子团簇有 $V_n(C_6H_6)_m$ 等。原子簇化合物是原子团簇与其他分子以配位键结合形成的化合物。原子团簇有很多奇异的特性，如极大的表面积使其在催化上有异常的化学活性、光的量子尺寸效应和非线性效应、电导的几何尺寸效应、C_{60} 掺杂化合物的超导性等。20 世纪 80 年代，Richard Smalley 用激光烧蚀的方法获得了金属原子团簇。1985 年，Richard Smalley 与 Harold Kroto 等人在莱斯大学的实验室采用激光轰击石墨靶，并用甲苯来收集碳团簇，用质谱仪分析发现了 C_{60}，同时还发现了 C_{70} 等团簇。2022 年，中国科学院化学研究所研究员郑健团队利用掺杂聚合 – 剥离两步法，即先在晶体制备过程中掺入离子，聚合后再去掉离子，最终从准六方相结构中剥离得到单层 C_{60} 聚合物并获得了确凿的价键结构。由于单层聚合 C_{60} 独特的共轭碳结构、巨大的超晶格和多孔骨架结构，该二维簇聚碳材料或在超导、量子计算、自旋输运、信息及能量存储、催化等领域具有潜在应用价值。

量子点是 20 世纪 90 年代提出来的一个新概念，又被称为“人造原子”，是由有限数目原子组成的零维纳米结构，粒径一般为 2 ~ 20nm。20 世纪 80 年代，Alexis Ekimov 和 Louis E. Brus 合成了量子点，这种纳米尺寸的晶体展现出独特的光学和电学特性。1993 年，Moungi G. Bawendi 报道了目前量子点合成中应用最广泛的方法——快速注射法。目前，量子点在光电探测与转换、发光和显示器件、催化、分子和细胞标记及超灵敏检测等领域展现出巨大的应用前景，部分量子点产品在近些年已开始推向市场（如量子点电视）。基于上述三位科学家在量子点发现和合成方面的贡献，他们共同获得了 2023 年诺贝尔化学奖。

（二）一维纳米材料的研究进展

一维纳米材料，是指材料的空间尺寸在三维方向上有两维处于纳米尺度范围内，包括纳米管、纳米棒、纳米线、纳米带等。纳米管通常指纵向尺寸较长的一维管状结构。纳米棒与纳米线的区分不明确，纳米棒通常指长度较短的一维柱状结构的实心材料，而长度较长、形貌竖直的一维实心结构的纳米材料则被称为纳米线，它们的横断面皆为圆形。纳米带与以上两种结构的差别较大，其横截面呈现四边形，纵向长度较长，呈带状。此外，还有很多基于一维纳米材料的三维结构，如核壳结构一维纳米材料、树枝状纳米材料及与其他维纳米材料组成的复合材料等。

根据组成的不同，可以将一维纳米材料分为以下几大类：①硅基一维材料；②金属基一维材料；③金属氧族一维材料；④非氧化物基一维材料；⑤有机聚合物一维材料；⑥碳基一维材料。硅基材料包括单质硅及二氧化硅，一维结构的二氧化硅主要采用硬膜板包裹的方法获得，而一维硅纳米线最常用的制备方法是化学气相沉积法。一维金属材料的制备方法包括辐射还原法、电化学法、晶种诱导法和模板法等。例如，Holmes 等人利用模板法合成了 Ge、Cu、Co 及 Fe_2O_3 纳米线。Xia 等人以银纳米粒子为模板，在油胺中还原氯金酸得到了超细金纳米线。在一维金属氧化物纳米材料中，TiO_2、MnO_2 和 ZnO 等是较为重要的几种，这些材料的性质与材料的组成、晶粒尺寸、材料中的缺陷及合成方法等密切相关，是材料科学和材料化学的重要研究对象。近年来，有机纳米材料的研究越来越受到人们重视，与无机化合物相比，有机小分子材料具有一些显著优势：①有机分子化学结构种类众多；②能够通过设计改变功能分子的结构，实现多种功能的组合和集成；③能够在分子层面上进行分子的有序组装和纳米结构的调控，从而影响材料的性能。

目前，受到关注最多的一维纳米材料是一维碳纳米材料，包括碳纳米纤维、碳纳米管、碳纳米锥、线型碳、碳纳米卷、碳纳米棒、碳纳米带等，其具有优异的电学、磁学和光学性质，在纳米器件、传感器、场发射和环境保护等领域具有良好的应用前景。一维碳纳米材料可以用于场发射晶体管，其中，影响一维碳纳米材料的场发射性能的因素有许多，如材料的直径和长度、排列密度、生长方向及一维碳纳米材料所处的环境（如真空度、温度等）等。近年来，国家纳米科学中心的徐建勋团队研制了拥有完全自主知识产权的一系列新型且可实用化的碳纳米锥电子枪。此外，一维碳纳米材料也可用于传感、环境保护、储氢及纳米晶体管等方面。例如，使用碳纳米管可制成乙醇气体传感器，当该传感器暴露在乙醇气体中时，碳纳米管的电导率下降。

（三）二维纳米材料的研究进展

二维纳米材料的厚度一般为单个或几个原子，但横向尺寸却可以高达几微米或更大。自 2004 年从石墨块体中成功分离出石墨烯后，超薄层状材料已被证明是一种有趣的纳米光电子材料。近十几年来，许多二维材料如超薄黑磷（BP）、过渡金属硫族化合物（TMDs）、硅烯、石墨相氮化碳（g-C_3N_4）、六方氮化硼（h-BN）和鲁德尔斯登 - 波普（Ruddlesden-Popper）钙钛矿等已经被研究人员成功制备。与石墨烯类似，这些二维材料不仅具有独特的二维平面原子结构，而且覆盖了较宽的光谱范围。此外，二维材料随着厚度的变化表现出可调的电子和光学特性，表明其在光电子领域具有独特的优势和应用前景。近年来，基于二维材料的自供电光电探测器表现出了优异的探测性能，成为自动力光电探测器的重要组成部分。

石墨烯由蜂窝状结构排列的碳原子组成，具有六方晶格结构，是 sp^2 杂化碳原子共价结合的二维单层。石墨（三维）、碳纳米管（一维）和富勒烯（零维）为碳的同素异形体。石墨烯作为一种奇异的二维材料，具有许多优异的物理特性，如室温下的高载流子迁移率（$10000cm^2 \cdot V^{-1} \cdot s^{-1}$）、优秀的光学透明度、超高比表面积、高杨氏模量（0.5 ~ 1TPa）和宽吸收光谱（300 ~ 1400nm）等。2018 年，麻省理工学院的 Pablo Jarillo-Herrero 团队首次报道了魔角石墨烯中的奇特量子现象，即当两层平行石墨烯堆成约 1.1°的微妙角度时，就会产生神奇的超导效应，为超导体的实际应用打开了新世界的大门。

1914 年，Bridgman 合成了一种稳定的磷同位素，通过将磷的同素异形体白磷暴露在高温（200℃）和高压（1.2GPa）下制备了黑磷。但直到 2014 年二维黑磷才制备成功，其独特和优异的性质引起了研究者的极大兴趣。二维黑磷是由 sp^3 杂化的磷原子构成的层状晶体材料，一个 P 原子与其他三个原子结合，构成一个褶皱的蜂窝结构。二维黑磷具有高达 $1000cm^2 \cdot V^{-1} \cdot s^{-1}$ 的空穴迁移率，对外部电场和应变高度敏感，其带隙随原子层数的变化而变化，致使其能带结构具有可调性。

二维过渡金属硫族化合物是无机材料库中的一类新兴材料，通常可用 MX_2 的公式来描述，其中 M 表示过渡金属（Mo 和 W 等），X 表示硫族元素（S、Se 和 Te）。单层 TMDs 由两层硫族元素原子和一层金属原子的夹层叠加组成，它们能够形成不同的晶体构型。以 MoS_2 为例，它有 4 种不同的晶体结构，即 2H、1T、1T′ 和 3R。在过去的十多年中，通过硫族元素和过渡金属的不同组合，大约有 40 种不同类型的 TMDs 材料被报道，包括直接带隙从 0.05eV 到 2.27eV 的半导体、超导体、Weyl 半金属等。与黑磷类似，TMDs 材料的层数变化也可以引起能带结构和带隙的变化。例如，当 MoS_2 的层数增加时，其能带结构从单层 1.8eV 的直接带隙转变为 1.2eV 的间接带隙。

（四）三维纳米材料的研究进展

三维纳米材料是指三维空间尺度的尺寸都不在 1 ~ 100nm 范围内的纳米材料。三维纳米材料的所有维度都超出纳米尺度范围，但由处于纳米尺度（1 ~ 100nm）的结构单元组成。它包括纳米颗粒分散体、纳米线和纳米管的束，以及零维、一维和二维结构单元紧密接触并形成界面的复合纳米材料。低维纳米材料具有表面积大、表面能高的特性，容易发生不可逆的团聚，导致材料活性位点减少。此外，低维纳米材料之间具有如氢键、范德华力、π – π 堆积作用等相互作用，致使研究者容易忽略材料的本征特性。将低维纳米材料组装成稳定的三维结构，既保留原有材料的本征特性，又可在结构和性质等方面拓展出新的可能。

根据材料类型的不同，三维纳米材料可以分为金属三维纳米材料、半导体三维纳米材料和多孔三维纳米材料。金属三维纳米材料具有高比表面积、优异的导电性和化学活性等特点。目前研究热点在于实现对金属三维纳米材料形貌和组成的可控合成，如金属轮廓控制法、毛细管模板法等。半导体三维纳米材料具有良好的光电特性和电学特性，常用的制备方法包括溶胶 – 凝胶法、模板法和自组装法等。2020 年，复旦大学化学系邓勇辉团队报告了一种通用的正交组装合成方法，并用该方法可控构建了三维多层交叉金属氧化物纳米线阵列。通过使用其他多金属氧酸盐，这种制备类似木桩的三维纳米结构的方法也可以推广到不同掺杂的金属氧化物纳米线。多孔三维纳米材料具有优异的孔结构和比表面积，常用的制备方法包括模板法、等离子法和可控生长法等。

三维纳米材料的应用领域非常广泛，下面分别从金属三维纳米材料、半导体三维纳米材料和多孔三维纳米材料的角度介绍其应用。金属三维纳米材料被广泛应用于催化、传感器和生物医学等领域。在催化领域中金属纳米材料被广泛应用于氧化反应、还原反应和催化剂载体等方面。内蒙古大学化工学院教授王勤团队通过电化学刻蚀组装富含金属空位缺陷的高效电催化材料的合成策略，合成了具有超细尺寸、自支撑结构和富含铜空位缺陷的超稳态三维铂铜纳米线。该材料具有优异的氧化还原反应催化性能，其质量活性是商用铂催化剂的 14.1 倍，是美国能源部 2020 年发展目标的 7.2 倍，也是目前世界报道的性能最优的自支撑贵金属催化材料。半导体三维纳米材料被广泛应用于光电器件、太阳能电池和催化等领域。在光电器件领域中半导体三维纳米材料被广泛应用于太阳能电池、发光二极管和光电探测器等方面。多孔三维纳米材料在分离、吸附和催化等方面应用广泛。在分离领域中多孔三维纳米材料被广泛应用于水处理、气体分离和海水淡化等方面。

（五）学术建制、人才培养及研究平台

从20世纪80年代开始，纳米科技就引起了人们的广泛关注。纳米科技研究涉及多学科领域，包括物理、化学、生物学、材料科学和电子学等研究领域，是高度交叉的综合性学科，也是一个融前沿科学和高技术于一体的完整体系，其不仅包含以观测、分析和研究为主线的基础学科，同时还有以纳米工程与加工学为主线的技术科学。2000年美国率先发布了“国家纳米技术计划（NNI）”，掀起了国际纳米科技研究热潮。我国高度关注纳米科技发展，与国际同步进行了布局，于2000年成立了国家纳米科技指导协调委员会，2003年成立了国家纳米科学中心，在国家中长期发展规划中部署了纳米科技研究计划，同时，国家自然科学基金委员会和中国科学院也部署了纳米科技相关研究。这些措施极大地推动了我国纳米科技的发展。2022年9月13日，国务院学位委员会第三十七次会议审议通过的《研究生教育学科专业目录（2022年）》正式发布，由国家纳米科学中心牵头论证并申报的“纳米科学与工程”一级学科获准列入交叉学科门类下的新一级学科，隶属交叉学科门类。

我国作为参与推动纳米科技全球性发展的国家之一，一直高度重视纳米科技研发，20世纪80年代国家自然科学基金委员会就进行了相关研究部署，随后给予了连续的支持，科学技术部“973”计划、“863”计划也均设立了与纳米技术有关的项目，并给予支持。2001年，我国制定了《国家纳米科技发展纲要》，并成立了国家纳米科学技术指导协调委员会（图1），制定国家纳米技术发展规划，部署、指导和协调国家纳米科技工作。2006年，国务院发布的《国家中长期科学和技术发展规划纲要》将纳米科学看作中国有望实现跨越式发展的领域之一，并设立了“纳米研究”重大科学研究计划，部署了13个纳米研

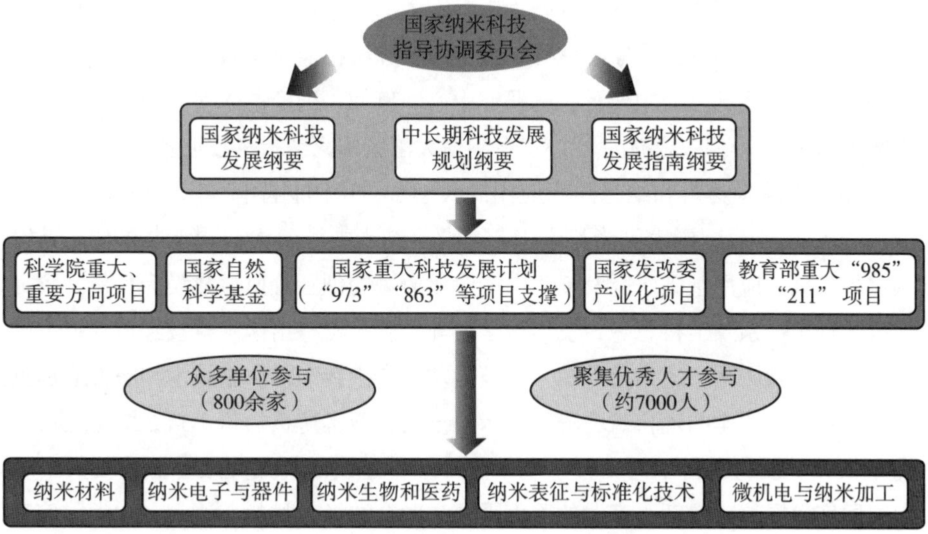

图1　我国纳米科技总体布局情况

究领域的重大项目。2011 年，由科学技术部发布的国家“十二五”科学和技术发展规划，将纳米研究作为六个科学研究实施计划之一，力争在未来五年内取得重大突破。2006—2020 年，纳米科学被列为四项重点发展的基础研究领域之一，是其中获得资助最多的领域，吸引了越来越多的中国科学家投身于纳米材料的研究。2022 年，《国家自然科学基金“十四五”发展规划》正式公布规划全文，在第十一章中，该文对纳米科学的学科发展战略进行了阐述。纳米科学需要针对高性能电子、光电子、量子和自旋等固态器件领域的国家战略需求，聚焦纳米科学与技术领域的关键科学问题，发展高精准度纳米加工方法，突破制约我国纳米科技领域的关键核心技术。力争到 2025 年实现高性能纳米器件的有序集成，催生纳米技术变革和新兴产业。

在多方面、多渠道支持下，我国纳米研究发展迅速，整体研究开发水平已进入世界先进行列，部分方向的研究成果居国际前沿。由国家纳米科学中心主办的第九届中国国际纳米科学技术会议（ChinaNANO 2023）于 2023 年 8 月 26 日在北京开幕。来自全球的 6 位顶尖学者作大会特邀报告，500 多位知名科学家在 15 个会场作邀请报告，展示了纳米科学技术领域的最新研究进展与科研成果。大会主席、中国科学院院士白春礼在开幕式上致辞时表示，我国一直积极推动纳米科技的基础研究和应用研究，一系列统计数据显示，我国已成为当今世界纳米科技进步的重要贡献者和纳米前沿技术研发大国之一。我国在部分基础研究方向已跃居国际领先水平，纳米科技应用研究与成果转化也初见成效。

在平台建设方面，我国已先后建设“国家纳米科学中心”“纳米技术及应用国家工程研究中心”和“国家纳米技术产业化基地（天津）”等国家纳米科技单位。纳米材料与技术于 2012 年正式出现在《普通高等学校本科专业目录》，目前开设该专业的高校包括北京航空航天大学、北京科技大学、苏州大学等在内的十余所大学，而从事纳米材料相关研究的高校和研究所已多达上百家。此外，大学或研究机构通过与政府或企业联合，建立了一些以纳米技术应用开发为主要目标的研究中心。例如，国家纳米科学中心与广州高新技术开发区于 2019 年 9 月发起成立了广东粤港澳大湾区国家纳米科技创新研究院。

在主要从事纳米材料和纳米技术应用的大学中，中国科学院大学纳米科学与工程学院成立于 2017 年 9 月，国家纳米科学中心、北京纳米能源所为共同承办单位，其以纳米科技领域的基础和应用基础研究及逐步向产业化迈进的创新价值链建设为目标，致力于探讨纳米科学理论体系及学科思想，发展教学培养经验，凝练出纳米科技经典教材、国际一流的纳米科技教师团队，成为培养纳米科技人才、产生新知识、新技术和有发展远见的教育机构。北京科技大学的理科试验班（纳米科学与工程本博贯通班）自 2023 年进行招生。该专业是依托学校材料科学与工程“双一流”学科建设的新兴交叉专业精英人才培养项目，面向国家发展战略性新兴产业的重大需求，融合纳米、材料、物理、化学、信息、生物等学科交叉优势，聚焦集成电路、新能源、人工智能、医学等国际前沿研究领域，采用本博贯通八年制模式，培养具有学科交叉意识、国际视野和优秀创新能力的“纳米科学与工程专业战略领军人才”。

在主要从事纳米技术研究的中国科学院研究所等单位中，国家纳米科学中心于2003年成立，定位于纳米科学的基础和应用基础研究，目标是建成具有国际先进水平的研究基地、面向国内外开放的纳米科学研究公共技术平台、中国纳米科技领域国际交流的窗口和人才培养基地。在努力为中国纳米科技发展提供支撑的同时，国家纳米中心还致力于促进国家纳米科技产业的标准化和规范化发展，以期为中国纳米科技的健康、有序发展做出贡献。

如今，我国纳米科技研究已成为国际上重要的研究力量，部分研究领域已处于世界领先地位，取得的成果涵盖纳米科技前沿到纳米技术的应用，部分成果已经开始产业化，成为当地新兴产业重要技术来源之一。

（六）国内外重要研究团队

根据斯坦福大学和爱思唯尔（Elsevier）共同于2023年10月4日发布的全球前2%顶尖科学家榜单（World's Top 2% Scientists）整理出在纳米材料领域职业生涯科学影响力排名前10的科学家名单。排名从前到后分别是王中林（中国科学院）、Yury Gogotsi（德雷塞尔大学）、Seeram Ramakrishna（新加坡国立大学）、Jennifer A. Lewis（哈佛大学）、李巨（麻省理工学院）、刘军（中南大学）、Markus J. Buehler（麻省理工学院）、成会明（深圳先进技术研究院）、Thomas Bein（慕尼黑大学）、Joanna Aizenberg（哈佛大学）。

王中林团队主要从事纳米材料科学的理论和应用研究，包括氧化锌纳米材料的合成、表征、生长机理和应用，纳米材料可控生长、表征和应用，纳米能源技术和自驱动纳米系统技术，压电电子学和压电光电子学。

Yury Gogotsi致力于无机纳米材料的合成和表面改性，如纳米金刚石、碳化物衍生的碳、纳米管、二维碳化物和氮化物（MXenes）。他的团队还探索了材料在能源及其他方面的应用，其在具有可调结构和孔隙度的碳和碳化物纳米材料方面的工作对电容储能领域产生了重大影响。

Seeram Ramakrishna教授领导自己的团队在多个科学领域进行了独创性研究，特别是利用非常新颖的方法制备纳米纤维和纳米粒子，并对这些纳米产品在众多领域的应用进行了创新研究，其当前研究兴趣包括高分子复合材料、生物复合材料、静电纺丝装置、纳米功能纤维及材料在生物医学、能源环境等方面的应用。

Jennifer A. Lewis的研究领域包括自适应材料技术、生物启发机器人、仿生微系统、系统生物学和可编程纳米材料。通过设计不同种类材料的新型油墨，以及具有极小喷嘴的高精度3D打印平台，她的团队能够创建非常精细的定制结构，并使结构具有精确的电子、光学、机械和化学特性。

李巨团队的研究领域包括克服原子模拟中的时间尺度挑战、电化学能量储存与转换，以及极端环境和远离平衡的材料。在电化学能量储存与转换方面，他的团队正在开发可用于能量存储和转换的新型纳米结构材料，使其可应用于电池、燃料电池和抗氢脆钢等领域。

刘军团队的研究领域包括 3D 打印设备软硬件系统、打印用材料及 3D 打印制造、激光熔覆金属 3D 打印、连续纤维增强 3D 打印、超微型固态电池 3D 打印。在 3D 打印设备软硬件系统、打印用材料及 3D 打印制造方面，他研究微纳材料打印制造及其在印刷电路、储能、仿生和生物医学工程方面的应用。

Markus J. Buehler 团队的研究领域包括天然和生物蛋白质材料的材料科学和力学（材料组学）、蛋白质材料如何定义人类身体及它们如何失效、蛋白质材料和生物聚合物、化学和力学的相互作用、将化学尺度连接到材料的连续统理论、生物纳米材料现象的建模、多尺度模拟、多尺度模拟工具的开发和使用等。

成会明领衔的深圳盖姆石墨烯研究中心科研团队主要从事石墨烯、六方氮化硼等二维材料的研究，它们的许多特性可以用于解决 5G 等通信设备中的关键导热与散热等问题，这些二维材料的应用将有助于 5G 相关技术和产品的商业化，并可迅速扩展到其他领域。

Thomas Bein 团队的研究领域是基于多孔材料的化学传感器及多孔材料定向薄膜。为了优化薄膜的形成过程并提高其作为选择性化学传感器的性能，该团队对沸石纳米晶体的合成及其在多孔层中的组装做出了根本性的贡献。

Joanna Aizenberg 团队目前正在开发具有快速大驱动潜力的新型弹性体系统，也在研究在其主干或支链中含有非共价键的液晶弹性体。

三、存在的问题及面临的挑战

纳米材料具有特殊的物理、化学和生物学性质，因此在各个领域都展现出巨大的应用潜力。然而，纳米材料的发展也面临着一些问题与挑战，这不仅限于制备技术，还涉及安全性、环境影响和产业应用等方面。

在制备技术方面，纳米材料的制备过程通常涉及复杂的实验操作和精细的条件控制。纳米颗粒的尺寸、形状、分布和表面结构对其性能有着很大影响，因此需要对制备条件精确控制。同时，纳米材料的制备还受原材料的供应和成本的限制，这也是制约纳米材料发展的因素之一。例如，纳米多孔材料的合成和后续改性都需要消耗较多的能量和试剂，从而导致材料生产成本较高。纳米多孔材料的性能优化需要对其结构和表面性质进行精准控制和改善，这也对纳米多孔材料研究的深入开展提出了挑战。此外，纳米材料的制备方法非常多样化，但是目前还缺乏一种高效、可控、环保、可重复的方法。很多纳米材料在合成后会出现团聚、不易分散等问题，这也影响了纳米材料在实际应用中的效果。因此，如何实现纳米材料的高效合成和稳定性是纳米科学中需要解决的重要问题之一。

在安全性方面，纳米材料的小尺寸和特殊性质可能对生物和环境产生潜在影响。研究表明，纳米材料可以穿透生物膜并进入细胞，对细胞结构和功能产生影响。例如，树脂状纳米物质可能会造成渗透性破坏，甚至导致细胞膜破裂；水溶性富勒烯分子可能会进入大脑，造成黑鲈鱼大脑损伤等。此外，小尺寸的纳米材料能通过呼吸道、皮肤、消化道及注射等多种途径进入人体内部，引发免疫和炎症反应，对人体健康造成潜在风险。其中，经呼吸道是纳米材料进入人体的一个主要途径，并易通过血、脑、胚胎等生物屏障分布到全身各组织之中，往往比相同剂量、相同组分的微米级颗粒物更易导致肺部炎症和氧化损伤。因此，在纳米材料的应用和产业化过程中，必须充分考虑其安全性，并进行相关的生物安全评估。

在环境影响方面，纳米材料的广泛应用可能会导致其被大量释放到环境中，对生态系统产生影响。例如，纳米银排放量的增加可能会导致污水处理厂工作负荷增加，进而影响污水处理效果。一些纳米材料可能对水体和土壤产生毒性，影响水生生物和土壤微生物的生态系统功能。此外，纳米材料在生态系统中的传输和转化过程还需深入研究。纳米材料在进入环境后，类似其他环境污染物，也会在大气圈、水圈、土壤圈和生命系统中进行复杂的迁移/转化过程。因此，在纳米材料的应用和产业化过程中，必须重视其对环境的影响，并采取相应的环保措施。

在产业应用方面，虽然纳米材料在很多领域展现出较好的应用前景，但其进行大规模应用还存在一些问题与挑战。首先，纳米材料相对高昂的生产成本限制了其商业化应用。其次，纳米材料需要在与传统材料的市场竞争中验证其在性能、成本和可靠性等方面的综合优势。最后，纳米材料的产业发展需要结合市场需求提早进行规划和布局。目前，大部分纳米材料只是被用作传统材料的替代品以原材料形式供应给企业，其在开创性应用中的体量非常小。

在国际竞争方面，许多国家都在加大对纳米材料研发和应用的投入。在国际竞争中，我国也面临着一些挑战：一方面，我国纳米材料与技术相关研究在创新性、研究方向多样性、应用研究的深度和广度等方面存在欠缺；另一方面，我国在纳米材料产业化和商业化方面也需要加大投入和支持力度，从而在全球市场的竞争中获得优势。例如在纳米二氧化硅领域，格雷斯（Grace）和赢创工业（Evonik）等全球知名跨国企业产品品类齐全、产品通用性强，在部分领域长期占据高端产品大部分市场份额，与国内纳米二氧化硅生产商形成直接竞争关系。近年来，我国企业在自主创新、技术、研发资金等方面不断加大投入，逐渐呈现追赶态势，但与国外企业相比仍有一定的差距。

四、未来发展战略需求和方向

纳米材料属于新材料，而新材料行业属于国家重点扶持和发展的战略性新兴产业。近年来，国务院、国家发改委等各部门相继出台了多项支持我国纳米材料产业发展的产业政策。2021 年，我国发布的《中华人民共和国国民经济和社会发展第十四个五年规划和 2035 年远景目标纲要》中提出“加快补齐基础零部件及元器件、基础软件、基础材料、基础工艺和产业技术基础等瓶颈短板，推动首台（套）装备、首批次材料、版次软件示范应用”。2023 年，《中国纳米科学 2035 发展战略》中提出了实现“中长期”暨“十四五”发展战略的政策措施：①优化学科布局，改革评价体系；②融通科研资源，支持建立大型平台；③贯通产学研用，建立研究新机制；④注重政策衔接，加强人才体系建设；⑤重视基础研究，鼓励交叉学科；⑥制定全球科技战略，促进国际交流与合作；⑦总体均衡发展，开拓变革应用。

纳米材料具有广泛的应用前景，随着低碳能源技术、生物技术、先进制造技术等行业对纳米材料要求的提高，高附加值纳米材料的市场需求不断增长，行业发展前景较好。我国经济发展中，纳米材料和纳米技术将在绿色低碳转型方面发挥重要作用。结合国家战略需求，能源、环境、医疗、制造技术成为纳米材料的重点发展方向。

（1）在能源方面，纳米材料在提高能源转化效率和加快工业生产方面具有巨大潜力。由于纳米材料具有较大比表面积，与传统材料相比，它们具有更多的反应位点和更优的性能。目前，纳米材料在太阳能电池、燃料电池、锂离子电池、储氢材料、超级电容器等领域都展现出优异的性能。例如，在太阳能电池领域，微晶硅薄膜太阳能电池、钙钛矿太阳能电池等基于纳米技术的太阳能电池的出现，有助于解决目前太阳能电池面临的挑战，提高光电转化效率，降低生产成本，减少环境污染。在燃料电池领域，纳米技术在发展低成本、长寿命燃料电池中发挥着重要的作用，如减少铂使用量和替代铂等贵金属的高效纳米催化剂、碳纳米管催化剂载体、纳米修饰电极等技术。在锂离子电池领域，纳米材料具有减小极化、增大充放电电流密度、提高放电容量和循环稳定性等优点，其将在高性能、高容量和高功率锂离子电池的研究和开发中发挥重要作用。

（2）在环境方面，纳米技术与环境保护和环境治理进一步有机结合，将会在水处理、空气污染治理、污染物检测等领域发挥重要作用。纳米材料具有很高的比表面积，可以通过静电吸附、范德华力化学吸附等方式将环境污染吸附到材料表面，具有比传统吸附剂更高的效率和速度，能够有效吸附水相或气相中的污染物。另外，纳米材料还具有很高的反应活性，可以很容易地进行表面官能团修饰，进而捕获特定污染物分子。纳米材料还具有更大的感应表面积，不仅可以增强传感器的灵敏度和稳定性，还可以实现传感器的微型化，对污染物实现更加灵敏、快速和便捷的检测。

（3）在医疗方面，纳米材料展现出巨大潜力。纳米材料独特的物理、化学和生物特性使其在生物医学研究等领域得到了广泛应用。纳米材料体积小、表体比大的特点使其能够有效结合、吸收和递送小分子药物。其可调控的尺寸、形状和表面特性也使其具有高稳定性、高承载能力、结合亲水或疏水物质的特性，以及与不同药物传递途径的相容性。以

DNA 纳米机器人为代表的智能药物递送技术，已实现了可控导航的药物输运与释放，相关技术开创了药物递送的新形式，有望补充传统药物剂型和外科手术，具有重大经济和社会意义。纳米材料由于自身特点，在肿瘤治疗中可以发挥一定的优势。纳米材料可以包裹药物或联合药物，在肿瘤区域附近靶向递送，使药物更准确地作用于肿瘤细胞。

（4）在制造技术方面，研究人员需要开发宏观纳米材料制备与加工新技术。开发纳米尺度操纵技术，在原子、分子水平施加控制，制备具有新功能和特性的宏观纳米材料、可穿戴式计算机和纳机电系统。研发纳米尺度材料、结构、器件和系统，包括研发和集成“自上而下”的加工技术与日益复杂的“自下而上”的自组装加工技术，发展纳米结构和纳米系统的高速合成和加工新技术。另外，一些新型制造技术（如增材制造和自组装）为新型纳米材料的纳米尺度设计和合成提供了可能。增材制造也被称为 3D 打印，其允许制造商快速创新，灵活设计，不仅减少了能源使用，还能更有效地使用材料。增材制造工艺还可以用于产生纳米级特征，例如固体金属部件中的纳米级沉淀，从而提高其力学性能（如高强度、高温疲劳寿命或增强韧性）。此外，纳米研究人员正在开发生物启发的“自组装”制造方法，如“DNA 折纸”。这种方法使用 DNA 链作为结构基元，通过像折纸一样的“折叠”自组装，形成各种 DNA 分子尺度的二维和三维形状。

参考文献

［1］赖宇明，孟海凤，陈春英. 纳米材料概论及其标准化［M］. 北京：冶金工业出版社，2020.

［2］杨维清，张海涛，邓维礼. 纳米材料与纳米技术［M］. 北京：化学工业出版社，2022.

［3］杨玉平. 纳米材料的制备与表征：理论与技术［M］. 北京：科学出版社，2021.

［4］徐云龙，赵崇军，钱秀珍. 纳米材料学概论［M］. 上海：华东理工大学出版社，2018.

［5］Feynman R P. Plenty of Room at the Bottom，proceedings of the APS annual meeting，F，1959［C］. Little Brown Boston，MA，USA.

［6］鲍久圣. 纳米科技导论［M］. 北京：化学工业出版社，2020.

［7］Zhang L. Applications，challenges and development of nanomaterials and nanotechnology［J］. Journal of the Chemical Society of Pakistan，2020，42（5）.

［8］张亚非，刘丽月，杨志. 纳米材料与结构测试方法［M］. 上海：上海交通大学出版社，2019.

［9］Klein D L，Roth R，Lim A K L，et al. A single-electron transistor made from a cadmium selenide nanocrystal［J］. Nature，1997，389（6652）.

［10］Zhai T，Li L，Ma Y，et al. One-dimensional inorganic nanostructures：synthesis，field-emission and photodetection［J］. Chem. Soc. Rev.，2011，40（5）.

［11］Albert Lau Y K，Chernak D J，Bierman M J，et al. Epitaxial growth of hierarchical PbS nanowires［J］. Journal of Material Chemistry，2009，19（7）.

［12］Jacobs C B，Peairs M J，Venton B J. Review：Carbon nanotube based electrochemical sensors for biomolecules［J］.

Analytica Chimica Acta, 2010, 662（2）.
[13] Mauter M S, Elimelech M. Environmental applications of carbon-based nanomaterials [J]. Environmental Science & Technology, 2008, 42（16）.
[14] 袁哲俊，杨立军. 纳米科学技术及应用 [M]. 哈尔滨：哈尔滨工业大学出版社，2019.
[15] 中国科学院纳米科技领域战略研究组. 中国至 2050 年纳米科技发展路线图 [M]. 北京：科学出版社，2011.
[16] Ioannidis J P A. October 2023 data-update for “Updated science-wide author databases of standardized citation indicators” [DS]. 2023.
[17] “中国学科及前沿领域发展战略研究（2021—2035）”项目组. 中国纳米科学 2035 发展战略 [M]. 北京：科学出版社，2023.
[18] Wang H, Liang X, Wang J, et al. Multifunctional inorganic nanomaterials for energy applications [J]. Nanoscale, 2020, 12（1）.
[19] Bradford S A, Shen C, Kim H, et al. Environmental applications and risks of nanomaterials: An introduction to CREST publications during 2018-2021 [J]. Critical Reviews in Environmental Science and Technology, 2022, 52（21）.

能源材料

一、概述

（一）能源材料学科的特点

能源材料学科是一门致力于开发和优化能源相关材料的学科，旨在通过深入理解和调控材料的微观结构和性质，提高能源设备的性能，降低生产成本，提高能源利用效率，推动可持续能源的发展。能源材料在能源的生产、转换、存储和使用过程中发挥着关键作用，涉及众多学科，包括物理学、化学、材料科学和机械工程等，对人类的能源需求及能源的可持续发展起着至关重要的作用。能源材料学科是一个高度跨学科领域，研究成果具有很高的实用价值，能够转化为实际的产品和技术，为人类的能源需求和能源的可持续发展做出重要贡献。

能源材料学科的主要特点是适用范围广、能源效率高、交叉学科多、技术创新高。

适用范围广：能源材料被广泛应用于多种类型的能源设备和系统中，包括太阳能电池、燃料电池、超级电容器、锂离子电池、核能设备、热能设备、风能涡轮等，在能源的产生、转换、存储和传输过程中起着至关重要的作用。这些设备和系统对材料性能的需求各不相同，需要开发和优化各种类型的能源材料，如半导体、金属、陶瓷、复合材料、纳米材料、生物材料等。

能源效率高：能源材料学科的核心目标是通过理解和调控材料的微观结构和性质，提高能源设备的效能，包括提高能源转换效率、储能密度、寿命和可靠性，以及降低能源设备的生产成本。例如，将太阳光能转化为电能的太阳能电池的转化效率，将化学能转化为电能的燃料电池的转化效率。这要求研究者对材料的微观结构和性质有深入的理解，如材料的晶体结构、电子结构、化学键合和缺陷等，还需要掌握各种理论和实验技术，如量子力学计算、同步辐射 X 射线衍射和谱学、电子显微镜等，通过深入理解和调控材料的微观结构和性质，设计和优化能源材料，提高能源设备的效能。

交叉学科多：能源材料学科是一个高度跨学科领域，涉及材料、化学、物理、电子工程、机械工程、环境科学等多个学科。这就需要研究者具有广泛的知识背景和技能，综合利用这些学科的理论知识和实验技术，处理复杂的科学问题。交叉学科的融合和交互也是推动能源材料学科发展的重要动力。

技术创新高：能源材料学科是一个充满活力和创新的领域，随着科学技术的不断发展，新的材料、新的设备、新的方法和新的理论不断涌现，使得能源材料学科具有高度创新性，这种创新性是推动该领域不断发展和进步的关键因素。

（二）能源材料学科的内涵

能源材料学科是研究在能源的获取、转化、储存和利用过程中所涉及的材料的科学规律及其应用的一门学科。能源领域需要新型能源材料的研发和优化，提高能源效率，以实现能源结构多元化。无论是化石能源的高效清洁利用，还是可再生能源的高效利用，都需要新型能源材料的支撑。①传统化石能源的高效利用需要能源材料的支持。能源利用实质上是能量在不同形式之间的转换过程，而能源材料在这一过程中起到关键作用，它们可以有效地控制能量的转化与储存。在煤化工、石油化工和天然气工业等领域，催化材料及其表 / 界面控制、均相 / 非均相催化和绿色转化过程等能源材料研究领域对提高能源利用效率具有重要影响。②新能源的开发与应用离不开能源材料科学。由于煤、石油、天然气等化石能源有限且不可再生，人类社会必须寻找新的能源，如太阳能、风能、生物质能、核能、天然气水合物等。新能源的开发与利用，以及能源存储和转换技术，都需要依赖能源材料科学的研究。

因此，能源材料学科应运而生，其目的是解决社会能源问题，且与化学、物理、生物、环境、经济、管理等多学科交叉融合。能源材料学科主要利用材料科学的理论和方法研究能源获取、储存、转换和传输过程中的规律，探索新能源技术的实现途径。无论是在传统能源的综合利用，还是在新能源的研究开发中，能源材料都扮演着重要角色，为人类社会的可持续发展发挥着巨大作用。

（三）能源材料学科的发展脉络

（1）社会需求为导向的发展：能源材料学科源于社会对解决能源需求与资源环境问题之间矛盾的强烈需求。其发展初期主要以满足社会需求为导向，如优化利用传统能源、开发新能源来应对能源危机，从源头上遏制环境污染，坚持可持续发展战略。学科框架和知识体系的构建，使其可以科学地提升现有能源技术。当学科框架和知识体系形成之后，便可以进入以科学引领未来能源技术为主的阶段，该阶段更重视基础研究所引发的变革性技术，进而拓展学科领地。

（2）高效利用能源推动学科发展：能源材料学科的发展与能源资源的高效利用密切相关。例如，传统化石燃料的高效利用推动了相关材料科学研究的发展；新能源的开发与利用推动了太阳能材料、电池材料等新研究领域的发展。而能源材料学科的发展又反过来推动能源资源利用过程更加高效、环保和可持续。

（3）变革性技术引领重大变革：能源材料学科重视发展颠覆性技术，这些技术可以推动能源生产和利用方式发生重大变革，引发经济和社会的创造性变革。例如，在能源存储与转化领域，锂离子电池的出现突破了传统电池的技术瓶颈，使得移动设备的推广普及成为现实。在面对今天能源技术发展瓶颈和众多难题时，能源材料学科应更加重视发展变革性技术，例如全固态电池、钙钛矿太阳能电池、太阳能光解水和制备光燃料等。而这需要能源、化学、材料及管理等多个学科的有机交叉，才能有效推动颠覆性技术的产生。

二、国内外最新研究进展

（一）能源材料学科的最新研究进展

1. 超越传统体系的电化学能源

针对“双碳”战略与国家安全需求，国家自然科学基金委员会发布了“超越传统的电池体系”重大研究计划，专注于解决储能电池与动力电池在能量密度、功率密度、安全性、环境适应性、资源和成本等领域的关键科学问题和技术挑战。其核心目的是发展超越现有电池体系的新理论，利用多学科交叉研究的优势，对超长寿命储能电池与超高比能动力电池的新体系进行创新，期望取得前沿的基础研究成果，从而引导全球电池技术的革新，坚实支撑我国在“双碳”战略和能源科技领域的自主创新，为我国下一代电池技术创新提供坚实的科学基础。

轻元素多电子电池：能量密度提升是推动二次电池应用发展和技术进步的主要动力。吴锋院士团队率先提出了基于轻元素、多电子反应的研究机制，构建了高能量密度的二次电池新体系。提出了轻元素、多电子、多离子反应理论，对多电子反应材料体系进行了探索，阐明了实现轻元素材料多电子反应机制，为提升电池能量密度制定了策略，为高比能二次电池的科学发展奠定了基础。该团队先后研制了系列具有轻元素多电子反应特征的电极材料，成功攻克了界面稳定性难题。针对智能化装备对高性能电池器件的重大需求，团队突破了多维高导正极材料及电极涂覆技术、快离子传导电解质及界面成膜技术、功能薄膜涂层材料及位点捕获技术，实现了高能量密度、大功率输出、长贮存寿命技术指标成果，研制出能量密度从 300（W·h）/kg 到 600（W·h）/kg 不同规格和性能特征的多电子高比能电池储能元器件，先后在高容量通信装备、无人机、机器人、新能源汽车等方面开展应用。

局部高浓盐电解液：在追求更高能量密度、更宽工作温度范围及更安全的背景下，传统电解液的局限性成为制约下一代电池发展的主要瓶颈。为了超越传统的锂离子电解液，通过提高盐－溶剂组合中盐的浓度，形成了高浓盐或局部高浓盐电解液，展现出卓越的技术优势。简单高效的策略克服了许多现有锂离子电池的挑战，并且具有巨大的工业发展潜力。增加盐浓度导致阳离子与阴离子 / 溶剂之间的相互作用增强，同时自由态溶剂分子的含量降低。在超过阈值后，游离溶剂分子逐渐消失，从而形成具有特殊三维溶液结构的新型电解液，即高浓电解液。将这种设计理念扩展到含水体系，可以获得超过 4V 的宽稳定电位窗口水系电池。这种简单高效的电解液策略影响不仅改进了现有电解质系统，还具有超越传统聚合物或陶瓷电解质的技术优势。通过进一步解决高浓电解质的成本和黏度问题，有望实现高比能先进电池新体系。

全固态金属锂电池：固态电池的研发被视为实现高能量密度与高安全性的关键。南开大学、清华大学、中国科技大学及中国科学院青岛能源所、化学所和物理所等研究单位在固态电池领域都取得了显著进展，已经研发出多种用作固态电解质的创新材料，例如稳定的硫化物及聚合物和复合材料。为进一步推进固态电池的工艺及其规模化生产，行业内还研发出众多新技术。物理研究所创新提出了一种原位聚合技术，该技术可以将部分液态电解质转化为固态电解质，从而制造出固态电池。这种方法不仅解决了固态电池中的固－固接触问题，而且与现有的锂离子电池制造流程相兼容。基于这项技术成功地研制出用于电动汽车的固态电池，其电池具有 360（W·h）/kg 的能量密度和 800 次的循环寿命，且通过了安全性检测。此外，清陶能源和赣锋锂业等固态电池公司也在不断推动固态电池的产业化进程。

本征安全水系锌电池：水系锌离子电池的研究由清华大学深圳国际研究生院康飞宇团队首次报道，团队成功揭示了锌离子电池的可逆电化学反应机制，并首次提出了水系锌离子电池的概念。从此，水系锌离子电池由于其本征安全性、资源丰富及成本低等方面的显著优势，逐渐受到学术界的关注和重视，有潜力在未来的储能市场中占据主导地位。层状钒氧化物具有晶体结构可调、容量高等特点，是现阶段广泛研究的正极材料。离子或分子预插层策略可以有效解决正极材料晶格空间不足和电子传导性低等问题，提升电池性能。影响水系锌离子电池负极性能核心问题有锌离子固有的有限扩散导致的枝晶生长、析氢现象，以及由水分解引发的腐蚀问题。要在实际应用中实现高性能的水系锌离子电池，仍需进一步探索储能原理，对电解液进行改进，寻找更具可逆性的锌负极和正极材料等。

2. 氢能和燃料电池技术

氢能燃料电池技术是中国未来能源领域的战略性选项，同时也是新能源汽车科技创新的关键方向。科技部高度关注氢能与燃料电池技术的研发，已启动并推进了“可再生能源与氢能技术”重点专项，以加速氢能燃料电池技术的发展。“可再生能源与氢能技术”重点专项聚焦于氢能和燃料电池领域，包括基础研究、共性关键技术研究、系统集成和示范应用等，实现了全链条一体化发展。目前该领域研究重点在高效电解水制氢、高压储运氢、固态储运氢、燃料电池发电、长寿命电堆和关键组件，以及催化剂技术等方面的研发，同时全面加强氢能的制造、储存、输送和应用的全链条支持。氢能技术专项以能源转型和交通发展等国家需求为引领，系统性地推进氢能的绿色生产、安全高效储运和有效利用等。

质子交换膜水电解制氢：随着大规模可再生能源项目的实施和储能行业与电解水制氢设备的融合，质子交换膜（PEM）水电解制氢技术受到越来越多的关注。相对于碱性设备，PEM 技术因涉及铂、铱、钌等贵金属催化剂，能够实现更大的电流密度。PEM 设备的分离系统采用氢氧侧差压系统，使得氢氧两侧的分离互不干扰，PEM 设备可在 5 秒内响应可再生能源电力波动。提升电催化剂活性和膜电极中催化剂的利用效率，改善双极板表面处理工艺，优化电解槽结构等，有助于提高质子交换膜电解槽的性能并降低设备成本。质子交换膜电解水制氢技术具有高运行电流密度、低能耗、高产氢压力等优点，适配可再生能源发电波动性特征，且易于与可再生能源消纳相结合。随着贵金属催化剂配方技术的不断创新，未来 PEM 设备的成本预计将大幅降低，有望成为重要的氢能技术。

镁基固态储氢材料：氢能的安全高效储存和运输对国家氢能战略至关重要，被认为是高效利用氢能及实现氢能产业化的关键。镁基储氢材料在金属固态储氢材料中具备最高储氢密度，而金属镁在储氢领域也因其低成本、轻质量和无污染等优势而备受青睐，被认为是最有发展潜力的固态储氢材料之一，能够从根本上解决传统储能模式中效率低、成本高、安全性差等问题。然而，氢化镁的商业化应用面临着热解吸放氢动力学缓慢、温度较高及水解转化率较低等挑战。可通过改善水解环境、引入催化剂、减小颗粒尺寸等提升镁基储氢材料的水解性能，确保其平稳可控的水解产氢速率，并进一步提升供氢纯度以提高实际工程适用性。也可采取合金化、掺杂催化剂和纳米化等策略改善镁基储氢材料的储氢性能。金属基催化剂与碳复合材料可显著改善循环稳定性，成为提升镁基储氢材料吸放氢动力学性能的理想选择。未来镁基储氢材料研究将集中于开发低成本、长寿命的镁基储氢材料及其规模稳定制备技术，以实现氢气的大规模低成本安全运输。此外，可通过纳米限域和原位催化剂协同等方法，探索新型镁基复合储氢材料，以实现低放氢温度和高容量，并将其应用于车载氢动力系统。镁基固态储运氢技术的发展将为中国能源体系变革和交通运输的低碳转型奠定基础。

低铂燃料电池催化剂：在氢燃料电池的电堆中，催化剂涉及氧化还原反应是决定反应过程的关键因素。催化剂的选择需考虑耐高温、抗腐蚀等工作条件，常见的担载型催化剂 Pt/C 在长时间使用后 Pt 颗粒存在溶解、迁移和团聚，导致活性比表面积下降。为改善氢燃料电池 Pt 贵金属催化剂，研究者研发了 Pt 与过渡金属合金催化剂、Pt 核壳催化剂、Pt 单原子层催化剂等，调整了 Pt 纳米颗粒的几何空间分布，以减少 Pt 用量、提高材料利用率，同时提升了材料质量比活性、面积比活性，增强了材料的抗溶解能力。通过碳载体掺杂氮、氧、硼等杂质原子，可增强 Pt 颗粒与多种过渡金属的表面附着力，同时可提高材料的耐久性、抗迁移和团聚能力。为了进一步减少 Pt 用量，研究者开发了无 Pt 的单 / 多层过渡金属氧化物催化剂、纳米单 / 双金属催化剂、碳基可控掺杂原子催化剂、M–N–C 纳米催化剂、石墨烯负载多相催化剂等。然而，新型催化剂的综合性能，如稳定性、耐腐蚀性、活性等，仍需要进一步验证。

3. 面向能源的光电转换材料

针对当今如何有效获取并高效应用清洁能源的全球性挑战，能有效进行光电互转的材料变得尤为重要。自 2011 年起，在国家自然科学基金重大研究计划“面向能源的光电转换材料”的持续支持下，我国科研人员开展了系列科研攻关，针对这一领域进行了深入研究，特别是在有机发光二极管、有机光伏材料及无机光电材料方面获得了一系列重要科研成果，进一步增强了我国在这一领域的国际影响。在面对未来能源与环境挑战时，国家坚持源头创新，提出了一系列突破性的研究成果。

高性能新型有机发光材料：有机发光二极管（OLED）代表着新时代的信息显示技术，其低能耗、轻薄柔性和卓越的视觉体验备受人们喜爱，为各种应用，如可穿戴设备、车载设备、教育和医疗设备等开辟了新领域。在国家自然科学基金的支持下，我国科学家成功研发了基于新原理的高性能 OLED 材料，并首次在国际上成功制造了晶圆级有机半导体单晶。为突破外国公司的核心技术专利壁垒，在华南理工大学教授、中国科学院院士马於光的指导下，从源头上创新，提出了全新的发光机制，研发出了具有独立知识产权的有机发光材料。这种基于热激子原理的蓝光材料已在国内企业（如京东方和华星光电）得到验证，并已被东莞伏安光电科技有限公司投入量产。此外，该团队还开展了多项其他基础研究，探索了全新的高效稳定发光材料，进一步引领了该领域的研究方向。但白光 OLED 作为未来照明的主要来源，仍面临着诸多技术挑战。为了应对这些挑战，科研团队研制出了大面积、高效的柔性白光 OLED 照明器件，标志着这一领域的又一重大突破。

高效有机光伏材料与器件：有机太阳能电池是一种新型的光伏技术，可将太阳光能转化为电能，是国际研究的热点之一。如何提高光 – 电能量转换效率是该领域的关键科学问题。在国家自然科学基金的支持下，成功研制出高效有机光伏材料和器件，而新型电子受体材料和与之匹配的聚合物电子给体材料的研发也是此领域的关键。在突破富勒烯衍生物受体的限制后，我国科学家在 2015 年创新性地开发了 A–D–A 型有机小分子受体光伏材料，使得有机太阳能电池的效率达到 11%～14%，并进一步研究产生了新的 A–DAD–A 结构受体材料，如 Y6，使光电转换效率提升到 19% 以上。此外，为提高有机太阳能电池的转换效率，科研团队设计了与窄带隙受体匹配的高效聚合物给体光伏材料，其中 PTQ10 聚合物使太阳能电池的光电转换效率超过 18.5%。全聚合物太阳能电池也实现了突破，光电转换效率超过 18%。这些重要突破不仅促进了我国在有机光伏领域的研究水平和国际影响力，同时也为全球有机光伏技术的发展注入了新活力。

新一代无机光电关键材料：南京工业大学王建浦教授团队通过溶液法成功研发了一系

列新型无机光电材料，并在新机制和新结构方面进行了探索，实现了高效、稳定、大面积可制备的光电器件。其中，钙钛矿材料作为新兴的光伏材料，在解决湿法工艺引发的晶体质量和缺陷密度问题上表现出色，成为新一代变革性光伏材料的来源。提出了新原理、新工艺和新器件结构，多次取得器件性能重大突破，使我国的钙钛矿光伏技术在稳定性和效率方面达到世界领先水平。通过钙钛矿材料的取向生长和缺陷钝化方法，成功调控了组分、相态、维度、生长过程及半导体特性，从而创造了高稳定性和高效率的光电器件。此外，还开发了基于印刷工艺和低成本原材料的可印刷钙钛矿太阳能电池，有效提升了电池的稳定性。在发光器件方面，针对发光二极管（LED）领域的挑战，提出了材料维度调控和自发形成微结构的光场调控等创新思路，通过添加剂的自组装实现了低缺陷、亚微米结构的钙钛矿薄膜制备，从而大幅提升了器件的光提取效率，刷新了 LED 效率的世界纪录。此外，还成功解决了量子点材料的稳定性难题，通过“量子点激发态合成控制”和“熵配体”模型，制备了高稳定性的量子点发光二极管（QLED）原型器件，为下一代显示技术铺平了道路。这一成果目前已实现产业化转化，建成了全球最大的量子点材料生产基地，展现了无机光电材料领域的巨大潜力和前景。

（二）学术建制的发展

学术建制旨在规范和指导某一特定领域的学术研究活动，为该领域的发展提供支持和方向。能源学科的学术建制涉及的不仅是传统的学术研究结构，还有众多跨学科、跨行业的合作。

以下是能源材料学科学术建制的发展进展总结。

（1）学科交叉综合化：能源学科的发展已经不再局限于传统的单一学科框架，例如纯化学或物理学，随着学科的综合化趋势，能源学科已经开始与其他学科，如材料学科、环境学科等进行交叉与融合。这种综合学科的发展推动了能源学科的全面进步，使之成为推动科学前沿的关键领域。

（2）理论与实践融合：在能源学科中，理论研究与实际应用之间的间隔越来越短。例如，新的储能技术或可再生能源技术在理论上的创新可以迅速地转化为实际应用。大学和研究机构在这方面的角色已经从纯粹的基础研究转向了应用研究和技术转化，以满足社会对能源解决方案的迫切需求。

（3）变革性技术创新：随着国际竞争的加剧和社会对可持续能源解决方案的期待，能源学科在学术研究中越来越注重创新。其不再是单纯的知识传承，而是对新技术、新方法的创新探索，为解决全球能源问题提供新的方向和思路。

如何适应学科综合化趋势、如何将理论研究与实际应用紧密结合，以及如何在学术研究中持续推进创新，为了应对这些挑战，现有的学术建制需要进行深刻的反思和改革，确保能够为能源材料学科的健康发展提供有力的支撑。

（三）人才培养的趋势与挑战

与早期的教育模式相比，如今的能源材料学科更加注重跨学科紧密协作，旨在培养出能应对多元化挑战的人才。许多国外知名大学开设了一系列交叉性较强的能源相关课程，涵盖催化化学、电化学、储能材料化学、生物质能源、绿色化学等领域，例如：美国加州大学伯克利分校开设的生物质能源、可持续性能源科学和工程等课程；麻省理工学院设立了先进能源转换基础、能源决策——市场和政策、可持续能源简介、电化学能源系统等课程；斯坦福大学设立了能源资源和环境、可持续性能源、能源体系优化等课程。这些课程可使学生在理论学习和科研实践中积累丰富的能源化学知识。近年来，国内各高校也开设了一系列能源材料相关课程。例如，北京大学开设了催化化学、新型储能材料化学等课程；清华大学开设了催化剂与能源、生态和环境、可持续发展社会的化学等课程；浙江大学开设了太阳能利用基础、能源环境污染及其防治、能源科学与技术展望等课程。这些课程进一步推动了能源材料人才的培养，为我国在能源化学人才培养方面取得重要进展。

然而，现阶段我国在人才培养上仍然存在不足，特别是交叉型能源战略决策人才的培养和研发队伍的建设明显滞后。解决这一问题的办法是与更多的基础科学相互融合，推动能源化学学科进入学位授予和人才培养学科目录，建立从本科生到研究生一体化的教育模式与培养体系，为能源材料领域的跨越式发展提供坚实的科技支撑和丰富的人才资源。

人才培养应紧密结合国家紧迫需求，融合能源、化学、材料等相关领域的发展趋势，积极倡导能源材料学科的学位授予与人才培养规划，适时在有条件的高等院校开设能源材料本科专业，并构建起从本科到研究生的无缝衔接教育模式和培训机制。针对能源材料学科的特定培养目标，倡导跨学科的“宽基础、多领域”培养模式，进一步优化教学内容和课程设置，确立与之相适应的管理流程和评估方式。人才培养方案应培养学生在能源化学领域扎实的基础理论、知识体系和技能，同时培养学生了解能源相关领域的前沿动态，接受应用研究、技术开发和科技管理的初步训练。通过此种方式，塑造具备应对前沿挑战能力的潜力人才，使其能够在能源、材料、环境、化工等相关领域展现实际才干，以及在能源和化学等领域从事科研、教学、技术开发及管理等工作，并发挥出重要作用。我们应努力争取在国际舞台上确立在人才培养、学科发展和科学研究等方面的战略制高点，为能源材料学科的新一轮跨越式发展提供坚实的科技支撑和丰富的人才储备。

（四）研究平台的建设与进展

近年来，随着全球对可持续能源的追求和技术的进步，能源材料学科逐渐成为研究的焦点。国内清华大学、北京大学、南开大学、吉林大学和中国科学院等各大高校和研究院所都在组建多种与能源材料相关的综合性研究平台，并在此领域取得了显著成果。结合政府资金的大力支持，国内研究平台得以快速发展并在国际上占据一席之地。而美国的能源部、欧洲的欧洲材料研究学会等与企业和高等学府合作，进行了该领域的深入研究和技术创新。展望未来，随着技术的进步和对新能源需求的增加，国内外的能源材料研究平台将继续深化合作，开展更为前沿的研究，并推动能源材料从实验室走向大规模应用，为全球可持续发展做出更大贡献。国内能源材料相关研究平台介绍如下。

北京理工大学能源与环境材料团队在吴锋院士带领下，在三期“973”计划的支撑下（2002—2019年），在国际上率先提出了“轻元素多电子、多离子反应机制”的二次电子理论体系，并基于相关理论发展出一系列高性能二次电池新体系，涵盖锂离子（金属）电池、钠离子电池、锂硫电池、多价离子（铝、锌）离子电池等关键材料的基础研究与器件集成，以及二次电池的固态化技术、安全性技术、柔性化技术、氢能与燃料电池技术等。研究团队先后承担了国家“973”“863”计划等多个项目，在绿色电池新体系的开发及关键材料如纳米多孔电极材料和新型电解液材料的研究与工程化应用等方面有多年的工作积累，与国内外相关产学研单位建立了密切联系，并针对电池的相关机理、应用基础和共性技术等方面开展了广泛合作。

南开大学“先进能源材料化学”教育部重点实验室设立了分子基能源材料、低碳能源催化材料、高效化学电源3个研究方向。实验室依托化学、材料科学与工程两个国家“双一流”学科，拥有理学（化学）和工学（材料科学与工程）一级学科博士学位授予点和博士后科研工作站，以国家能源重大需求为牵引，围绕国家碳中和战略目标，以能源-材料-化学-环境-经济等多学科交叉的重大问题为抓手，以创造新物质和追求原子经济性为推动，开展了高效、清洁、低成本、长寿命能源转化与储存材料的创新科学研究与开发，发展了材料合成新方法、新理论与新机制，促进成果应用转化。

吉林大学未来科学国际合作联合实验室组建了先进能源与环境材料团队。该团队致力于分子筛多孔材料的设计合成及其在能源、环境、医疗、发光及新兴领域的应用研究，团队研发了用于能源催化与存储的新型多孔功能材料，推进了传统化石能源的高效利用和可再生能源的规模化应用技术的发展，包括重要化工反应、生物质催化转化、太阳能转化与存储、电化学能转化与存储等；发展了基于多孔材料的高效环境催化材料，推动环境污染治理技术的进步，涵盖水处理、二氧化碳捕捉与转化、汽车尾气处理等；利用高通量计算、组合化学实验、先进的原位表征与大数据技术等多学科方法和技术，发展了以功能为导向的多孔能源与环境材料的预测方法，发现了指导材料合成的新规律。

三、存在的问题及面临的挑战

（一）研究平台的限制

能源材料已经成为全球研究的热点，相关研究平台的建设成为各国竞相发展的关键。

但能源材料研究平台的建设和发展仍面临着不少挑战。

（1）专项资金的制约：尽管政府加大了对能源材料领域的投入，但考虑到该领域技术更新速度之快，仍然面临资金不足的问题。以锂离子电池为例，其材料研发、电池测试和大规模生产所需的先进设备和技术都需要大量资金支持。与此同时，由于技术的高风险性，社会资本在投入时也显得更为谨慎。

（2）人才引育的挑战：能源材料研究需要高度专业化的团队，从基础研究到应用开发都需要专家参与。然而由于待遇和职业发展等因素，国内不少顶尖专家选择到海外发展，这导致国内研究平台在某些关键技术上面临人才短缺。

（3）技术转化的壁垒：国内有许多出色的能源材料基础研究，但在将其转化为实际应用的过程中却面临种种障碍。这与产学研合作机制不完善有关，同时也与企业在技术研发方面的短期利益导向有关。以水系锌离子电池为例，虽然国内已有不少基础研究取得了进展，但真正的产业化应用仍然比较少见，主要原因是其技术成熟度与锂电池相比仍有差距，而企业更倾向于直接采用成熟技术。

（4）知识产权的保护：技术创新需要巨大的投入，而对知识产权保护的不足往往导致创新被复制或侵犯，从而降低了企业和研究机构的创新积极性。国内能源材料研究平台虽然取得了一定进展，但仍然面临着许多挑战，需要整合资源、深化合作、完善机制，以实现更高效、更安全、更环保的能源材料研究和应用。

（二）政策和市场环境的影响

未来 20 年是能源材料学科蓬勃发展的黄金时期，为抓住发展机遇，我国应从顶层设计和科学规划出发，从我国能源需求和学科发展的角度着手。

（1）积极借助高校体制改革机遇，以教育部等国家部门为引领，集合全国优势力量，深入开展顶层设计和学科规划。在有条件的高校开展试点，加速引领国际新学科发展的步伐。

（2）强化能源材料学科建设和人才培养，特别注重理工融合特点。编写高水平本科教材，推动学以致用和国际化发展。促进高校与科研院所的合作，鼓励企业界和政府机构人员在高校开展讲座，创新人才培养模式。

（3）加强政府部门、研究机构和资助主体之间的协调。优化基础研究项目、人才培养、基础设施，平衡自由探索性和定向性研究的资金分配。持续稳定支持人才和基础研究，建立能源研究国家级平台，形成基础研究与产业化的有机链接。

（4）推动跨学科交叉研究，重视颠覆性技术发展。采用多元化的科研组织方式，推动学科交叉。在项目组织上鼓励科学家自主选题，同时也要通过国家资助机构，开展系统性研究。强化基础，推进学科交叉，着重攻关能源转换等关键科学问题，推动颠覆性技术研究。

（5）促进科技成果转化和技术转移，优化能源产业链。技术转移是能源产业发展的关键途径，必须加强能源技术转移工作，培养相关人才，促进全产业链协同创新，解决工程化和产业化难题，促进能源新兴产业集群的形成。

四、未来发展战略需求及方向

在能源材料学科的未来发展中，我们需紧密结合时代发展需求，持续发展新概念、新方法和新理论，深入挖掘和重塑能源材料科学的基础认知。跨学科融合将引领能源材料理论框架和知识体系的统一，推动储能技术的不断进步，有效解决关键科学问题。同时，能源材料科学与技术将与储能产业创新融为一体，为未来技术革新提供崭新路径。

能源材料学科的重点发展领域在未来十年内将呈现出多个重要方向。首先，能源材料基础理论与研究方法将聚焦于新型能源材料界面和电化学过程，构建适用的理论框架，并借助人工智能和大数据进行模拟和计算，为能源材料的研究提供理论支撑。其次，能源材料领域将深入探索材料结构与性能的关系，以合理设计和规模化合成高性能、长寿命、低成本能源材料为目标。化学能量存储将致力于克服电池材料的容量衰减和安全性问题，推动新型储能体系的发展，涵盖动力锂电池、二次电池及下一代高比能电池体系的研究。电化学能量转换领域将关注燃料电池关键材料、质子交换膜燃料电池、水电解技术及光伏材料，以提高能量转化效率和性能。储能工业领域将专注于储能工程基础研究、电极材料、合成技术等领域的发展。

为实现上述战略，能源材料学科需建立全面细致的规划，积极培养人才，推动跨学科交叉研究，促进技术成果转化，完善产学研融合机制；着重加强能源材料基础理论构建和人才培养，同时鼓励创新性技术的涌现；设立专项研究基金，支持能源材料科学与技术的发展，提高政府和研究机构的协调能力，优化科研评价体系，创造健康的学术环境，推进产学研融合发展。能源材料学科将在未来二十年迎来快速发展的黄金时期，通过超越传统、引领未来目标，能源材料将在新的历史阶段中展现出更加重要的前景。

参考文献

[1] Huang Y, Wu F, Chen R. Thermodynamic analysis and kinetic optimization of high-energy batteries based on multi-electron reactions [J]. National Science Review, 2020, 7 (8): 1367-1386.

[2] Qian J, et al. Enhanced electrochemical kinetics with highly dispersed conductive and electrocatalytic mediators for lithium-sulfur batteries [J]. Advanced Material, 2021, 33 (25): 2100810.

[3] Yamada Y, et al. Advances and issues in developing salt-concentrated battery electrolytes [J]. Nature Energy

2019, 4 (4): 269-280.

[4] Fan X, Wang C. High-voltage liquid electrolytes for Li batteries: progress and perspectives [J]. Chemical Society Reviews, 2021, 50 (18): 10486-10566.

[5] Xia S, et al. Practical challenges and future perspectives of all-solid-state lithium-metal batteries [J]. Chem., 2019, 5 (4): 753-785.

[6] Wan H, et al. Interface design for all-solid-state lithium batteries [J]. Nature, 2023, 623, 739-744.

[7] Ruan P, et al. Design strategies for high-energy-density aqueous zinc batteries [J]. Angewandte Chemie, 2022, 134 (17): e202200598.

[8] Deng X, et al. Proton storage chemistry in aqueous zinc-organic batteries: A review [J]. InfoMat., 2023, 5 (2): e12382.

[9] Zhu W, Yao F, Cheng K, et al. Direct Dioxygen Radical Coupling Driven by Octahedral Ruthenium-Oxygen-Cobalt Collaborative Coordination for Acidic Oxygen Evolution Reaction [J]. Journal of the American Chemical Society, 2023, 145 (32): 17995-18006.

[10] Ge S, Xie R, Huang B, et al. A robust chromium-iridium oxide catalyst for high-current-density acidic oxygen evolution in proton exchange membrane electrolyzers [J]. Energy & Environmental Science, 2023, 16 (9): 3734-3742.

[11] Ren L, Li Y, Zhang N, et al. Nanostructuring of Mg-Based Hydrogen Storage Material: Recent Advances for Promoting Key Applications [J]. Nano-Micro Letters, 2023, 15 (1): 93.

[12] Li Q, Lu Y, Luo Q, et al. Thermodynamics and kinetics of hydriding and dehydriding reactions in Mg-based hydrogen storage material [J]. Journal of Magnesium and Alloys, 2021, 9 (6): 1922-1941.

[13] Kang Y, Wang J, Wei Y, et al. Engineering nanoporous and solid core-shell architectures of low-platinum alloy catalysts for high power density PEM fuel cells [J]. Nano Research, 2022, 15 (7): 6148-6155.

[14] Lai J, Huang B, Tang Y, et al. Barrier-free Interface Electron Transfer on PtFe-Fe_2C Janus-like Nanoparticles Boosts Oxygen Catalysis [J]. Chem., 2018, 4 (5): 1153-1166.

[15] Yang X, Waterhouse G I N, Lu S, et al. Recent advances in the design of afterglow material: mechanisms, structural regulation strategies and applications [J]. Chemical Society Reviews, 2023, 52 (22): 8005-8058.

[16] Li W, Du C Z, Chen X Y, et al. BN-Anthracene for High-Mobility Organic Optoelectronic Material through Periphery Engineering [J]. Angewandte Chemie International Edition, 2022, 61 (24): e202201464.

[17] Zhang G, Lin F R, Qi F, et al. Renewed Prospects for Organic Photovoltaics [J]. Chemical Reviews, 2022, 122 (18): 14180-14274.

[18] Zhan L, Li S, Li Y, et al. Manipulating Charge Transfer and Transport via Intermediary Electron Acceptor Channels Enables 19.3% Efficiency Organic Photovoltaics [J]. Advanced Energy Materials, 2022, 12 (39): 2201076.

[19] Liu D, Luo D, Iqbal A N, et al. Strain analysis and engineering in halide perovskite photovoltaics [J]. Nature Materials, 2021, 20 (10): 1337-1346.

电子信息材料

一、概述

近几十年来，信息技术及信息材料得到了巨大发展。信息产品大大方便和丰富了人们的生活，而且信息材料的发展程度也在一定程度上代表了国家高科技技术的发展水平，同时信息产业也成为许多国家的支柱产业。现代信息技术是以微电子学和光电子学为基础，以计算机与通信技术为核心，对各种信息进行收集、存储、处理、传递和显示的高技术群。可以认为，微电子材料和光电子材料的发展历程就是电子信息材料的主要发展历程。电子信息材料是指涉及信息产生、提取、转换、传输、存储、处理和显示等过程用到的代表未来发展方向的新材料。其中，微电子材料是微电子和信息产业发展的基础支撑，包括硅、砷化镓、碳化硅等各类衬底、栅介质、存储介质、集成电路配套材料等。光电子材料是以光子、电子为载体传递、处理与存储信息和能量的材料，包括半导体照明与显示材料、光电功能晶体、红外探测材料和低维光电子材料等。而微电子和光电子材料是在半导体材料，特别是硅材料的基础上发展起来的。

电子信息材料支撑着现代通信技术、计算机技术、信息网络技术、微机械智能系统、工业自动化和家电等现代高技术产业。电子信息材料的发展规模和技术水平，已经成为衡量一个国家经济发展、科技进步和国防实力的重要标志，在国民经济中具有重要战略地位，是科技创新和国际竞争最为激烈的材料领域。先进电子信息材料的发展面向国家在节能环保、智能制造、新一代信息技术领域的迫切需求，重点突破宽禁带半导体材料、红外半导体材料、集成电路制造高性能支撑材料、大功率太赫兹电真空材料与器件、智能可穿戴器件、高功率激光和非线性光学等技术领域核心关键技术，通过体制机制创新、跨界技术整合，构建基础研究及前沿技术、重大共性关键技术、典型应用示范的全创新链，并进行一体化组织实施。随着各国相继明确“碳中和”目标，先进电子信息材料在消费电子、汽车电子、工业自动化、5G（第五代移动通信技术）等领域将迎来前所有未的黄金发展期。未来我国应继续坚定不移地推动先进电子信息材料向价值链的中高端跃进，着力突破高端电子信息材料产业化发展问题，进一步提高电子信息材料对我国社会的基础支撑能力和国际竞争力，保障我国信息产业健康发展及国防信息安全。

二、国内外最新研究进展

当前电子信息材料特别是半导体材料的发展应用水平已经成为衡量一个国家综合国力的重要标志之一。我国一直高度重视电子材料产业的发展，从 2016 年至今，工信部等国家相关部委出台了一系列支持电子材料行业结构调整、产业升级及规范产业发展的政策和法规，优化半导体材料等电子材料产业发展环境，深化产业国际合作，提升产业创新能力和发展质量。目前随着互联网、大数据、人工智能等技术的兴起，以及以 5G 为首的新基建项目的加速推进，我国电子信息材料产业取得了长足进步，形成了较为完整的产业体系，产业规模稳步增长，中高端电子材料产品转型升级速度加快。

2017 年，科技部发布了《"十三五" 材料领域科技创新专项规划》，从四个层面部署了材料领域发展目标。"十三五" 期间，根据《国家中长期科学和技术发展规划纲要（2006—2020 年）》和《中国制造 2025》等提出的任务，国家重点研发计划启动实施了"战略性先进电子材料" 重点专项，面向国家在节能环保、智能制造、新一代信息技术领域对战略性先进电子材料的迫切需求，支撑"中国制造 2025""互联网 +" 等国家重大战略目标，瞄准全球技术和产业制高点，重点突破第三代半导体材料与半导体照明、新型显示、大功率激光材料与器件、高端光电子与微电子材料等技术领域核心关键技术，通过体制机制创新、跨界技术整合，构建基础研究及前沿技术、重大共性关键技术、典型应用示范的全创新链，并进行一体化组织实施。同时培养一批创新创业团队，培育一批具有国际竞争力的龙头企业，形成各具特色的产业基地。专项设置了 4 个重点方向，包括：第三代半导体材料与半导体照明、新型显示、大功率激光材料与器件、高端光电子与微电子材料，每个方向任务分解为基础研究及前沿技术、重大共性关键技术、典型应用示范 3 个方面。

为落实"十四五" 期间国家科技创新有关部署安排，国家重点研发计划启动实施了"新型显示与战略性电子材料" 重点专项，以国家产业安全和重大工程建设需求为导向，突破新型显示产业应用关键核心技术，打通创新链，突破战略性电子材料制备与应用各环节的共性关键技术，提高我国信息、能源、交通、高端装备等领域核心电子材料和器件的自主可控能力。坚持问题导向、分步实施、重点突出的原则，重点关注新型显示、第三代半导体及前沿电子材料与器件、大功率激光材料与器件 3 个技术方向。

近几十年来，信息技术及信息材料有了巨大发展。信息材料的发展程度也在一定程度上代表了国家高科技技术的发展水平，美国、日本、欧洲等国家和地区凭借先进的技术及经验优势，处于市场垄断地位，而我国众多新材料细分领域龙头企业相较于第一梯队企业产品线较为单一，位于市场第二梯队。电子信息产业是国际社会正蓬勃发展的产业，我国从 20 世纪 90 年代开始，承接全球产业转移，逐步形成珠三角、长三角、环渤海三大电子信息产业区域。“十四五”期间，我国电子信息产业发展面临新形势、新特点，在国家对 5G、人工智能、工业互联网、物联网等“新基建”加速推进，形成“双循环”新格局的形势下，新型显示、集成电路等产业加速向国内转移，这在带来新的应用前景的同时也对战略性先进电子材料提出了迫切需求。从国际设备龙头的指引来看，5G 终端日益成熟，产业链向上延伸，技术工艺取得突破，人才聚集，使得电子材料产业本土化率加速提升。随着 5G 的规模普及，移动终端和基站均对电磁屏蔽与导热产品产生大量需求，电磁屏蔽与导热产业市场规模有望实现成倍增长。随着技术的不断进步，以及复合型材料的开发和工艺的改进，我国的导热相变材料、导热硅脂、导热填充胶和导热凝胶材料将得到进一步发展，对导热石墨膜材料也将提出更多新要求，如厚度更薄、导热性更好，以及可加工为三维结构产品或可与其他材料结合而形成复合多功能材料等。显示材料产业经过多年发展，已呈现出产品多元、产业集中、高速迭代等显著特点。目前，显示器件朝着多功能和数字化方向发展，大尺寸、高解析度、高色彩饱和度、节能、高亮度、柔性、透明等逐渐成为技术发展的主流趋势，如 OLED（有机发光二极管）已能够实现上述极致性能。5G、自动驾驶、物联网的快速发展，也为高端片式元器件带来广阔市场。而片式元器件向微型化、薄型化、高性能、高可靠发展，亦对电子材料提出新挑战，高端电介质材料、电子浆料等核心材料及 PET（聚对苯二甲酸乙二醇酯）膜等关键辅材，有待国内材料企业破局。2022 年我国电子信息材料行业市场规模达到 4286.7 亿元，其中，半导体材料 1133.2 亿元；磁性材料 1249.6 亿元；石墨烯材料 7.1 亿元；电子陶瓷材料 1005.8 亿元；压电材料 242.8 亿元；其他电子信息材料 648.2 亿元。

三、存在的问题及面临的挑战

当前先进电子信息材料领域关键材料研究可细分为以下几种。

（1）宽禁带半导体材料与器件：半导体材料是一类导电性能介于导体和绝缘体之间、导电性能随环境变化而发生显著改变的电子材料。20 世纪中叶，科学家首先使用硅基半导体材料，制备出半导体晶体管和集成电路，拉开了信息时代的序幕。之后，在数十年的发展过程中，先后诞生了四代半导体材料。发展中的第四代半导体材料，涵盖了超宽禁带和超窄禁带两类半导体材料。其中，超宽禁带半导体材料主要包括氧化镓、氮化铝、金刚石等。超宽禁带半导体材料展现出比宽禁带半导体材料更加突出的特性优势，具备满足相关领域未来发展需求的潜质。为满足商用、军用电子器件在高温、高压、高频等极端条件下稳定服役的需求，继硅、砷化镓等传统半导体后，SiC、GaN 等宽禁带半导体及 β-Ga_2O_3、金刚石和 BN 等超宽禁带半导体成为半导体技术领域激烈竞争的战略制高点之一。提高单晶质量、增大单晶尺寸及开发新型外延技术是提高器件性能和降低成本的主要技术方案，同时要注重设备仪器、检验标准、税收政策、金融环境等全产业链和产业环境的建设，强化多方配合与协同发展。我国在宽禁带半导体晶圆工业产线的建设上已基本达到国际标准，但大尺寸、高纯超宽禁带半导体单晶制备及外延技术仍存在差距。因此我国应加速宽禁带半导体单晶生长技术的基础研究和产业化关键技术研发，为其在低能耗功率器件、射频器件以及深紫外光电器件等领域的应用奠定基础。

（2）高质量二维材料制备及应用技术：在后硅时代，以石墨烯为代表的二维材料为丰富硅集成电路在微电子学、光学等方向的应用提供了绝佳平台。二维材料具有原子级超薄厚度、层间范德瓦尔斯接触特性、超强光学非线性系数及大幅度可调的电学性能，有望与传统材料构成新奇的异质结构。现今二维材料已经表现出很多独特的优势。第一，电子被限制在二维平面内，尤其对于单层二维材料来说，这增进了其电子特性，所以，二维材料是凝聚态物理学和电子 / 光电子元器件领域中基础研究的理想材料。第二，强烈的面内共价键和原子级厚度使其表现出出色的机械强度、柔性及光学透明度，这对于将其应用在下一代电子 / 光电子元器件中是很重要的。第三，二维材料在拥有极大平面尺寸的同时还能保持原子厚度，这赋予了二维材料极大的比表面积，极大地吸引了催化和超级电容这类表面积关联应用领域对该材料的研究。第四，基于液相处理过程的超薄二维纳米材料可以通过真空过滤、旋涂、滴涂、喷涂和喷墨印刷等简单的方法制备出高质量的单一薄膜，这对超级电容和太阳能电池等的实际应用是十分必要的。第五，表面原子的高度暴露为研究人员通过表面修饰 / 功能化、元素掺杂和 / 或缺陷、应变、相工程等手段对材料性能进行轻松调控提供了有利条件。我国在二维材料宏量制备方面与国际同步，但在多种关键二维材料高质量制备和应用技术方面与国际存在差距，应大力培植发展大面积二维材料无损伤异质堆叠技术及在硅基材料表面低温（< 250℃）直接生长二维材料的技术，深入探索二维材料基础物性，突破对二维转角体系中强、弱关联态的转换过程及机制的研究，促进对高温超导等强关联体系的理解，实现对低维凝聚态中奇异物态的观测。此外，应充分利用二维材料在结构、性能等方面优势，开发新型器件，实现与传统半导体器件的比较优势。

（3）红外半导体材料制备技术：锑化物 InAs/GaSbII 类超晶格材料作为红外探测器材料具有量子效率高、工作温度较高、多波段响应等优势，特别适合制作大面阵、高分辨率、多光谱的红外探测器件，是第三代红外探测器的理想材料之一。红外半导体材料与元器件的发展有以下几种趋势：光子集成规模不断提升，并向标准化代工平台发展；多材料体系多维度融合；发展微纳光电子材料制备及器件制作技术。红外半导体材料的研究应致力于发射波长峰值在短波红外波段，制备出具备实用价值的高亮度有机发光元器件，通过化学修饰调控和优化受体分子结构，获得高亮度的短波红外电致发光元器件。此外，突破中红外及远红外技术难以直接泵浦高效电光发射的技术瓶颈，并使其在高功率下持续工作，满足各种应用场景。

（4）柔性可穿戴电子材料与器件：柔性电子器件具有高环境适应性，在可穿戴电子、医疗、有机光伏等领域具有优异的应用前景，目前正朝着高性能、多功能化、高集化方向发展。国际上，许多发达国家纷纷制订了针对柔性电子的相关重大研究计划，我国在该领域研究起步晚，目前急需发展柔性电子材料的理论与方法，以及高电导的柔性导电材料、高迁移率的柔性半导体材料、高介电常数的柔性铁电材料和多功能的磁电氧化物料等。同时研发柔性整流结、晶体管等基础器件，开发大面积、低消耗、低成本的印刷电子制造技术，并发展智能医疗健康监测服装 / 家纺等应用，推进柔性电子产业落地。此外，还应解决持续供电问题，实现设备的自驱动技术，避免传统电池带来的难以集成及需要频繁更换等问题。

（5）新型显示材料及其制备技术：显示材料能把电子设备内部的电信号转化为人眼可识别的光信号，是承载信息传递和人机交互功能的重要媒介。显示材料的发展，经历了 CRT（阴极射线显像管）时代的阴极射线荧光粉、LCD（液晶显示器）时代的液晶面板、LED/OLED（发光二极管 / 有机发光二极管阵列）时代等一系列过程。其中，OLED 技术使用的有机发光二极管材料具有自发光特性，除传统的刚性玻璃衬底外，还能使用塑料等柔性材料作为衬底。因此，可在满足小型化、轻薄化需求的同时实现显示器件的柔性化。显示技术是信息电子产业的基石之一，目前国际上积极研发柔性、轻薄、大面积、低成本、高亮度的印刷显示，开发高品质、高能效的激光显示。我国应重点突破印刷显示材料和器件技术、半导体激光器与模组技术、新型显示集成技术与工程化技术，开发可卷绕印刷 AMOLED（有源矩阵有机发光二极体）、量子点显示技术、高亮度超高清激光投影机，提前布局 3D 显示、MicroLED（微发光二极管）等新型显示技术，开发出大尺寸 16K、8K 超高分辨率 AMOLED 显示器、手机用千万像素全高清量子点显示器、超高清短焦距激光投影机、可任意折叠高清显示器等，为新型显示实现跨越发展提供技术支撑，同时应实现自主研发，破解新型显示技术瓶颈和产业缺失技术的现实问题，推动材料、技术、装备的国产化转变，提升新型显示产业的核心竞争力。

（6）存算融合高密度存储材料：现代信息技术要求计算系统同时实现海量数据存储与快速分析处理，对处理器与存储器都有较高要求，但目前存储器的性能提升速度远低于处理器性能的提升速度，形成了“存储墙”。所以需要采用新型高性能存储器代替现有存储器，实现多值存储，使单个存储器稳定状态数可达 100 以上。同时发展高密度相变存储器阵列，实现大电流、高开关比的 OTS（双向阈值开关）选通管的制备；发展存算融合技术，研究类脑计算技术，满足存算一体类脑芯片在大数据时代对海量数据存储和处理的需求；发展用于高密度存储阵列的选通器件及三维集成技术，研制兼具信息存储、逻辑、运算、编解码等多功能的新型原型器件及柔性阻变存储器原型器件。

（7）智能传感器材料制备技术：传感器技术的应用范围已遍及信息、生物、能源、环境、先进制造和国防等多个领域，正朝着智能化、微型化、高集成、低功耗、无线传输、便携式等方向发展。我国传感器行业经过近十年的发展，现已形成一定规模的传感器生产能力。但是，产品质量和规模与发达国家相比还有很大差距。传感材料是传感技术的重要基础，目前急需的是以硅为基体发展红外传感器、激光传感器、光纤传感器等现代传感器，以陶瓷材料、有机材料等敏感材料为基体发展新型气体传感器，同时发展高性能敏感结构设计、敏感结构加工工艺、器件抗静电封装等，提高产品感应效率，增强响应信号，减小耦合干扰，降低噪声。同时应重点解决关键技术缺失、创新能力不强、产品有效供给不足、国际竞争力薄弱等问题，关注二维材料、超材料、有机框架材料、柔性材料，特别是量子材料的研发，对前沿材料进行基础物理、化学性能研究，丰富智能传感器在消费电子、汽车电子、智慧城市等领域的应用场景。

（8）高功率激光和非线性光学晶体、器件及应用技术：功能晶体是管固态激光器的基础材料，非线性光学晶体是全固态激光器实现深紫外倍频输出的关键光学元件，且其综合性能直接决定着激光输出的光束质量和转化效率。因此，设计、制备可使用的非线性光学晶体一直是光电功能晶体领域的研究热点。目前，在国内外的研究中，比较有代表性的非线性光学晶体包括硼酸盐、磷酸盐、氟化硼酸盐、氟化磷酸盐、碳酸盐、硝酸盐及其复合阴离子体系，但是，大尺寸高质量激光和非线性光学晶体的制备仍然是目前该领域发展的最大挑战。我国应集中力量攻克一部分对国民经济和国防建设有重大意义的晶体品种，亟待在红、绿、蓝三基色光源使用的非线性光学晶体的基础上，进一步拓展频带宽度，突破新型红外、紫外、极紫外非线性晶体的开发，以满足光通信和集成光学的广泛需求。

（9）大功率太赫兹电真空材料与器件制备技术：太赫兹波通常是指频率在 0.1 ~ 10THz（波长在 0.03 ~ 3mm）波段的电磁波，是宏观电子学和微观电子学研究的交叉领域。近二十年来，太赫兹科学技术已经取得了一些重要研究成果，太赫兹技术的应用也不断扩展到波谱、成像、通信、雷达、天文、气象、化工、军事、安全、国防、航空航天等各个领域。但是目前太赫兹技术使用的关键真空维持材料、热阴极钨基体材料、金刚石铜复合材料的一致性尚有待提高，而高强度无氧铜、热阴极合金基体、大电流热阴极材料、高性能且一致性优良氧化铝陶瓷与封接组件、高导热氮化物 / 碳化物陶瓷等尚不能满足应用。我国亟须在理论层面研究新的波束互作用机理，增大束波互作用截面、提高转换效率；在器件制备方面，亟待开发新型加工与集成装配方法，以减少传输损耗，提高输出功率。未来，太赫兹技术有望在以 6G 为代表的超高速大容量通信、新一代雷达遥感与高分辨成像、无损检测等领域发挥巨大作用。

（10）集成电路制造高性能支撑材料制备技术：集成电路材料产业是整个集成电路产业的基础，集成电路的生产制造过程中用到的大量靶材、试剂、气体等工艺材料统称为集成电路制造支撑材料。随着集成电路芯片制程不断缩小，配套用高端溅射靶材及电子化学品的纯度与洁净度的要求不断提高。国际上最先进的集成电路芯片制程已达到 5nm 以下，需要使用5N5Co靶材来制备接触孔，当特征尺寸达到3nm节点以下，要使用Ru作为阻挡层材料。另外，部分与芯片、液晶面板等制造工艺相匹配的高纯试剂还无法实现国产。我国需对集成电路制造支撑材料投入更多精力，重点支持技术含量高、国际垄断严重、缺乏替代方案的关键材料的研发和产业化，大力研发衬底材料、工艺材料及封装材料等高性能支撑材料，突破超越摩尔领域的异质集成、3DIC（三维集成技术）、二维半导体等技术，实现中高端产品材料的自主研发和制备，解决进口依赖等“卡脖子”问题，进而实现生产、技术本土化，满足6G、物联网、自动驾驶等电子信息领域需求。

四、未来发展战略需求及方向

关键电子信息材料是通信物联、高端装备及工业数字化等现代高新技术产业的基础和先导，电子信息材料产业的发展规模和技术水平已经成为衡量一个国家经济发展、科技进步和国防实力的重要标志，在国民经济中具有重要战略地位，是科技创新和国际竞争最为激烈的科技领域之一。其中量子材料、存算一体材料和神经交互材料是未来电子信息材料产业发展的关键材料。

（一）量子材料

量子材料是指具有强关联、电子序、量子效应及量子调控等特性的新材料体系，具体涵盖金属–绝缘体转变材料、磁电耦合材料、拓扑电子材料、层展（emergence）材料，以及量子调控集体特性的超冷原子、冷激子、极化激元等，这些材料支撑着量子通信、计算、模拟、传感与测量等量子信息技术的应用。

量子材料为后摩尔硅时代开辟了巨大可能。随着纳米制备技术和神经形态计算的高度融合应用，科学界有望获得具有新奇量子特性的异质结构材料（如原子级超薄厚度、层间范德瓦尔斯接触特性、超强光学非线性系数及有大幅度可调的电学性能的材料），进而颠覆未来的信息技术与器件，因此量子材料成为我国必须保持竞争力的领域之一。

计划到2030年，深度开发基于低维超导、拓扑量子物理、强关联电子体系等量子信息技术的支撑新材料，包括半金属材料、新型铁电材料、Ⅳ–Ⅵ族低维半导体材料、拓扑电子材料等，并涉及二维超薄半导体材料的制备、集成、表征及应用技术。

计划到2040年，基本实现原子阱、离子阱、超导体、半导体和光子等不同技术构筑的实用型量子计算机。全力保障量子密钥分发、量子比特纠缠、量子中继、量子传感与精密测量等量子通信实用化技术的新材料支撑体系。

为实现未来20年战略目标，我国需紧紧围绕量子材料制备、物性研究和器件物理中的基础性重大科学前沿问题，重点推进高温超导等强关联体系、非平庸新型拓扑材料、新型磁性/多铁/光电和热电材料、二维材料及其异质结构、冷原子及软凝聚态体系等物性调控机制、新型量子器件物理与技术、量子多体理论与计算方法，为制备新型量子材料、研制新型量子器件提供理论和基础支撑。

（二）存算一体材料

现代信息技术要求计算系统同时实现海量数据存储与快速分析处理，这就需要采用新型高性能存储器跨越存储墙。存算一体技术融合了计算单元与存储单元，在实现数据存储的同时直接进行计算，实现了计算存储的节能高算力。存算一体材料是为满足人工智能及与其交叉融合的产业发展需要而开发的新材料，具有结构多功能化、功能智能化的特点，其综合性能、对环境的感知、处理响应能力皆优于传统材料。存算一体材料具体可分为存算融合高密度存储材料、智能高分子材料、轻质功能化金属材料、超级电容、半导体纳米管、机敏复合材料、用于可编程人工智能计算机的信息超材料等。

我国应瞄准超导芯片、量子计算芯片、智能电子器件等底层技术，发展融合神经信号存储、解码、干预与调控为一体的高性能、低功耗智能芯片技术，存算一体材料在构筑神经形态类脑芯片方面有低功耗、低延迟、高性能的应用优势。

超宽禁带半导体已经成为半导体技术领域激烈竞争的战略制高点之一，是未来高频大功率微波功率器件、高压大电流电力电子器件、高灵敏度日盲型紫外探测器件、极端恶劣环境应用电子器件不可或缺的电子信息材料，对我国新型宽带雷达、多功能电子战和卫星通信系统、高功率动力系统、紫外通信系统等的发展具有至关重要的意义，对突破国外半导体技术封锁，加快我国半导体行业的发展具有重要意义。

计划到 2030 年，面向多功能与高效能集成电路，我国将基本解决其效能瓶颈及功能融合复杂性等挑战，构筑新型逻辑存储器件、新型计算范式、新材料和跨维度集成技术，以及系统 – 电路 – 工艺协同设计、敏捷设计与智能化设计等新工具，初步完成高端芯片、功能融合芯片及核心装备技术，支撑未来信息系统发展，同时实现高性能功率和射频器件的自主可控的宽禁带半导体新材料体系。

计划到 2040 年，在器件优化方面，我国将实现超高线性度和对称性、超低能耗、多状态及耐久等优异特性，并形成忆阻器的三维集成技术，提高集成密度和功能多样性，以满足复杂神经网络应用需求，结合具有感知功能的器件或开发多模态忆阻器，实现感存算一体化。在电路设计方面，优化交叉阵列结构和外围电路等，实现元器件、电路和架构的协同设计研发。在芯片集成方面，将包括数字和模拟转换电路、缓冲存储器、数字处理器等在内的所有功能模块与忆阻器阵列集成到一块芯片，设计灵活的架构与调度方案，在保证低能耗的前提下实现高算力与高灵活性，使芯片能够支持不同深度学习和复杂信号处理等任务。

为实现未来 20 年战略目标，我国需重点推进集成电路发展的多层次协同创新突破，包括碳纳米管、二维材料、过渡金属二硫属元素化物、氧化物半导体等新材料，环栅晶体管、垂直互补场效应晶体管、叉片晶体管等新型器件结构，晶圆级集成、芯粒技术、单片三维集成等新集成方式，在存算一体、量子计算等新计算范式，为突破传统芯片算力与能效瓶颈开辟新的赛道。

（三）神经交互材料

脑机接口技术主要涉及神经交互材料，其用于大脑内电化光遗传学信号与外界交互、脑信号处理及施加闭环神经刺激，从而将人脑与计算机互联。类脑智能材料可分为类脑智能感知材料、类脑智能功能材料、类脑功能修复材料及智能强脑材料等。

神经交互材料尚在研发阶段，传统传感器技术的应用范围已遍及信息、生物、能源、环境、先进制造和国防等多个领域，更智能化、更微型化、更高集成、更低功耗、无线传输、更便携是未来传感产品的发展趋势。目前，我国传感器产品质量和规模方面仍存在关键技术缺失、创新能力不强、产品有效供给不足、国际竞争力薄弱等问题，具有知识产权的新材料、关键装备软件、重大产品与系统设计、高端人才队伍等方面严重匮乏，部分关键性原辅材料被国外垄断，产业链安全存在较大隐患。

计划到 2030 年，我国基本实现高精细光刻技术的高端光刻胶国产化，类脑计算硬件平台、激光反射薄膜等达到国际先进水平。全面实现光刻机光源、光刻机镜头、脑机接口、高性能滤波器、掩模 版及关键原辅材料中高纯合成有机试剂的自主可控，基于二维材料、超材料、有机骨架材料、柔性材料、量子材料的新材料智能传感器将应用于消费电子、汽车电子、智慧城市等领域。

计划到 2040 年，我国将全面形成触觉传感、脑机接口支撑材料、神经形态器件等自主材料体系。基于软材料、智能传感支撑实现非接触式协作机器人制造、控制与协调一体化关键技术，推动智慧机器人非接触交互体验、作业效能及服务常态化。

为实现未来 20 年战略目标，我国需重点推进类脑学习和认知技术及具身智能、传感器与突触器件等仿生交互式神经形态器件，具身神经形态交互式器件或系统，实现机器与人、机器与环境之间的自适应交互和通信，构建紧凑且节能的神经形态物联网，通过感知、计算、学习和处理能力解决现实事件中存在的各种复杂问题。

参考文献

[1] 常永勤．电子信息材料 [M]．北京：冶金工业出版社，2014.
[2] 刘家岐，贾经纬．电子信息材料在低碳经济中的发展应用分析 [J]．信息记录材料，2021，22（1）：24-25.
[3] 陈海洋，周炯．光电子信息材料发展综述 [J]．中国科技纵横，2019（2）：1671-2064.

[4] 许建锋. 电子陶瓷材料应用在通信与信息技术中的分析 [J]. 中国科技期刊数据库：工业 A，2021，11：76-77.
[5] Berger L I. Semiconductor material [M]. New York：CRC press，2020.
[6] Chaves A，Azadani J G，Alsalman H，et al. Bandgap engineering of two-dimensional semiconductor material [J]. npj 2D Material and Applications，2020，4 (1)：29.
[7] 陈晓娟，徐康，张秀，等. 二维材料体光伏效应研究进展 [J]. 物理学报，2023，72 (23)：237201.
[8] Moseley P T，Crocker J. Sensor material [M]. New York：CRC Press，2020.
[9] 张兴超，潘锐，韩嘉悦，等. 拓扑量子材料光电探测器研究进展 [J]. 中国光学，2021，14 (1)：23.
[10] 高世凡，赵毅. 非易失存算一体化材料与器件系统的研究进展 [J]. 功能材料与器件学报，2021，27 (6)：487-493.
[11] 都展宏，鲁艺，蔚鹏飞，等. 植入式神经电极阵列器件与材料的研究进展 [J]. 物理化学学报，2020，36 (12)：13.

生物医用材料

一、概述

生物医学材料（又称生物材料或生物医用材料）是一类用于诊断、治疗、修复或替换人体组织、器官或增进其功能的新型高技术材料，涉及亿万人的健康，是保障人类健康的必需品。按国际惯例，生物医学材料及其医用植入体与体外用器械是生物医学工程学科与产业的重要组成部分，其管理属医疗器械范畴。

生物医学材料涉及医用高分子、医用金属和合金、医用生物陶瓷、医用复合材料、生物衍生材料等，其制品既包括量大面广的基础医疗器械，如一次性使用的输液及注射器具、一般性外科手术器具，以及药棉、绷带、纱布等卫生用品，也包括技术含量高、附加值高的直接植入人体或与生理系统结合使用的材料及其终端产品，如人造血管、人工心瓣膜、心脏起搏器、心血管 / 外周血管支架、骨修复和替换材料及器械、牙科材料、药物 / 核酸药物递释系统的载体材料等，以及临床疾病诊断材料与器械。

生物医学材料科学是当代科学技术中涉及学科最为广泛的多学科深交叉领域，它不仅是构成现代医学基础的生物医学工程和生物技术的重要基础，而且促进了材料科学、信息科学、医学及生命科学等相关学科的发展，对探索人类生命的奥秘、保障人类的健康与长寿发挥了重要作用。因此，生物医学材料的发展综合体现了材料学、生物学、医学等多个领域科学与工程技术的水平。例如，生物医学材料在组织修复和再生、药物缓控释、疾病诊断等多个方面呈现出重要应用前景，是组织工程、新型药物及药物新剂型发展的重要组成部分，其发展对医疗器械和新药的研发与应用至关重要，而 3D 打印、微流控、静电纺丝等工程技术及纳米科技的应用也推动了这一领域的快速发展，同时也对生物医学材料的结构性能提出了更高要求。生物学、医学等基础研究的不断进步牵引着生物医学材料学科的发展，而生物医学材料学科的发展推动着生物医药产业的进步。例如干细胞领域的研究成果促进了生物医学材料与细胞相互作用研究领域的发展，而肿瘤生物学的研究成果推动了生物医学材料在干预肿瘤微环境研究领域的快速发展。基因操纵技术从重组基因技术、RNA 干扰技术向基因编辑技术的快速发展给生物医学材料应用带来了新的机遇与挑战。

生物医学材料的发展可追溯到数千年前，但直到 20 世纪 80 年代才开始出现一个崭新的生物材料产业。伴随着科学技术的发展及临床的成功应用，生物医学材料及其制品产业体系已经形成，它不但是整个医疗器械（生物医学工程）产业的基础，而且是世界经济中最有生气的朝阳产业。发展生物医学材料科学与产业不仅是社会、经济发展的迫切需求，而且对国防事业及国家安全也具有重要意义，正如美国制定的“21 世纪美国陆军战略技术”报告中指出：生物技术是未来 30 年增强士兵战斗力的最有希望的技术，而生物医学材料是其重要组成部分。

生物医学材料是高技术材料市场中技术附加值最高的材料，出于商业利益，发达国家对其关键技术的封锁，不亚于国防产业。为形成和持续发展我国高技术医用生物材料和制品产业，必须突破关键技术，为此我国必须建立自己的科学技术基础。特别是在我国高技术生物医学材料和制品市场基本被进口品占据的情况下，为振兴和发展我国现代生物医学材料产业，必须立足于学科和技术发展的方向和前沿，实施跨越式的发展。

二、国内外最新研究进展

随着纳米科学、细胞生物学、分子生物学和医学等学科的发展，组织工程、基因治疗等新兴生物技术的出现，以及临床应用需求的增加，生物医学材料这一新兴领域得到了快速发展，其在组织修复与再生、生物活性物质控释 / 递释系统、介入治疗、临床医学诊断等新领域展示出广阔的应用前景。

本领域近年来的最新研究进展涉及环境响应性生物医学材料、生物医学材料的表面与界面、引导 / 诱发组织修复与再生及组织工程支架材料、用于生物活性物质控释 / 递释的载体材料、面向医学分子诊断的生物材料、基于介入治疗的生物材料等主要方向。

（一）环境响应性生物医学材料

环境响应性生物医学材料涉及生物学、医学、材料学及仿生学等多种学科，是生物医学材料科学研究领域的一个重要前沿，是以组织修复与再生、药物 / 核酸药物控释 / 递送等生物医学领域应用为导向，在分子水平上研究和模拟生物大分子的结构与功能。其研究热点之一是模仿生物在环境中的应变特性，研发在体内复杂环境和微小变化下具有快速响应功能的生物智能（刺激响应）材料，包括对环境 pH、温度、生物分子、力、光、电、磁等发生响应的生物医学材料。例如，在生理 pH（7.2）环境保持稳定，而在 pH 值为 5 左右快速分解或电荷反转的生物材料；依据细胞内外生物还原剂浓度（如谷胱甘肽）的显著差异而发生特定化学键断裂的生物材料；特别是多种环境响应性的生物医学材料，如温度和 pH 双重响应的材料，可通过 pH 的改变调节材料低临界溶解温度（LCST），在药物/核酸药物递释系统及组织修复中具有应用价值。该领域重要研究方向包括聚多肽/氨基酸材料、肽类树状大分子等的可控合成、仿生自组装、选择性功能化，以及纳米胶束/聚集体、纤维和凝胶等的构筑及其疾病诊断和药物递释、组织修复等领域的应用基础研究。具有形状记忆功能的生物医学材料感知环境变化并响应且回复到预先设定状态是另一重要研究热点，其主要进展包括可降解记忆生物医学材料和基于分子间弱相互作用力的形状记忆材料的设计制备及其生物医学应用等。

（二）生物医学材料的表面与界面

生物医学材料与机体的作用，主要表现为材料表面与生物微环境中关键蛋白和细胞的相互作用。控制材料/医用植入体表面/界面对蛋白的吸附，以及细胞的黏附和功能，是控制和引导其生物学反应并决定材料生物功能的关键。因此，阐明材料表面性质对蛋白吸附和细胞行为的影响，以及发展适当的表面改性方法以实现调控细胞行为是发展新一代生物医学材料的基础。目前的研究重点集中在抗蛋白/细胞吸附表面、选择性调控特定蛋白和细胞粘附和功能的表面。

1. 抗凝血表面

抗凝血一直是血液接触材料所面临的关键性问题。构建材料的惰性表面并降低蛋白吸附是一种有效提高材料抗凝血性能的方法。使用含氟化磷脂、磷酸胆碱、两性离子或类肝素基团的材料构建具有仿细胞膜结构的界面，可显著减少纤维蛋白原的吸附，从而提高材料的血液相容性。通过在材料表面固定纤溶系统核心蛋白的亲和性配体（如 ε–Lys），可从血液中选择性吸附固定并激活纤溶酶原，从而溶解初生血栓，达到抗凝血的目的。还可通过表面改性进一步提高对纤溶酶原的吸附能力，进而调控溶栓速度。兼具抗凝、抗蛋白污染和抗菌性能的多功能膜是目前一个研究热点。

2. 调控细胞特定功能的材料表面

利用表面涂层、共价偶联、等离子体、表面接枝、化学气相沉积、表面腐蚀及分子组装等技术手段，改变材料表面化学组成、亲疏水性、表面电荷、粗糙度、机械性能等理化性质，或在材料表面固定具有跟细胞有特异性作用的生物分子，或改变材料的拓扑结构，从而达到调控与材料表面接触的细胞的特定功能的目的。例如表面接枝具有体积排斥效应的 PEG、仿细胞膜结构的磷酸胆碱和两性离子等可以显著降低植入体内材料/器械的蛋白及细胞的粘附；在材料表面接枝或固定能与细胞发生作用的蛋白质、多肽和多糖等，可促进细胞粘附；通过在材料表面固定生长因子，如成纤维细胞生长因子、促进骨和软骨组织形成的骨形态发生蛋白、血管内皮细胞生长因子等，可促进细胞在材料表面的增殖、分化及组织形成的生物级联反应。此外，材料的手性表面不仅可调控蛋白质、DNA 等的吸附动力学，甚至可直接决定生物大分子的优势构象。如 L 型表面可大幅度抑制蛋白纤维化的形成，而 D 型表面则可促进这一过程。手性表面还可影响细胞的铺展、生长、分化、组织、凋亡等多种行为。在此基础上，手性表面被应用于癌细胞筛选、干细胞分化、神经细胞生长调控等多个领域。

3. 梯度材料和图案化表面

材料表面的微纳尺度的拓扑图案或物理化学梯度信号对细胞的行为也具有调控作用，如控制细胞的形状、迁移、蛋白和基因的表达等。通过细胞在物理、化学图案表面及梯度表面的响应行为研究，研究人员可以更加深入地理解材料对细胞生长、迁移和分化的调制作用，从而为新一代生物医学材料的设计提供依据与指导。通过研究材料表面拓扑结构对细胞行为的调控，可揭示细胞与材料作用的基本规律。如在细胞阻粘的聚乙二醇（PEG）水凝胶表面构建促进细胞黏附的仿 RGD 多肽的微阵列，并改变其尺寸、距离、形状等，可控制干细胞在材料表面的黏附位置、数量和形状，进而探讨细胞形状和细胞间接触对干细胞分化的影响。将材料表面的拓扑结构与化学性质结合，能协同调控蛋白和细胞的功能。如模仿天然骨组织的多尺度层状结构，在材料表面仿生构建含纳米羟基磷灰石纤维的多层结构，并负载骨形态发生蛋白，可促进干细胞或成骨细胞的骨分化能力并上调相关基因的表达。将长链 PEG 引入到微纳金簇或硅纳米线表面，可高特异性捕获表面分形维度高的肿瘤细胞，降低血液细胞的非特异性粘附，基于这一原理，研究人员已研发了廉价、易操作的肿瘤细胞检测芯片，实现了全血中肿瘤细胞高识别捕获效率。

材料表面理化性质梯度也为调控细胞在材料表面的各种行为提供了一种重要的微环境。在组织修复过程中，细胞的迁移方向受损伤、炎症或异物而产生的可溶性趋化因子或者固定于基质中的蛋白质配体的浓度梯度的引导。将这种梯度固定于材料表面便可在体外模拟生物体内细胞生存的微环境，从而引导细胞的定向排列、定向极化、定向迁移。因此研究材料性质和细胞迁移行为之间的关系，进而设计功能材料界面调控细胞迁移的方向和速度是生物医学材料领域的一个重要科学问题。目前已发现材料表面理化性质通过调控细胞粘附力进而调控细胞迁移行为的普适规律。并据此构建了表面理化性质可控渐变的梯度材料，实现了对细胞迁移速度和方向的调控，进而设计了互补梯度材料，选择性调控特定细胞的定向迁移并提高其迁移速率。将干细胞诱导分化因子梯度固定在材料表面，可实现骨髓间充质干细胞在梯度材料表面的定域分化。

4. 引导 / 诱发组织修复与再生及组织工程支架材料

引导 / 诱发组织修复与再生及组织工程支架材料是生物医学材料的重要研究方向。材料的生物相容性和生物降解及其降解速率的可控并与组织器官的修复速率相匹配是十分重要的。同时，还应具备调控细胞行为的能力，尤其是调控细胞分化和表型的能力。研究人员在了解材料与生物活性物质或与细胞间信息传递模式的基础上，通过分子设计和结构进行模拟、调控，制备具有生物活性的材料。例如，形状记忆高强度水凝胶可用来调控干细胞在复杂几何空间中的分化行为；凝胶表面锚固 DNA 可实现表面介导的反向转染并提高转染效率；由树状多肽与 PEG 构建的水凝胶 / 微凝胶实现了动态自愈合及抗菌性能；超分子结构提供了局部非极性环境，将水凝胶的拉伸和压缩强度均提高到兆帕级，在替代和修复承受较高载荷的软组织方面有重要应用价值。

组织工程与药物 / 核酸药物控释及基因治疗结合是该领域的另一研究热点。将药物、生长因子、外源基因等负载到组织工程支架材料，利用药物治疗或清除病变组织、利用生长因子或通过基因表达的生长因子促进组织（如神经、软骨和血管）的形成和生长，或通过支架控制释放所负载的生物活性物质，调控干细胞增殖、分化得到不同类型的细胞。例如：利用材料负载转化生长因子可引导骨髓间充质干细胞向软骨分化，并促进软骨修复；负载基因活性胶原的双层人工真皮替代物，可更有效引导细胞向支架内迁移，并加速材料的血管化，移植超薄皮片的时间比临床上使用的材料（如 Integra）缩短近一半，同时适用于创伤和烧伤的创面；负载 siRNA 的多孔支架，可特异性下调初期 TGF-β1 的水平，降低新生组织的无瘢痕化。

5. 用于生物活性物质控释 / 递释的载体材料

随着全球社会人口老龄化，心脑血管疾病、糖尿病、癌症和艾滋病患者的急剧上升，以及突发性传染性疾病的频繁出现，具有恢复和增进人体生理功能的药物控释 / 递送系统的载体材料及其先进给药系统的研究和开发越来越引人瞩目。生物活性物质（包括药物、多肽与蛋白、生长因子、抗原、核酸类药物、细胞等）控释/递释系统（以下简称“药物控释/递释系统”）的载体材料是当前生物医学材料科学与工程发展的主流方向和前沿领域之一。

药物控释 / 递释系统的研究主要集中在以下 4 个方面：①时控型药物控释 / 递释系统，即控制药物达到恒速释放，材料的化学结构、组成、降解性能及对药物的透过或扩散能力是能否获得恒速释放的关键；②自调节药物控释 / 递释系统，主要是通过模仿体内复杂的生化过程，使药物根据人体需要而不是以一个稳定的、预先确定的、不变的速度进行释放，释放机理依赖于材料储库的微孔或本体进行扩散，或依赖于材料基质表面的酶催化降解；③靶向药物控释 / 递释系统，尺寸效应获得的被动靶向需关注载体形状和机械性能对其体内分布的影响，而主动靶向给药系统是通过引入靶向基团来实现的，其具有识别靶组织、靶细胞，甚至靶分子的能力。靶向分子的选择、高效固定和联用（多重靶向）是主动靶向的关键；④智能型药物控释 / 递释系统，主要是利用材料对 pH 值、温度、磁场、电场、某些化学物质及生理 / 病理微环境等环境改变的响应性，来调控药物的包覆与释放。例如：pH 敏感的结肠释药系统在到达结肠时才开始释放，从而提高了这类药物的生物利用度，特别适用于蛋白质多肽类药物的口服给药；利用肿瘤组织内的微环境（pH 值、谷胱甘肽等）差异触发释放药物。提高材料及药物递释系统的敏感性，使之能在体内很窄的响应窗口内实现快速应答是这一领域的技术关键。

依据药物控释 / 递释系统的生物活性分子，该领域研究热点可分为以下几个方面：

①核酸类药物（包括 DNA、反义核酸、siRNA、miRNA 等）递释系统，其临床应用的关键挑战在于体内输送体系，载体材料是核酸类药物输送系统的重要基础，天然、合成及复合生物医用高分子材料因可以免除腺病毒带来的潜在危险而备受关注，问题的焦点是提高生物相容性高分子材料对核酸类药物的输送效率；②疫苗递释系统，利用生物相容性和生物降解性良好的载体将抗原疫苗直接输送至体内，增强免疫应答，以提高现有疫苗的免疫效果是研究关注的重点，特别是在新冠疫苗的研发中显示出重要性；③高分子药物（高分子前药），具有靶向基团（如半乳糖胺、抗体等）的高分子药物能进一步提高药效、降低毒副作用，研究热点主要集中在设计靶向生物可降解高分子药物，以及在组织 / 器官、细胞及分子水平上认识高分子药物结构对药代动力学和药效的影响等方面；④诊治一体化的多功能系统，该复合体系可实现诊断与治疗一体化，或者在治疗同时对载体和药物进行跟踪，具有更好的性能和更多的功能；⑤多药联用，多药耐药性（MDR）已成为当今肿瘤治疗的一大难题，逆转 MDR，降低化疗失败的概率，具有很高的临床价值，目前已成为国内外化疗药物研究的重要方向与研究热点，而通过多药联用构建具有协同与时序作用的药物控释 / 传释系统是解决 MDR 的重要途径，并已成为热点方向。

6. 面向医学分子诊断的生物材料

分子诊断是在分子生物学、材料学及超分子化学等交叉学科的理论和技术发展的基础上建立起来的新兴诊断技术，分子诊断不仅能对疾病作出确切的早期诊断，也能确定个体对疾病的易感性，判别其是否携带致病基因，而且能判断疾病的分期、分型及疗效监测。分子诊断的主要应用包括：①感染性疾病的分子诊断；②遗传性疾病的分子诊断，即基因诊断（单基因病和多基因病）；③肿瘤的分子诊断，即肿瘤标志物检测。在分子诊断中，研究人员将识别分子负载在特定的大分子基材上，这不仅可获得单体识别分子识别能力的倍增效应，而且材料可为识别分子提供必要的保护，避免其在体内被分解或被代谢清除，延长识别分子的体内的循环时间，有利于从根本上提高分子识别的效果。因而材料在分子诊断中扮演了关键角色，是决定疾病早期诊断效果的重要因素。

分子诊断作为一个新兴领域，近年来研究热点主要集中在生物传感器、分子印迹聚合物和分子影像 3 个方面。利用树状高分子和纳米材料（碳纳米管、量子点、纳米金等）的放大效应及光学、电学特性，构建基于生物识别的生物传感器是该领域的研究热点之一。聚合物分子印迹技术在基础的特异性蛋白分子（主要是抗体、抗原等）的鉴别与诊断，以及在肿瘤等重大疾病的分子诊断中都展示出潜在应用价值。分子影像能快速、远距离、无损伤地获得人体分子的三维图像，揭示病变的早期分子生物学特征，其应用领域主要集中在疾病早期诊断、药物研发及药物治疗的监测这两个方面。将分子影像和靶向、载药等功能结合，实现诊断、治疗一体化，也是近年来的研究热点。

7. 基于介入治疗的生物材料

介入医学的迅速发展使其在国际上被列为与内科、外科治疗学并驾齐驱的第三大治疗学科，介入医学工程是指采用介入医疗器械与材料（微创医疗器械与材料）和现代化数字诊疗设备进行诊断与治疗操作的医学工程技术，其不仅可提供微创治疗，大大降低患者痛苦和治疗费用，而且使一些传统手术难以处理的疾病得以完满解决。

在介入医疗器械产业发展过程中，以治疗心脑血管疾病的微创介入治疗是最有代表性的技术之一。时间顺序功能支架在不同的时间段内显示不同的功能，如顺序缓释紫杉醇和内皮生长因子，在控制平滑肌细胞增生迁移，降低支架内狭窄之后，可以促进内皮化，减少后期血栓的形成。依托人体自身血管内皮愈合机制，通过生物活性材料涂层实现高选择性生物活性分子的固定或区域控释，实现血管内皮在植入部位的原位快速愈合，为有效解决血管内支架在心脑血管治疗中的关键问题提供了新途径。栓塞术是将人工栓塞材料有控制地注入病变区，使血管发生闭塞以达到控制出血、治疗肿瘤，以及清除病变器官功能的目的，这是介入治疗中的重要技术。液态栓塞材料由于其注入方便、可完全适应不同形状、不同大小的肿瘤腔等优点，在血管内治疗领域受到了越来越多的关注。目前的研究重点是非黏附性水相液体栓塞材料。

三、存在的问题及面临的挑战

1. 人才队伍建设

科技人力资源是最重要的战略资源，经济和科技的竞争，归根结底是人才的竞争。生物医学材料学科是当代科学技术中涉及学科最为广泛的多学科深交叉领域，其发展综合体现了材料学、生物学、医学等多个领域科学与工程技术的水平。因此，应采取一系列特殊政策与措施，进一步建立有利于多学科深交叉领域创新人才涌现的机制，营造有利于创新人才成长的良好氛围和环境，吸引更多、更优秀的创新人才，为推动我国生物医用材料科学与工程的快速发展提供人才保证和智力支持。

2. 从战略储备出发加强基础和应用基础研究

生物医学材料是高技术材料市场中技术附加值最高的材料，属于知识密集、多学科深交叉、竞争激烈的高新科技领域，发达国家对其关键技术的封锁，不亚于国防产业。为形成和持续发展我国高技术生物医学材料和制品产业，特别是在我国高技术生物医学材料和制品市场基本被进口品占据的情况下，为振兴和发展我国现代生物医学材料和制品产业，实现跨越式发展，必须立足于科学和技术发展的方向和前沿，从战略储备出发加强基础和应用基础研究，突破关键技术，建立自己的学科体系与科学技术基础，提升自主创新能力和整体综合实力。

3. 加强自主创新

自主创新是发展战略的基点。通过原始创新、集成创新和引进消化吸收再创新，形成完整的生物医学材料科学与工程技术创新体系。强化企业技术创新地位，研发自主知识产权的核心技术，培育自主品牌，合理布局基础研究，强化科学基础，大力提升生物医学材料学科和高技术产业自主发展的能力。

4. 建设重大科技创新平台与体系

科技资源的战略重组和系统优化将促进全社会科技资源的高效配置和综合利用，极大提高社会创新能力，其关键在于进行重大科技创新平台建设。因此，要以提高国家科技创新能力和增强国际竞争力为目标，构建公益性、基础性及战略性重大科技平台，建立我国高技术生物医学材料和器械的工程化技术体系，进行行业技术升级和改造，完善产业技术创新体系，增强产业技术持续创新能力和集成能力，为重点突破和持续发展提供强有力的支撑。

5. 产学研医用的融合协调发展

要将自主创新成果的产业化作为高技术生物医学材料产业发展的突破点，优化产业化环境，发展风险投资，加速培育新的产业增长点。立足临床应用需求，突破共性关键工程化技术，强化研发成果的推广应用，加强执行相关技术认证，改造和提升传统产业，促进产业结构的调整和技术进步。建立全国“生物材料及其制品研发战略联盟”，优势互补，资源共享，实现产学研医用的有效结合，促进科技成果及时产业化。

四、未来发展战略需求和方向

（一）仿生与生物智能材料及器械 / 微纳器械

生物材料的仿生与智能化是在分子水平上研究和模拟生物大分子的结构与功能的前沿领域。其重点包括：①仿造生物在环境中的应变特性，研发在体内复杂环境和微小变化下具有快速响应功能的生物智能材料，包括对环境 pH、温度、生物分子、力、光、电、磁等触发响应的生物材料及其构建技术；②具有形状记忆功能的生物材料能感知环境变化并响应且回复到预先设定状态的材料，主要涉及可降解形状记忆材料和基于分子间弱相互作用力的形状记忆材料设计制备技术及其生物医学应用；③基于具有广泛适用性、特意识别性、构效预定性等特点的分子印迹技术（又称分子模板技术），以特定的目标化合物为模板，设计制备对目标物拥有选择性特异吸附功能、在肿瘤等重大疾病的分子诊断中展示出潜在应用价值的分子印迹材料。其发展方向集中于以下几个方面。

1. 生物活性物质输运 / 控释的载体材料

依据药物输运 / 控释系统的生物活性分子，该领域研究热点可分为以下几个方面：①核酸类药物输运系统。核酸类药物包括 DNA、反义核酸、小干扰 RNA（siRNA）、微 RNA（miRNA）等，其临床应用的关键挑战在于其体内输运系统，载体材料是核酸类药物输运系统的重要基础，天然、合成及其复合生物医用材料因可免除腺病毒带来的潜在危险而备受关注，问题的焦点是提高生物相容性材料对核酸类药物的输运效率；②免疫治疗的疫苗输运系统。免疫治疗可以为那些至今尚无特效药的疾病（如肿瘤、艾滋病、肝炎），特别是突发性传染性疾病等提供有效的治疗方法，抗原疫苗和抗原提呈细胞（antigen presenting cells，APC）之间的相互作用是免疫治疗的关键。树突状细胞（dendritic cells，DC）是机体功能最强的专职抗原提呈细胞，它能高效地摄取、加工处理和提呈抗原，在免疫治疗中起重要作用。利用生物相容性和生物降解性良好的载体材料将抗原疫苗直接输运至体内未成熟的DC，增加DC摄取率，增强免疫应答，以提高现有疫苗的免疫效果及减少加强次数。③诊断与治疗一体化的多功能药物输运/控释系统。包括含有同时具备成像与治疗功能的荧光药物分子，或同时含有成像物质和治疗药物的复合体系。该复合体系可实现诊断与治疗一体化，或者在治疗同时对载体和药物进行示踪，具有更好的性能和更多的功能。

2. 用于医学分子诊断的生物材料

分子诊断是在分子生物学、材料学及超分子化学等交叉学科的理论和技术发展的基础上建立起来的新兴诊断技术。分子诊断以DNA、RNA及其相关的表达产物为对象，通过分子生物学技术检测它们的结构变化、基因的缺陷或异常表达，并以此作为确认疾病的依据，进而对人体状态和疾病作出检测和诊断。例如感染性疾病的分子诊断、遗传性疾病的分子诊断（即基因诊断，包括单基因病和多基因病）、肿瘤的分子诊断（即肿瘤标志物检测）。因此，分子诊断不仅能对疾病作出确切的早期诊断，也能确定个体对疾病的易感性，判别其是否携带致病基因，而且能判断疾病的分期、分型及疗效监测。其重点发展方向包括生物传感器与生物芯片和分子影像。①生物传感器与生物芯片。生物医学传感技术是有关生物医学信息获取的技术，也是生物医学工程技术中的先导和核心技术，它与生物材料、生物力学、人体生理、生物医学电子与医疗仪器、信号与图像处理等其他生物医学工程技术直接相关，并是这些技术领域研究中共性的基础和应用研究内容。生物医学传感技术的创新和应用的进展直接关系到医疗器械，尤其是新型诊断及治疗仪器的水平，因此，国际上将该技术的研究与推动放在非常重要的地位。生物传感器是用固定化的生物体成分（酶、抗原、抗体、激素）或生物体本身（细胞、细胞器、组织）作为敏感元件，对待测物质进行分析和检测。分子识别元件主要包括酶传感器、细胞器传感器、免疫传感器等；信号转换元件主要涉及电化学生物传感器、半导体生物传感器、测光型生物传感器等。DNA传感器可用于临床疾病诊断和药物检测，是当前生物传感器的热点，特别是利用树状分子、碳纳米管、量子点、纳米金等纳米材料的放大效应与传感信号增强效应及光学、电学特性，构建基于生物识别的生物传感器已是该领域重点发展方向。生物芯片主要指通过平面微细加工技术在固体芯片表面构建的微流体分析单元和系统，其使分析过程连续化、微型化、集成化和信息化，实现了对细胞、蛋白质、核酸及其他生物组分的准确、快速、大信息量检测，实际上也是传感器分析的组合。②分子影像。分子影像是利用磁共振成像、光学成像、放射性核素成像、超声成像等成像技术，以体内特定分子作为成像对比度，在真实、完整的生理环境中对生物过程进行细胞和分子水平的定性和定量研究的医学影像技术。分子影像能快速、远距离、无损伤地获得人体分子的三维图像，揭示病变的早期分子生物学特征，其应用领域主要集中在疾病早期诊断、药物研发及药物治疗的监测等方面。分子探针是分子影像涉及的关键材料与技术，其热点涉及聚合物纳米材料、树状大分子、有机高分子材料修饰的无机纳米材料（如碳纳米材料、量子点、Fe_3O_4 纳米粒子等）。

3. 植入性微电子器械

与信息技术结合是未来生物材料科学与工程的重要发展方向。植入性微电子器械是一类埋植于体内的电子器械，用于适时测量和调节机体内的生理和生化参数的变化，治疗中枢神经系统的疾病和代替丧失功能的器官等。最成功的范例是用于心律调节的心脏起搏器和植入性除颤器。植入式微电子器械除稳定、安全外，更重要的是制备的材料与整个器械具有良好的生物功能及相容性。该方向当前的研究热点涉及治疗帕金森病、癫痫病的脑植入电极，恢复失聪患者听力的电子耳蜗，恢复盲人视力的电子视网膜，用于体征监测的植入性生物芯片，智能药物输送泵等。

4. 触发组织修复与再生的生物活性材料及其植入器械

具有触发组织再生生物功能的生物活性材料及其植入器械的研究是一个全新的高科技领域，该领域着重研究以下几个方面：生物材料及其表面的分子组成和结构，特别是微纳米结构及微环境特征等，对触发组织形成相关基因表达的激活和调控作用的规律和机理；材料与组织间特异性功能界面形成及相互作用的分子机制及其对组织形成密切相关蛋白的特异性识别、选择性吸附的分子动力学；材料与功能基因和生物信号分子的复合和装配、三维结构支架的组装对组织形成相关细胞信号传导通路的影响与调控，材料降解及代谢的分子调控及其对诱导组织形成的分子基础。同时，研究人员应突破生物活性功能材料的制备和工程化技术，着重发展软骨、神经、血管、皮肤等触发组织再生的材料和植入器械，并以此带动体内组织工程和人工器官的研究与开发，以及计算机仿生快速成型技术的发展。

5. 高值术中生物材料与器械

高值术中耗材（如组织黏合剂、原位程控微药械、功能敷料、术后防粘连膜、人工晶状体、乳房假体、可降解缝合线、血液净化、皮肤及疝修复等软组织修复材料）是生物材料中用量最大的材料。我国虽然已是医用耗材的生产和出口大国（出口约 35 亿美元），占有世界市场 60% ~ 70% 的份额，但主要出口产品为一次性注射器、医用棉织品、橡胶制品等低值耗材，而大量高值耗材仍主要依靠进口，且基础原材料如不含增塑剂和耐辐照的聚烯烃等还需进口。该领域应重点发展：①组织黏合剂，特别是湿 / 动态生理环境中高强度快速黏合的医用组织黏合剂。临床上对创伤和术后伤口最常采用的闭合修复手段是使用缝合线，但随着科学技术和医学理念的不断发展，传统的缝合术已经逐渐不能满足越来越高的临床要求。其局限性主要包括精密复杂的缝合过程耗时长、不能实现对伤口的迅速闭合和止血、屡次拆线换药给病人带来身体不适、易引起术后感染和并发症、对肝肾等软组织的二次创伤、导致气体泄漏（例如肺切除）和液体渗漏（例如肠吻合和动脉血管吻合）、干扰组织功能复原等，严重时甚至会危及患者生命。医用组织黏合剂因其操作简便、无创粘合、即时的密封和止血作用、有效缩短手术时间等显著优势，获得了医疗领域的广泛关注，并逐渐成为传统手术缝合线的有效辅助或替代手段。开发湿/动态生理环境中高强度快速实现组织闭合并具抗菌与止血功能的组织黏合剂是该领域重要的发展方向与热点。②原位程控微药械。手术切除是许多癌症（如乳腺癌、结直肠癌、胰腺癌、肝癌、胃癌和肺癌等）的一线治疗方案，术后辅助化疗和放疗是目前预防手术切除后肿瘤局部复发和转移的常规手段。然而，术后放化疗通常至少在术后 2 ~ 3 周后进行，这将错过清除残留肿瘤组织和细胞的最佳时间点，而静注化疗往往会引起严重的全身毒性和不可耐受的副作用，患者依从性差。因此，改善肿瘤复发和转移导致的不良预后是当下亟待解决的重大难题。近年来，抗肿瘤植入剂（如卡莫司汀缓释植入剂 Gliadel、醋酸戈舍瑞林缓释植入剂 Zoladex、氟尿嘧啶缓释植入剂中人氟安等）已进入临床使用。但是，材料不可生物降解（植入物无法取出）、治疗模式单一、治疗时间短、药物突释严重及后续治疗乏力等成为该类治疗中共同存在的关键难题。因此，开发具有优异生物相容性、可生物降解的多模式程控释药的术中植入式微装置必将为临床提供安全、有效的肿瘤治疗方案，给肿瘤患者带来福音，具有重大的社会和经济效益。

6. 生物智能材料与细胞工程化技术

细胞治疗因其具有免疫调节、抗炎、修复受损组织/器官等特性，为一些重大疾病的治疗带来了新的曙光。然而，实际临床应用中细胞治疗通常面临细胞活性低、归巢效率低、治疗效果差等问题。新型生物智能材料的发展及其与细胞命运调控之间构效关系研究的深入为这一难题的解决提供了希望。利用高活性、高仿生的生物智能材料并结合微流控、生物 3D 打印等先进制造技术，以及基因编辑、细胞膜功能修饰等生物技术，融合调控细胞命运的新型生物要素/细胞因子，构建具有高细胞存活及增殖能力、高旁分泌及免疫调控能力、可控归巢及分化能力的工程化细胞，深入探究生物智能材料与细胞间的相互作用、协同机制及工程化细胞的设计构建策略，从而有效提高细胞活性并实现对工程化细胞移植后的迁移、归巢等行为的调控，增强其治疗重要疾病的功效，是细胞治疗从基础研究向临床应用转化仍需攻克的重大技术难题，也是当前研发的前沿与热点。

（二）面向心脑血管系统的新型介/植入材料和器械

血管系统疾病是人类疾病死亡的首要原因，目前全世界心血管疾病患者死亡人数已经达到 1700 万人。根据 2020 年发布的《中国心血管健康与疾病报告》，中国心血管病死亡率一直处于持续上升阶段，高于肿瘤及其他疾病，每 5 例死亡中就有 2 例死于心血管病。

随着我国人口老龄化，加之经济社会发展带来的国民饮食结构变化，中国正在成为心脑血管疾病发病率最高的国家之一。

1. 生物可吸收 / 可降解血管支架

血管支架为血管疾病的治疗带来了革命性变化，并被广泛应用于闭塞性血管（如冠状动脉、脑动脉、肾动脉、主动脉等）。血管支架的发展经历了裸金属支架（BMS）、药物洗脱支架（DES）和生物可吸收支架（BRS）三个阶段。生物可吸收支架在支架发挥治疗作用后，可于体内降解，其降解产物无任何毒副作用，因而不需要长期服用抗血小板类药物，并消除了支架对血管的各种远期不良影响。优异的支架依赖于其降解速率可控的主干材料、结构设计和涂层，从而实现快速再内皮化，并减少晚期 / 极晚期血栓形成、支架内再狭窄和支架内新动脉粥样硬化的风险。生物可吸收支架是当今血管支架的发展热点与方向，美欧日等发达国家和地区正加大投入争取使其早日进入临床应用。从当前现有可吸收支架来看，其面对的主要问题是降解速率无法调控，降解时间长，容易引起血管炎症反应，而降解时间过快，支架就无法提供足够的支撑力，易因血管弹性回缩导致血管内形成血栓或血管内支架再狭窄等。就研究进展来看，可降解铁基血管支架降解速率过慢，降解产物堆积在血管内部，易引起内膜增生；可降解镁基血管支架降解速率过快，过早的降解使支架不连续，增加了支架内血栓的风险，而且其脆性大，塑形性能差，在血管内部易不均匀降解；可降解锌基血管支架机械强度较差；可降解聚合物支架脆性高，热变形温度低，径向支撑性能差，最先上市的 Absorb 支架（美国雅培）因其较高的不良事件发生率而退出了市场。尽管可降解血管支架的发展遇到了各种困难，但是可以预料，在未来 10 年内，降解速率可控的生物医用材料将会获得突破，生物可吸收的全降解支架将取代当前的不可降解药物支架而成为主流。

2. 原位自然血管微支架

外周血管的生理学特点与冠状动脉存在很大差异，如受力、弯曲、受压等，因此，冠脉血管疾病治疗常用的手段在外周血管领域受到了很大限制。随着药物球囊技术的兴起，介入无植入的理念开始被医生广泛接受。利用光感智能材料，在体内光活化交联胶原蛋白和弹性蛋白，使血管壁在没有支架存在的条件下仍然能维持一定的刚性。这种技术将传统血管支架的加工过程改在体内实施，有效保持了血管壁的自然功能和柔韧性，并避免了永久性支架的相关并发症。

3. 小口径人工血管（小于 6mm）

人工血管是用于恢复病变或损伤动脉静脉或血液透析瘘的血液循环用医疗器械。理想的人工血管需要良好的生物相容性，特别是血液相容性、合适的机械性能、与宿主血管相似的动力学性能、低免疫原性、强抗感染性和可使用性。直径等于或大于 6mm 的人工血管已成功商业化临床应用，然而，开发小口径人工血管（小于 6mm）仍然是一个世界性的挑战，需要从新材料、表面改性和制造方法等多方位进行考虑。

4. 人工心脏瓣膜［主要是机械瓣膜、组织工程瓣膜（TEHVs）］

心脏瓣膜包括肺动脉瓣、三尖瓣、主动脉瓣和二尖瓣，人体通过瓣膜的“开闭”功能防止血液回流。人工心脏瓣膜主要包括机械瓣膜和生物瓣膜，这是迄今为止应用最广泛的两种植入瓣膜。机械瓣膜存在形成血栓的风险，机械瓣膜由金属、无机非金属或聚合物等人工材料制成，如不锈钢合金、钼合金、钛、硅胶、热解炭等。机械瓣膜作为一种异物，会引起血栓、溶血，甚至导致严重的栓塞和机械性阻塞，这是由瓣膜植入及其表面相关的血流异常流动（包括高剪切应力、血流停滞和湍流）引起的。除了开发新型生物材料，表面改性包括涂层、氟化、等离子和发光放电处理及处理后氧化等也为改善瓣膜的血液相容性提供了新技术。组织工程瓣膜（TEHVs）具有机械瓣膜的耐久性和生物瓣膜的血流动力学性能，以及原生组织的智能再生能力，是生物相容性优异的瓣膜。其研究与开发属前沿技术，研究关键是研发新型支架材料及瓣膜设计更新与制造。

（三）生物医用材料表界面与表面分子工程及植入器械

生物医用材料与机体的作用，主要表现为材料表面与生物微环境中关键蛋白和细胞的相互作用，控制材料表面/界面对蛋白的吸附及细胞的粘附和功能，这是控制和引导其生物学反应的关键。因此，阐明材料表面性质对蛋白吸附和细胞行为的影响，以及发展先进的表面改性技术，指导特定功能表面的设计，特别是心脑/外周血管系统的生物材料、骨/软骨组织修复与重建的生物材料、控释生物活性物质的载体生物材料等，是发展新一代生物医用材料和植入器械的基础，也是当代生物材料科学的一个核心问题。该领域研究重点集中在与蛋白/细胞不发生相互作用的惰性表面、调控蛋白质吸附动力学并可直接决定生物大分子优势构象的手性表面、生物微环境触发响应性材料表面、微纳尺度的拓扑图案化表面、梯度材料表面等。

生物活性及抗凝血和抗组织增生表面的设计和装配是当代发展的主流，特别适用于矫形外科及心血管外科领域。其重点研究包括材料表面微纳米结构的表征及其对体内特异性蛋白、生长因子及细胞黏附和迁移的作用，以及对特定组织细胞分化的基因调控；具有特定生物功能表面的设计理论基础，以及表面改性和涂层装配制备及其工程化技术。研究人员应着重研发表面生物活化改性的人工骨、人工关节、植入性假肢等新一代矫形、整形外科等植入器械，以及新一代抗凝血和抗组织增生的表面改性和涂层的血管支架、人工血管、人工心瓣膜等植入器械。

细胞在生物体内自然环境中无论是接触其他细胞（细胞膜具有纳米结构），还是接触细胞外基质（ECM），都是通过在不同的纳米结构中进行生物分子识别，因此基底的纳米结构对细胞的行为具有显著影响。通过研究材料表面拓扑结构对细胞行为的调控，可揭示细胞与材料相互作用的基本规律。将材料表面的拓扑结构与化学性质结合，能协同调控蛋白和细胞的功能，如酶的高效固定、变性与非变性蛋白的分离、细胞黏附的程序调控、高效基因转染及特异性癌细胞的捕获等。材料表面理化性质梯度也为调控细胞在材料表面的各种行为提供了一种重要的微环境，将这种梯度固定于材料表面可在体外模拟生物体内细胞生存的微环境，从而引导细胞的定向排列、定向极化、定向迁移等。因此研究材料性质和细胞迁移行为之间的关系，进而设计功能材料界面调控细胞迁移的方向和速度是生物医用材料领域的一个重要科学问题。构建表面理化性质可控渐变的梯度材料，实现对细胞迁移速度和方向的调控，进而设计互补梯度材料，将干细胞诱导分化因子梯度固定在材料表面，可实现干细胞在梯度材料表面的定域分化。

假肢植入体经皮部分的生物密封，即软组织与植入体之间抑制细菌等渗入的紧密结合依然是当前迫切需要解决的重大难题。目前肢残患者行动功能的恢复主要依赖安装假肢，是将假肢捆绑于残肢，通过残肢端皮肤等软组织向骨传递行动（如步行）产生的应力，这不仅不符合生物力学要求，而且给患者带来痛苦。植入性假肢是将设计的生物活性中间修复体植入残肢的干骨腔并与之形成牢固的结合，另一端穿过残肢端的皮肤和软组织露出于残肢外，再将假肢安装于其上，使应力通过中间修复体直接传递至干骨。假肢通过传感器和精密加工技术活动自如，传感器与相关肢体神经连接，从而使假肢随人的意志而动作，更加智能化。然而，植入体经皮部分的生物密封是至今尚未解决的关键难点，因此严重阻碍了植入性假肢的临床应用。解决植入体经皮部分与皮肤等软组织生物密封的问题并增进其与干骨的结合，智能型植入性假肢即可有望实现临床应用，给肢残患者带来福音。

（四）生物 3D/4D 打印材料与技术

随着 3D 打印技术的飞速发展，这项革命性的创新技术在医疗健康领域的应用也已崭露头角。以重建人体组织 / 器官为终极目标的生物 3D/4D 打印技术，在医疗健康领域表现出巨大的研究价值和应用潜力。生物 3D 打印是基于离散堆集原理，逐点堆集生物材料的计算机三维仿生快速成形技术，其可以将细胞和生物活性因子等作为“材质”，打印含细胞和生物活性物质的个性化活体组织或器官，可用于包括再生医学、医疗器械、药物开发等创新医疗产品的开发。生物 3D 打印将使人类可以体外仿生制造活体组织，甚至是整个人体器官，具有重要的科学、经济及社会意义，是生物材料科学与工程及产业的一项颠覆性技术。3D 打印仿真解剖模型让医学教学更直观，对经典病例、罕见临床情况进行忠实记录和高精度复制；其推动了个性化和精准化医疗的快速发展，解决了传统医学很难甚至是无法解决的难题；大大降低了新药筛选周期，解决了新药筛选成本高和临床成功率低的问题，生物 3D 打印将有望解决器官移植来源匮乏的重大问题。生物 3D 打印技术对细胞、生物材料、打印设备、制造工艺等提出了极高的要求。其中，生物材料是瓶颈，打印设备是关键，基于医学影像的建模技术是基础。打印材料（生物墨水）则是其深入发展和实际应用的核心要素之一。目前，用于医疗健康领域的高端 3D/4D 打印材料多被国外垄断，且常与打印设备捆绑销售。因此，面向人体组织 / 器官复杂异质性结构与功能，开发具有高

度仿生组织 / 器官微环境并具复杂生物学功能（如调控干细胞分化、诱导血管生成等）和智能响应功能（如依据外界刺激自发地重新编程其形状、性质或功能）的我国自主知识产权的新型打印材料，并建立多材料一体化生物墨水的制备及打印技术已迫在眉睫，这将为推动 3D/4D 打印技术在医疗健康领域的广泛应用奠定基础，具有重要的科学意义及抢占世界生物微制造领域发展制高点的战略意义。重点发展方向如下。

1）类器官（Organoid）3D 打印，特别是多材质、多细胞精准混合及瞬态控制构建含多级血管网络的大尺寸类器官。血管化是实现大尺寸类器官存活及功能表达的关键，通过仿生天然器官的血管网络模型设计，结合打印机配置的打印工艺规划，实现在类器官几何体内完成血管网络的自动生成，对体外打印血管化类器官至关重要。因此，如何通过对基于高分子材料的生物墨水的理化性能调控和打印路径规划，实现多材料、多细胞的精准组分混合，同时实现对打印挤出微丝材料组分和直径的精准调控及成型瞬态控制，得到高精度、多尺度血管网络分布是该方向的关键。

2）微流控芯片（Microfluidic chip）3D 打印。该方向研究主要有两种思路：一种是利用 3D 打印设备直接打印完整的微流控芯片，称为直接 3D 打印微流控芯片方法；另一种是通过 3D 打印技术预先制备芯片模具或模板，然后浇注其他材料复制成形完成芯片制造，称为间接 3D 打印微流控芯片方法。国内微流控芯片 3D 打印研究起步较晚，加快发展步伐并抢占商业化机遇至关重要。

3）器官芯片（Organs-on-chips）3D 打印。器官芯片指的是一种在芯片上构建的器官生理微系统，它以微流控芯片为核心，通过与细胞生物学、生物材料和工程学等多种方法结合，可以在体外模拟构建包含有多种活体细胞、功能组织界面、生物流体和机械力刺激等复杂因素的组织器官微环境，反映人体组织器官的主要结构和功能特征，重现人体器官的生理、病理活动，还可能使研究人员以前所未有的方式见证和研究机体的各种生物学行为，预测人体对药物或外界不同刺激反应。因而在生命科学研究、疾病模拟和新药研发等领域具有广泛应用价值。

4）将 3D 打印用于药物研发。普通药物筛选技术的临床转化率低，最佳的药物测试对象其实是人体。但这一做法并不现实，首先人不能承担药物初步筛选工作，其次患者个体差异大，身体结构复杂。而将人体细胞在体外构建组织后进行药物筛选是一种可替代人体的有效办法。此外，3D 打印技术在制药领域潜在的应用价值主要体现在 4 个方面：①可以实现药物活性成分的个性化定制；②剂量的个性化定制，为患者提供个性化治疗方案，即可以把某种药物的最大剂量置入一粒药片中，这样病人可以吞服少量或较小的药片；③可以实现形状、颜色、口味等量的个性化定制，这将有利于儿童药物的开发；④通过 3D 打印技术可使药物拥有特殊的微观结构，改善药物的释放行为，从而提高疗效并降低副作用。

5）个性化活体组织 / 复杂器官的 3D 打印。例如骨、软骨、肌肉、皮肤组织，以及微肝脏、肝组织、微肾脏、肾组织、可移植肾脏等组织 / 器官的 3D 打印。此方向与发达国家相比，我国存在明显差距，因此必须加快发展，赶超世界先进水平。

参考文献

［1］Xue, L., Thatte, A. S., Mai, D. et al. Responsive Biomaterials: Optimizing Control of Cancer Immunotherapy［J］. Nature Reviews Materials, 2024, 9（2）.

［2］He Q, Tang T, Zeng Y. et al. Review on 3D Printing of Bioinspired Structures for Surface/Interface Applications［J］. Advanced Functional Materials, 2023, 34（11）.

［3］Liu A P, Appel, E. A., Ashby, P. D. et al. Stephanopoulos, N. The Living Interface between Synthetic Biology and Biomaterial Design［J］. Nature Materials, 2022, 21（4）.

［4］Cuong Hung Luu, Nguyen, N., Ta, H. T. Unravelling Surface Modification Strategies for Preventing Medical Device-Induced Thrombosis［J］. Advanced Healthcare Material, 2023, 13（1）.

［5］Li R, Liu K, Huang X. et al. Bioactive Material Promote Wound Healing through Modulation of Cell Behaviors［J］. Advanced Science, 2022, 9（10）.

［6］Shiva Soltani Dehnavi, Zahra Eivazi Zadeh, Harvey, A. R. et al. Changing Fate: Reprogramming Cells via Engineered Nanoscale Delivery Material［J］. Advanced Materials, 2022, 34（33）.

［7］Clegg J R, Wagner, A. M., Shin, S. R. et al. Modular Fabrication of Intelligent Material-Tissue Interfaces for Bioinspired and Biomimetic Devices［J］. Progress in Material Science, 2019, 106.

［8］Gaharwar, A. K., Singh, I., Khademhosseini, A. Engineered Biomaterials for in Situ Tissue Regeneration［J］. Nature Reviews Materials, 2020, 5（9）.

［9］Li Y, Xiao Y, Liu C. The Horizon of Materiobiology: A Perspective on Material-Guided Cell Behaviors and Tissue Engineering［J］. Chemical Reviews, 2017, 117（5）.

［10］Whitaker, R., Hernaez-Estrada, B., Hernandez, R. M. et al. Immunomodulatory Biomaterials for Tissue Repair［J］. Chemical Reviews, 2021, 121（18）.

［11］Etter, E. L., Mei, K.-C., Nguyen, J. Delivering More for Less: Nanosized, Minimal-Carrier and Pharmacoactive Drug Delivery Systems［J］. Advanced Drug Delivery Reviews, 2021, 179.

［12］Markwalter, C. F., Kantor, A. G., Moore, C. P. et al. Inorganic Complexes and Metal-Based Nanomaterials for Infectious Disease Diagnostics［J］. Chemical Reviews, 2018, 119（2）.

［13］Hu J, Albadawi, H., Chong B W. et al. Advances in Biomaterials and Technologies for Vascular Embolization［J］. Advanced Materials, 2019, 31（33）.

环境材料

一、概述

我国高度重视环境保护问题，已把保护与治理环境作为一项基本国策。随着经济的高速发展，环境污染问题逐渐引起人们的高度关注。为解决环境污染问题，改善生态环境，环境材料应运而生。相较于其他材料，环境材料领域起步较晚，目前正处于迅速发展阶段。

生态环境是人类赖以生存的基本条件，同时也是确保经济快速发展的前提。环境材料领域的最终目的是改善人类赖以生存的生态环境，为实现人民期待的蓝天、绿山、净土等提供材料和技术基础，为公共卫生安全、人类的健康、经济和社会的可持续发展提供保障。环境材料的主要研究内容包括传统环境功能材料的优化制备及加工技术、新型环境功能材料的研发与宏量制备技术、材料的生态设计、绿色清洁生产技术、材料的性能综合评价、污染物去除作用机制、材料的全生命周期评价、材料的循环再生及相关技术、材料的经济－技术－环境效应协调研究等。新型环境材料的研究主要包括吸附材料、催化材料、膜材料、压电材料等，其具有高效的吸附、催化、分离等性能。

近年来，环境中污染物的资源属性和能源属性越来越多地被提起。开发功能化新型环境材料在完成环境污染治理的同时回收资源和能源已成为一个热点研究方向。随着"双碳"目标的提出，不同行业的深度减排目标必将越来越严格，如何实现净零排放也逐渐成为行业发展趋势。当前，环境功能材料研究领域中的重点研究方向主要有绿色、清洁、低碳、低能耗的环境材料制备方法；兼具稳定性和高活性材料的简易、规模化合成；利用天然矿物质、生物质等价格低廉的可再生资源实现材料的可持续生产与发展；资源的高效利用和净零排放；探究从环境污染物中进行资源选择性回收和循环利用；研发可对环境污染物进行资源转化和能源提取的新型功能材料与技术等。

环境材料虽然取得了多项原创性成果，但尚缺乏相关材料在真实场景下的性能评价、服役情况、环境影响。高端功能化环境材料的大型化、规模化应用仍较为缺少，如何有效打通学界与产业界间的壁垒，实现成果的高效快速转化仍缺少路径。此外，须进一步加强污染物在复杂介质中的去除机制及水、气、土污染问题的协同治理；加强材料结构 – 性能之间的潜在关联探究；加强探索绿色再制造和资源循环利用、废弃物资源化利用的材料和技术体系；加强基于环境污染监测与环境应急技术的新材料和技术的一体化、智能化、功能化平台建设以支撑现代水资源综合利用体系，从而完成新型环境材料的高端转型。

环境材料正在蓬勃发展，相关领域积极创新，为解决污染环境、可持续发展和美丽中国建设方面做出了重要贡献，提供了关键技术支持，也将为我国经济结构转型贡献力量。

二、国内外最新研究进展

（一）新型环境材料的规模化制备技术

近几年，在生态文明建设的推动下，我国在新型环境材料的创新研究方面取得了长足发展，种类繁多的环境材料在“烧杯实验”中取得了良好成效，然而制约高性能新型环境材料在环境领域应用的问题之一是绿色、价廉的宏量制备技术。实现环境材料的规模化绿色制备是实现其产业化应用的前提，也是学界和产业界关注的焦点问题。

1. 有序多孔金属有机骨架的宏量制备技术

金属有机骨架（MOFs）是一种典型的有序多孔材料，其具有比表面积大、孔道结构规整且易调、功能基团的可修饰等特点，在多个领域均表现出优异的性能。但是，MOFs 的制备通常成本高、单次产量低，这极大地限制了其工业化应用。因此，攻克系列 MOFs 的规模化生产技术和工艺，同时研制其配套的技术、设备和工艺具有重要意义。

目前国内外研究机构已经采用电化学法、微波法、机械化学法等技术实现了个别 MOFs 的宏量生产。北京建筑大学王崇臣教授带领的新型环境修复功能材料课题组用优化的电化学沉积法制备了高纯度、宏量 MOFs 材料（包括但不限于 ZIF 系列、MIL 系列）。电化学沉积法用金属单质作为牺牲阳极提供金属离子源，从而实现连续制备 MOFs 材料，个别 MOFs 材料的生产成本可以降低至 1.0 元 / 克。但是，电化学沉积法需要加入过量的有机配体，且不可避免地需要使用有机溶剂，从而导致生产成本略高，还可能造成环境污染问题。为进一步降低 MOFs 的生产成本，避免潜在的环境污染，王崇臣教授带领团队成员借助厨房研磨器和微量助剂进行机械化学合成，可在 10min 内完成制备过程。在该机械化学法中，反应物严格按化学计量比加入并彻底反应，无溶剂加入，不会产生任何废液废渣，并且有机配体可采用工业级原料，产物结晶度好、纯度高，生产成本可降低至 0.03 ~ 0.08 元 / 克。此外，该团队还采用后合成方法将宏量、低成本生产的铁基、钴基 MOFs 材料和棉花纤维复合，可得到负载均匀的铁基 MOFs/ 棉花纤维复合物（Fe–MOFs/

CF），同时还采用常压室温浸渍方法将部分铁基、钴基 MOFs 材料原位生长在珊瑚骨、养鱼滤料等基底材料上，因常压室温条件温和，其在成型化 MOFs 材料的规模化可控制备方面极具潜力。此外，以上述固载型 MOFs 作为自牺牲模板还可实现 MOFs 衍生的具有超大比表面积、丰富孔道结构的金属氧化物、金属硫化物、金属碳材料等，团队通过搭建简易固定床反应器完成了其对水环境中有机污染物和重金属等的去除，效果显著。

2. 改性零价铁的宏量制备技术

零价铁是一类重要的环境功能材料，其可通过吸附、还原、催化氧化还原等途径去除环境污染物，因其绿色高效、价格低廉而被广泛用于有机物和重金属等污染修复中。纳米零价铁虽然活性高，但是性质不稳定，易被氧化并在表面形成金属氧化物钝化层阻碍表界面传质，从而导致性能下降。因此，提高零价铁的环境修复性能、稳定性及宏量制备已成为该领域的研究热点，也是零价铁用于真实环境污染治理的重要一环。

张礼知教授带领的团队针对零价铁的表面修饰改性做了大量研究工作并取得了良好成效。该团队自主开发出系列含氧酸根修饰的零价铁，包括草酸化零价铁、磷化零价铁、硼化零价铁、甲酸化零价铁、焦糖化零价铁等，突破了零价铁材料表面钝化层制约的技术难关，且所研制的系列含氧酸根修饰零价铁具有活性高、成本低、安全性高的工程应用优势。

为突破零价铁从理论研究到工程应用的壁垒，该团队成功研发了系列含氧酸根修饰零价铁的百吨级规模化生成技术、工艺及配套设备，可实现该类零价铁高达 5000 吨 / 年的生产量，且将成本可控制在 5000 元 / 吨。这项技术为我国重大环境修复工程提供了良好的材料基础。此外，该团队通过技术研发掌握了零价铁在有机物污染和重金属污染修复的新技术，并将这些规模化生产的含氧酸根修饰的零价铁应用于重金属去除、脱卤、高级氧化技术（包括基于 H_2O_2、过氧单硫酸盐 PMS、O_2 的活化等）等，且获得了良好成效。目前，该团队所研发的含氧酸盐修饰的零价铁已被应用于多个实际工程项目中。

综上所述，在众多科研工作者的努力下，我国新型环境功能材料的规模化制备技术已积累了丰富经验并产生了众多具有自主知识产权的科研成果，未来若要实现其大规模工业化应用仍需要政产学研金协同联动，专门研发新型环境功能材料的宏量生产技术，形成成套设备和工艺，并在此领域形成生产优势，避免后续“卡脖子”问题的出现。

（二）基于新污染物治理的环境材料

2022 年 5 月 4 日，国务院办公厅印发的《新污染物治理行动方案》指出要加强新污染物治理科技攻关，要严格源头管控，强化过程控制，深化末端治理，降低新污染物环境风险。在这种背景下，面对环境中频繁检出新污染物的问题，如何实现其高效去除成了目前环境修复和生态可持续发展面临的技术难题。目前，高级氧化技术是处理新污染物的主要技术，该技术的实现离不开高性能环境材料的使用。类芬顿技术作为一类高级氧化技术在去除水、气、土壤中的新污染物方面展现出优异潜力。经典芬顿反应是指 Fe^{2+} 在强酸性

条件下活化 H_2O_2 生成羟基自由基（·OH）和 Fe^{3+}，而生成的 Fe^{3+} 又被 H_2O_2 还原为 Fe^{2+}，同时伴随不同种类自由基转化的过程。由于 Fe^{2+} 再生反应速率低，Fe^{2+}/Fe^{3+} 的循环往往受到严重抑制。为解决铁循环问题，国内外多个课题组做了很多努力。华东理工大学邢明阳教授团队采用金属硫化物（如 MoS_2、WS_2 等）作为助催化剂，实现了 Fe^{2+} 高效再生，极大促进了羟基自由基和污染物的去除效率，这一研究成果引发了无数国内外课题组的跟踪研究，从此基于 MoS_2 与 Fe 基催化剂的环境材料也如雨后春笋般涌现。四川大学赖波教授团队以具氧化还原活性的聚合物（如聚苯胺、聚吡咯、对苯二酚树脂、聚 2,6- 二氨基吡咯和六氮杂萘骨架等）为电子穿梭体，借助质子耦合电子转移实现 Fe（Ⅱ）的再生，有效提高了污染物去除性能。与金属基助催化剂（如 MoS_2 等）相比，这类聚合物不会产生金属溶出，避免了二次污染环境，且可被亚硫酸盐或连二亚硫酸盐等还原再生。

目前，虽然有多种技术被报道可实现 Fe^{2+} 的再生，但类芬顿技术在实际应用中仍存在 pH 范围窄（2 ~ 3）、易产生铁泥、H_2O_2 利用率低的问题。广州大学胡春教授团队突破经典芬顿单一反应中心概念，首次构建出具有双反应中心的类芬顿催化体系，实现了 H_2O_2 在富电子中心的选择性还原和污染物在缺电子中心的高效氧化降解，加大提高了 H_2O_2 的利用效率，扩展了类芬顿的 pH 适用范围，减少了铁泥的产生。双反应中心的类芬顿催化体系的本质是利用环境材料表面上的局域极化微区，将富电子有机污染物的电子转移给材料并活化 H_2O_2 产生活性氧物种，即利用污染物自身的能量将其去除，解决了 Fe^{2+} 再生缓慢的问题，减少了铁泥产生，也降低了能耗与成本。此外，该团队基于多年的研发基础，通过表面微电场的概念首次将畜禽粪便直接转化双反应中心催化剂，实现了零药剂添加和零外能辅助的水处理技术，开创了畜禽粪便资源利用实现低能耗水净化的新方法，为农业农村废污处置和水中新污染物去除提供了新策略。

针对类芬顿技术对水环境中的新污染物治理，中国科学技术大学俞汉青教授团队和美国耶鲁大学 Menachem Elimelech 教授合作，揭示了 PMS 体系中普遍存在的一种氧化路径，即直接氧化转移过程（DOTP）。在 DOTP 中，污染物和氧化剂（PMS）在催化剂表面发生直接氧化还原反应，产生的污染物中间体在材料表面自发进行聚合或偶联反应，从而实现水中有机污染物的去除。DOTP 过程具有氧化剂消耗量小、污染物富集容量大、不产生有毒副产物等优点，其作为一种新的水污染控制技术具有明显优势。

（三）基于污染物去除及资源化利用的环境材料

我国社会与经济建设已进入转型发展的重要时期，面对环境污染问题，进一步加强建设环境友好型和资源节约型社会已成为人们关注的焦点。在可持续发展与“双碳”战略背景下，环境污染治理在关注污染物的去除外，还应针对污染物进行资源化利用，资源化利用才是减污降碳的突破口。2021 年 1 月 4 日，发改委《关于推进污水资源化利用的指导意见》中指出我国污水资源化利用尚处于起步阶段，发展不充分，利用水平不高，与建设美丽中国的需要还存在不小差距。以水处理为例，在保证污废水净化的同时应充分关注水中污染物的资源属性并实现其资源化利用。

1. 基于贵金属回收的环境材料

当前，全球电子产品的发展日新月异，电子产品的更新换代越来越快。黄金因其优异的电子性能在电子器件制造中具有不可替代的地位，而由此带来的电镀废水中黄金的选择性回收问题引起了人们的广泛关注。据统计，从100万部手机中可回收约30kg金、200kg银和10000kg铜。选择性吸附回收电镀废水中的有价金属，可有效提高金属的再利用，实现资源回收的同时减少电镀废水对人类和环境的危害。高效选择性吸附剂的研发已成为电镀废水资源化利用的重点和焦点。MOFs是一种多孔晶体材料，具有较大的比表面积、易于调节的配体、官能团修饰等优点，在高效选择性吸附废水中金物种方面展现出明显优势。上海师范大学卞振峰教授带领团队利用NH_2-UiO-66作为吸附剂，借助其发达的孔道结构和表面丰富的$-NH_2$基团实现了对$HAuCl_4$的高效吸附，其吸附容量每克可达上千毫克。另外，在此过程中增加光源辐照，可同时实现$HAuCl_4$的高效吸附和原位光催化还原，最终可得到高纯度的金，该成果为电镀废水中有价金属的回收、资源化利用提供了理论基础和技术支持。

2. 基于废水中磷回收的环境材料

水体中的磷含量超标将导致水体富营养化，造成水环境治理恶化和生态环境的破坏。而全球磷矿资源短缺，从污废水中回收磷是实现磷资源循环利用的有效途径。设计研发具有高吸附容量、高选择性、高稳定性的磷吸附剂就显得尤为重要。相比传统吸附剂，MOFs作为吸附剂具有官能团丰富、可调的孔道结构等优势。东华大学刘艳彪教授和北京建筑大学王崇臣教授合作，通过添加不同链长的单齿配体设计研发了富缺陷的多级孔Zr基MOFs（UiO-66），单齿配体的引入不仅扩展了UiO-66的孔道尺寸（其孔径由原来的微孔扩展至介孔），还构建了丰富的缺陷结构。UiO-66介孔结构和缺陷结构的形成优化了其对磷酸盐的吸附热力学和吸附动力学，极大提升了其对磷酸盐的吸附容量，最大吸附容量高达186.6mg/g，其颗粒内扩散常数比原始UiO-66提升了1.9倍。

3. 基于废水中硝酸盐资源化的环境材料

废水中的硝酸盐浓度过高将会导致一系列环境风险，进而威胁人类健康。但硝酸盐作为农药、化肥、化工厂的衍生物广泛存在于自然界中，如何有效去除水中硝酸盐同时实现资源化利用对现代社会具有重要意义。电催化硝酸盐还原为氨不仅能有效缓解水的安全问题，还能解决化工能源问题，具有广阔的应用前景。如何实现高效率、高选择性和低能耗的功能材料是实现电催化还原硝酸盐合成氨的关键科学问题。张礼知教授团队与香港中文大学余济美教授合作，设计制备了一种次表面氧掺杂诱导的应变钌纳米团簇材料，并将其作为电催化剂用于还原硝酸盐合成氨。该电催化剂对于氨的选择性接近100%，且其合成氨的速率高于哈柏法工艺。

为进一步推进电催化硝酸盐合成氨的工业化应用，张礼知教授团队提出了一种固有氧化物锚定策略，开发了高效、稳定的钛基单原子电极催化材料。该团队首先对整体式钛载体表面氧空位进行调控，然后将孤立的金属原子锚定在钛载体表面的非晶层上。这种活性金属原子被锚定在氧空位上并形成较强的相互作用，确保了单原子催化剂的稳定性。该法可以进行放大生产并规模化制备单原子电极催化材料。此外，这种方法具有普适性，可制备基于 Ru、Pd、Pt 等的单原子电极催化材料。研究发现所制备的 Ru 单原子电极材料能够选择性地将硝酸盐还原为氨。在 –0.3V 条件下，其生产氨的产率高达 22.2mol/（g · h），展现出巨大的工业电催化应用潜力。

4. 基于微塑料资源化的环境材料

近几十年，塑料被广泛应用于人们的生产与生活中，由于多数塑料的稳定性较好，且缺乏针对废弃塑料的高效回收及处理技术，使塑料汇入环境中。目前，微塑料遍布海洋、淡水系统、土壤及大气中，严重影响生态环境和人类健康，成为全世界关注的焦点问题。将环境中的微塑料高效转化为具有高附加值的产品（如燃料）是解决环境污染和能源危机的有效策略之一。北京化工大学和丹麦技术大学合作研发了 Ag_2O/Fe–MOF 复合光催化剂，扩宽了催化剂光吸收范围，提升了光生电荷的分离效率，其可将微塑料转化为高附加值的乙酸同时还能产 H_2。福建农林大学周顺桂教授和中国科学技术大学熊宇杰教授将碳点功能化的聚合氮化碳与产甲烷菌模式菌株巴氏甲烷八叠球菌（Methanosarcina barkeri）进行了有效结合，构建了杂化光催化系统，该系统能够将聚乳酸这种可生物降解的微塑料持续高效地甲烷化，且其选择性近乎 100%，该项研究成果为微塑料的资源化利用提供了新途径。

（四）基于污染物去除与同步产能的环境材料

在实现污染物去除的同时进行产能是实现可持续发展的有效策略之一。如何从环境污染物中提取能源是当前环境领域面临的重要问题和热点问题。废水产氢对实现污染绿色治理具有重要意义，设计研发废水产氢的环境功能材料具有重要环境意义和研究价值。华东理工大学邢明阳教授团队将具有类芬顿催化活性和压电活性的二维层状材料 MoS_2 与零价铁物理混合构建了 MoS_2/Fe^0/PMS 体系，并基于硝基苯废水和实际化工废水进行废水产氢研究。结果发现在不添加有机牺牲剂的情况下，MoS_2/Fe^0/PMS 体系处理的废水可实现氢气的高效产生。其中在处理硝基苯废水时氢气的产量可高达 901.0μmol/（g · h）。

据统计，至 2030 年，我国整个污水处理行业的碳排放总量将达到 3.65 亿吨二氧化碳当量，占全国总碳排放量的 2.95%。减少废水处理中 CO_2 排放同时产能可极大推进我国双碳目标进程。邢明阳课题组利用具有压电效应和类芬顿反应活性的 Co_3S_4/MoS_2 催化剂，将基于 PMS 的类芬顿高级氧化与压电催化相耦合，构建了 Co_3S_4/MoS_2/PMS 体系，成功实现了苯酚、硝基苯及实际有机废水向 CO 的选择性转化，这项研究结果将为我国开发低碳水处理技术提供理论和实验指导。

（五）基于多介质环境复合污染的协同治理的环境材料

环境是一个复杂体系，由多个介质组成。环境污染通常具有复合污染的特性，多数污染体系涉及多个介质。比如水环境中的有毒有害物质将通过扩散、迁移、转化等过程进入土壤和大气环境，进而造成水、气、土壤的污染问题。此外，某个特定介质中的环境污染物通常是多种并存。然而，由于环境科技工作者认识水平和环境学科发展阶段等因素的限制，很多研究工作局限于单个污染物在自然环境中的迁移转化、归趋、生态效应和污染控制，抑或局限于单一介质中污染物的相互作用、生态效应和污染控制。事实上，单一污染物在单一介质中的环境行为及污染控制的研究思路已不能适应环境学科新的发展需求。随着环境学科的发展、研究内容广度和深度的不断深入，人们逐渐认识到多介质复合污染问题。我国多位学者也曾提出大气环境、水环境、土壤环境污染的关联性及多介质协同处理。

目前，解决国家特定重点区域的多介质环境复合污染控制技术，加强有毒有害大气污染物与挥发性有机物协同控制对我国环境污染治理具有重要意义。中山大学黄海保教授提出利用水溶液中的（类）芬顿技术产生的自由基等活性物种结合鼓泡技术去除大气中的可挥发性有机污染物（VOCs）。例如，黄海保教授团队和敖志敏教授团队合作将 MoS_2 作为 Fe^{3+}/PMS 体系的助催化剂，MoS_2 极大地促进了 Fe^{2+} 的再生并持续活化 PMS 和分子氧生成 ·OH、·SO_4^- 和 ·O_2^- 等活性物种，实现了对芳香类 VOCs 废气的深度氧化与净化，为液相高级氧化治理 VOCs 废气去除提供了新思路和理论支撑。中山大学何春课题组制备了三维海绵担载的 BiOCl 作为类芬顿催化剂，采用微气泡辅助的类芬顿技术消除了气态含硫挥发性有机化合物。北京师范大学敖志敏教授也曾提出采用生物炭材料同时吸附 VOCs 分子并活化过硫酸盐产生的活性物种去除大气污染物，借助生物炭材料的碳骨架结构和丰富官能团优化吸附富集气相中的 VOCs 分子，借助生物炭对过硫酸盐的活化产生丰富活性物种攻击被吸附的 VOCs 分子。随后，研究人员将气态 VOCs 和空气通入水中形成微气泡促进气液传质，强化利用水相和材料表面的自由基（如 ·OH、·SO_4^- 和 ·O_2^- 等）和非自由基（高价金属物种、表面介稳态活化络合物、介入电子转移）等活性物质将其降解。这种技术具有便携、易组装、易操作的特点，且可实现水污染与大气污染的协同治理，为我国多介质复杂环境问题的治理提供了材料与技术支撑。但我国相关研究处于起步阶段，对新型高效材料的研发与宏量制备、界面作用机制的理解、水中污染物和大气 VOCs 的去除机制和影响因素、水相和气相中污染的协同治理效果与交互影响、实际应用中多种污染物分子间的综合作用机制仍待进一步研究。

三、存在的问题及面临的挑战

（1）在国家生态文明建设的推动下，我国在环境材料领域虽已积累了一定数量的原始创新成果，但是在前沿性、基础性创新方面，尤其是对新观点、新理论、新技术的研发仍有待进一步提高，基础研究的细度、深度和广度均有待加强。

（2）新型环境材料种类繁多，评价方法各异，很多实验数据未基于真实环境问题进行评价，无法评价其实际应用潜力。因此，当前如何基于真实环境问题对新涌现的环境材料进行性能综合评价也是一大挑战。

（3）大数据和机器学习的发展给传统试错型材料研究思路带来了巨大挑战，如何突破传统研发方式、结合人工智能促进新型环境材料的高效开发和性能预测是一个重要挑战。

（4）我国环境材料的研发与技术应用脱节严重，新型环境材料的成果转化率较低。环境材料领域具有实用性的特点，对于该领域的基础理论研究存在自由选题较多的问题，部分选题缺乏真实环境问题导向。目前我国环境材料高水平论文数量位于世界前列，但新型环境材料在产业界的规模化应用却显不足。

（5）学界与产业界的信息割裂。新型环境材料资源共享平台建设与揭榜挂帅项目的推进、学界与产业界双料创新型人才培养面临重要挑战。

四、未来发展战略需求及方向

党的二十大报告强调要深入推进环境污染防治，坚持精准治污、科学治污、依法治污，持续深入打好蓝天、碧水、净土保卫战。“双碳”目标的提出对污染防治提出了更高要求，减污降碳协同增效已成为促进经济社会发展全面绿色转型的总抓手。环境材料为解决环境污染并满足日益严格的环境标准提供了重要途径。为实现双碳目标，我国需深入提高水、气、土、固废的协同治理水平，加强传统污染防治技术与新型环境材料的耦合，研发基于新型环境材料的技术系统，促进新材料、新技术、新工艺和新装备的一体化研发与应用，并加大其在大型环境治理项目中的应用，以满足新背景、新形势下的污染防治要求，在减污降碳协同增效进程中发挥突出作用。未来我国环境材料领域研究的重点发展方向如下。

（一）高性能功能型新型环境材料开发与应用

1. 高性能功能型环境材料的定向开发与精准调控

我国环境材料应立足污染物的资源与环境属性，推进环境材料的定向开发和精准调控，在实现污染治理的同时实现资源和能源的提取。研发环境材料在制备和应用中的结构 – 性能关联，为实现材料的优化设计提供支撑。重点推进环境材料在污染介质中的界面作用机制，探究材料在服役过程中的环境行为和环境毒性，建立环境材料的安全评价体系。

2. 高性能功能型新型环境材料的绿色规模化制备方法

一方面，随着经济和社会的发展，传统的污染治理技术将不能满足日益严格的排放标准。以污水处理为例，常规的工艺，如活性炭吸附法、混凝沉淀法、活性污泥法等对氮、磷、重金属等常规污染物具有较好的去除效果。但对全氟化合物、抗生素等新污染物的去除效果较差。为高效去除新污染物，需要将常规污水处理技术与环境材料相结合，发展基于环境材料的耦合技术。例如，将高级氧化技术与传统的活性污泥技术相结合，实现污水的深度处理，以满足日益严格的排放需求。因此，越来越多的基于环境材料的新技术和工艺将被投入应用，环境材料的需求量必将大幅增加。另一方面，环境材料的制备是一个消耗资源和能源，甚至伴随环境污染的过程，实现环境材料生产的高效、经济和零排放具有重要意义。因此，环境材料的绿色规模化制备方法和配套技术与工艺必将是未来环境材料领域的重要发展方向。

（二）基于机器学习的环境材料设计与性能预测软件研发

传统的材料研发基于试错法，效率低且成本高，而大量实验与计算模拟产生的数据为新材料的研发提供了新契机。大数据促进了人工智能和机器学习的发展，采用基于大数据的机器学习，针对环境功能材料属性建立模型，深挖材料性能与各种复杂因素之间的关联，寻找具有物理可解释性的描述符，为材料设计提供切实的指导。同时利用机器学习数据快速实现对材料性能的预测，加速新材料的发现与设计，缩短材料研发周期等，以解决环境问题对材料的迫切需求。

（三）基于环境材料的表征与性能综合评价平台建设

随着我国生态文明建设的发展，环境材料取得了长足发展，获得了成千上万种新型功能材料。然而由于研究者水平的局限、实验平台资源千差万别等原因，现有数据库相关报道中对各类环境材料的表征和性能综合评价方法差异巨大，在真实复杂污染环境中的性能测试、循环利用性、稳定性、使用寿命、环境效应、全生命周期评价与管理、材料性能与经济协调性方面仍存在诸多问题。为更好实现所研发的新型功能材料的实际应用，需要国家或地方相关部门建立环境功能材料的性能综合评价平台，重点关注环境功能材料在真实污染环境中的性能与服役情况，综合评价材料的实际应用潜力。

（四）加强应用需求牵引，推进产学研一体化发展，促进人才培养与成果转化

1. 基于产业需求，设立共享平台，着力推进我国环境材料的应用推广

环境材料的研发旨在解决我国环境污染问题，虽然学界在环境材料研发方面取得了很多创新性研究成果，但我国环境材料领域仍存在产学研用联系不够紧密、应用需求与应用拉动不足的问题。为推动新型功能材料的规模化工程应用，应以应用需求牵引，着力推进产学研一体化发展，注重成果转化。学界与产业界经常存在联系不紧密、沟通不到位的问题，这使学界较好的创新性研究成果得不到很好的产业化推广与宣传，产业界的实际需求与技术难题不能被学界较好地了解掌握。为解决这个问题，相关部门可设立专门的平台，

比如揭榜挂帅、新材料资源共享平台，让产业界的需求与难题在学界有更好的了解，促进学界研究者更多地针对环境治理中的实际需求与技术难题做研究，而不是闭门造车。同时也可将不同研发团队的创新性研究成果在真实环境背景中进行应用，从而突破“烧杯试验”向“工程应用”的技术壁垒，最终使学界成果得到推广和规模化应用，使产业界实际需求与技术难题得到解决，从而实现学界与产业界的“双赢”。

2. 设立学界与产业界青年人才融合贯通培养平台，培养学界与产业界双料创新型人才

学界与产业界相辅相成、紧密相依，当前科技创新工作者均在各自岗位兢兢业业，可同时精通学界前沿发展进展与产业界技术需求和难题的科技创新人才相对较少，如何促进学界与产业界人才互通有无、协同发展、共同进步尤为重要。因此，未来可针对环境功能材料设立学界与产业界青年人才融合贯通培养平台，促进学界科技工作者深入产业界，了解真实产业中的实际需求和存在的技术难题，从而推动环境功能材料领域的学者充分了解产业情况，并据此调整研究方向，促进其针对真实产业背景确定研究内容，研发切实可用的环境功能材料与集成技术；同时产业界青年人才深入学界，了解该领域中的国内外研究前沿进展，结合其行业背景，深度了解最新研究方法和科技成果，开展创新型研究与产业技术难题间的有机融合。为此，可充分利用国家高层次人才选拔工程和计划平台，依托各部门的高层次人才计划，进一步扩大人才队伍规模，优化人才队伍结构，提升人才队伍素质。培养学界与产业界的双料创新型人才，不仅可加强我国环境功能材料的基础理论型和应用创新型高端人才培养，还可促进我国环境治理成效的快速突破，加快美丽中国建设，促进生态文明建设。

我国环境材料的研发应向前瞻性、战略性、全局性和系统性方向发展，结合我国国民经济发展和生态环境需求，立足环境问题，整合集成高性能环境功能材料研究的现有成果，促进产学研一体化发展，增强成果转化能力，促进创新主体向企业的转变。

参考文献

[1] Xing M, Xu W, Dongoing C, et al. Metal sulfides as excellent Co-catalysts for H_2O_2 decomposition in advanced oxidation processes [J]. Chem., 2018, 4: 1359.

[2] Zhou H, Peng J, Duan X, et al. Redox-active polymers as robust electron-shuttle Co-catalysts for fast Fe^{3+}/Fe^{2+} circulation and green Fenton oxidation [J]. Environ. Sci. Technol., 2023, 57.

[3] Lu C, Deng K, Hu C, et al. Dual-reaction-center catalytic process continues Fenton's story [J]. Front Env. Sci. Eng., 2020, 14.

[4] Sun Y, Hu C, Lv L. New sustainable utilization approach of livestock manure: Conversion to dual-reaction-center

Fenton-like catalyst for water purification [J]. NJP Clean Water, 2022, 5.

[5] Cao W, Wang Z, Zhang P, et al. Water self-purification with zero external consumption by livestock manure resource utilization [J]. Environ. Sci. Technol., 2023, 57.

[6] Zhang Y J, Huang G X, Winter L R, et al. Simultaneous nanocatalytic surface activation of pollutants and oxidants for highly efficient water decontamination [J]. Nat. Commun., 2022, 13.

[7] Cao J, Xu Z, Chen Y, et al. Tailoring the asymmetric structure of NH_2-UiO-66 metal-organic frameworks for light-promoted selective and efficient gold extraction and separation [J]. Angew. Chem. Int. Ed, 2023, 62.

[8] Li M, Liu Y, Li F. Defect-rich hierarchical porous UiO-66 (Zr) for tunable phosphate removal [J]. Environ. Sci. Technol., 2021, 55.

[9] Li J, Zhan G, Yang F, et al. Efficient ammonia electrosynthesis from nitrate on strained ruthenium nanoclusters [J]. J. Am. Chem. Soc., 2020, 142.

[10] Yao Y, Zhao L, Dai J, et al. Single atom Ru monolithic electrode for efficient chlorine evolution and nitrate reduction [J]. Angew. Chem. Int. Ed., 2022, 61 (41).

[11] Qin J, Dou Y, Wu F, et al. In-situ formation of Ag_2O in metal-organic framework for light-driven upcycling of microplastics coupled with hydrogen production [J]. Appl. Catal. B-Environ., 2022, 319.

[12] Liu W, Fu P, Zhang Y, et al. Efficient hydrogen production from wastewater remediation by piezoelectricity coupling advanced oxidation processes [J]. PNAS, 2023, 120 (7).

[13] Ran M, Xu H, Bao Y, et al. Selective production of CO from organic pollutants by coupling piezocatalysis and advanced oxidation processes [J]. Angew. Chem. Int. Ed., 2023, 62.

[14] Xie X, Cao J, Xiong Y, et al. Accelerated iron cycle inducing molecular oxygen activation for deep oxidation of aromatic VOCs in MoS_2 Co-catalytic Fe^{3+}/PMS system [J]. Appl. Catal. B-Environ., 2022, 309.

[15] Qu W, Tang Z, Liu W, et al. Self-accelerating interfacial catalytic elimination of gaseous sulfurcontaining volatile organic compounds as microbubbles in a facetengineered three-yimensional BiOCl sponge Fenton-like process [J]. Environ. Sci. Technol., 2022, 56.

材料表面工程

一、概述

现代材料表面工程技术是20世纪80年代发展起来的世界十大关键技术之一，近十几年已迅速发展成为一门新型、跨学科、综合性强的先进工程技术，是当今材料科学与工程研究热点。现代材料表面工程技术已广泛应用于先进制造业各个领域并以其优异的材料表面功能、节约资源、降低能耗和保护环境的独特优势引起美、欧、日等发达国家的极大兴趣，各国纷纷投入大量人力、物力和财力用于现代材料表面工程技术的研究、开发及工程应用。在材料表面工程技术中，以热喷涂技术、真空薄膜技术和激光表面改性技术为代表的现代表面工程技术最为活跃，取得的进展较快，工程应用也最为广泛，现已成为现代材料表面工程技术的主要发展方向。

本章节将重点围绕以热喷涂技术、真空薄膜技术和激光表面改性技术为代表的材料表面工程技术，从材料表面工程材料、工艺、装备和应用等角度，重点阐述相关技术国内外最新研究进展、存在的问题及面临的挑战，以及未来发展战略需求和方向。

二、国内外最新研究进展

（一）热喷涂技术

1. 高温防护涂层

航空发动机［图1（上）］被形象地比喻为飞机的“心脏”，是其核心动力装备，对国民经济发展和科技进步有着重大作用。目前推重比为10的一级发动机涡轮前进口温度已达到1950K，推重比为15～20的高性能航空发动机涡轮前进口温度将到达2350K以上。在叶片表面制备结合强度高、隔热性能优异、服役性能稳定的高温防护层是提高发动机叶片性能的关键。

（1）热障涂层。

热障涂层（Thermal Barrier Coatings，TBCs）的工作原理如图 1（下）所示。热障涂层的使用可延长热端部件服役寿命 3 倍以上，同时提高发动机工作效率，减少油耗。目前，国际上先进航空发动机上均使用了热障涂层，如罗尔斯·罗伊斯公司研制的 EJ200 双转子加力式涡轮风扇发动机和普惠公司研发的 F135 发动机等。

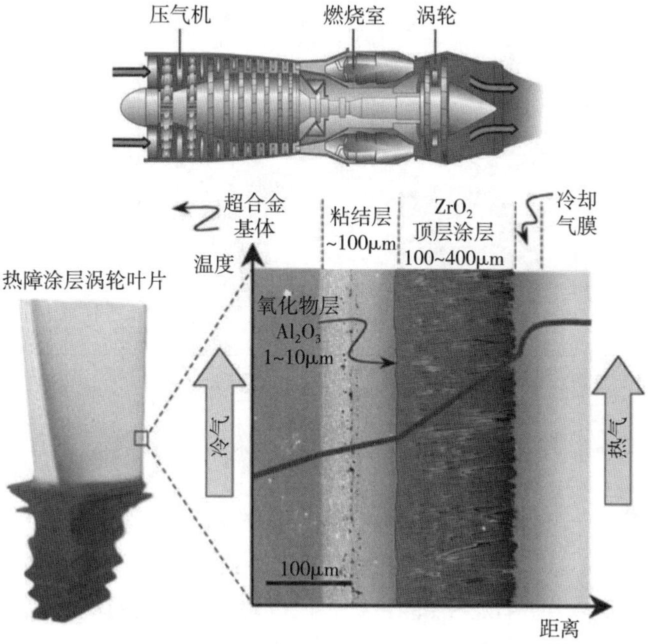

图 1 （上）航空发动机示意图;（下）热障涂层工作原理示意图

传统热障涂层体系由陶瓷表面层与金属粘结层构成。陶瓷层材料需要同时满足以下性能要求：①高熔点、抗烧结、低热导率；②化学稳定性好、抗高温燃气及熔盐腐蚀；③热膨胀系数较高，与金属粘结层的热匹配性好。目前发展最成熟、应用最广泛的陶瓷层材料是氧化钇稳定氧化锆（Yttria-Stabilized Zirconia，YSZ），综合性能优异，但 YSZ 长期服役温度不超过 1200℃。为了满足未来先进航空发动机叶片对更高服役温度的需求，亟须发展新型高温热障涂层陶瓷层材料。

近年来，国内外发展了一系列有望取代 YSZ 的新型热障涂层陶瓷层材料（图 2）：①稀土锆酸盐：在 1200℃以上高温条件下表现出良好稳定性与较低热导率，是一种颇具应用潜力的热障涂层材料；②氧化锆缺陷材料：通过稀土氧化物掺杂氧化锆引入缺陷，热导率与传统 YSZ 材料相比降低了 20%，材料的高温稳定性增强，热循环性能不低于 YSZ；③稀土六铝酸盐：热导率低、热膨胀系数合适，1100℃以上与传统 YSZ 材料相比热导率更低、抗烧结性能更好，是一类新兴热障涂层材料；④钙钛矿结构陶瓷材料：熔点较高，热导率与热膨胀系数合适，满足热障涂层的要求，但 1400℃左右发生明显相变；⑤高熵陶瓷材料：优异的耐腐蚀性、抗氧化性、热稳定性及高硬度等特性，在热障涂层领域具有巨大应用潜力。

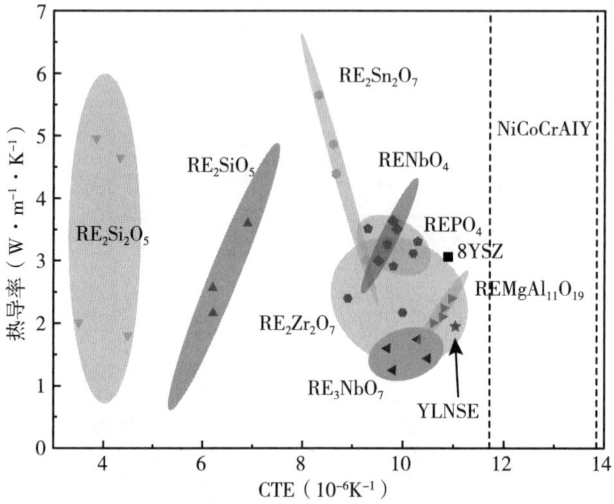

图 2　热障涂层材料热导率及热膨胀系数

热障涂层的性能与制备工艺密切相关，传统热障涂层制备技术包括大气等离子喷涂（Air Plasma Spray，APS）和电子束 - 物理气相沉积（Electron Beam-Physical Vapor Deposition，EB-PVD）。前者隔热性能良好，但抗热震性能较差；后者具有优异的抗热震性能，但隔热性能有待提高。美国 NASA、GE、德国西门子等公司已完成等离子喷涂物理气相沉积（Plasma Spray-Physical Vapor Deposition，PS-PVD）技术相关验证，积极在燃气涡轮发动机关键部件上推进 PS-PVD 热障涂层应用。西安交通大学、北京矿冶科技集团有限公司、北京航空航天大学等单位开展了 PS-PVD 工艺、材料、涂层结构及性能等应用基础研究。广东省科学院新材料研究所引进建造了国际领先的大型 PS-PVD 设备，研发了适用于 PS-PVD 工艺的 YSZ 和稀土掺杂超高温陶瓷粉末，提出了 PS-PVD 陶瓷层表面改性技术，在保持 PS-PVD 涂层低热导率与高应变容限优势基础上，提高了抗腐蚀性能，已初步实现工程应用与验证（图 3）。

表面镀铝改性技术通过磁控溅射在热障涂层表面形成铝（Al）膜，真空热处理促使 Al 膜熔融向涂层内部渗透并与二氧化锆（ZrO_2）发生反应形成致密三氧化二铝（Al_2O_3）层，可以显著提高涂层抗高温氧化、抗冲刷和耐腐蚀性能。广东省科学院新材料研究所在高温涂层镀铝表面改性方面率先开展了基础研究与工程应用，阐明了铝膜在低压高温条件下结构演变规律、铝膜熔渗原位反应机制以及涂层表面仿荷叶乳突微纳双重结构的形成过

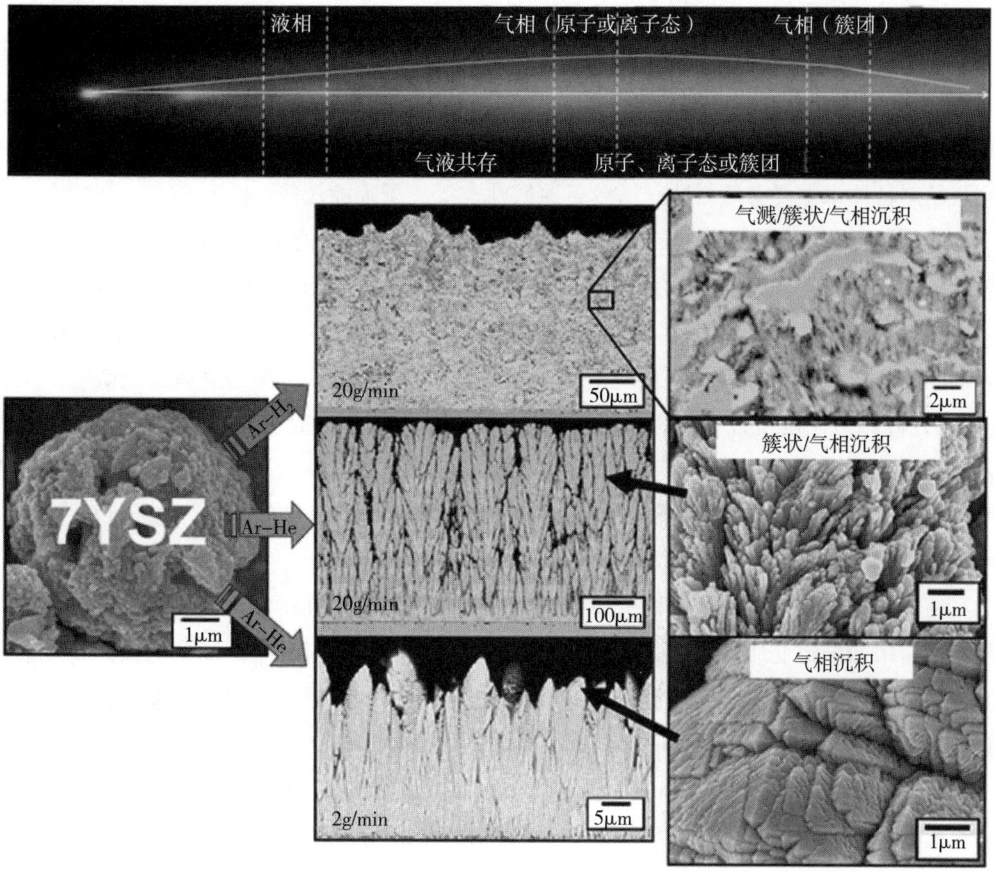

图 3　PS-PVD 工艺气液固多相射流与典型涂层结构

程，揭示了镀铝表面改性对降低界面氧化速率、提高抗粒子冲刷及抗钙 - 镁 - 铝 - 硅酸盐（Calcium-Magnesium-Aluminum-Silicate，CMAS）腐蚀性能的重要作用，先后实现了我国航空发动机及燃气轮机地面试车考核，该技术被中国航空发动机集团发动机设计研究所采纳。

金属粘结层可在高温下提供良好抗氧化和抗热腐蚀性能，防止基体合金组织结构退化，其发展经历了简单铝化物涂层、改性铝化物涂层（如 Cr-Al、Co-Al、Al-Si 等）、铂铝涂层和 MCrAlY（M 代表 Ni、Co 或 Ni+Co）包覆涂层。铂铝涂层的制备主要包括电镀、真空退火、渗铝。其中，渗铝工艺可分为高温低活度渗铝和低温高活度渗铝，主要的渗铝方法有：包埋渗铝、气相渗铝和化学气相沉积。中国科学院沈阳金属研究所、北京航空航天大学、中国航发北京航空材料研究院、广东省科学院新材料所、中国机械总院集团武汉材料保护研究所等单位在铂铝涂层制备方面开展了大量研究，通过对涂层成分结构调整，开发了多种抗氧化和抗热腐蚀性能优良、阻扩散效果良好的铂铝涂层体系，突破了涂层制备关键技术，掌握了涂层制备方法，获得了锆（Zr）改性铂铝涂层高温氧化和热腐蚀机理。

（2）环境障涂层。

镍基高温合金是航空发动机涡轮叶片的广泛应用材料，但目前镍基合金材料工作温度一般不超过 1150℃。陶瓷基复合材料（Ceramic Matrix Composites，CMCs）具有高比强、高比模、耐高温等优点，成为先进航空发动机高温结构件材料热门候选材料之一，环境障涂层的制备技术主要有浆料法、溶胶 - 凝胶法、等离子喷涂法等。

美国航空航天局格伦（NASA Glenn）研究中心、中国科学院金属所、中国科学院上海硅酸盐研究所、广东省科学院新材料研究所等单位采用 APS 技术开展了（Environmental Barrier Coatings，EBCs）制备工艺及性能研究，美国 NASA Glenn 研究中心、德国 Juelich 研究中心、广东省科学院新材料研究所等单位开展了高致密 EBCs 涂层制备工艺研究，发现 PS-PVD 高预热温度可以有效延长涂层服役寿命。通过 PS-PVD 技术在碳化硅（SiC）基体表面制备了 $Si/Yb_2Si_2O_7$ 涂层体系，揭示了高温 CMAS 下涂层性能退化机制以及镀铝表面改性对涂层抵抗高温 CMAS 腐蚀防护机制，通过了航空发动机满状态长时间地面试车考核。

2. 耐磨耐蚀涂层

腐蚀和磨损是材料失效的两大主要形式。腐蚀一般发生在材料表面，是材料与环境介质相互作用而导致变质或破坏；磨损是相对运动物质在摩擦过程中不断产生损失或残余变形的现象。热喷涂技术利用喷涂枪将涂层粉末或熔融后的涂层材料喷射在基体表面，具有制备技术简单、沉积速度快、适用基材广的优势，涂层具有较好的摩擦磨损及耐腐蚀性能。

英佛曼纳米科技（Inframat）公司生产的一种氧化铝 / 氧化钛陶瓷涂层，是传统涂层晶粒尺寸的 1%，韧性更高，耐磨抗蚀、抗热震性能良好。上海硅酸盐研究所将含有纳米氧化铝颗粒的磷酸铝封孔剂，通过常规浸渍手段对 Al_2O_3 涂层进行有效封孔处理，获得了耐磨 / 抗蚀一体化的热喷涂陶瓷涂层。美国航空航天局开展了大量工作，如 PS304 涂层是由 Ni-Cr、Cr_2O_3、Ag 和 BaF_2/CaF_2 等组成的等离子喷涂复合涂层，该涂层应用于箔片空气动压轴承在低温到高温启停时的润滑，可在高于 650℃启停 10000 次。用 NiMoAl 替代 Ni-Cr 作为粘结相，PS400 涂层在 500℃和 650℃时的摩擦学性能明显改善，涂层磨损率显著降低。中国科学院兰州化学物理研究所、广东省科学院新材料研究所、中国科学院沈阳金属研究所以及中国科学院上海硅酸盐研究所等机构开展了相关研究，利用热喷涂技术在宽温域自润滑涂层设计和制备方面开展了大量工作，如采用在宽温域范围内具有良好机械强度和抗高温氧化性能的 NiCrAlY、NiCoCrAlY、Ni_3Al 等作为涂层粘结相，选用 Ag、Mo、CaF_2/BaF_2、h-BN 等作为润滑相，Al_2O_3、Cr_2O_3、$NiCr/Cr_2O_3$、$NiCr/Cr_2C_3$、WC-Co 等作为涂层增强相，利用大气等离子喷涂制备了相关涂层，制备的涂层因组分设计的不同，在宽温域范围内表现出不同的摩擦学性能。

3. 生物涂层

表面生物涂层改性是采用喷涂或沉积的方法将生物相容性涂层材料附着在基体表面，从而使其表面功能化的改性方法。表面涂层改性方法一般包括等离子喷涂、溶胶凝胶、电化学沉积以及脉冲激光沉积等。

清华大学进行了钛植入体表面多孔梯度钛涂层相关研究，通过控制粉末粒径和功率调节涂层孔隙率。日本京都大学医学研究所进行等离子喷涂实验，得到复杂的相互连接的多孔钛结构。瑞士联邦理工材料科学技术实验室与施乐辉公司联合开展真空等离子喷涂表面合金化钛粉（掺杂 1% 硅粉末），钛涂层的维氏硬度和剪切强度都有所提高。上海硅酸盐研究所、四川大学、广东省科学院新材料研究所等单位在等离子喷涂生物活性钛涂层、羟基磷灰石涂层方面与国内知名医疗器械企业北京春立、深圳中科迈滕、深圳博恩医疗及高等院校华南农业大学和广东省人民医院及佛山南海区爱诺尔宠物医院开展了合作研究。

4. 冷喷涂涂层

冷喷涂过程中超音速金属粒子以固态形式碰撞基体后产生剧烈塑性变形从而形成沉积，相比于传统高能束材料沉积和增材制造技术（如堆焊、激光打印、热喷涂等），能够有效避免与热输入过大相关的缺陷，如氧化、相变、变形、开裂等，制备的沉积体组织结构致密、残余应力小、厚度不受限制、力学 / 功能特性优异，特别适应于铝、铜、钛、镍等金属基材料的高端金属零部件的表面强化和增材制造与再制造。

美国等在冷喷涂技术领域处于领先地位。以美国陆军实验室（ARL）、霍尼韦尔（Honeywell）、穆格（Moog）、波音（Boeing）等为代表的研究与应用机构，在飞机零部件修复方面已有大量成熟应用（尤其是铸铝、铸镁机匣的修复），形成了相对完整的产业链。国内有关冷喷涂的研究及应用总体仍处于起步阶段，目前从事该技术研究及应用的主要机构有西安交大、西北工业大学、暨南大学、哈尔滨工业大学、浙江工业大学和广东省科学院新材料研究所，中国兵器科学院宁波分院、中国科学院沈阳金属研究所、宁波材料研究所等单位。

（1）铝、镁合金机匣和部件的修复再制造和表面强化。

欧美等地区和国家已将冷喷涂技术用于装备部件的修复再制造并对相关技术进行了封锁。美国陆军实验室、霍尼韦尔、波音等研究与应用机构在 2005 年已开始进行工程化应用研究，ARL 开发的相应部件的冷喷涂修复工艺，修复材料选用纯 Al 或者 6061 铝合金，完全满足服役条件，并成功修复阿帕奇直升机铝合金桅杆支座和 H-60 飞机的 ZE41A 镁合金变速箱（图 4）。图 5 是美军 F/A-18 大黄蜂舰载机某铸铝液压泵壳体冷喷涂修复前后对比图，液压泵外壳密封面因服役过程中的微动磨损导致失效报废，修复后的零件能够重新服役，正常服役 1748 小时后未见损伤。国内方面，609 所、120 厂、331 厂、5719 厂、广东省科学院新材料研究所等单位，开发了铸铝、铸镁航空发动机机匣、可调叶片等零件的加工巨差、铸造疏松、磨损失效等诸多不同类型缺陷的冷喷涂修复再制造技术，部分零件国内首次通过了地面试车考核，已实现小批量供货。超卓公司完成了铝合金起落架大梁疲劳裂纹修复工作，修复的大梁结构试验件飞行起落次数最大达到设定寿命指标的 3 倍，实现了冷喷涂修复再制造技术的突破。

图 4　H-60 直升机中介减速器铸镁机匣

图 5　F/A-18 大黄蜂舰载机主机匣液压泵壳

（2）高温合金部件维修再制造和表面强化。

目前，涡轮外环封严涂层主要采用等离子喷涂、超音速火焰喷涂、真空等离子喷涂技术制备。331 厂、广东省科学院新材料研究所等单位率先在不锈钢、高温合金等材质涡轮环上制备了 CoNiCrAlY 大厚度涡轮外环用封严涂层，在性能指标、制备成本、制备效率等方面均明显优于真空喷涂技术，目前该技术正在准备试车论证。

（3）新型增材制造技术。

与传统减材方法相比，冷喷涂增材制造可产生近乎净形的形状并且部件只需要极少的后处理，提高了生产效率，节省了大量材料。冷喷涂技术的沉积体致密、结合强度高、尺寸大，尤其适宜于半导体行业金属靶材的制备。广东先导、广州尤特等公司已建成了冷喷涂靶材的生产线，实现了冷喷涂靶材生产的产业化。其中，先导公司可制备靶材类型较多，包括银合金、铝合金、铜合金、铁合金等靶材。广东省科学院新材料研究所已研发 Ag、Cu、Nb、Al 等多种大尺寸金属旋转靶材制造工艺，实现了小批量生产。

（4）真空冷喷涂。

真空冷喷涂也称气凝胶喷涂，在低真空环境下，利用气体 He、N_2 或空气等气体，对纳米级陶瓷或金属颗粒进行加速，使颗粒高速撞击至基体，累加沉积形成致密或多孔的陶瓷或金属层。日本 ToTo 公司已实现真空冷喷涂 Y_2O_3 涂层作为等离子腐蚀防护层的商业化推广应用，是目前真空冷喷涂技术成功的商业应用案例。

（二）气相沉积及表面改性技术

1. 气相沉积技术

物理气相沉积（PVD）是通过真空蒸发（Vacuum evaporation）、溅射（Sputtering）等方式形成薄膜的工艺，主要用于沉积金属及金属化合物薄膜。化学气相沉积（CVD）是通过混合化学气体发生反应，向衬底表面沉积薄膜的工艺，主要用于沉积半导体和介质薄膜。常用的CVD技术包括常压化学气相沉积（APCVD）、低压化学气相沉积（LPCVD）、等离子增强化学气相沉积（PECVD）、金属有机化学气相沉积（MOCVD）、微波等离子体化学气相沉积（MPCVD）、原子层沉积（ALD）、分子束外延（MBE）等。厦门大学自主设计搭建了强磁场分子束外延设备（HMF-MBE），通过优化材料体系，研制出拓扑自旋固态光源（T-LED）芯片，开拓了光电子学与拓扑自旋电子学交叉融合的新领域。

2. 表面清洗技术

半导体制造过程中，清洗工艺具有重要作用。使用合适的清洗技术可以极大提高芯片制造的良率和器件性能。表面清洗技术主要分为湿法清洗、干法清洗两种方式。湿法清洗即使用化学溶剂或去离子水清洗晶圆。干法清洗是不使用化学溶剂或去离子水等物质，采用气体或等离子体等来进行清洗的工艺。相对湿法清洗，干式清洗投资费用高，设备操作复杂，清洗条件更加苛刻。但针对一些有机物以及氮化物、氧化物的去除，干式清洗精度更高，效果显著。

3. 表面图形化技术

表面图形化工艺是在晶圆表层建立微纳米图形的一系列加工工序。这些微纳米图形根据半导体与集成电路中物理部件的要求来确定位置、尺寸及形状。半导体表面图形化技术主要分为掩模光刻技术和无掩模光刻技术。

普通掩模版光刻技术，光刻工艺通过曝光的方法将掩模上的图形转移到涂覆于基片表面的光刻胶上，然后通过显影、刻蚀等工艺将图形转移到基片上。纳米压印技术（Nanoimprint Lithography，NIL）是将具有纳米级尺寸图案通过某种方式将图案作用到高分子材料的衬底上进行等比例压印复制图案，其实质是液态聚合物对模板结构腔体的填充过程和固化后聚化物的脱模过程。纳米球光刻（Nanosphere Lithography，NSL）技术是一种基于纳米颗粒自组装的制造方法。无掩模光刻技术，主要包括电子束曝光、激光直写、浸笔式纳米光刻等。电子束光刻（Electron Beam Lithography，EBL）技术是一种高精度的纳米级制造技术，用于在微电子器件制造过程中进行图案转移。它利用电子束高能量和聚焦能力，将所需图案直接写入光刻胶或薄膜上，从而实现微细结构的制造。激光直写光刻（Laser Direct Lithography，LDI）技术是一种非接触式光刻技术，利用高能量激光束进行局部曝光，经过显影等后续工艺，形成微小结构。浸笔式纳米光刻（Dip-Pen Nanolithography，DPN）技术是一种扫描探针光刻技术，其中原子力显微镜（AFM）尖端用于使用多种墨水在一系列物质上直接创建图案。

4. 表面刻蚀技术

表面刻蚀技术是按照掩模图形或设计要求对材料衬底表面或表面覆盖薄膜进行选择性腐蚀或剥离的技术，按工艺分类可分为干法刻蚀和湿法刻蚀。干法刻蚀主要利用反应气体与等离子体进行刻蚀，利用等离子体与表面薄膜反应，形成挥发性物质或者直接轰击薄膜表面使之被腐蚀的工艺。湿法刻蚀工艺主要是将被刻蚀材料浸泡在腐蚀液内进行腐蚀，该刻蚀方法会导致材料的横向、纵向同时腐蚀，导致一定线宽损失。几种常用于工业制备的刻蚀技术包括离子束刻蚀（Ion Beam Etching，IBE）、反应离子刻蚀（Reactive Ion Etching，RIE）、基于高密度等离子体反应离子的电子回旋共振等离子体（Electron Cyclotron Resonance，ECR）刻蚀、电容耦合等离子体（Capacitively Coupled Plasma，CCP）刻蚀和电感耦合等离子体（Inductively Coupled Plasma，ICP）刻蚀。

5. 表面改性技术

半导体表面对于器件性能具有重要影响，通过改性可以改变表面的附着力、润湿特性、活化特性、陷阱浓度和缺陷态密度及掺杂特性等，从而实现一系列不同功能的半导体特征结构并提高器件的可靠性。常用的半导体表面改性技术包括等离子体处理、辐照改性、掺杂改性等。

等离子体表面改性是一种基于等离子体中产生的电子、离子、活性粒子和紫外光等和处理材料的表面相互作用，对材料表面进行灭菌、清洗和功能化的技术。材料受到高能粒子辐照后产生微结构合并产生宏观性质的变化，被称作“辐照效应”。辐照效应主要有总剂量效应（Total Ionizing Dose，TID）、单粒子效应（Single Event Effect，SEE）、剂量率效应（Dose Rate）等。掺杂改性是半导体材料的重要改性技术，主要包括热扩散掺杂和离子注入掺杂等。

6. 表面超构技术

超构表面是一种特征尺寸远小于工作波长的二维人工复合材料，通常是由厚度小于工作波长的金属或介电质材料通过特殊剪裁构成的二维亚波长结构阵列，能够灵活地操控电磁波的振幅、相位、偏振、传播模式等特性。2011 年，哈佛大学首次提出了超构表面概念，利用 V 形金属纳米天线的局域相位突变实现光波的波前控制并提出和证实了广义的斯涅耳定理。2012 年，伯明翰大学利用矩形金属纳米天线证实了手性相关的广义斯涅耳定律，开启了超构表面的手性响应特性研究。随着加工技术的不断进步和成本的有效控制，超构表面为集成光学器件及微系统提供了一种兼容性强的平台，助力于元宇宙、“工业 4.0”等未来高新技术发展领域。

7. 机械功能涂层

（1）氮化物涂层。

氮化物涂层如 TiN、CrN、TiAlN、TiSiN 等因具有较高的硬度、高热稳定性、较高的抗氧化能力、良好的抗腐蚀性能和耐磨蚀性能而被广泛应用，并被大量应用在工模具、高端装备、关键部件等领域。

国内外在氮化物硬质涂层方面已经开展了大量研究，并获得了良好应用。瑞士Balzers、纳峰科技等企业针对不同工况已经制备出了系列化涂层体系，并在工模具上具有良好的应用效果。国内也出现了大量的涂层加工企业，如株洲钻石切削刀具公司、科汇纳米技术公司、纳狮新材料公司、广东华升家具等企业。国内外涂层工艺差距不大，但由于涂层装备的差别，国产涂层在稳定性等方面仍有待提高，在高性能先进涂层方面仍需要加大研发力度。欧洲PVD技术占据引领地位，世界排名第一的Balzers涂层公司，通过遍布全球30余国的90多个工厂提供全套装备及涂层工艺服务。荷兰豪泽（Hauzer）、德国赛利（CemeCon）等世界知名的涂层公司，都已形成各具特色的全套涂层装备和涂层技术。德国Hüttinger、Melec、Z-pilse等公司先后推出了高功率脉冲磁控溅射（HiPIMS）电源，其中德国Hüttinger在市场上的推广最为成功。国内哈尔滨工业大学于2008年首次报道了HiPIMS电源的研究成果，成都同创、唐山标先、兰州精新等电源公司也先后推出自主研发的HiPIMS电源。HiPIMS电源在镀膜装备中应用比较成功的如德国CemeCon推出的CC800设备，Balzers将HiPIMS与其他多技术耦合形成了S3p技术，开发了硬度高达40GPa的无氢类金刚石（Diamond-Like Carbon，DLC）。国内多个单位也陆续推出了基于HiPIMS的涂层装备，如中国科学院力学所HiPIMS-001镀膜机、东莞华升真空公司推出的HM800和HM1000、东莞汇成真空的HiPIMS-800镀膜机等，北京丹普表面技术公司引入Hüttinger的TruPlasma Highpulse 4000系列发生器已装备到镀膜设备。北京大学深圳研究院从溅射阴极角度出发，研制出适用于HiPIMS放电的内桶型磁控溅射阴极结构，其输出的等离子体束流中粒子的离化率接近100%。

（2）类金刚石薄膜。

DLC薄膜是一系列非晶碳膜的统称，包括a-C（非晶碳）和a-C:H（氢化非晶碳），由sp3杂化键（金刚石结构）和sp2杂化键（石墨结构）结合，因此兼具金刚石和石墨的特点，使得DLC薄膜具有一系列优良的物理化学性能，如红外波段透明、硬度高、耐磨损、摩擦系数低、化学性能稳定、耐腐蚀、热膨胀系数小、生物相容性等。将类金刚石沉积在陶瓷、硅、硬质合金、玻璃、铝合金、钛合金、钢等衬底上，使该薄膜在光学、电学、材料、机械、医学、航空航天等领域得到广泛应用。如在硅衬底上沉积类金刚石薄膜被用于真空微电子器件、冷阴极电子场发射器、太阳能电池、磁盘等领域，在提升其效率的同时对器件形成良好的保护作用；在玻璃表面沉积透明类金刚石薄膜，可提高玻璃的抗划擦性能；在金属基体表面沉积类金刚石薄膜的应用更加广泛，在提高金属制品硬度、耐磨减摩性能、生物相容性等方面发挥了重要作用。

国外荷兰Hauzer、德国CemeCon、瑞士爱恩邦德（IONBOND）等国外知名企业在涂层装备和涂层工艺方面占据了主要的市场份额，国内艾瑞森表面技术、广州今泰科技等企业，中国科学院兰州化学物理研究所、中国科学院宁波材料研究所、广东省科学院新材料研究所等科研机构在 DLC 涂层制备领域获得了较好的应用。

（3）金刚石膜。

金刚石是碳材料中的一种，具有低微波损耗、高光学透过率、低光学吸收、高热导、高强度、高载流子迁移率、宽带隙、耐各种物理化学损伤等优越特性，在各领域应用广泛。目前国内外主要采用 CVD 方法合成金刚石，主要包括热丝 CVD、直流热阴极 CVD、直流电弧等离子体喷射 CVD 及微波等离子体 MPCVD。

目前国内外仅有少数几家 MPCVD 金刚石设计研制单位有条件并持续开展了大尺寸光学级金刚石膜的研制工作，日本产业技术综合研究所（AIST）、美国 Apollo diamond、Diamond material、Ⅱ－Ⅵ、Applied diamond，Inc.、卡内基研究院、俄罗斯国家科学院基础物理研究所等国外研究机构在 MPCVD 制备单晶金刚石设备和技术上领先。英国 E6 是电子级 CVD 金刚石单晶合成技术的佼佼者，具有世界最先进的单晶及多晶金刚石制造工艺。我国的 CVD 法合成金刚石起步较晚，在 PMCVD 设备和工艺研发上与国外存在较大的差距。吉林大学、哈尔滨工业大学、武汉工程大学、中国科学院半导体研究所、中国科学院宁波材料研究所、河北普莱斯曼公司等通过引进或者自制的 MPCVD 设备合成了高质量的单晶金刚石，但未实现规模化应用。尽管光学级金刚石膜的制备及应用经过近 30 年的发展已经比较成熟，但大尺寸高品质光学级金刚石膜的制备在均匀性控制、完整性控制、缺陷控制、精密加工、沉积效率、成本控制等方面仍存在很大挑战，国内大尺寸光学级金刚石膜制备技术仍需加大研发力度。

（4）高熵合金涂层。

高熵合金具有 4 个特征：①高熵效应。高混合熵使体系的自由能降低，促进单一固溶相的形成；②缓慢扩散效应。原子扩散速率低，晶粒生长缓慢；③晶格畸变。晶体点阵中原子无序排布，晶格内部产生畸变；④鸡尾酒效应。不同元素会形成新的体系，改变元素含量可获得性能的改变。

高熵合金涂层的耐磨、耐蚀和抗高温氧化性能是研究的重点。耐磨性能与合金组元及含量密切相关，如 Nb、Al 等金属元素、非金属元素如 B 等；在制备时引入 N 元素可以形成相应的高熵氮化物涂层，表现出优异的力学、耐磨、耐蚀性能；加入 Cr、Ni、Mo 等元素，有助于提高涂层的耐腐蚀能力；Al、Cr、Ta、Zr、Si 和 Ni 等元素，可在涂层表面形成致密氧化膜，有效提升涂层的抗高温氧化性。目前高熵合金还处于研究开发阶段，高熵合金涂层元素设计依据缺乏，涂层成分、结构和物理特性之间的机制有待深入探索。

（三）激光表面工程技术

激光表面工程技术以激光为核心，采用非接触光加工的方式，利用高能激光束与材料的相互作用，快速提升材料的表面性能，恢复材料损伤尺寸，涉及光学、物理、机械工程、高能束、材料等多学科交叉融合，具有数字化、短流程、近终形、高能效、能量集中、热影响小、自动化、高精度等优点，广泛应用于高端装备（航空航天、核电、海洋工程、轨道交通等）、生物医药、汽车、电子电器、钢铁冶金、新能源等众多领域。根据作用效果的差别，激光表面工程技术可分为激光熔覆、激光冲击强化、激光热处理（淬火、退火等）、激光清洗、激光表面微纳制造等。近几年，激光表面工程技术已成为国内外先进制造、表面工程等领域的研究热点。

1. 专用材料

专用材料是解决激光表面工程技术应用效果的关键因素，粉末材料是激光熔覆等激光表面工程技术主要的专用材料，美国橡树岭国家实验室、英国剑桥大学、中山大学、北京科技大学、大连理工大学、哈尔滨工程大学、华南理工大学、中国海洋大学、中国科学院、广东省科学院等国内外研究机构开发了 FCC、BCC、HCP、共晶、FCC 和 BCC 双相等不同结构类型的高熵合金以及 Fe 基、Al 基、Zr 基等非晶涂层材料。

2. 装备和工艺

通快、华工科技、大族激光、辉锐激光等国内外知名的激光表面工程设备厂商陆续推出了 1 万 ~ 3 万瓦的激光熔覆、激光清洗及激光淬火设备，大幅度提高激光加工效率，显著降低生产成本。德国弗劳恩霍夫激光技术研究所和亚琛工业大学在 2017 年研发推出了新型超高速激光熔覆技术及装备，与传统激光熔覆技术相比，沉积速率可以提高 100 ~ 250 倍，沉积效能提升 10 倍，整体加工效率提高 3 ~ 5 倍，超高速激光熔覆粉体利用率达到 90% 以上，而传统激光熔覆粉末利用率只能达到 60% ~ 70%，表面粗糙度可降至传统激光熔覆涂层的 1/10，后续机加工步骤显著减少。伯明翰大学、清华大学、北京工业大学等相关研究团队通过皮秒、飞秒等超快激光微纳加工技术，在材料表面加工出不同类型的微纳结构，赋予材料表面超疏水、抗反射、抗菌、减磨等特殊功能，多能场或多技术复合激光表面工程技术，弥补单一激光加工技术的不足，显著提高激光制造效率和质量，成为近几年激光表面工程技术的重要研究方向之一，浙江工业大学、华中科技大学、哈尔滨工业大学、广东工业大学等单位研发了超音速粒子与激光复合改性技术、电磁场辅助激光熔覆技术、超声振动辅助激光熔覆技术、激光冲击 - 激光熔覆复合技术、激光 - 电化学沉积复合技术等，如超音速粒子与激光复合改性技术，在显著提高加工效率的基础上，对比传统激光熔覆技术，对零件基体的热影响区降低了 10 倍。

3. 工程应用

近十年，随着激光表面工程技术日益成熟，激光熔覆、激光淬火、激光冲击强化、激光清洗等技术已成功应用于航空航天、石油电力、钢铁冶金、汽车等众多领域，成为各个领域核心零部件必不可少的关键制造技术之一。在航空航天领域，以激光熔覆技术为核心的增材制造技术成功应用于航空航天大型整体金属构件，解决了航空航天大尺寸结构件一体化快速制造难题。目前，美国是激光冲击强化技术发展最快、应用最成功的国家，并将激光冲击强化技术列为先进航空发动机的 76 项关键技术之一。在石油电力领域，激光熔覆金属陶瓷涂层技术可将耐磨套、抱筒及震击器等石油钻采关键零部件寿命提升 2 倍以上，成为国际三大油服和中国海洋石油等全球龙头企业相关石油钻采关键零部件制造不可或缺的关键技术。在钢铁冶金领域，目前钢铁企业借助激光熔覆表面防护与再制造技术可显著延长冶金生产线核心部件的使用寿命。在汽车领域，激光淬火显著提升工件表面硬度，提升幅度比传统淬火提升幅度高出 15%~30%，提高汽车模具精度和质量。轨道交通、模具、五金工具、机械等其他领域，激光熔覆、清洗、退火、表面微织构、激光沉积等技术被广泛应用。

三、存在的问题及挑战

1. 表面工程系统性基础数据不足，原创基础理论有待提升

现代材料表面工程技术虽然越来越重要，应用越来越广泛，但总体上仍缺少系统基础性数据，各行业对其重要性认识不充分，大多数设计人员在最初设计中未给予重视，未能把基体材料和表面涂层作为一个整体进行设计。若能将现代材料表面工程技术直接设计在部件的制造工艺中，那么材料性能将大大提高，使用寿命会相应地延长，部件应用范围也会进一步扩展。同时，经过多年发展，我国表面工程技术基础研究不断发展，在国际上有影响的重大原始创新成果加速涌现，但对比欧美强国，我国顶尖基础研究人才和团队比较匮乏，从整个科技创新链条来讲，我国材料表面工程基础研究依然存在短板，重大原创性成果较少。另外，高性能表面涂层材料设计原理与表 / 界面强化机理、材料与涂层成分—结构—服役性能构效关系及调控机制等基础科学问题有待深入研究。

2. 表面工程材料的研发相对滞后，研发速度效率相对较低

目前，我国表面工程专用材料数量较为有限，迭代更新速度较慢，如激光熔覆粉末材料主要沿用热喷涂粉末材料，可成熟应用的粉末牌号只有数十种，专有材料选择局限性较大，面临品种少、供应商少、高性能修复材料缺乏等问题，且专有材料的可靠性、稳定性普遍不高并缺乏验证，无法满足服役工况越来越苛刻、性能要求越来越高的装备关键零部件表面防护需求，一些高品质表面工程原材料仍依赖进口，存在“卡脖子”风险。同时，国内表面工程材料研发仍主要依赖于经验和试错，研发速度和效率相对落后，新型表面工程材料研发速度无法满足高性能装备的发展需求。虽然，近几年国内已开始基于材料基因工程的表面工程材料高通量设计，但对比欧美国家，运用智能化的新材料研发与设计仍存在一定差距。我国鼓励国内下游应用企业积极使用国产化材料，也鼓励国产化材料出口全球，通过全球市场的应用，完成材料的迭代升级，进而提升材料的技术水平及市场竞争力。

3. 表面工程高端装备国产化较低，核心器部件仍依赖进口

近年来，国内表面工程材料与特种功能涂层产能逐年增加，产业规模和市场占有率不

断扩大，部分核心技术取得了实质性突破，技术指标得到大幅提升，我国在表面工程领域已具备一定的装备研发能力，但因起步较晚、底子薄，仍以面向工业应用的设备集成开发为主，在核心技术、创新能力、关键产品、产业规模、重大装备等方面仍存在明显短板，与国际先进水平存在较大差距。我国高性能的 PS-PVD 热喷涂设备、冷喷涂设备、CVD 设备、EUV 光刻机、激光冲击强化设备等表面工程高端装备仍主要依赖进口，且喷涂枪头、机器人、电源、高光束质量激光器及光束整形系统等相关的核心器部件和软件基本依赖进口。国产设备在工作可靠性、稳定性及使用寿命等方面与国外先进装备存在较大差距，装备整体性能有待进一步提升。表面工程高端装备进口产品的采购周期较长，往往对国内相关技术的发展和研究产生较大的影响，核心部件国产化水平相对较低，产业发展受制于人的现象没有消除，存在“卡脖子”风险。我们应鼓励国内下游应用企业积极使用国产化设备，也鼓励国产化设备出口全球，通过全球市场的应用，完成设备的迭代升级，进而提升设备的技术水平、稳定性及市场竞争力。

4. 表面工程相关的标准体系不健全

标准化是表面工程领域的一项重要基础性技术工作，是表面工程技术质量管理体系的重要环节，它对促进表面工程技术进步、保证产品质量和安全、提高产品效益和开展国际交流合作有着重要的作用。从表面工程相关的产品与工程设计、制造，实际生产、施工，到性能检测与质量评价，都需要标准作为根本指南。目前，我国虽已制定了一定数量的表面工程技术相关团体标准、行业标准、国家标准等，但随着表面工程技术应用领域不断拓宽和新技术新产品的不断出现，现有标准体系仍不健全，众多方向缺乏有效的标准指导，这直接制约了表面工程相关技术成果的累积、固化、推广和应用。由于欠缺统一的标准体系，应用单位在表面工程技术应用过程中对材料选型和工艺的科学性考虑不足，容易导致技术效果不佳，进而给表面工程技术推广带来了负面影响。

四、未来发展战略需求和方向

展望未来，面向国家重大需求和国民经济主战场，针对航空航天、船舶与海洋、新能源、轨道交通等重点领域发展对表面工程技术的迫切需求，我国亟须突破表面工程材料成分与结构智能设计、表面材料及涂层多场高能束制备与调控、装备表面涂层可靠性评价与智能运维等关键核心技术，实现表面工程技术的复合化、数字化、绿色智能化发展。具体的表面工程技术未来发展战略方向如下：

一是现代表面工程材料体系高效设计方向。面向新一代航空航天、海洋舰船、钻井平台、LNG/ 氢燃料 / 核电 / 电网能源、轨道交通、特（重）大桥梁等高端装备对关键零部件提出的新需求，现代表面工程材料体系设计应聚焦耐高温、耐腐蚀、减摩耐磨表面材料及涂层设计，以及特种表面材料及涂层智能设计方法等方向，形成现代表面工程材料智能设计新方法，建立智能化设计平台，实现高性能现代表面工程材料的高效智能设计。

二是现代表面工程装备体系高效设计方向。面向国家航空航天、新能源、海洋、交通等领域对表面工程技术越来越高的要求，现代表面工程应注重研发高性能、高可靠和高稳定性的表面工程装备（PVD、PS-PVD、EB-PVD、CVD、离子注入、真空等离子喷涂、超高速激光熔覆、冷喷涂、高通量表征等）及其关键器部件和软件（喷涂枪头、机器人、热源、大功率激光器、控制软件等），实现现代表面工程 PVD、CVD 等高端装备及核心器部件的国产化，利用数字孪生模型创建装备部件的虚拟实体并进行模块化整合，实现数字装备仿真运行及装备三维可视化监测、历史状态回溯、运行过程预演、故障诊断等功能，形成高效智能化可视化数字装备，满足国家重大装备战略需求。

三是现代表面工程技术可靠性评价与智能运维方向。表面涂层的服役可靠性决定关重件甚至机械系统的稳定性，直接影响其功能性、安全性和使用寿命。未来，随着表面涂层损伤智能检测技术的发展，表面涂层可靠性评价与智能运维的作用越来越重要。另外，表面涂层技术标准建设还存在小而散的现象，影响表面工程行业市场有序、规范、健康发展，制约了我国在表面工程领域的话语权。面向不同技术特点和应用领域的表面涂层对服役性能评价与智能运维的需求，聚焦耐高温、耐腐蚀、减摩耐磨表面材料及涂层可靠性评价，以及特种表面涂层应用及智能运维方法等方面，我们应搭建涂层可靠性评价平台，建立表面涂层损伤理论模型，构建故障诊断与智能运维系统，制（修）订国家行业团体标准，保障装备与重点工程安全运行。

参考文献

[1] Padture P N, Gell M, Jordan H E. Thermal Barrier Coatings for Gas-Turbine Engine Applications [J]. Science, 2002, 296 (5566): 280-284.

[2] 王铁军，范学领. 热障涂层强度理论与检测技术 [M]. 西安：西安交通大学出版社，2016.

[3] Mao X Y, Lv B W, Bao Q F, et al. Sintering resistance and phase stability of ($Y_{0.2}La_{0.2}Nd_{0.2}Sm_{0.2}Eu_{0.2}$)$_2Zr_2O_7$ for ultra-high temperature thermal barrier coatings [J]. Ceramics International, 2023, 49 (22): 35011-35020.

[4] 郭磊，高远，叶福兴，等. 航空发动机热障涂层的 CMAS 腐蚀行为与防护方法 [J]. 金属学报，2021，57 (9)：1184-1198.

[5] 石佳，魏亮亮，张宝鹏，等. 等离子物理气相沉积热障涂层研究进展 [J]. 航空材料学报，2018，38 (2)：1-9.

[6] Lv B W, Jin X C, Cao J, et al. Advances in numerical modeling of environmental barrier coating systems for gas turbines [J]. Journal of the European Ceramic Society, 2020, 40 (9): 3363-3379.

[7] 卜恒勇，卢晨. 冷喷涂技术的研究现状及进展 [J]. 材料工程，2010 (1)：94-98.

[8] Niessen V K, Gindrat M, Refke A. Vapor Phase Deposition Using Plasma Spray-PVD [J]. Journal of Thermal Spray Technology, 2010, 19 (1-2): 502-509.

[9] Huynh T C T, Keisuke O. Long-term stability of low-temperature deposited Cat-CVD SiN thin film against damp-heat stress [J]. Japanese Journal of Applied Physics, 2024, 63 (1): 25.

[10] Singh A S, Babu N S, Vijaykumar M, et al. Role of active edge sites of atomically thin CVD-grown MoS_2 layers on the enhanced visible-light photocatalytic activity [J]. Journal of Material Science: Material in Electronics, 2024, 35: 27.

[11] Abhijit C, Suman C, David K, et al. Ultrafast Laser Fabrication of Microchannels on Aluminium Alloy Substrate [J]. Solid State Phenomena, 2023, 353 (3): 37-45.

[12] Denker B, Fjodorow P, Frolov M, et al. Rare-Earth-Doped Selenide Glasses as Laser Material for the 5-6μm Spectral Range [J]. Photonics, 2023, 10 (12): 1323.

材料失效与保护

一、概述

材料失效是指材料及其结构在服役过程中，由于各种原因而完全或部分失去原有的性能和功能，不再满足继续使用要求的现象。材料失效的范畴广阔，形式和界定标准繁杂，难以简单梳理概括，本部分以失效诱因来重点阐述其中比较常见的四类：物理作用失效（简称物理失效）、化学作用失效（简称化学失效）、生物作用失效（简称生物失效）以及以上类型的叠加、协同等多重因素作用下的失效（简称耦合失效）。

物理失效是指材料在使用过程中由于受到足够强度的应力、热、声场、电磁、辐照等物理作用导致的材料结构组织劣化、相变、基体损伤等现象，导致其性能和功能严重衰退不能继续使用的现象。物理失效的形式有很多种，比如磨损、疲劳失效、热变形失效、蠕变失效等。物理失效对航空航天、海洋工程与舰船、地面交通工具、能源电力、油气开发与储运、桥梁等领域的动设备、动力设备和高温设备、动载承受结构等的破坏力巨大，是相关领域先进制造、完整性管理和服役可靠性等方面的首要工程学与科学问题。

化学失效是指材料在使用过程中，由于受到化学因素的影响，导致其性能和功能严重衰退不能继续使用的现象。化学失效的常见形式有腐蚀失效、高分子材料老化和氧化失效等。化学失效是破坏范围最广的失效大类，其对所有与化学环境（包括工业环境、自然环境和材料内部微环境）相接触的结构与功能材料的服役可靠性与完整性有决定性影响。常见的化学失效有金属腐蚀，包括全面腐蚀和各种局部腐蚀，后者包括腐蚀断裂（包括氢脆、应力腐蚀、腐蚀疲劳、氧化断裂等）、电偶腐蚀、点蚀、腐蚀磨损、冲蚀等，无机非金属材料的腐蚀、氧化，高分子材料的化学老化、化学试剂溶解和溶胀等。化学失效是钢铁冶金、机械制造、电子通信、航空航天、海洋工程与舰船、地面交通工具、能源电力、油气开发与储运、桥梁、隧道、矿井、基础设施、民用建筑、食品生产与加工等领域的所有动静设备与结构失效的首要原因，破坏力十分巨大，是相关领域先进制造、完整性管理和服役可靠性等方面的首要工程学与科学问题，也是材料失效防护的重点领域。

生物失效是指材料在使用过程中，由于受到生物因素的影响，导致其性能和功能发生变化，不能继续使用的现象。常见的生物失效的形式有生物加速失效、生物降解失效和生物污染失效等。生物失效在材料失效领域相对少见，但其失效形式较为极端，其中常见的有纤维高分子材料的霉菌破坏、塑料的微生物降解破坏、金属材料微生物腐蚀、医疗器械和冷却回路等的微生物污染失效等。

耦合失效是物理因素、化学因素和生物因素耦合作用下的材料失效，前述的腐蚀断裂、生物降解失效以及微生物腐蚀等，就是典型的耦合失效。腐蚀断裂是腐蚀环境与力学因素耦合导致的，微生物腐蚀和微生物降解是微生物代谢过程与材料化学失效等过程耦合导致的，其具体失效机理和防护方法将拆分纳入前面三种失效类别当中，不做专门详述。

为了减缓或防控上述失效问题，须在充分了解材料失效机理的基础上，针对性地建立相应的抗失效材料开发与设计、加工制备技术、表面技术或环境改良技术等失效防控技术。近年来材料失效机理与防护技术发展总体呈现以下趋势：

1）极端环境失效的领域和体系不断增多，主要集中在极端物理、化学和生物环境等耦合作用领域，如熔盐、液态金属、高温烟气、高温高压水、电解海水、大型化工、深海和热带海洋、高压储氢与输氢、超临界 CO_2、飞机发动机与燃气轮机、太空、极地、深地、污染等环境因素耦合下的承压承载设备或结构、功能器件的环境加速和耦合失效等。

2）大尺寸结构损伤高能量场高分辨透视分析技术取得空前发展，近年来陆续建成了散裂中子源和第四代同步辐射光源——高能同步辐射光源（HEPS），实现了大尺寸工程结构微损伤的原位高分辨数字射线成像技术，为工程结构失效分析预报和失效机理研究提供了强大的基础支撑。

3）高分辨显微分析与原位分析技术的综合应用日益普遍。由于材料失效过程起源于原子－微纳米尺度的表界面、晶体晶面和微观缺陷等敏感位置，其机理解析和防护方法研究均须依赖先进显微分析和表征技术。由于材料失效过程的复杂性往往涉及多个交互体系因素的耦合作用，综合采用高分辨投射电子显微镜（HRTEM）、环境透射电子显微镜（ETEM）、冷冻电子显微镜（Cryo-EM）、三维原子探针（APT）、背散射电子衍射分析（EBSD）、显微 CT（Micro-CT）、原子力显微镜（AFM）和扫描隧道显微镜（TEM）等各类高分辨的材料微观物理与化学性能表征技术，被日益广泛应用于材料失效过程的微观原位－准原位分析和研究当中，有效提升了材料失效与防护技术研究的深度和水平。

4）模拟计算仿真技术在材料失效与防护方法的研究领域应用呈现井喷式发展。基于第一性原理（DFT）、分子动力学（MD）、有限元计算（FE）、相场理论分析（PFM）、人工智能（AI）的材料失效跨尺度模拟仿真与计算的材料基因组技术日益完善，被广泛应用于表界面损伤、疲劳、磨损、各类脆性断裂、生物－微生物加速失效、化学失效等领域的失效过程与机理研究，以及防护方法的设计与有效性研究。

5）大数据方法与人工智能在材料失效研究、防护和完整性管理与预警技术领域的全面应用。鉴于材料失效过程的复杂性与多因素、多过程耦合特性，其研究和表征体系均为复杂的多维数据矩阵，传统小数据测量表征难以准确捕捉和揭示材料失效过程的积累损伤突变过程和临界现象，采用多维连续数据的大数据方法则能更有效地观测相关现象与过程。因此结合大数据与人工智能的数据挖掘与建模方法，是近年来材料失效与防护技术领域的热点和最新进展，得到了日益广泛的应用。

6）抗破断耐腐蚀高性能材料的开发应用取得新进展。环境断裂失效、腐蚀失效是结构材料失效的主要原因。近年来国内有关单位针对不同行业需求，大力发展了系列耐蚀抗破断高性能结构材料，成为研究和工程应用的热点，比如新型耐热飞机发动机叶片材料，抗氢型汽车用钢、轮轨钢，抗应力腐蚀型海工钢、紧固件及锚杆锚索用钢，耐腐蚀桥梁钢，耐酸船板钢及管道用钢等。

7）抗失效先进表面处理与防护技术在多个领域取得突破或长足进步。比如，适用于航空发动机叶片制造的激光熔化沉积技术，提高了飞机发动机叶片的耐热性和强度，使得发动机叶片的制造更加精确、高效，大大提高了发动机的性能和可靠性。再如，阴极等离子电解沉积技术，成功将传统电解和等离子体沉积技术相结合，大幅改善了表明涂层制备的能量消耗、制备速率、沉积层表面致密度、与基体结合力等性能，具有多方面的技术优势，近年来在多个领域取得了重要进展，包括先进陶瓷涂层、金属涂层以及复合涂层的制备，纳米电催化剂、纳米微球、中空微球和石墨烯等功能材料的合成以及渗碳、渗氮等领域实现了应用等，是材料失效防护技术的一个新兴的领域。此外，纳米复合涂层技术、多元合金涂层或高熵涂层等先进表面技术研究近年来取得了重要进展，多项技术解决了飞机涂料等关键技术瓶颈，有望替代相应国外进口产品。

8）近年来国家材料失效与防护相关的国家级研究平台得到持续发展，新批准成立了国家材料失效与防护科学数据中心，国家材料服役安全中心通过验收，并加强了极端服役性能精准制造全国重点实验室、先进飞行器服役环境与控制重点实验室、复杂服役环境重大装备结构强度与寿命全国重点实验室、海洋装备用金属材料及其应用国家重点实验室、国家新金属材料重点实验室等材料失效与防护方向的建设工作。同时，松山湖材料实验室、怀柔实验室、北京分子科学国家研究中心、北京凝聚态物理国家研究中心、沈阳材料科学国家研究中心、合肥微尺度物质科学国家研究中心等一批国际水平的材料失效与防护相关的先进实验与研究平台陆续开始建设和运行，为材料失效与防护基础研究提供了重要基础。

9）近五年材料失效与防护领域高端人才队伍得到了一定程度的发展，新晋一批中国科学院和工程院院士、四青级高端人才，并有大批海外杰出中青年杰出人才回国工作，大大充实了材料失效与防护领域高端人才队伍。

二、国内外最新研究进展

（一）材料物理失效与保护

1. 疲劳失效与保护进展

机械结构及系统的概率疲劳理论、方法及模型已有近百年研究历史。在机械结构的概率疲劳寿命评估过程中，充分考虑各类不确定性因素，进行结构疲劳进程驱动参数与概率疲劳寿命分布统计分析，是概率统计学和复杂结构计算力学交叉领域的热点问题。

实际工程中疲劳相关的随机不确定性主要来源于材料性能、几何精度及外部载荷的综合影响，认知不确定性在疲劳问题分析中最常表现为数学分析模型的不稳定性，上述不确定性会给确定性框架下的理论分析结果带来很大风险。

传统研究中使用的应力是一个纯力学概念，无法反映材料微观结构上的应力非均匀及应力集中等问题，且对工程中的非均质结构材料失效问题描述不足。因此，我们需基于材料微观特征建立新型疲劳进程驱动参数，以更有效地表征时空不均匀性对结构疲劳损伤及失效过程的影响。

机械结构在时变复杂载荷环境下的失效涉及强度退化及损伤累积等问题，尤其是材料剩余强度、损伤速率及临界值均与外载直接相关，使得机械结构概率疲劳问题比静强度问题更为复杂。为兼顾概率疲劳问题分析的诸多要素，需将损伤力学、断裂力学、可靠性理论、概率统计理论等交叉综合共同探究结构的疲劳失效过程，以建立更为稳定有效的概率疲劳寿命评估模型。总之，机械产品的概率疲劳分析是一门仍处在不断发展中的学科，其中涉及许多方面的认识还都在不断深化，尤其是对于较为复杂的系统可靠性问题，亟待进一步深入探究。另外，如何保证计算量在可控范围内提高分析精度，使疲劳强度评估精度满足其工程化应用的基本要求，也将是现阶段工程推广中亟须解决的难题。

近年来国内对疲劳失效的研究呈明显的上升趋势。其中，在结构材料方面北京科技大学、中国科学院沈阳金属研究所、西北工业大学、清华大学、上海交通大学、西南交通大学等单位是相关领域的优势单位。由于疲劳失效与防护领域十分宽广，本文仅举例说明其相关进展情况。

金属材料主要进展是关于超高强度马氏体基钢强韧化及疲劳性能的研究，超高强度车轮钢、齿轮钢、先进轴承钢接触疲劳理论模型及实验验证方面，国内做了持续的工作，取得了一定进展。特别是基于同步辐射、散列中子源等先进分析技术，疲劳微观机制研究方面国内取得系列新进展，涌现一批先进的理论分析，如粗糙表面部分弹流润滑接触、连续损伤力学理论、扩展有限元法、晶体塑性理论、数据驱动方法等；也探索出一些先进的齿轮接触疲劳试验、加速等效疲劳试验、在线无损智能检测表征方法等，为进一步阐明齿轮接触疲劳失效机理提供了重要的研究手段。

但基于表面或结构完整性的疲劳理论模型仍需完善，加强微观力学、微缺陷尺寸效应、残余应力作用机制及积累损伤演化的数值模拟与实验验证；极端服役条件下疲劳损伤机制亟待深入开展，比如高温材料本构、高温齿轮服役性能退化、试验方法与基础数据的研究等；量大面广的典型体系疲劳实验与数据建设有待加强，加强和完善大数据、人工智能等技术与传统理论相结合；推进抗疲劳的制造方法与技术研究、推广；环境作用下的疲劳损伤规律与主控因素研究亟待加强；开发接触疲劳分析的专用软件，等等。

2. 磨损失效与保护进展

磨损是机械构件失效的三大主要原因之一，是动设备 / 结构、载流体容器、交通载具中最普遍的失效形式。常见的磨损形式有粘着磨损、磨料磨损、疲劳磨损、腐蚀磨损和微动磨损等，其发生体系包括无机非金属、金属和有机材料等，涉及领域非常广阔。本部分仍以传统的耐磨材料体系为主。

近年来磨损失效防护领域主要进展包括：装备使役条件下材料磨损行为与失效机理、耐磨润滑材料结构设计与性能调控方法、表面防护材料与技术、材料性能模拟评价方法与技术。磨损与耐磨润滑研究的优势单位主要有中国科学院兰州化物所、西北工业大学、中国科学院宁波材料研究所、北京科技大学等。近年来磨损失效防护领域的主要研究热点有高温耐磨陶瓷涂层、耐磨表面技术、耐磨合金、耐磨钢、减磨自润滑涂镀层、润滑材料及润滑剂等。

（二）材料化学失效与保护

1. 腐蚀电化学失效与保护进展

（1）腐蚀电化学研究。

腐蚀电化学是失效与防护学科的理论灵魂，是失效与防护学科的主体部分。我国从事腐蚀电化学研究的主要单位有北京科技大学、浙江大学、厦门大学、武汉大学、天津大学、中国海洋大学、南昌航空大学、中国科学院金属研究所、哈尔滨工业大学、华中科技大学和哈尔滨工程大学所属的腐蚀研究团队。近年来，腐蚀电化学的研究热点主要集中在具有空间分辨的微区腐蚀电化学、腐蚀电化学噪声解析与腐蚀行为关系、薄液膜腐蚀电化学、纳米尺度腐蚀电化学和新型、极端环境腐蚀电化学等 5 个方面。

（2）局部腐蚀机理研究。

局部腐蚀机理研究是失效与防护学科研究前沿关注的另一个重要方面。厦门大学林昌健团队发展了国产扫描电化学腐蚀探针测试技术；左禹团队对点蚀的起源与生长机理和动力学有系统研究；乔利杰课题组发现氢对应力腐蚀的关系研究贡献很大；李晓刚团队和杜楠团队对点蚀的生长和发展进行了模拟仿真与激光在线测试。我国关于局部腐蚀的研究发展很快，在国际学术界发表了较多论文，逐渐产生了影响，但在研究的理论深度和研究方法的创新性方面仍存在进步空间。

（3）自然环境腐蚀研究。

在自然环境腐蚀硬件设施建设方面，近年来取得了长足进步。李晓刚团队领导的国家材料腐蚀与防护科学数据中心完成了对我国材料环境腐蚀试验站的整合，完善了大气、土壤、水环境国家级腐蚀野外试验站的建设，并进行了新中国成立以来最大规模的材料投试，共投试试样 5 万多片，为材料环境适应性研究工作的开展奠定了坚实的基础。在数据库建设和数据共享服务方面，搭建公益性网络平台“国家材料环境腐蚀数据共享与服务网”，提升了资源的保存和利用水平。建设的材料环境腐蚀数据库系统包括：由 43 种环境因素和材料腐蚀（老化）数据表所构成的原始数据库、面向数据共享与应用服务的环境因素和材料腐蚀（老化）数据库、材料腐蚀环境和材料腐蚀多维异构数据智能数据库。这一大型材料环境腐蚀数据库的建立也标志着材料环境腐蚀站网数据共享体系的初步形成，也是到目前为止我国材料腐蚀领域种类最全、数据量最大的共享数据库。团队近 5 年来共计获国家科技进步二等奖 1 项，省部级科技进步一等奖 6 项，国际大奖 2 项，在国外发表论文 200 多篇，这些都极大地提高了我国在自然环境腐蚀方面的研究地位，标志着我国已经进入自然环境腐蚀研究强国之列，而且还保持着很好的发展势头。在《自然》杂志上提出了“腐蚀大数据”概念和技术流程，产生了广泛的影响力。

（4）防腐蚀技术研究。

近年来，国内在材料耐蚀性和新型耐蚀材料方面均做出了一些新的研究成果，具有一定的科学性和广泛的应用性。主要体现在新型不锈钢研发；新型耐蚀结构钢的研发；高耐磨耐腐蚀改性超高分子量聚乙烯特种管材的研发；铝合金表面制备没有任何疏松层的氧化铝膜、镁合金表面制备的微弧氧化膜；发展出高性能的空间技术润滑薄膜；利用激光熔覆技术在铜合金表面制备出了高硬度、高耐磨、抗热震；与基体冶金结合的金属陶瓷复合涂层；采用热分解法制备了 IrTa 混合金属氧化物（MMO）涂层钛阳极；设计出了以富含氧、氮、磷杂环化合物和醇 / 胺缩合物为主的新型阻锈剂等技术并实现产业化。我国不锈钢产量 2023 年已达 3670 万吨，尤其是高品质不锈钢品种开始厚积薄发；耐蚀耐候低合金结构钢品种日益增加，产量接近低合金结构钢总量的 20%。

（5）腐蚀试验研究方法与设备。

近年来研究者们开发出了多种类型的扫描探针显微技术，如扫描离子电导显微镜（SICM）、扫描热显微镜（STHM）、扫描声学显微镜（SAM）、光子扫描隧道显微镜（PSTM）和扫描近场光学显微镜（SNOM）等技术。国家材料环境腐蚀平台实现了基于大数据和无线传输的连续动态监视材料腐蚀状态，发展了标准化的技术。电化学噪声技术、丝束电极技术、原子断层分析技术、激光电子散斑干涉技术也在腐蚀研究领域得到广泛应用。这些新技术的涌现并在腐蚀科学领域应用发展，极大地拓展了腐蚀研究的技术手段，发掘了大量腐蚀新机制新理论。

（6）腐蚀防护设备开发进展。

腐蚀评价环境试验设备由传统的盐雾试验箱、湿热试验箱的开发，转向模拟飞溅区腐蚀、深海腐蚀、潮差区腐蚀等更加复杂的腐蚀环境及多种腐蚀因子耦合作用的腐蚀环境。李晓刚教授开发了系列化的自然环境模拟装置，包括大气腐蚀模拟与加速、土壤腐蚀模拟与加速、海洋腐蚀模拟与加速和深海环境模拟与加速装置；石油化工原油腐蚀模拟与加速试验装置应用于石化企业科研工作中；他们与苏州热工研究院共同开发的核电腐蚀大型流程装置已经成功进行了设计工作，进入实际组装阶段。北京科技大学、浙江大学和青岛理工大学利用干湿循环的原理，专门研制了模拟潮差区环境的试验设备。路民旭教授、陈长风教授研制了大量各种类型的高温高压腐蚀设备，用于石油工业硫化氢和二氧化碳腐蚀研究。北京航空材料研究所研制了 8 因子加速试验装置，已经成功应用于 18 种标准腐蚀试验中。中国兵装第 59 研究所研制了与国外水平相当的大气腐蚀室外加速试验装置。北京科技大学负责承担的国家大科学工程计划项目，建设流体类环境结构材料试验装置、大气类环境结构材料试验装置、多相流环境结构材料试验装置、高温高压水汽环境结构材料试验装置、极端 - 多因素耦合环境结构材料试验装置、自然大气环境结构材料试验装置、特殊地域环境结构材料试验装置、力学 - 化学多场耦合环境结构材料试验装置等 8 套大型装置，开展大尺寸构件和设备的环境失效试验，这些装备已经完成设计，进入了实施制造安装阶段。以上工作将大大提升我国腐蚀与防护测试和试验的能力。

（7）学科建制、人才培养、基础研究平台等方面的进展。

材料腐蚀失效与防护学科在学术建制、人才培养、基础研究平台建设方面已经基本形成了高等学校人才培养，国家重点实验室、一批基础研究和应用基础研究的高水平实验平台及高校科研平台开展基础研究，企业研发中心进行应用研究的多层次互相交叉的框架模式。

在教育部的学科培养建制上，原来是隶属于材料科学与工程的二级学科，可以进行本科专业招生。从 20 世纪 90 年代调整为隶属于二级学科材料学的三级学科，这一调整对腐蚀与防护学科产生了巨大的负面影响。首先，冲击了已经形成腐蚀与防护学科的本科教学体系。以北京科技大学腐蚀与防护学科为例，这一专业是 20 世纪 80 年代唯一的高校博士学位授予点，以每年 60 人的规模连续培养了 15 届本科毕业生，这些学生大部分已经成为我国各行各业腐蚀与防护工作的顶梁柱，甚至成为国内外有重要影响力的学术带头人。可惜的是，由一代学者努力建设的教学学科体系，随着这一调整，一夜之间付之东流，全国将近 20 所高校的情况基本相同，以湖南大学的情况最为惨重，湖南大学的腐蚀专业曾经培养了一大批国内外有影响力的学者，但是腐蚀与防护专业在湖南大学短期内无法恢复到原来的水平，影响力逐渐下降。其次，使专业人才培养水平明显下降。据不完全统计，我国目前有 30 多所院校按照材料学专业或应用化学专业的腐蚀与防护专门化培养本科生，每年在 1500 名以上。近几年由于对腐蚀与防护专业学生的大量需求，腐蚀与防护专业学生供不应求。以西南石油大学为例，该校每年培养腐蚀与防护专门化的学生 200 多人，但由于是三级学科，许多专业性极强的课程被裁减，使得学生专业知识水平明显下降，这种本科生培养模式无法满足社会对腐蚀与防护人才的需要。由于这种学科调整没有直接影响到研究生培养模式，我国腐蚀与防护方向的硕士研究生、博士研究生的培养一直呈平稳增长态势，目前规模大致是每年毕业硕士研究生在 300 人左右，博士研究生在 50 人左右。值得一提的是，腐蚀与防护二级学科取消后，由于社会存在大量的需求，除了大部分原有腐蚀专业的学校继续培养这方面人才外，实际上还有不少高校新开办了培养腐蚀防护人才的专业，如南昌航空大学、西南石油大学、长春工业大学、重庆理工大学、燕山大学、中国民航大学、上海电力大学等。但由于这些学校新开设的专业都依托于其他专业，学生专业知识不足。因此，专业名称调整与国家经济、社会、国防等对防腐蚀人才的需求是不适应的。

在腐蚀科学研究平台方面，国家腐蚀与防护重点实验室的停办，对学科发展产生了极大的负面作用，目前国内的腐蚀学科带头人，乃至国际上部分有影响力的中国腐蚀学者，多为该国家重点实验室所培养。好在以北京科技大学腐蚀与防护中心（含教育部腐蚀与防护重点实验室、教育部环境断裂重点实验室、北京市重点实验室），中国科学院金属研究所，中船重工七二五所海洋腐蚀与防护国家级重点实验室和国家材料环境腐蚀野外科学观测研究平台等一系列高水平实验研究平台不断发展，加之近年来武汉材料保护研究所的特种表面保护材料及应用技术国家重点实验室和中国电器科学研究院的工业产品环境适应性国家重点实验室的设立，承担和完成了大量的国家科技研究计划项目，产出了一批创新性研究成果，解决了经济建设、社会发展和国防建设的许多重大关键技术问题，取得了显著的社会经济效益，在人才培养和队伍建设中发挥了不可替代的作用。

（8）本学科的最新进展在产业发展中的重大应用、重大成果。

近年来，腐蚀学科的重点实验室、高校基础研究平台及腐蚀科技工作者围绕国家发展目标和着眼于国家需求，紧密围绕“海洋开发”“中国制造 2025”等国家重大战略中耐蚀材料和技术的需求，解决了国民经济建设、社会发展和国家安全建设中的许多基础性、关键性技术难题，在我国社会经济发展和国防建设中做出了重要贡献。在耐蚀材料、表面涂装、表面处理、防锈油、缓蚀剂、电化学保护等各个领域都取得了丰硕的研究成果，防腐材料产业已经有了相当规模。

材料（制品）的腐蚀数据积累和材料腐蚀规律与机理研究满足了我国经济建设的迫切要求。例如，在海洋开发战略中，海洋的基础设施建设，特别是深远海发展的需求，已列为首要任务，根据工业发达国家的经验，基础设施建设中材料的选用要以材料（制品）在海洋典型环境中的腐蚀与老化数据作为重要依据。另外，西部沙漠（戈壁）与海拔 3000 米以上的高原环境占西部总面积的 75%，青海、新疆有大片内陆盐湖干涸后的盐渍土，南疆铁路建设中由于没有混凝土在该地区土壤的腐蚀数据，曾被迫停工数月，后来根据实验室的短期试验结果，确定混凝土的选用方案和防护措施，才恢复施工。国家重大工程建设如高铁建设、电网建设、大飞机、航天工程、南海建设、石油石化、核电、西气东输、西电东送、青藏铁路、青海钾肥厂二期工程、南水北调、高速铁路、跨海大桥等也大量使用材料（制品）的腐蚀数据和在这些环境下的材料腐蚀规律与机理研究成果。近年来，我国工业形成了完善的门类体系，规模日益扩大，边界环境因素越来越复杂，不仅原有的工业环境出现了大量的腐蚀问题，新的具有强烈腐蚀性的工业介质环境也不断出现（例如核电、航空、载人航天、石油、化工、高铁、海洋工程等），有的腐蚀问题制约了该工业体系的发展。腐蚀科技工作者为这些问题的解决提供了材料腐蚀学科的有力支撑。在近年的某载人航天发射工程中，出现了设备腐蚀的情况，腐蚀科技工作者与航天人协同攻关，短期内解决了问题，保证了其按时发射，这是我国腐蚀与防护学科首次直接处理载人航天工程中的材料腐蚀失效问题。

材料（制品）的环境腐蚀数据积累和材料腐蚀规律与机理研究为节能、节材、减少因腐蚀造成的经济损失，指导材料的合理使用提供了科学依据。避免和减少腐蚀事故发生，延长设备与构件的使用寿命，有很好的社会效益和经济效益。根据统计与调查，我国年材料腐蚀总损失高达 2 万亿元人民币。根据材料的环境腐蚀数据和腐蚀规律与机理研究结果，发展各种防护技术，指导和保证材料的科学使用，并采取相应的防护措施，对节约材料，节省能源消耗，可以减少腐蚀经济损失 25% ~ 30%，根据目前我国的防腐蚀水平，能达到上述范围的下限，则可产生每年约 5000 亿元人民币的效益。

材料（制品）的环境腐蚀数据积累和材料腐蚀规律与机理研究为提高材料（制品）的使用性能和质量，促进新材料的研究开发提供了依据。材料（制品）耐各种典型环境腐蚀的数据是研究开发各种耐蚀材料的重要依据。我国建立的材料海洋大气与海水腐蚀试验站对海洋用钢的研究开发与发展做出了卓越的贡献。我们目前的耐蚀材料生产水平与国外相比，存在明显差距，严重制约了我国制造业的水平，各类设备与构件都存在服役寿命低、安全性差的问题，原因之一就是建立在微纳米层次上的腐蚀机理与规律研究不足。目前，腐蚀科技工作者正在努力为材料生产企业提供这方面的研究成果，以直接用于生产。

材料（制品）的环境腐蚀数据积累和材料腐蚀规律与机理研究为国家制订材料保护政策和环境污染控制标准提供了依据和对策。近 20 年来，在我国由于冶金、化工、能源（火电）、交通（汽车）、造纸等工业，特别是乡镇企业的发展，带来对自然环境的污染，不仅导致生态环境的破坏，同时使材料的腐蚀速率迅速增加，设备、构件、建筑物等的使用寿命大大缩短。我国局部地区雨水 pH 值已降低到 3.2 ~ 3.8，导致普碳钢的腐蚀速率增大 5 ~ 10 倍；混凝土建筑物的腐蚀破坏大大加速。腐蚀科技工作者提供了大量的典型材料在不同污染自然环境中的腐蚀数据积累和主要影响因素的研究成果，为国家制订材料保护政策和环境污染控制标准提供了依据。

在国防建设方面，材料腐蚀与防护是为提高武器装备与型号的环境适应性而进行的材料腐蚀机理、材料腐蚀失效预测与评价、武器装备防护技术和工程化应用的研究与实践活动，是武器装备和型号发展所必需的共性技术，是保证和提高武器装备质量的重要环节，是武器装备全寿命周期工作的重要内容。现代武器装备和型号的发展，迫切要求“事后补救”的“试验考核”模式，向开展“材料寿命预测、腐蚀防护主动性设计”的“事前预防”模式转变，“武器装备及其材料腐蚀与失效行为、武器装备环境效应预测与评价、武器装备防护技术”应成为与武器装备同步发展的重点。在我国，腐蚀与防护科技工作者在这方面发挥了重要作用，成为提高我国武器装备水平不可或缺的一支力量。

综上，开展材料腐蚀失效与防护学科的研究是国家经济建设和国防建设，科技进步和经济与社会可持续发展的迫切需要。持续深入开展本学科的基础性工作，有利于提高我国的材料与基础设施的整体水平，促进我国材料腐蚀实验研究基础性工作体系和防护技术工程体系的形成与发展，对国家建设、科技进步、技术创新，以及学科的进一步发展具有重要意义。

（9）本学科国内外研究进展比较。

本部分仅采用文献计量学的方法，基于前期统计的数据，进一步对2019—2023年发表的腐蚀学科相关的SCI论文展开分析。过去5年间，中国取代美国成为发表SCI论文最多的国家，达到了22.54%；美国从之前的第一掉落到第二，占总数的13.78%，这说明随着我国经济的快速发展，我国的腐蚀学科也相应地步入了发展的快车道，进入世界第一方阵。在过去5年间，腐蚀科学相关SCI论文发表数量逐年增加，2023年发表的腐蚀科学相关SCI论文数达到2000多篇。国内腐蚀科学相关SCI论文数的增长比国际腐蚀科学发展更加明显，表明近年来中国在国际腐蚀科学的发展中起到了越来越重要的作用。

目前我国在腐蚀与防护领域的差距主要表现为：政府和企业各级领导重视不够；基础研究跟踪模仿为主，防护技术自主创新品种较少；某些关键材料和绝大部分腐蚀测试设备不能满足需求，仍然依赖进口；耐蚀材料质量稳定性不足，寿命不能保障；材料服役数据积累不足，缺乏完善的评价体系和标准规范。造成这些差距的原因包括：缺乏有影响力的基础性研究方向，基础研究与生产脱节较严重；关键共性技术壁垒严重；高精尖的测试设备研发严重不足；企业拔尖人才匮乏；协同创新体系亟待完善。对此我们提出了相应的解决对策：构建腐蚀与防护学科基础研究协同研发平台；构建腐蚀与防护应用技术协同研发平台；构建防护技术工程协同研发平台；构建以上三个平台大协作大交流的新机制；加强腐蚀与防护科普工作，推动腐蚀与防护的立法工作。

总之，在加强基础研究、保持领跑和并跑的同时，我们应不断培植我国具有影响力的基础研究方向，是发展我国腐蚀与防护学科的基本原则。在此基础上，发展我国腐蚀与防护学科还要发展具有国际一流水平的耐蚀材料（特别是耐蚀钢铁材料）工程、表面处理与涂装防腐蚀工程、电化学保护防腐蚀工程、环境介质处理或工艺防腐蚀工程等领域中的新材料新工艺新技术新设备，不断提升我国腐蚀与防护学科的原始创新和应用能力。

2. 高温氧化失效与保护研究进展

由于高温腐蚀与防护问题牵涉多个工业领域，而各领域内所用材料及所处的服役环境各异，因此难以兼顾。本专题报告主要针对航空和航天等标志性应用领域，重点介绍先进航空发动机涡轮叶片用热障涂层、超高温极端环境下航天飞行器热结构材料的超高温氧化 / 烧蚀及其防护涂层的研究进展。

近 5 年来，我国学者在高温腐蚀的机理研究和防护涂层的设计、研制和性能研究方面都卓有成效地开展了工作，取得了有特色、有国际影响并被国际同行关注的一系列成果。有针对性设计并研制了不同组成和结构的纳米晶和超细晶涂层、开展了相关涂层的高温腐蚀性能研究，发现细结构利于生长粘附性强的保护性氧化膜，这项研究在国际上具有特色创新性。

（1）热障涂层研究最新进展。

热障涂层是高温氧化失效防护的主要技术。高推重比的技术发展趋势使航空发动机的设计进口温度不断提高，当前仅仅依靠先进的冷却技术（气膜冷却技术最大可使工件表面温度降低约 300℃）、发展新型高温合金（目前最先进的单晶镍基高温合金使用温度上限为 1150℃，已基本接近使用温度极限）以及改进发动机部件的制造工艺等措施，已经难以满足推重比达 12 以上的一级发动机叶片工作温度对材料的性能要求，采用热障涂层（TBCs）技术是目前大幅度提高航空发动机工作温度的唯一切实可行的方法。对于一级涡轮叶片而言，TBCs 的应用可使冷却空气流量减少 50%，比油耗减少 1% ~ 2%，并且可将叶片的寿命提高数倍。因此，以美国、欧洲等航空大国为主导的多项航空发动机推进计划中均大力发展热障涂层技术，其地位与高温结构材料、高效叶片冷却技术并重。

目前在燃气涡轮发动机上获得实际应用的热障涂层均为双层结构形式（表面陶瓷隔热层 + 底层金属粘结层）。6% ~ 8%（wt.%）Y_2O_3 稳定的 ZrO_2（YSZ）具有高的熔点（2700℃）和低的热传导系数（2 ~ $3Wm^{-1}K^{-1}$），其热膨胀系数（9 ~ $11 \times 10^{-6}K^{-1}$）与高温合金匹配。此外，YSZ 还具有高的断裂韧性（6 ~ $9MPa \cdot m^{1/2}$）和其他优良的机械性能。YSZ 是目前航空发动机涡轮叶片热障涂层普遍采用的陶瓷层材料，然而 YSZ 的工作温度上限为 1200℃。MCrAlY（其中 M 可以是 Ni、Co 或 Ni + Co）是目前热障涂层普遍采用的一种粘结层材料，其合金组元可以根据使用情况的不同而进行优化调整。由于 NiCoCrAlY 粘结层的抗高温氧化和热腐蚀的综合性能较好，因此目前航空发动机叶片热障涂层大多采用这种合金体系。

影响热障涂层性能和应用的主要限制因素包括：①粘结层的氧化退化；②涂层的循环寿命，尤其是涂层抗剥落的能力，主要影响因素包括：YSZ 层中的应力状态、粘结层的显微组织、热生长氧化物（TGO）层的厚度和应力状态以及粘结层和 TGO 之间界面的断裂抗力等；③ CMAS（Ca–Mg–Al–Si 的氧化物）侵蚀。CMAS 的熔点较低（1190 ~ 1260℃），当 CMAS 沉积在热障涂层表面时，可润湿外层 YSZ 并渗透到涂层内部的孔隙中，使孔隙和柱状晶界减少甚至丧失，从而降低涂层的应变容限，导致热障涂层的剥落；④ YSZ 的热导率并非是最低的。目前已发现稀土硅酸盐（如 $Lu_2Si_2O_7$，Lu_2SiO_5，Yb_2SiO_5）和烧绿石结构化合物（如 $La_2Zr_2O_7$，$La_2Ce_2O_7$）具有较 YSZ 更低的热导率。

热障涂层目前的研究进展主要集中于现有 YSZ 陶瓷隔热层的性能改进和提升、新型或替代型隔热层和粘结层材料的探索应用以及热障涂层制备新技术的研发等方面。如发现 Y_2O_3 含量在 8%（wt.%）范围时可增韧 ZrO_2，多元稀土氧化物共掺杂可显著降低 ZrO_2 的热导率并提高其高温稳定性，新型梯度结构热障涂层的设计大幅提高了服役寿命等。最近在 YSZ 的制备技术方面获得新的突破，如将闪烧烧结（flash-sintering）技术应用于 8YSZ 的低温制备，可在 120V/cm 的电场作用下在远低于传统烧结材料温度下实现致密化（仅 750℃），这为低成本高效制备 YSZ 提供了新的路径。

从热障涂层技术的发展及应用来看，制备技术以等离子喷涂（PS）和 EB-PVD 两种为主，其中 EB-PVD 涂层由于特殊的结构而具有良好的综合性能。近年来，EB-PVD 涂层制备技术代表着目前和未来更高性能 TBCs 制备技术的发展方向，因此备受世界范围内工业强国的广泛关注。

（2）航天飞行器热结构复合材料及其防护涂层研究进展。

高超声速（飞行速度达 5 马赫及以上）、高机动性的技术特征要求近空间（30 ~ 70 千米）飞行器表面具有尖锐的外形以提高其气动性能，使鼻锥帽、发动机进气口、机翼前缘等部位在高超声速的运行过程中因强烈的气动摩擦作用而处于严酷的极端环境，如极高的局部温度（2000 ~ 2400℃），高速氧化性和高速腐蚀性气氛、高速气流冲蚀，复杂的应力作用（主要缘于不同材料间由于内部温度梯度而导致的热应力），因而迫切要求发展出具有低密度、长寿命（一般大于 1800 秒）的超高温材料。这类材料服役温度在 1800℃以上，因此要求具有高的熔点，具备较好的高温热力学稳定性，如优良的抗氧化性能、抗热震性能、抗烧蚀性能；较好的高温强度、硬度、断裂韧性等；较高的比热容和热导率，不易产生热量集中等。

受熔点或分解温度限制，可作为超高温材料的体系非常有限，目前主要集中在两种体系上：C/C 复合材料（即碳纤维增强的碳基材料）和超高温陶瓷（UHTC）。后者主要是一些过渡金属（如 Zr、Hf、Ta、Y 等）的硼化物、碳化物和氮化物，如 ZrB_2、HfB_2、TaC、ZrC、HfC 和 HfN 等。它们具有 3000℃左右的高熔点，高温强度及化学稳定性好，以及高硬度、高导热率、良好的抗氧化性和抗热震性、中等的热膨胀系数等优良的性能，因此可用于高超声速航空航天飞行器或可重复利用大气再入飞行器高温结构材料或热端防护材料。

C/C 复合材料是一种被广泛研究和大量应用的新型超高温材料，具有显著的特点：密度低；热稳定性高，熔点可达约 3850℃；摩擦系数小，耐摩擦磨损性能优异；力学性能好，如高的强度、模量、疲劳强度和抗蠕变性能等，强度随温度升高甚至增大；导热性能好且抗热震。随着强化碳纤维多向编织技术、高压液相浸渍工艺和化学气相浸渗工艺技术（CVI）的日臻成熟，现已实现快速致密且高性能化。作为超高温材料，C/C 复合材料最大的缺点是抗氧化烧蚀性能较差，未经抗氧化处理的C/C复合材料的起始氧化温度仅为370℃，温度高于500℃时则发生快速氧化，甚至发生燃烧，使其强度大幅度降低甚至全部丧失。抗氧化防护技术是C/C复合材料作为高温结构材料能否持久稳定应用的关键。目前，经改性处理后（添加ZrC、SiC、HfC等）以及表面施加防护涂层的C/C复合材料，抗超高温氧化性能可得到显著改善。C/C复合材料表面防护涂层主要包括玻璃质涂层、金属涂层和陶瓷涂层等，其中陶瓷涂层最受关注。由于单相碳化物涂层的本征脆性以及与基体热膨胀系数的差异较大，近年来相继开发了多相镶嵌陶瓷、晶须增韧陶瓷、梯度复合陶瓷、多层复合陶瓷等涂层体系，旨在降低涂层所受的热应力，提高其防护效果。传统制备碳/碳复合材料抗氧化涂层的方法主要包括固渗法、化学气相沉积（CVD）法、涂覆烧结法、火焰喷涂、等离子喷涂法、溅射法和溶胶－凝胶法（Sol-ge1）等。近几年，在原有工艺改良的基础上陆续开发了一些新的涂层制备工艺，如原位形成法、水热电沉积法以及凝胶注模反应烧结法等。

在Cf/C复合材料的制备方面，我国突破强化C纤维完全依赖进口的局面，掌握了C纤维的制造技术，实现了多维编织型Cf/C复合材料的完全自主，同时发展并掌握了低成本、短周期、宽温域（800～2000℃）防护涂层的制备技术。另外，也对耐热性能更优的SiC纤维强化型热强一体化结构复合材料的研制方面进行了尝试。结合当前先进的装备设计制造技术和自动控制技术，我国目前已成功实现了由航天大国向航天强国的跨越式发展，航空和航天事业取得了令世界瞩目的成就。

超高温陶瓷材料具有高的熔点、高温强度、弹性模量和硬度，优良的热稳定和抗氧化烧蚀性能，作为超高温烧蚀环境使用的结构材料具有很大的潜在优势。NASA分别在1997年和2001年针对HfB_2-SiC、ZrB_2-SiC和ZrB_2-SiC-C超高温陶瓷进行了两次超声速飞行试验（SHARP-B1、SHARP-B2），分别将其应用于飞行器的鼻锥和机翼前缘部分，成功展示了以ZrB_2-SiC和HfB_2-SiC为主体的超高温陶瓷材料作为跨大气层高超声速飞行器防热系统材料的应用前景。其中，SHARP-B2试验的测试表明，该超高温陶瓷的耐烧蚀温度可高达2815℃。因此，采用超高温陶瓷为材料的SHARP-B2试验在未来锐头体空天飞行器的探索中迈出了非常关键的一步。但这类材料存在一个致命的弱点，即抗热震性能差，主要原因是它们的韧性较差，热导率较低。

近些年，国内外科研人员从材料选择、制备工艺、复合结构设计、增强相等方面已做了大量工作，在强韧化和抗氧化烧蚀性能方面取得了长足进展，发展了具有优良抗氧化烧蚀和抗热震的超高温陶瓷系列材料，如ZrB_2（ZrC）-SiC-Ta（Hf）C-C等。

在新型热障涂层陶瓷层材料研究方面，国内外近年来主要在新型的ZrO_2稳定剂探索、传统YSZ材料改性以及新型热障涂层材料等方面开展研究，如尝试并发展了稀土氧化物掺杂氧化锆、稀土锆酸盐、钙钛矿结构材料、磁铁铅矿六方镧铝酸盐、萤石结构材料等新型陶瓷材料，但这些材料仍有诸多的不足，尚难以取得突破性进展。与陶瓷层材料的研究相比较，近年来在热障涂层粘结层材料方面的研究进展较为缓慢，如为了通过表面处理或加入微量 Si、Zr、Hf 和 Ta 等活性元素提高 MCrAlY 粘结层的抗氧化性能，采用内层外层 Al 含量不同的双层结构粘结层，进一步提高粘结层的抗氧化性能和热疲劳的问题。

当前，美国、日本、中国、印度和欧洲等都在进行超高温陶瓷的研究工作，超高温陶瓷材料在原料合成、烧结工艺和性能表征等方面都实现了突破式进展，研究的材料体系越来越丰富，对工艺—结构—性能的理解也越来越深入。

航空发动机推重比不断提高使燃气涡轮进口温度随之增加，预期下一代燃气涡轮叶片热障涂层的工作温度将在 1250℃以上，而目前尚没有适用的涂层材料。开展新型耐高温、高隔热和长寿命的热障涂层的研究是航空发动机迅速发展提出的迫切要求。另外，热障涂层在长期服役过程中，由于氧化和互扩散，导致涂层的成分和组织发生变化，从而引起涂层性能蜕变。随着热障涂层应用于先进高温合金单晶，涂层与合金基体的互扩散问题越来越受到关注。

目前，C/C 复合材料作为热结构材料之一，高温抗氧化及烧蚀一直是其研究领域的热点和难点。近年来开发的多种陶瓷涂层使得 C/C 复合材料高温抗氧化性能大幅度提高。然而，C/C 复合材料高温抗氧化陶瓷涂层研究仍有许多问题亟待解决。如降低涂层的成本，提高陶瓷涂层的抗热震性能、抗高频震动与抗高温冲刷性能，发展低温至高温全温域范围内的防氧化技术，开发适用于大型复杂结构构件的涂层技术等。

作为超高温结构材料，由于工作在严酷的极端环境，因此首先要求其氧化烧蚀速率要低，其次是在超高温下仍要保持良好的力学性能。此外，超高温结构材料在使用过程中会受到多种载荷的作用，如机械力、高速气流的冲击力、材料内部温度不均匀导致的热应力等，特别是对于多层复合结构体系，在受热情况下由于各层线膨胀系数不同，材料内部也会产生较大的热应力。已有研究表明，外应力对材料的氧化行为有明显影响，主要表现在影响材料组成元素或者组成相的氧活性，进而影响表面氧化层组成，特别是有可能影响表面氧化层的完整性。另外，由于发生明显氧化，基体材料厚度损失甚至微观结构发生变化，表面形成较厚的氧化层，以及基体和涂层界面发生互扩散或反应，这些情况的发生都会降低材料的力学性质，从而影响热结构材料的使用性能。因此，为了使热结构材料体系能够适用于高应变的使用条件，同时也为了高性能抗氧化涂层体系的研制奠定基础，有必要开展超高温热结构复合材料在热 – 力 – 氧耦合条件下的性能及其演变规律的研究。

超高温材料主要应用于国防、军事、航空航天等尖端技术领域，其材料性能在一定程度上直接决定了这些领域的发展。研究超高温材料在 1800℃以上热 – 力 – 氧耦合作用环境下性能退化规律，对部件进行热应力、热强度分析，全面准确地了解材料的超高温力学性能和氧化烧蚀机制，对于考核评价现有材料的综合使用性能，提升防热护技术水平，研制开发新型材料，促进我国现代化军事、国防、航空航天事业的进步等意义重大。

3. 无机非金属材料化学失效与保护

非金属材料主要包括有机非金属材料、无机非金属材料以及非金属复合材料。常用的有机非金属材料主要有塑料、橡胶、涂料等高分子材料，它具有良好的耐腐蚀和易加工成型性能。常用的无机非金属材料主要有石墨材料和搪玻璃材料，它具有良好的耐腐蚀和耐高温性能，其中搪玻璃材料包括耐酸搪玻璃、耐碱搪玻璃、高强度搪玻璃、高温搪玻璃、低温搪玻璃、微晶搪玻璃等。常用的非金属复合材料主要是纤维增强塑料，它具有良好耐腐蚀性，并且高强、轻质、成型工艺多样。使用塑料主要有不饱和聚酯、环氧树脂和酚醛树脂；纤维增强材料主要有玻璃纤维、碳纤维、硼纤维以及其晶须材料。本节介绍塑料、玻璃钢、石墨、搪玻璃 4 种常用非金属材料设备的失效与防护。

（1）塑料设备化学失效与防护。

接触化学品的容器应具有一定的耐腐蚀性，塑料及衬里制压力容器因其优点有逐渐替代玻璃、陶瓷及金属容器的发展趋势。塑料及衬里制压力容器的耐腐蚀性能主要取决于内衬材料的耐腐蚀性能，即塑料及衬里制压力容器耐腐蚀性主要取决于塑料种类，而这些性能与塑料的种类、产品的制造工艺、原材料的性质等级、材料和使用介质的相容性等直接相关。例如上海金山石化总厂使用 F4 松套衬里防腐蚀容器设备的实例：介质中含溴，原用无缝钢管及配件，使用1~2个月钢管即变形或穿孔，使用寿命较短，改用F4内衬管后，使用一年以上未发现腐蚀。

塑料及衬里制压力容器的腐蚀主要是所用塑料的腐蚀。塑料腐蚀的定义是塑料在一定温度、压力介质等条件下，随着时间的延长，从塑料分子链最弱点处开始侵蚀，使其性能逐渐变劣，直至被破坏的全过程。塑料吸收溶剂后可能全部或部分溶解或溶胀，可能引起表面起泡、变粗糙、变色或失去透明。在凝胶层和固体溶胀层中含有较多溶剂，少量溶剂渗入聚合物内，形成浸润层使聚合物的物理性能发生改变，内应力可能使固体溶胀层破裂，导致结构破坏。由于塑料中含有的合成树脂、填料、增塑剂、硬化剂等物质的耐腐性并不完全相同，在腐蚀环境中，一种或几种成分选择性溶出或变质破坏，整个材料也被破坏了，这就是塑料的选择性腐蚀。

物理腐蚀是塑料及衬里制压力容器表面受到介质分子作用，使容器表面塑料分子松动，与介质分子直接接触的表面大分子逐渐松动离开容器表面而进入介质，从而使容器表面层松动，厚度减薄，而这个过程由浅入深，使部件的强度逐渐降低，直至失去使用价值。在物理腐蚀过程中，介质分子对塑料界面有两个过程，这就是渗透过程及吸收过程，另外还有残余应力的作用。

化学腐蚀即塑料及衬里制压力容器在介质分子作用下，其高分子结构被破坏或引起化学反应，生成其他物质进入介质而导致塑料及衬里制压力容器失强、变形等现象，失去使用价值。化学腐蚀主要表现为失重、变色、氧化及分解。化学腐蚀是不可逆的。

在化学腐蚀过程中，要考虑塑料的结构特性，也要考虑介质的腐蚀性。这是一对相对存在的矛盾，在实际工作中应统一解决。在化学腐蚀的范畴中还包括紫外线照射或氯化作用等环境老化，即塑料及衬里制压力容器在户外环境里应用时，受紫外线照射或氧化作用，太阳热解应力开裂等其他因素引起化学键断裂等。这些都属于化学腐蚀。在化学腐蚀和物理腐蚀中化学腐蚀是最主要的，也是最复杂的腐蚀过程。

根据塑料的腐蚀理论，从塑料高分子材料的结构中所具有的特性集团去分析腐蚀特性，从分类塑料中选用合适的塑料，尽力做到量材使用，物尽其用，经济合理。

（2）玻璃钢设备化学失效与防护。

玻璃钢别名玻璃纤维增强塑料俗称 FRP 亦称作 GRP，即纤维强化塑料，一般指用玻璃纤维增强不饱和聚酯、环氧树脂与酚醛树脂基体。由于所使用的树脂品种不同，因此有聚酯玻璃钢、环氧玻璃钢、酚醛玻璃钢之称。如根据采用的纤维不同分为玻璃纤维增强复合塑料（GFRP），碳纤维增强复合塑料（CFRP），硼纤维增强复合塑料等。国外科研人员研究了玻纤板在自然环境和酸性环境处理，样品的纵向弯曲性能，玻璃钢已在诸多领域代替钢材，如汽车、船舶外壳等。

根据树脂的不同，玻璃钢性能差异很大。目前运用在化工防腐的有：环氧玻璃钢、酚醛玻璃钢（耐酸性好）、呋喃玻璃钢（耐腐蚀性好）、聚酯玻璃钢（施工方便等）。

失效机理与金属材料有一定相似性。玻璃钢主要失效形式是应力腐蚀等的应力腐蚀开裂也伴随着材料的推广而产生。在玻璃钢的使用初期，其应力开裂腐蚀的现象并没有过多的引起人们的注意。但是随着后期使用的范围逐步扩大，尤其是在化工、冶炼等领域的压力容器，出现了一些失效的情况并且也造成了一定的损失。由此，人们开始对玻璃钢的应力腐蚀进行研究，研究人员研究了玻璃钢在机械应力和环境共同作用下的环境应力腐蚀开裂（MSCC）机制对环境造成的影响，指出应对玻璃钢制品在设计、制造、加工和修补过程中进行规范化管理。

一些研究发现，有碱玻纤分别在硝酸、硫酸和盐酸中的腐蚀主要是金属离子的流失。如在硫酸和硝酸溶液中，会造成对玻璃纤维中的钙离子和铝离子的流失，而盐酸中相对较高的腐蚀速率主要是铝离子的流失，同时还发现，通过往腐蚀介质中添加金属离子能缓解腐蚀的速率。当然，酸的浓度对于纤维腐蚀的影响也非常大。

在玻璃钢材料中，树脂基体是纤维承力的骨架，对其应力腐蚀而言，树脂基体把易被腐蚀的玻璃纤维和腐蚀环境隔离开，隔离保护的程度也直接影响了玻璃钢材料抗应力腐蚀的程度。

首先，环境介质要引发玻璃钢的应力腐蚀，就必须先通过树脂基体，到达纤维。通常情况，腐蚀介质要通过树脂基体的途径有两种，一种是通过分子扩散作用，另一种是通过树脂中的微裂纹或者加工缺陷的渗透作用。有关研究发现，在同等应力腐蚀环境中，耐腐蚀性能较好的树脂相比其他的树脂并没有优越性，然而在树脂中添加增韧剂能够显著提高其耐应力腐蚀的性能。国外通过对 E 型玻纤进行有限元分析，量化了此类玻纤的拉伸、压缩和热响应值，确定了应力 – 应变曲线。因此，通过提高树脂基体的韧性能够降低玻璃钢材料中的应力腐蚀裂纹扩散速度，也就降低了腐蚀介质对纤维腐蚀的可能性及速度。

根据相关研究表明，玻璃钢的力学性能对其耐应力腐蚀性能有较大的影响。和金属的电化学腐蚀机理不同，玻璃钢的应力腐蚀应该首先是力学作用，在外加应力的作用下，腐蚀介质通过基体到达玻璃纤维并使其因腐蚀而断裂。因此，研究玻璃钢材料的应力腐蚀行为与其力学性能的关系十分有必要。通过力学性能来估算其应力腐蚀性能并进行应力腐蚀寿命预测都具有非常重要的意义。

（3）石墨设备化学失效与防护。

石墨设备通常选用的材料为不透性石墨材料。自不透性石墨材料问世以来，国内外使用的石墨制换热设备中，列管式石墨换热器占较大多数，并最先向标准化、系列化、大型化发展。目前，国内生产的单台列管式石墨换热器面积 1100 平方米左右，国外生产的单台列管式石墨换热器面积 1600 平方米左右。

通过几十年的不断发展，不透性石墨设备在化工、农药、染料、冶金、轻工等部门，用于替代不锈钢及其他贵重金属制设备，解决了许多关键设备的腐蚀性问题并积累了一定的制造和应用经验。目前列管式石墨换热器、矩形块孔式石墨换热器、圆块孔式石墨换热器、板室式石墨换热器、板片式石墨换热器等，以及列管式石墨降膜吸收器、圆块孔式石墨降膜式吸收器、水套式石墨盐酸合成炉（二合一）、石墨制三合一盐酸合成炉、组合式副产蒸汽盐酸合成炉等都有系列产品，以上产品多项已列入了国家化工行业标准。

不透性石墨设备的腐蚀主要以渗透腐蚀和选择性腐蚀为主。浸渍石墨在介质腐蚀作用下，表面层被破坏而产生渗透腐蚀；因浸渍剂对介质的不耐蚀性，而产生选择性腐蚀。不透性石墨属于非均质脆性材料，其破坏形式是受冲击、振动等外力作用而破坏。

脆性材料被破坏的主要原因是由最大的拉伸主应力所造成，因而第一强度理论——最大主应力理论更为适合。石墨零件的强度计算，采用第一强度理论为依据，以其最大主应力不超过材料由抗拉、抗弯或抗压强度极限所决定的许用应力值来判断。

用于制造化工设备的不透性石墨材料，绝大部分是用浸渍的方法来达到不渗透目的。浸渍剂不仅可以填塞孔隙，而且还能提高石墨材料的力学性能。所用浸渍剂不同，所得制品的各种性能也有一定差异。因此，可以根据制品的用途与性能要求来选择合适的浸渍剂。但无论选择何种浸渍剂，均应满足下列要求：具有良好的化学稳定性耐腐蚀性；与石墨材料的粘结性能好，浸渍后能提高制品的力学性能；浸渍剂在一定的工艺条件下（加热）易固化，体积不应有较大变化；黏度低，流动性能好，便于填塞孔隙，对石墨的粘附性能良好；浸渍剂挥发份及水分应尽量减少。

常用的浸渍剂有酚醛树脂、糠醛树脂、糠醇树脂、水玻璃（硅酸钠）等。一般将制品分为热固性树脂浸渍石墨、热塑性树脂浸渍石墨及无机材料浸渍石墨等类型。石墨、碳纳米管和石墨烯增强一种航空用材料 Al6061，自润滑碳质材料能显示出低摩擦力和较大的滑移空间。

浇铸的不透性石墨是以热固性合成树脂为黏结剂，以人造石墨粉为填料，加入固化剂，在常温（或加温）、常压下浇铸而成的一种耐腐蚀材料。这种材料具有良好的化学稳定性，有较好的耐热性和耐压性，流动性好，在常温、常压条件下，用普通方法的铸造方法即可制造零件，也可用来制造泵、三通、阀门、旋塞、管道及设备等。其缺点是抗冲击强度低、导热性能差、脆性较大。

法国罗兰集团公司开发了一种用碳纤维加强的复合材料——碳纤维复合材料。该材料是由两层碳纤维把一块实心的石墨块夹在中间而组成，碳纤维复合材料使耐磨强度增加了 6 倍，物理力学性能增加了 2 倍，用于换热器管板上。由于碳纤维、石墨、硬碳套管等线膨胀系数均匀，因而它的耐腐蚀寿命比其他表面保护层要长得多。

（4）搪玻璃设备化学失效与防护。

搪玻璃设备是将含硅量高的瓷釉涂于金属表面，通过 950℃左右搪烧，使瓷釉密着于金属铁胎表面制成。因此，它具有类似玻璃的化学稳定性和金属强度的双重优点。搪玻璃设备广泛适用于化工、医药、染料、农药、有机合成、石油、食品制造和国防工业等工业生产和科学研究中的反应、蒸发、浓缩、合成、萃取、聚合、皂化、矿化、氯化、硝化等，以替代昂贵的不锈钢和有色金属。

搪玻璃设备虽然适用于各种浓度的有机酸、无机酸、有机溶剂及弱碱等介质或物料的反应、聚合、贮存、换热等化工过程，但有些介质的特性不适用于搪玻璃压力容器的使用。

搪玻璃设备能容许一定量的氟离子，但在操作过程中化学物质的周期性加入，氟离子浓度不断增大，如在强腐蚀的环境中氟离子浓度可高达 20 毫克 / 升，这时应引起高度重视，氟的聚合物如 PTFE 能游离出足够的氟离子而损坏搪玻璃层；回收酸中，特别是盐酸（HCl），一般含有较高的氟离子；有的含氟化合物可作为反应物而不会有损伤作用，但如果发生分解，则会损害搪玻璃层。

通过加热 24 小时磷酸搪玻璃层腐蚀实验数据分析，当浓度为浓且在煮沸的状态下，搪玻璃层的腐蚀量为 0.917 毫克 / 平方厘米，而在浓度为 20% 同样在煮沸的状态下腐蚀量仅仅为 0.032 毫克 / 平方厘米，数据巨大的差异明显反映出浓磷酸对搪玻璃层的损伤。

在实际化工工艺过程中有时需通过加入热的强酸或强碱来调节物料的 pH 值，这种高浓度的强碱有很强的腐蚀性，如从设备管口注入，强腐蚀物料顺管壁流下，就会强烈腐蚀管口和容器内壁。通过加热 24 小时氢氧化钠腐蚀实验数据分析，当浓度在 20% 且煮沸的状态下，搪玻璃层的腐蚀量为 1.4 毫克 / 平方厘米，强碱对搪玻璃的危害值得重视。

当前我国搪玻璃工业发展与发达国家主要差距在产品标准的执行、瓷釉水平、设备开发能力、搪烧工艺和工装设备、焊接水平等方面，产品质量与世界先进水平还有一定的距离。

（三）材料生物失效与保护

1. 金属材料生物失效与保护

据 2016 年报道，美国金属材料腐蚀成本每年高达 2.5 万亿~ 4 万亿美元，在中国，金属材料腐蚀造成的年损失为国内生产总值的 3% ~ 5%，材料腐蚀失效不仅造成重大的经济损失，还可能造成严重的环境污染，危害人类健康。导致金属材料腐蚀的因素有很多，如温度、湿度、酸碱度、土壤性质和微生物等，其中微生物腐蚀（MIC），即由微生物活动引起的腐蚀，是最常见的，也是一种被公认的、极具破坏性的腐蚀行为。MIC 会导致塑料、石头、混凝土、木材等材料的破坏，在石油天然气、海洋工业、（废）水处理系统等工业系统中无处不在。据统计，全球每年约 20% 的金属材料腐蚀损失是由微生物腐蚀引起的。在过去 20 年中，由微生物腐蚀引起的管道泄漏、设施故障以及环境破坏等事件屡屡发生，杀菌剂、增强剂、抗菌不锈钢和抗菌涂层等防腐技术的研究受到人们越来越多的关注，而这些处理方法所涉及的化学物质基本都是有毒有害的，这些化学物质会不断释放到环境中，其毒性、致癌性不仅导致环境污染及细菌耐药性增加，并且能够产生生物累积。此外采用海水注入来提高原油采收率的方法，导致微生物腐蚀和蓄水池酸化问题越来越严重，这就意味着微生物腐蚀问题在原油采收中也日益普遍。因此，随着人们对微生物腐蚀的认识和对人类健康和环境问题的关注加深，越来越多的微生物腐蚀受到研究者的关注。微生物腐蚀是由金属表面微生物群落和腐蚀环境的相互作用而发生的腐蚀行为。一些工业生产使用的管道、储罐等基础设施中的微生物会造成生物淤积和腐蚀，甚至造成人员伤亡或财产损失及环境破坏等。许多工业部门如石油和天然气工业及核电厂、燃料加工厂、发电厂、下水道、地下储罐及管道、石油回收系统、冷却水塔、消防喷淋系统、铁路系统，油田及其相关区域如泵、阀门和容器、船舶、医疗设备和放射性元素储存设施等设备都会被微生物腐蚀。因此，可以说许多大型事故是由 MIC 直接或间接导致的，如 2015 年墨西哥石油巨头墨西哥国家石油公司（PEMEX）海上钻井平台大火事件、阿拉斯加北坡普鲁德霍（Prudhoe）湾漏油事件和美国新墨西哥州卡尔斯巴德天然气管道泄漏引起的大爆炸事件。MIC 涉及的微生物种类较多，按照需氧量的不同可以分为：厌氧菌、好氧菌和兼性厌氧菌。通常这几类菌同时吸附在金属材料表面形成生物膜。好氧菌和兼性厌氧菌在生长过程中消耗掉环境中的氧气，为厌氧菌提供生长的局部条件。常见腐蚀菌包括细菌、古菌和真菌等，如硫酸盐还原菌（SRB）、硫酸盐还原古菌（SRA）、硝酸盐还原菌（NRB）、产甲烷菌、产酸菌（APB）、铁还原菌（IRB）、铁氧化菌（IOB）、硫氧化菌（SOB）、锰氧化细菌（MOB）和多种真菌等。由于硫酸盐广泛分布最广，SRB 和 SRA 是微生物系统中的主要致腐蚀微生物。

研究表明，由于不同生物之间的协同作用，生物膜的形成诱导并加速了 MIC 过程。这些微生物在金属表面上以联合体的形式粘合在一起共同发挥作用，如 SRB 和 SOB 的共生增殖会导致 2205 双相不锈钢更严重的腐蚀。当然，不是所有生物膜都会加速金属的腐蚀速率，铜绿假单胞菌生物膜会提高镍铜合金的腐蚀速率，但能减弱镍锌合金的腐蚀速率。大肠杆菌和硫还原杆菌组成的生物膜可以在不锈钢表面形成保护屏障，提高不锈钢的耐腐蚀能力。好氧生物膜可以作为氧屏障，减缓氧的渗透，从而起到减缓腐蚀的作用。由于与 MIC 相关的微生物种类比较多，且该过程受到许多因素的影响，对此研究者们提出了各种各样的机理来解释 MIC 现象。如微生物可以改变局部金属所处的环境（氧浓度或酸碱度），从而在铁表面形成浓度差电池导致局部腐蚀；微生物代谢会改变腐蚀材料的理化性质。

在经典的阴极去极化理论（CDT）中，SRB 利用氢化酶降低 H 原子脱附过程的活化能，但 CDT 只能解释氢化酶阳性的 SRB 引起的微生物腐蚀，却不能解释缺少该酶的 SRB 引起的微生物腐蚀。由于缺乏对生物膜与金属基质界面上发生的生物电化学过程的清晰认识，人们对微生物腐蚀的理解仍然存在很多问题。

目前研究表明，MIC 过程可分为 4 种：微生物生长过程中产生的具有腐蚀性的代谢产物，如酸、硫化物等腐蚀金属表面或者影响金属腐蚀的环境；微生物生命活动过程中影响电极反应的动力学过程；环境中氧浓度、盐浓度和酸性等的改变影响金属周围环境，使金属表面形成局部腐蚀电池而导致腐蚀；破坏金属表面的保护膜等。微生物腐蚀的过程中，很多时候并不一定只有一种机理。不同的微生物在不同环境中生长，代谢过程也会有所不同，因此很难有统一的腐蚀机理，只能根据具体情况判断是哪些机理起主要作用。

材料微生物腐蚀失效是目前国内外材料失效与防护领域研究的前沿热点。目前常用的防护方法有材料的选择、利用抑菌药物及微生物种间竞争等。但由于自然环境错综复杂，尤其是生物膜内适宜 SRB 生长代谢的内环境的保护，使得完全杀灭腐蚀菌变得较为困难。生物杀虫剂是一个比较传统的用来缓解生物腐蚀的方法。

在油气行业利用氧化剂如氯气可以释放自由基来攻击微生物细胞。长时间使用杀虫剂会使得微生物产生耐受性，因此出现了一些复合杀虫剂，如使用氯等杀虫剂时同时使用 D- 氨基酸，可以对生物膜有较好的抑制作用。螯合剂如乙二胺四乙酸（EDTA）也可以作为杀虫剂的增强剂来抑制生物膜的形成。噬菌体及噬菌体与其他药物的复配也对微生物防腐起到非常好的效果。研究发现蛭弧菌对 SRB 诱导的 X70 管道钢腐蚀有较好的抑制作用。采用紫外线、磁场、喷涂防护涂层等物理防护也是目前工业中常用到的防治方法。尽管人们已经对 MIC 防护进行了大量研究，并取得了一些重要的进展，但主要集中在机理与抗菌材料开发。微生物监测技术的研究目前仍然是整个腐蚀领域中的一个薄弱环节。目前腐蚀监测智能化较低及环境生物多样性的变化规律与 MIC 之间关系依然是存在的主要问题。随着国家腐蚀野外观测站监测网络观测点的增多及生物信息技术的发展，将建立更完善的微生物多样性与材料腐蚀之间的模型，为 MIC 监测及防护研究提供更科学的依据。

2. 高分子材料生物失效与保护

生物失效是部分高分子材料的主要失效形式之一，导致高分子材料生物降解的生物主要为细菌、真菌和藻类等。易生物降解的高分子材料具有以下特点：易吸附水、含有敏感的化学基团、结晶度低、摩尔质量低、分子链线性化程度高和较大的比表面积等。因此，所有可降解的高分子材料均易发生生物失效。同时，难以生物降解的化学合成高分子材料长期处于某种环境中也会存在被微生物腐蚀失效风险。因为微生物具有极强的遗传变异性，其在特定高分子营养环境中会产生适应性种群演变，产生出可导致生物失效的种群和腐蚀环境。但是高分子材料的生物失效过程复杂，包括降解、溶胀、溶解低聚物和单体的扩散以及形态学的改变等。特别是，近年来塑料品种的多样化、塑料改性的增加和应用环境的不断拓宽使塑料抗菌防霉的要求愈来愈高。因此，关于防止包括塑料在内的高分子材料的微生物腐蚀和微生物降解研究将是一个非常活跃的领域。本小节仅以几种高分子材料微生物失效研究进展举例。

纤维增强复合材料（FRPCMs）因其高强、轻质等特性成为航空航天领域中的新宠，开拓应用于军用飞机、无人战斗机及导弹、火箭、人造卫星等航空结构材料中。然而出于航天航空飞行及其安全的考虑，迫切需要对其抗生物降解性能作出评价。研究表明 FRPCMs 对微生物污染是非常敏感的。从环境失效聚合材料中分离出的混合真菌能够在 FRPCMs 表面形成生物膜而导致其对环境变化的抵抗力减少，继而发生失效。最新研究发现，有两类微生物可以腐蚀 FRPCMs：一类是混合细菌包括硫酸还原细菌，另一类是从被腐蚀的高分子材料中分离的真菌聚生体（真菌聚生体包括杂色曲霉和毛壳霉等）。虽然，细菌和真菌均能够在 FRPCMs 的石墨纤维中生长，但是仅真菌能够导致材料腐蚀（接种实验 350 天以上）。此外，许多真菌能够把聚合材料生产过程添加的增塑剂、表面活性剂等物质作为营养物，这也是聚合材料可被生物腐蚀的一个重要原因。运用微生物学方法可以检测到 FRCPMs 拥有足够的有机碳源以供微生物生长繁殖。但是，电化学阻抗谱法（EIS）却更灵敏且检测范围广泛，具有降解特性的活性真菌接种于 FRCPMs 表面，运用 EIS 法检测，发现其电阻率明显下降。

改性聚氯乙烯材料是一种特殊合成的多聚物，其配方中高达 50% 的组成成分是添加剂，包括增塑剂邻苯二甲酸酯类（PAEs）、邻苯二甲酸盐。这些添加剂的加入能使塑料制品具有更好的可塑性、抗氧化性、抗水解性和对紫外线的稳定性并具有美丽的色泽等。自 20 世纪 50 年代聚氯乙烯（PVC）面世以来，PAEs 就得到大规模的生产。目前，它占了全球增塑剂市场的 80% 以上。研究表明，有的添加物比聚合物骨架本身更易被微生物降解或腐蚀，从而加剧了塑料等多聚物被生物腐蚀的风险。有报道指出，凡化合物中有脂肪酸基团的，更容易受微生物的破坏。近年来，PAEs 等增塑剂的生物降解或生物腐蚀已经得到广泛的研究，大量高效降解 PAEs 的菌株已经从各类环境中分离得到包括红树林、土壤、海洋、河流与废水处理厂的活性污泥等。

3 种苯二甲酸二甲酯异构体——邻、间和对苯二甲酸二甲酯（DMP、DMI、DMT）类化合物是世界上生产量大、应用面广的人工合成化合物，主要应用于化学工业作为增塑剂和生产聚酯的原材料。研究表明，红树林土壤分离的红球菌对苯二甲酸酯类异构体均有所降解，但是降解途径却有很大差异，李魁晓等推测降解速度及降解途径与底物的化学结构有密切关系。

国外学者研究了一个由节杆菌和少动鞘氨醇单胞菌两种细菌构建的菌群对邻苯二甲酸二甲酯（DMP）的降解能力。研究发现，节杆菌能够将DMP转化为邻苯二甲酸单甲酯（MMP），但不能将MMP进一步转化为邻苯二甲酸（PA），但是这个菌株却有PA的降解能力。而少动鞘氨醇单胞菌能够将MMP转化为PA，并且能完全降解PA。但是却不能完成DMP到MMP的转化。

因此，利用由这两个菌株构建成的菌群能够很好地完全矿化DMP。所以由于结构上的差异，在特定的环境条件下，对苯二甲酸二甲酯和间苯二甲酸二甲酯的完全矿化可能需要2种或者2种以上的菌株合作才能完成。或者是需要添加另外的碳源，依靠细菌特有的共代谢过程进行完全矿化。这种菌株间的协作以及共代谢作用不但能矿化有机物，同时对自然界中细菌的生物多样性及代谢多样性具有重要意义。另外，不同菌源对苯二甲酸酯的降解性能也不同，少鞘氨醇单胞菌是能够降解苯二甲酸的一类非常重要的菌种。

邻苯二甲酸酯等增塑剂是人们长期大量生产、使用塑料制品所造成的一种环境有机污染物。虽然人们目前已经认识到它的危害，但是在实际的生产和生活中仍离不开它。因此，当前的研究重点一方面应放在如何使其与塑料结合更加紧密，使其不易从塑料中分离出来进入环境；另一方面应研究，如何降解进入环境中的邻苯二甲酸酯，减少环境污染。微生物降解被认为是消除环境中邻苯二甲酸酯污染的有效途径。但是对于材料性能而言，预防增塑剂腐蚀降低塑料性能也是研究者需考虑的问题之一。

聚酰亚胺是一种耐热性极好的聚合物，耐辐射、抗降解、力学性能和电性能突出，广泛用于航空航天、军事、电子等领域，其稳定性的问题已经引起了广泛关注。1998年通过调查聚酰亚胺组成成分：均苯四酸二酐（PMDA）和4,4′-二氨基二苯醚（ODA），发现其可以被生物腐蚀。将从被腐蚀绝缘材料表面分离的真菌接种于聚酰亚胺薄膜和绝缘硅晶片表面，运用电化学阻抗谱（EIS）方法检测薄膜表面的变化，结果显示它们对真菌腐蚀很敏感，并且聚酰亚胺的介电性能可以由微生物在其上面的生长彻底改变。聚酰亚胺腐蚀过程可分为两个步骤：部分高分子基质中进入了水分和离子导致了涂层抗性的降低，接着由于真菌的活性而导致高分子物质的进一步腐蚀，电阻率大幅度下降。这些真菌包括杂色曲霉、芽枝状枝孢和毛壳霉。虽然从被腐蚀的聚酰亚胺中能够分离到某些细菌，但是没有进一步研究证明这些细菌能够腐蚀高分子聚酰亚胺。但是聚酰亚胺的介电性能可以被生长的微生物膜彻底改变。

生物腐蚀可能会因环境条件而减缓，因为可利用的碳氮源及其他营养物质有限，从而限制了微生物的繁殖。但是腐蚀过程也可能在人为条件下或封闭环境中加速，如海底、宇宙飞船、航空器或其他封闭设备微环境中。因为，这些环境中的湿度促进细菌生物膜在其表面扩展。而细菌生物膜的存在为真菌的侵染和定殖提供了生存环境。也许微生物腐蚀造成材料的表征变化是微小的，但是材料绝缘性能的细微改变都可能导致通信和防控系统的严重损失，甚至灾难性后果。

三、存在的问题及面临的挑战

1. 高端人才队伍不足

高端人才如院士、四青人才等在相关领域的缺乏，直接影响了我国在技术创新和科研领域的领先地位。这些人才在引领前沿研究、开展重要基础研究、指导青年科研人员等方面起着不可替代的作用。要解决这个问题，需要加强对高端人才的培养、引进和留用政策，提供更有竞争力的薪酬和福利，为他们提供更好的研究环境和支持。

2. 博士水平以上研发人才稀缺

博士水平以上的专业研发人才是科研和创新的中坚力量。然而，当前我国在这方面也存在供给不足的问题。解决这个问题需要从基础教育入手，鼓励更多人投身科研领域，同时加强对研究生培养的投入，提高研究人员的待遇和增加其职业发展机会。特别是一些关键但小众的领域，守株待兔式的吸引人才策略收效甚微。应该加强引导人才培育，加强政府和行业科研资金在这些领域的基础科研投入，加强科技研发和人才培育相结合。

3. 基础研究仍较薄弱

尽管我国在应用研究和工程开发方面取得了显著进展，但在关键基础领域的基础研究仍相对薄弱，这导致了我国在某些重要领域数据缺乏、理论基础薄弱等问题。要解决这一问题，需要增加对基础研究的资金投入，鼓励学术界和产业界的合作，加强科研机构之间的合作，促进基础研究的交流和分享。

4. 标准和环境作用失效测试体系建设不完备

在工程制造领域，标准的制定和实施对于确保产品质量、安全性和可靠性至关重要。然而，标准建设在某些领域可能存在不足，存在未能充分考虑环境因素对材料失效的影响的问题。加强标准建设需要广泛的专业参与，从而确保标准和环境作用失效测试体系的科学性、严谨性和适用性。

5. 发展与需求脱节

发展与需求脱节的问题，是指我国在一些领域的发展不足以满足实际需求。为了解决这一问题，需要建立更加敏锐的市场预测和需求分析机制，以便调整研究方向和重点，确保科技创新与市场需求紧密结合。

总之，高端人才队伍和基础人才队伍建设是我国创新发展的基石。通过加强人才培养、提升研发环境、加大基础研究投入以及推动产学研合作，我国可以进一步强化技术创新能力，实现高端制造的品质提升和可持续发展的目标。

四、未来发展战略需求及方向

我国在材料失效与保护方面整体上取得了巨大进步，但在关键基础领域、量大面广的工程制造领域，失效基础研究还相当薄弱，数据缺乏和理论基础薄弱情况非常严重，严重制约了我国材料失效与防护领域的发展，不能有效支撑国家高端制造的品质提升和可持续发展的需求。其亟待发展的方向主要包括：

1）大力发展高性能耐蚀材料体系建设，比如耐蚀建筑用钢、海洋工程用钢、耐蚀锚杆及紧固件材料、压力容器及管道用钢、不锈钢等，加强其上下游协同研究和标准体系建设。这是我国由制造大国向制造强国转变和推进低碳可持续发展的必要技术体系保障，有利于提升中国品牌的长期国际竞争力，大幅延长重大工程设施和设备的服役寿命和可靠性的底层关键基础。

2）核电材料、热电材料、熔盐环境、核废料存储、超高压临氢储氢环境、CO_2封存、深远海海洋工程等极端环境下材料持久服役性能演变规律、预测模型、加速评价方法和数字仿真技术等研究不充分或处于空白，难以支撑相关领域设备及材料长期或超期服役评估和保障技术。此项研究功在当下，意义深远，亟待发展。

3）继续系统性地加强材料失效行为机理、耐蚀机理、典型环境和极端环境下的失效行为规律研究和数据库建设。近年来我国在这方面建设下滑严重，与可持续发展的国家战略需求和实体相关需求的规模严重不匹配，长期持续下去，将对国家发展会造成严重影响。

4）加强材料失效防护技术基础研究，加强先进替代材料和防护理论与技术研究。

5）加强新理论新方法和先进材料研究和基础研究。

6）加强标准建设和标准底层的基础研究工作。

7）大力加强人才培养。特别是一些小众领域和新兴领域，应该加强人才引导性培育，加强相关科研、基础建设和人才培养资金的协同投入，促进完善人才培养方向的合理分布和系统性建设。

材料检测与分析技术

一、概述

每次人类历史进程迭代都是由新材料引发的工业技术革命对人类生活、物质生产带来的巨大变革，新材料通常指新出现的具有优异性能或特殊功能的材料，或是传统材料改进后性能明显提高或产生新功能的材料。新材料研究发展离不开检测与分析技术这一辅助工具。传统材料研究方法刚开始主要是依靠经验积累，通过物理感知，经验总结到作坊生产，发展到机器化时代的标准工厂，小试—中试—大试从实验室到大型设备生产，通过光电感知，构建结构—性质—效能相呼应关系，再到人工智能时代，材料高通量模拟计算、大数据、人工智能广泛应用背景下，计算机、物理、数学、化学多学科助力发展新材料研究，从而使得新材料快速精细化、智能化发展，第四次工业革命一直在酝酿中。

材料检测与分析技术是指使用各种技术和方法对材料的性能、组成、结构以及各种缺陷进行分析和评估的过程。材料检测与分析技术作为材料研发中对材料结构和性能分析的工具，具有非常重要的意义。如果将材料研发比喻成城市的工厂，材料检测与分析就像一个城市的基础设施一样，一个城市 GDP 发展必须由工厂生产创造，也必然依靠这些基础设施才能实现出口增收。材料检测与分析是一门建立在光学、物理学、晶体学、电子光学、数学、图像学等基础理论上，经过实践验证过的学科，检测技术学科相关理论多次获得诺贝尔奖，例如劳厄通过证明 X 射线具有波的性质于 1914 年获得诺贝尔物理学奖；布拉格父子提出了著名的布拉格方程并基于此设计第一台 X 射线光谱仪，由此布拉格父子 1915 年获得诺贝尔物理学奖；质谱作为一种测量离子质量 - 电荷比的分析方法于 1922 年获得诺贝尔化学奖；拉曼效应的发现使得拉曼于 1930 年获得诺贝尔物理学奖；核磁共振光谱学于 1952 年获得诺贝尔物理学奖；X 射线断层扫描技术于 1979 年获得诺贝尔生理 - 医学奖；电子显微镜学相关研究获得 1986 年的诺贝尔物理学奖；中子衍射技术获得 1994

年的诺贝尔物理学奖；还有最近发展的冷冻透射电镜于2017年获得诺贝尔化学奖。随着新材料的研究与技术不断发展，许多新的材料体系、材料结构、材料性能不断涌现，对材料表征方法与手段的要求也越来越高。随着研究理论的不断深入，应用场景的不断开拓。新的检测方法也呈现出设备分辨率不断提高，原位以及三维重构直观呈现等趋势。

材料不同层次结构与不同程度材料指标要求下的性能相互关联，这种关联从微观到宏观层面都有所体现。材料一般分为三个层次：第一个层次是原子结构，一般与微纳米材料性能影响较为密切，或者影响一些块体材料极端环境条件下的极端性能，通常采用原子级别的检测分析方法来实现研究，比如球差电子显微镜，三维原子探针以及扫描隧道显微镜等；第二个层次是分子或者晶体结构，包括晶体，非晶体，晶体线缺陷（刃型位错、螺型位错等），面缺陷（晶体的表面、晶界、亚晶界、相界）等，影响着材料的常规化学稳定性能、物理性能和力学性能，通常用X射线衍射，透射电子显微镜等可以实现。第三个层次是组织结构，晶体取向，宏观织构，以及加工和使用中出现的裂纹、孔隙、磨痕结构等，影响材料长期服役效率以及实际材料生产投入收益比，这部分结构可以通过扫描电子显微镜、金相显微镜、EBSD等进行分析研究。

基于不同波长的电磁波与物质发生相互作用从而体现物质内部特异性结构的各种分析方法成为目前研究热点，包括各种电子显微镜，X射线光谱，X射线衍射，以及红外、紫外等分子光谱。基于其他物理性质或者化学性质与材料之间的特征关系建立的色谱、质谱、电化学分析、孔分析、热分析等方法也是材料研究中常用的性能研究方法。不同的分析方法具有相应的适用范围，突出场景功能，同时也会具备一定的局限性，因此随着材料研究需求场景的多样化，复杂化，近些年来检测分析方法通过改装多样化的样品夹具，样品仓设置，扩充外接口配置，在不断地扩大自身适用领域的同时积极探索各种原位反应条件以及联用装置，为新材料的研究工作提供强有力的硬件支撑。根据材料检测与分析目的，可以将这些方法分为微观结构分析、分子结构表征分析、元素及成分分析、性能分析。

常见的微观结构分析包括透射电子显微镜、扫描电子显微镜、原子力显微镜、扫描隧道显微镜还有3D原子探针显微镜。这些微观表征方法近些年不断提高设备分辨率，比如透射电子显微镜通过配置球差矫正器，达到更高的原子级别分辨率，实现更多晶体材料在原子尺度上的原子缺陷，重排、空位、畸变、掺杂等机理探究。冷冻扫描电镜、冷冻透射电镜、冷冻聚焦离子束等方法实现电子束敏感材料以及温度敏感材料的原位结构分析。常见的分子结构分析方法包括X射线光电子能谱、X射线衍射仪、红外可见分光光度计、紫外可见分光光度计、拉曼光谱、核磁、质谱、电子自旋共振波谱等，为了研究材料在实际环境应用中的结构变化和性能关系，近些年这些方法都扩展了很多原位光、热、力、电、气等环境下原位测试。常见的元素及成分分析方法包括等离子体质谱仪、X射线荧光光谱、有机元素分析仪、ONH分析仪、CS分析仪、离子色谱、液相质谱连用、气相质谱连用、GD-MS、SIMS、EPMA等分析方法。这其中包括精确定量分析方法，也包括半定量分析方法，有的方法还可以做空间元素分布，实现特定位置元素分布分析。其中 GD-MS、SIMS 在空间定量分析方面，检测限可以达到 ppm 级别，进行精确定量分析，包括 SIMS 可以分析 H 元素，可以解决储氢材料的 H 元素含量分布问题。常见的性能分析方法包括物理性能，比如热学方面的热分析、热导、热膨胀、比热；光学方面的，透过率、反射率、折射率等；电化学方面的，电导率、介电常数、电阻、阻抗、电容量等；力学性能方面的，减摩抗磨性能，抗压、抗拉、抗弯强度，冲击韧性、疲劳强度和断裂韧性等，化学稳定性方面的，耐腐蚀性、抗氧化性等。

二、国内外最新研究进展

（一）微观结构分析最新研究进展

微观结构分析一般是基于电子束、离子束或者 X 射线等微束流跟样品内部原子发生相互作用，生成二次电子、背散射电子、衍射束电子、透射电子、特征 X 射线等电信号，不同的电信号代表了样品表面或者内部微观形貌、尺寸、晶体结构，成分含量等一系列信息，再通过相应的探测器进行光电信号转换，从而让我们直观了解样品这些信息。这类设备目前从设备性能上不断通过探测器物理性能优化，图像矫正器物理矫正进行设备硬件优化，或者借助信息科学，包括人工智能（AI）和其他统计数学方法进行软件优化，实现更高精度、更高通量的表征。除了设备性能优化以外，设备的应用技术在不断地拓展多种应用场景，原位液体、原位电化学、原位力学、原位高低温、原位通气等多场耦合下样品结构分析也是目前最前沿应用成果进展。

1. 4D-STEM 使用混合像素直接电子探测器进行超快衍射成像

常规扫描透射电子显微镜（STEM）拍摄中，将电子束聚焦于样品表面，经过样品散射可以得到前向散射电子、后向散射电子、X 射线、二次电子以及能量损失谱信号。为了获得不同散射角下衬度信息差异，传统 STEM 通常会使用多个环形探测器收集电子信号。传统的 STEM 在每个扫描点上，每个探测器只是记录在探测器面积上经过积分之后的信号数值。如果改用阵列化的电子探测器，就可以在扫描的同时记录整个衍射斑信息，那么这种使用混合像素电子探测器采集 STEM 图像同时提高样品完整的电子散射分布信息方法被称为四维扫描透射电子显微技术（4D-STEM）。4D-STEM 采集的核心数据是衍射图案及其对应的横纵扫描坐标，相当于一个虚拟探测器，测试完成之后支持多种处理方式，通过获得不同散射角下信号积分，可以获得 STEM 模式下的 BF、ABF、ADF、HAADF 等多种模式图像。

随着科研工作者对分辨率的要求以及多维度、多角度样品结构信息探究需求增加，包括现在 CMOS 电子技术和单片有源像素传感器（MAPS）架构的直读式电子探测器支持电子显微镜成像的显著改进发展，使得这一前沿技术在电子显微镜表征方法中越来越受到重视，并被许多 TEM 设备制造商采用和集成。最近由德科特思（DECTRIS）公司开发的 ARINA 探测器可以达到超过 120,000fps 的帧速率，可实现每个探测器像素高达 10pA 的电子计数。因此使用混合像素直接电子探测器的 4D-STEM 的技术即可实现与传统 STEM 成像相近的停留时间来采集数据，可以实现几秒采集时间便可以得到 4D-STEM 所有衍射信息。

电子衍射叠层成像（Ptychography）是通过采集 4D-STEM 衍射数据发展而来的新技术，他不依赖于物镜硬件成像，而是利用计算机算法进行重构成像，或者可以通过分区域积分信号的方式，模拟分区探测器，获得差分相位衬度信号，也可以对数据集进行会聚电子束衍射分析，包括位置平均会聚电子束衍射（PACBED）等。该技术凭借其超高分辨、高相位衬度、适用于轻质元素、高电子剂量效率以及易于三维成像的独特优势，已在材料领域发展成熟并得到了广泛应用。英国华威大学王鹏教授课题组联合牛津大学 Angus Kirkland，David Stuart 和 Peijun Zhang 教授课题组，率先发展了基于冷冻电子叠层衍射成像的单颗粒三维重构技术（Cryogenic electron ptychographic single particle analysis，cryo-EPtySPA），并首次提出相关技术流程图。该研究工作在具有冷场电子枪的 JEOL Grand ARM 电镜上开展实验，采用冷冻电子叠层衍射成像（cryo-EPty）技术重构获得轮状病毒颗粒高衬度二维图像，再通过 cryo-EPty 与单颗粒三维重构技术的有机结合，展示了基于 cryo-EPty 的单颗粒三维重构技术的流程，获得了病毒颗粒的三维密度图。研究结果表明，相对于传统 TEM，基于电子叠层衍射成像技术的单颗粒三维重构结果的衬度更高；不同电子探针会聚角会得到相应的优势信息传输频带，通过组合不同会聚角的优势频带，获得了宽频带的三维密度图。在未来的电镜相关硬件、技术及软件的进一步发展，如电镜系统稳定性的提高，计算机算法的发展（如机器学习算法的引入），超快相机的发展以及超快电子光源的引入，Cryo-EPty-SPA 将为生物结构解析提供新的技术思路，有助于突破冷冻电镜技术在实际应用过程中存在的瓶颈或发展成为生物结构三维成像的通用技术。

沸石分子筛结构对电子束极为敏感，对于这类材料的高分辨成像非常具有挑战性。集成差分相位对比（iDPC）STEM 已被证明是对沸石内骨架和客体物种进行低剂量成像的有效方法。然而，它仍然没有实现现代 STEM 的潜在空间分辨率，并且沸石局部结构的直接成像，特别是对于那些具有低含量、轻元素或部分占有率的额外骨架物种，仍然具有挑战性。近日，上海科技大学江淮东、马延航等使用 4D-STEM 的电子叠层成像技术，实现了对电子束敏感沸石 Na-LTA 和 ZSM-5 的精细结构进行原子级成像。对于 Na-LTA，额外骨架 Na+ 阳离子的局部分布在 sod-cages 中，甚至在仅占约 1/4 的 LTA 笼中。对于 ZSM-5 沸石，对于相同的 4D-STEM 数据集，使用不同的算法（ePIE、SSB 和 iCoM）获得了不同的重建结果，ePIE 方法被证明是有利的，在低剂量条件下具有高分辨率和高 SNR。这些结果代表了沸石科学的关键进展，允许对骨架和额外骨架原子进行局部分析，即使是低占有率，也无须引入任何周期性。类似的研究成果，华南理工大学电子显微镜中心张辉教授和阿卜杜拉国王科技大学韩宇教授合作的以题为“*Three-dimensional inhomogeneity of zeolite structure and composition revealed by electron ptychography*”的论文近日发表在《科学》杂志上。从约 40nm 厚的 MFI 沸石图像显示出约 0.85 埃的横向分辨率，能够识别单个骨架氧（O）原子并精确确定吸附分子的方向。此外，约 6.6nm 深度分辨率可以探测 O 空位三维分布，以及共生 MFI 和 MEL 沸石的相界。

除以上电子叠层成像技术应用外，利用样品局部结构及取向对采集到的会聚束衍射图案的影响，Schaffer 等人在材料的界面处表征了增强暗场像。此后，Tao 等人也采用相同手段，利用超晶格反射绘制了 La0.55Ca0.45MnO_3 中纳米沉淀相与样品温度的相关变化。Caswell 等人使用衍射点取向成像和相邻衍射点相关性方法绘制了铜纳米晶体的复杂微结构图。Kimoto 和 Ishizuka 则通过对 $SrTiO_3$ 单个原子柱的衍射图案表征，证明了原子级分辨下衍射成像的可行性。这种方法也被应用于金属合金、电池以及液晶等材料的结构表征，以及 STEM-EELS 图像的漂移校正。差分相位衬度（Differential Phase Contrast，DPC）成像方法随后发展起来，已能达到原子级分辨。传统的差分相位衬度成像使用固定的分割探测器，降低了信息传输效率，损失了许多空间分辨率。规避这个问题的一种办法便是使用像素化探测器，使用 4D-STEM 技术进行 DPC 成像。由于在每个扫描位置上，4D-STEM 的探测器都会记录动量空间的阵列信号，使用“质心法（Center-of Mass，COM）”就可以测量到电子束的动量变化。这一方面意味着 DPC 成像可进行及时分析，即通过在像素化探测器后加装预编程硬件，便可像传统 STEM 成像一样在采集信号的同时就能够得到重构的图像，而不需要先转移、存储和处理庞杂的 4D-STEM 数据。另一方面，4D-STEM 技术也在应力成像，中程有序测量，CBED 定量测量等其他方面有重要应用。

2. 扫描电镜中的算法进展

如上文所述透射电镜近年来在硬件发展上取得很多进展：混合像素直接电子探测器还有球差矫正器，扫描电镜在硬件上的发展同样毫不逊色，包括浸没式物镜和复合物镜，搭配镜筒内探测器和减速模式，从而使扫描电镜在低加速电压成像上取得质的飞跃。能谱仪方面采用硅漂移探测器、平插式能谱仪和无窗式能谱仪等先进技术。在电子背散射衍射技术中，CMOS 探测器崭露头角。利用这些先进技术可以获得更亮的场发射电子源，更好的电子光学设计，更高效的探测器以及更好的真空和更稳定的样品台，从而提高扫描电镜的分辨率。然而，亮度方程反映出的束流和束斑的矛盾没有得到根本解决，束流本身也难以同时兼顾衬度阈值和分辨率。此外，当面对生物样品等电子束敏感样品时，通过增加驻留时间来改善图像信噪比的做法可能导致样品漂移、污染和损伤。因此当硬件发展到一定水平后，软件及算法成为现代测试技术发展的关键因素。随着计算能力、大数据和人工智能的发展，硬件和软件相结合可以实现更高精度、更高通量的表征。

压缩感知（Compressed sensing），也被称为压缩采样（Compressive sampling）或稀疏采样（Sparse sampling），是一种寻找欠定线性系统的稀疏解的技术。压缩感知被应用于电子工程尤其是信号处理中，用于获取和重构稀疏或可压缩的信号。这个方法利用讯号稀疏的特性，相较于奈奎斯特理论，得以从较少的测量值还原出原来整个欲得知的讯号。稀疏采样时仅选择少量的采样区域并将其暴露在电子束下，可以减少电子束剂量。与生活中的图像相比，电镜和显微分析的图像通常没有特别多类型特征信息，且局部和非局部特征之间存在关联，还可以预先得到先验的信息，这些就满足了得到完整图像可不必完全符合采样的定律。因此采用稀疏采样减少电子束剂量和成像时间，再使用机器学习或深度学习，用算法重构完整的图像，使得压缩感知可以应用于扫描电镜成像领域。压缩感知和深度学习减少了电镜图像中的噪声，结合深度学习算法可使扫描电镜在速度和成像性能方面得到极大的提高。实践表明，对于电子束敏感材料，这种算法可使用低信噪比的图像结合稀疏采样，使用贝叶斯机器学习算法生成了高信噪比、无失真的图像，同时减少样品损伤和漂移。对于生物样品，在相同驻留时间下，一些文献比较了 3 种优化图像质量的方法，结果表明基于压缩感知的方法效果最为明显。压缩感知结合词典学习，可获得兼具高效和高分辨的图像采集方法。深度学习和卷积神经网络为高通量扫描电镜提供了巨大的潜力。

在电子光学中，理想物点尺寸因衍射及其他像差存在而扩展，再考虑到电子束与样品作用后各种信号逸出后的空间分布，这些因素导致信号电子分布在一个较广的范围，而不再单纯反映局域信息，因此当信号电子的空间分布远超出样品像素大小，这会导致图像中严重的像素重叠和模糊。从光学和信息论的角度看，这些造成模糊的因素可以被视为点扩散函数（PSF）。理想的 PSF 应尽可能小，但现实中的成像系统具有不理想的 PSF，会导致实测图像失真或者模糊。实测图像可被视为真实图像和点扩散函数的卷积。如果能获知点扩散函数和实测的图像，通过去卷积可以还原清晰的真实图像，这个过程也被称为图像恢复（Imagerestoration）。PSF 方法结合贝叶斯方法可以在锐化图像的同时不引入伪像。文献证实，图像的恢复降低了成像对束斑的要求，大束斑也可以形成清晰的图像。

多元统计分析（Multivariate Statistic Analysis，MSA）可以对日益庞大和复杂的数据集进行分析。通过揭示更好、更简单地描述数据的隐藏变量或通过识别数据中的群组，MSA 可以提取数据中最有用的信息，并且在减少数据总量的同时提高数据的质量。该方法已经在许多显微学、谱学和衍射相关的领域（如 EDS、STEM、XPS 和 EELS 等）中得以广泛使用。在能谱技术中，能谱面分布记录了完整的谱学数据库（x-y-Ep），其中每一个像素点包括一张完整的能谱图，成千上万个像素点就有成千上万张图谱，采集一张能谱面分布图需要大量的时间，且当样品不耐电子束辐照的时候，就容易出现图片漂移，电子束结构损伤等损失空间分辨率等后果。然而这些数据中存在大量的冗余背底信息，利用数据冗余，使用合适算法将相似信号进行求和，将相似图谱进行组合，就可以缩短采集时间并降低噪声信号。随着人工智能的发展，结合算法可以进行快速高效的能谱面分布数据采集成像。

3. 原位微观结构测试

常规的仪器检测对于样品具有特定要求，且检测样品静态下的形貌或者结构信息，对于含水量高，失水结构破坏这类蛋白、细胞、组织类样本或者对于一些结构极其不稳定，很容易受电子束辐照损伤的材料而言，使用这类仪器检测通常要采用特殊的制样方法进行前处理。通常前处理使得样品结构本身受损，因此这是一种原位微观结构观察目的。如何不进行前处理或者少量无损的前处理方式，保持样品原本状态放入仪器检测是分析检测领域永恒的研究课题？ 20 世纪 80 年代，雅克・杜博歇领导的研究团队发现一种利用液态乙烷快速冷冻蛋白质溶液且分子在电子束辐照时仍能保持静止，保持蛋白分子原有结构。除了这种原位微结构观察目的外，还有很多材料研究不止研究材料制备完成或者失效后的结构，还需要研究材料使用（服役）过程中，特定的环境下（压力、拉力、弯曲、高低温、通电、溶液流动等）材料实时变化的结构，从而构建微观组织结构，性能之间动态关系，更有利于研究材料作用机制和失效机制探究。

扫描电镜原位力学样品台发展和应用可以追溯到 1969 年，已经可以实现宏观块体样品的原位力学表征测试，但该原位装置智能采集载荷变量，无法获得位移变量。目前微型化的原位力学性能测试装置与扫描电子显微镜联合使用发展如此之快，一方面是由于扫描电镜样品仓尺寸不断增加，另一方面是由于国内外机械加工精密度提升，以及高性能微型控制电机、传感器等电子元器件的快速发展。

原位加热最大的挑战在于高温成像时大量热电子会对二次电子形貌像造成“淹没效应”，大量低能量的热电子和样品中的二次电子一起被探测器采集，从而产生很大的噪声背底，严重降低二次电子的分辨率和图像对比度。同时，高温的时候，原位加热台和被测试样均会产生大量的红外光，降低二次电子探头的信噪比，产生过曝现象。

高温高应力耦合作用下材料微观结构变化和性能之间相互关系一直是材料学领域研究热点和难点。目前原位高温拉伸台普遍采用齿轮、丝杠螺母传动施加载荷，采用可独立的加热台作为高温源，这种相互兼容匹配的结构设计不仅便于安装和拆卸，而且能够保证准确的载荷输出与力 - 位移数据采集，也便于将加热台与原位拉伸台、扫描电镜样品台通过增加隔热绝缘模块进行隔绝处理，避免热量以及电磁场对周围传感器造成干扰。已商业化的原位高温拉伸台在高温高应力耦合条件下使用时，当测试样品温度超过 800℃时会有大量的热电子淹没二次电子信号，降低二次电子的分辨率与信噪比，温度更高时甚至造成过曝现象，完全失去成像能力。

锂离子电池由于其较高的能量密度和较长的循环寿命而备受关注，在当下全球能源结构调整下，诸多新兴领域的应用需求对锂离子电池的能量密度、安全性以及循环寿命提出了更高的要求。这些高能量密度电池在使用过程中存在诸多问题，例如电极材料体积变化明显，易粉化，导致电极材料能量密度衰减和电池失效。科研工作者开发了大量的原位表征技术，比如扫描电镜、拉曼光谱、XRD，XPS、透射电镜等，以方便在电池工作条件下直接观察电极材料在充放电循环过程中的结构变化。德国马普所科学家Kühne等通过低压原位TEM实现了对双层石墨烯中Li+可逆插层和排列的实时观测，发现锂原子在双层石墨烯片层中形成了多层超致密的密堆积有序结构，这种超致密有序结构使得锂储存容量远超LiC_6结构，电子能量损失谱（EELS）和第一性原理（DFT）计算也进一步证实了此结论。SnO_2材料因储量丰富、理论容量高、嵌/脱锂电位安全等优点，在锂离子电池负极材料研究中受到广泛关注。然而电化学反应之后的SnO_2纳米线发生总体积240%左右的膨胀，造成电极材料的破裂和粉化。在宏观电池测试中，通常采用多种方式来缓解这一体积膨胀，例如构筑空心结构，多孔结构以及包覆缓冲层等。Zhang等利用原位TEM研究了C、Al、Cu包覆的SnO_2纳米线的电化学行为，研究结果表明，包覆的SnO_2纳米线比未包覆的嵌入Li+的速度快了近10倍；而且包覆的SnO_2纳米线的径向膨胀得到了有效限制、反应端部应力得到了有效降低，进一步证明了包覆层可以有效控制电极材料的体积膨胀；此外，包覆层使SnO_2纳米线的锂化速率提高了近10倍，说明包覆层的添加可提高电池的倍率性能。

（二）分子结构分析最新研究进展

分子结构分析方法多种多样，一般具有较高的灵敏度和较高分辨率，不过对样品要求较高，特别是对于需要晶体解析材料而言。2019年，德国默克公司与日本顶尖科技分析仪器Rigaku理学公司将联合开发基于先进结晶海绵技术的实验室仪器设施，由此能够不借助分析物的结晶化来测定有机分子的全部化学结构。“晶体海绵法”最大的突破在于以下几点：①不需要任何结晶过程，随着样品溶剂的挥发，目标分子会自动渗透进入晶体海绵内部，并长程有序排列在晶体海绵的孔洞里（晶体海绵就好比已经建好的房子，目标分子就好比将要入住的住户，每一个住户都按照事先安排好位置入住每一间房间，从而实现长程有序）；②可以实现纳克级化合物的晶体结构分析。理论上，一颗（$80\mu m \times 80\mu m \times 80\mu m$）的晶体海绵就可以实现26纳克的目标分子的结构解析；③可以与高效液相色谱（HPLC）联用，实现对于少量混合产物的直接结构分析；④可以确定分子的绝对构型。该项基于结晶海绵技术的研发思路能应用于极微量的挥发物、非结晶性化合物等物质的分析，该项技术简化了复杂的技术路线，使之适用于化学实验室、生命科学实验室，可用来测定精细化学品或天然化合物的分子结构。这项新技术能够快速测定分析物的全部化学结构，即使分析物只有次微克量级也没问题。

（三）元素及成分分析最新研究进展

二次离子质谱仪（Secondary Ion Mass Spectrometry，SIMS）也称离子探针，是一种使用离子束轰击的方式使样品电离，进而分析样品元素同位素组成和丰度的仪器，是一种高空间分辨率、高精度、高灵敏度的分析方法。它的检出限一般为ppm至ppb级，空间分辨率可达亚微米级，深度分辨率可达纳米级，被广泛应用于化学、物理学、生物学、材料科学、电子等领域。根据工作模式的不同，二次离子质谱有四个方面的应用，分别是元素及同位素分析，表面质谱，表面成像和深度剖析。第一个是元素及同位素分析。第二个是表面质谱，表面质谱与其他常规分析手段相比，二次离子质谱的显著特点便是很高的灵敏度，例如，对半导体材料中硼、磷、砷等杂质的分析灵敏度可达（0.2 ~ 20）$\times 10^{-6}$。这种高灵敏度的杂质分析，是现代半导体工艺中质量控制不可或缺的。第三个是表面成像，表面成像是利用二次离子束对样品的待测区域进行逐点扫描，从而得到该区域内特定原子或分子的分布图像。此外，二次离子质谱所独具的高灵敏度和高空间分辨率也得到了越来越多的生命科学研究者的关注，将其用于生物样品的分子成像。第四个是深度剖析，深度剖析要求对样品表面的原子实现快速逐层剥离，因此采用较强的束流。实际工作中会经常采用双束，即用束斑较大的强束流来剥离并产生平底的凹坑，同时用束斑较小的弱束流对凹坑底部中心区域质谱分析。在半导体制造工艺中，扩散的过程对器件的许多性能指标具有决定性的影响，扩散层和杂质的分布直接决定了器件，诸如频率、放大、耐压等参数。而二次离子质谱所具有的高灵敏度和空间分辨率就为 μm 尺度扩散区杂质浓度测定分析提供了理想的工具。

SIMS 技术作为目前最为先进的微区分析手段，已经得到了令人瞩目的发展。随着 SIMS 技术的不断发展，其在化学、物理学、生物学、材料科学、电子、地球科学等方面的应用越来越广泛，对 SIMS 技术的应用的探究也越来越多。

除了 SIMS、GD-MS 这些高灵敏度、高分辨率的分析方法以外，电感耦合等离子体串联质谱仪（ICP-MS/MS）是一种相对较新的技术，世界上第一台 ICP-MS/MS（Agilent 8800）于 2012 年投入商用。与传统的单四极杆电感耦合等离子体质谱（ICP-MS）相比，ICP-MS/MS 的主要优点包括：在碰撞反应池（CRC）中使用受控的化学反应消除质谱干扰的能力；两次质量过滤可以更好地分离相邻质量的“峰拖尾”；更高的灵敏度和更低的背景以改善检出限。

三、存在的问题及面临的挑战

近年来我国在检测分析技术多个方面取得了技术突破，例如扫描电镜实现了多个层次、多个维度的技术突破，打破国外扫描电镜在国内“一统天下”的局面。其中，国仪量子的场发射扫描电镜，钨灯丝扫描电镜 2022 年在全国销量足以证明这一点。聚束科技高通量扫描电镜在半导体领域、生物领域 3D 连续成像方面有着突出优异性能。除了微观结构分析设备外，我国在质谱领域也取得了不错的成就。2004—2020 年，我国陆续涌现几十家临床质谱创新企业，国内厂家率先突破 MALDI 技术，现在获得 CFDA 批文的国产仪器有毅新博创、厦门质谱、融智生物、禾信仪器等一批企业，门槛相对较低。LC/MS 在临床质谱市场占据绝大多数份额，是市场前景最广阔的一块，但技术门槛比较高，目前国内已有厂家正积极和海外大厂合作推动质谱仪器的国产化，并已经取得了一些成果，例如今年获批的品生医学的小型化临床级质谱检测系统 Qlife Lab 9000。类似于化学发光领域，国产质谱进口替代的顺利与否仍需市场检验。

四、未来发展战略需求及方向

随着第三方检测行业的蓬勃发展以及新材料领域的快速发展，对于国内检测分析技术人才的需求越来越旺盛，特别是对于高素质、具有研发能力及高精端设备操作经验的检测分析技术人才需求度越来越高。2012 年河南化工技术学院与中镜科仪联合开办的电镜培训专业是高精端设备操作人才的一次突破性尝试，该专业学生受到清华大学、浙江大学等高等院校的青睐。随着市场化研发检测机构的成熟发展，具有操作能力和具备进一步学习研发能力的高技术人才，在当下需求量最为紧缺。不管是在研发检测机构还是第三方质量认证检测机构，我国检测服务行业起步较晚，特别是在新技术、新理论的突破和发展下，我国高校并未设置高端仪器检测专业，并未对人才进行从技术理论系统培养以及实践培养。市场上的大部分高端检测人才，是在科研过程中自发学习和训练得到能力提升。由于高端仪器设备的稀缺，国内高端仪器检测理论及应用技术掌握在少数专家课题组内，但是由于科研专家更多的精力在于材料研发，因此这一技术传承度以及传承范围有限，容易出现技术断层。由此设置自下而上的专业、自上而下的人才培养已经迫在眉睫。当下高端仪器不只是我们科研发展卡脖子问题，而且由于工业软件的高度集成化和远程操作，我们使用国外高精端设备的同时还存在研究机密的泄密以及设备软件被控制等风险。

目前检测分析技术成熟与否，严重关系到研发进度开展以及限制所达到的研发高度。作为科技强国，在第四次工业革命到来之际，我们需要从本科开始着手培养人才，坚持多学科跨领域培养、长期培养及市场培育。检测分析技术的发展需要从政府支持、人才培养、机制完善等多个方面进行重点培养。

参考文献

[1] Candès, E.J., Wakin, M.B. An Introduction To Compressive Sampling [J]. IEEE Signal Processing Magazine, 2008, 21.

[2] NG Orji, M Badaroglu, BM Barnes, et al. Metrology for the next generation of semiconductor devices [J]. Nature Electronics, 2018, 1 (10).

[3] Potocek P, Schoenmakers R, Trampert P, et al. Sparse scanning electron microscopy for imaging and segmentation in

connectomics [J]. IEEE International Conference on Bioinformatics & Biomedicine (BIBM) . IEEE, 2018.

[4] Karl Hujsak, Benjamin D. Myers, Eric Roth, et al. Suppressing electron exposure artifacts: an electron scanning paradigm with bayesian machine learning [J]. Microscopy and Microanalysis, 2016, 22 (4) .

[5] P Trampert, F Bourghorbel, P Potocek, et al. How should a fixed budget of dwell time be spent in scanning electron microscopy to optimize image quality [J]. Ultramicroscopy, 2018, 191.

[6] T Patrick, S Sabine, D Tim, et al. Exemplar-based inpainting based on dictionary learning for sparse scanning electron microscopy [J]. Microscopy and Microanalysis, 2018, 24 (S1) .

[7] F Boughorbel, P Potocek, M Hovorka, et al. High-throughput large volume SEM workflow using sparse scanning and in-painting algorithms inspired by compressive sensing [J]. Microscopy and Microanalysis, 2017, 23 (S1) .

[8] Lazar A, Fodor P S. Sparsity based noise removal from low dose scanning electron microscopy images [C] // Computational Imaging XIII. International Society for Optics and Photonics, 2015, 9401.

[9] Tim Dahmen, Pavel Potocek, Patrick Trampert, et al. Sparse scanning electron microscopy and deep learning for imaging and segmentation of neuron structures [J]. Microscopy and Microanalysis, 2019, 25 (S2) .

[10] E Giannatou, G Papavieros, V Constantoudis, et al. Deep learning denoising of SEM images towards noise-reduced LER measurements [J]. Microelectronic Engineering, 2019, 216.

[11] AJ Wilkinson, Y Zayachuk, DM Collins, et al. Applications of multivariate statistical methods and simulation libraries to analysis of electron backscatter diffraction and transmission Kikuchi diffraction datasets [J]. Ultramicroscopy, 2019, 196.

[12] 梁杰存，韩琦男，贺志武，等. 扫描显微环境下原位高温力学测量技术及其应用研究 [J]. 中国科学：物理学力学天文学，2018，48（9）.

增材制造

一、概述

（一）增材制造的概念与特点

增材制造是以三维计算机辅助设计（CAD）设计数据为基础，将材料（包括液体、粉材、线材或片材等）自动化地累加起来成为实体结构的制造方法。增材制造技术正由于采用这种“逐点逐面”堆叠的制造方式，因而具有设计自由度高、可定制化制造和成形复杂结构的优点。增材制造可以快速高效实现新产品、新零件的制造，为产品研发提供快捷技术途径，其在航空航天、生物医疗、汽车和能源等领域具有广泛的应用前景。增材制造技术正在引领制造业的变革，为各个领域带来了巨大的变革和发展机会，推动了创新和可持续发展。

（二）增材制造的学科特点

增材制造技术呈现出典型的和明显的多领域交叉融合的学科特点，其涉及的多学科主要体现在以下方面：①材料科学与工程。需要开发适合打印的材料，主要包含聚合物、金属、陶瓷等材料。材料的特性、性能和适应性对打印过程和最终产品的质量至关重要。②机械工程。这是增材制造技术的核心学科，涵盖了打印机设计、运行原理、工艺参数优化等。机械工程师需要了解不同打印方法（例如激光熔化、电子束熔化、喷墨打印等）以及如何将设计转化为实际物体。③计算机科学与 CAD。使用计算机辅助设计软件进行三维建模和设计是增材制造的前提。计算机科学家和 CAD 专家开发软件和工具，帮助设计师将创意转化为可打印的模型。④材料力学。对于复杂结构的打印件，需要了解材料的力学性质，以确保其在使用中的稳定性和可靠性。材料力学的知识对于避免失效、疲劳和变形等问题非常重要。⑤制造工艺与工程。增材制造涉及一系列的制造工艺，包括预处理、打印、后处理等步骤。制造工程师需要优化这些步骤，以提高效率、质量和可重复性；⑥材料表征与测试。对于不同材料，需要进行材料性能测试和表征，以确保其符合要求。材料表征专家研究材料的微观结构、力学性能、热性能等。⑦生物医学工程（在医疗领域的应用）。增材制造在医疗领域的应用需要结合生物医学工程的知识，以满足患者的个性化需求，例如定制假体、生物打印等。⑧材料成型与制造技术。增材制造是一种新型的制造技术，但仍然与传统的成型和制造技术有关。理解不同制造方法的优缺点，以及如何将它们结合起来，是学科特点之一。

综合来看，增材制造技术的跨学科特性使得多个领域的专家需要合作，以解决涉及材料、工艺、设计和应用的各种问题。这些学科的交叉合作促进了增材制造技术的不断发展和创新。

（三）增材制造的内涵

增材制造曾经被认为与“3D 打印”是同一概念，具有完全相同的含义。然而，增材制造技术经过 30 多年的发展，其含义逐渐发生变化，内涵逐渐丰富。随着 2013 年 4D 打印概念的提出，我们认为增材制造和 3D 打印“同一性”的固有思维应该被打破，4D 打印技术是 3D 打印在三维坐标轴基础上增加了“时空轴”，也应当归入增材制造技术的范畴。

3D 打印成形的是稳定的构件，所谓稳定，指的是构件不能响应外界的刺激，形状、性能和功能不随时间发生变化。与此不同的是，4D 打印虽仍采用“逐点逐面”堆叠的制造方式，但其成形的构件具有能够响应外界能场（热、磁、电、光等）的刺激的智能特性，使其形状、性能或功能可随时空发生可控变化。因此，4D 打印是智能构件的增材制造技术。实际上，增材制造还包括打印生命器官的 5D 打印和打印智慧物体的 6D 打印等更高维度的打印技术。4D 打印已有较为充分的研究，5D 打印已有实验室研究成果，6D 打印仅是新提出的概念，尚未进入实质性的研究阶段。

由此可见，在传统 3D 打印的基础上，增材制造如今具有更高维度、更多方面、更深层次的内涵。

（四）增材制造的发展脉络

增材制造技术的起源可以追溯到 20 世纪 80 年代，标志一种基于光固化的 3D 打印技术问世，其通过使用紫外线光束逐层固化液态光敏树脂来创建三维实体。随着技术的不断发展，增材制造逐渐演化为一种可以在多个领域应用的先进制造方法。其具体的发展脉络如下。

1）起源和发展初期（1980—1990 年）：增材制造技术最早在 20 世纪 80 年代末和 90 年代初得到商业化应用。最早的应用是快速成型（Rapid Prototyping），可以将设计从数字模型直接转化为实体模型，加速产品开发过程。

2）技术扩展和应用拓展（2000—2010 年）：随着时间的推移，增材制造技术不断发展，涵盖了不同的材料，包括聚合物、金属、陶瓷等。此时，增材制造逐渐从快速成型延伸到直接制造终端零部件，尤其是在航空航天、医疗、汽车等领域。

3）材料和过程创新（2010年至今）：在过去的几年中，增材制造的发展更加专注于材料和工艺的创新。新的材料不断涌现，涵盖了更广泛的应用领域，例如高性能金属、聚合物、陶瓷复合材料等。同时，工艺的改进也使得制造速度更快、精度更高，进一步扩大了应用范围。

4）大规模生产和智能化制造（2020年至今）：随着技术成熟，增材制造开始在一些领域尝试大规模生产。智能化制造和自动化生产逐渐成为发展方向，涉及工艺监控、机器学习优化以及原材料回收再利用等。

5）多材料和多工艺融合（未来展望）：随着研究的不断深入，未来可能会看到更多不同材料和工艺的融合。例如，组合不同材料打印出复合材料，甚至同时使用多种工艺，如激光熔化、电子束熔化、喷墨打印等，以实现更复杂的结构和性能。

总体而言，增材制造技术正逐步从原型制造发展为一种能够在各种行业中实现快速、灵活和定制化生产的方法。随着技术的不断演进和应用的不断拓展，增材制造将继续在制造业中发挥越来越重要的作用。

二、国内外最新研究进展

增材制造技术通常按照聚合物、金属、陶瓷三大类材料分类，以下按照这三类材料分别阐述增材制造的新技术、新成果。

（一）聚合物增材制造技术

1. 概述

增材制造技术最初是依托聚合物材料发展起来的，最早的立体光刻（Stereo Lithography，SL）、选择性激光烧结（Selective Laser Sintering，SLS）和熔融沉积成形（Fused Deposition Modeling，FDM）技术分别采用了液态、粉末和丝状的聚合物材料作为成形材料。目前，聚合物材料的增材制造技术已经涉及增材制造国家标准中所列7种主流制造工艺中的六大种类，包括立体光固化（VP）、粉末床熔融（PBF）、材料挤出（ME）、材料喷射（MJT）、黏结剂喷射（BJT）和薄材叠层（SL）。聚合物增材制造技术已越来越多地应用在工业设计、教育、医疗器械、生物医学工程、制药、机器人、传感、航空航天、电子消费品、国防军事等领域，用于快速原型制造、工具制造、小批量零部件打印、复杂结构三维制品打印、定制化制造等诸多方面。

2. 研究进展

在材料方面，聚合物材料仍然是目前用量最大、应用最广的3D打印材料。2020年全球商业化用于 3D 打印的聚合物材料已达 1222 个牌号，接近所有 3D 打印材料牌号总数（2486 个）的一半。然而，同聚合物材料的巨大家族相比，3D 打印聚合物材料的数量仍然非常少，聚合物材料 3D 打印技术及产业的发展依然受制于打印材料品种少、应用面窄、急需的应用领域缺乏对应材料等突出问题，亟待突破解决。3D 打印的聚合物材料主要包括液态光敏树脂、粉末材料和丝材三大类。在 3D 打印技术发展初期，光敏聚合物材料应用曾经遥遥领先，聚合物粉末和丝材以后逐渐追赶上来。按最近的发展趋势，粉末材料很快将超越光敏树脂成为用量最大的 3D 打印材料。此外，聚合物基复合材料也是 3D 打印技术的一类重要材料，如采用短 / 连续碳纤维、玻璃纤维以及玻璃微珠等与 ABS、PA、PEEK、PPS 等热塑性树脂复合制备的各种打印制品，已在实际生产中得到应用。通过向聚合物中添加各种微 / 纳米级填料来改善材料的结构和性能，也是目前 3D 打印聚合物材料领域开发新材料的重要手段之一。

目前，尼龙是使用最广泛、成形效果最好的材料之一，国内湖南华曙高科和广东银禧科技是尼龙及其复合材料研发的领军企业，国内已形成尼龙及其复合材料研发领军企业。国内虽已成功研发尼龙与玻璃微珠复合粉材和尼龙与碳纤维复合粉材等，但通用型聚合物材料的耐温性和强度等综合性能具有一定的局限性。

高性能聚合物材料是目前研究的重点，主要包括聚醚醚酮（PEEK）、聚酰亚胺（PI）、聚氨酯（PU）和环氧树脂等，具有良好的强度、耐热性和热稳定性，但 PEEK 粉末在成形前需预热到 200 ~ 300℃，因此需要一个密闭的恒温环境系统，对装备也提出了非常高的要求。

PEEK 是一种性能优异的特种工程塑料，与其他特种工程塑料相比具有诸多显著优势，耐高温、机械性能优异、自润滑性好、耐化学品腐蚀、阻燃、耐剥离性、耐辐照性、绝缘性稳定、耐水解和易加工等，在航空航天、汽车制造、电子电气、医疗和食品加工等领域得到广泛应用。PEEK 具有与皮质骨相似的弹性模量、生物相容性、化学稳定性和放射线透过性，已经成为骨科替代物的最佳候选者。为了改善支架与成骨细胞的粘附和增殖能力，Feng 等在聚醚醚酮粉末中添加聚左旋乳酸（PLLA）和 β 磷酸三钙（β–TCP），通过选择性激光烧结（SLS）实现孔径约 450μm 的多孔材料支架打印制造，实现了支架的生物功能特性。由于第二项的引入，导致 PEEK 支架与细胞组织间键合较弱，植入后会产生机械性能与稳定性不足的问题。史玉升教授团队提出了特种工程塑料 PEEK/ 纳米羟基磷灰石复合粉材，用于 3D 打印制造个性化骨修复体，可实现形状可控、良好生物相容性和承重骨所需的足够强度，具有较高的临床使用价值和广阔的市场前景。3D 打印 PEEK 作为高强度、耐高温、高绝缘的聚合物的代表在机械零部件制造加工等领域应用也正在迅速发展。

PI 由于其优异的耐蚀性、耐热性、机械性能以及电学性能，可以适用于 –269 ~ 400℃的极端工况温度应用范围，被称为聚合物材料中的“黑黄金”。然而，由于其刚性的芳香分子结构，致使其难熔难溶，限制其进一步的应用。因此，聚酰亚胺融合增材制造技术的优势解决其难加工、难成型等难题具有重要的工程应用意义。聚酰亚胺光固化 3D 打印研究由中国科学院兰州化学物理研究所王晓龙研究员团队首次报道，通过设计制备具有高溶解性的聚酰亚胺光敏低聚物，与稀释剂、光交联剂及引发剂等互溶形成最终的 DLP 打印成型光敏树脂，打印的聚酰亚胺复杂结构具有优异的机械性能及耐热性。随后，美国弗吉尼亚理工大学的高分子创新研究所报道了掩模投影光固化 3D 打印 PI 技术，其利用“可光交联丙烯酸酯基团”的可溶性，前驱体聚合物在凝胶状态下发生“光诱导化学交联”再进行热处理实现聚酰亚胺的增材制造，其耐热性高达 600℃，但该方法制备的聚酰亚胺经过酰亚胺化后表现出的收缩率较高（体积收缩率 >50%），限制其进一步的应用。Wildman 等利用喷墨打印技术制备 PI 层，将高度稀释的聚酰胺酸（PAA）溶液打印到热的工作台上（约 168℃）并直接转换为 PI。尽管避免了对前驱体的化学改性，缩短了制造工艺，但是尺寸收缩依旧严重。随后采用双固化成型的方法，将聚酰胺酸制备成可紫外光固化的 PAA 盐溶液进行凝胶直书写 3D 打印，然后在 400℃的温度下热固化 PI 构件，从而实现高性能的 PI 构件的制造。采用这种方法不仅可以保持结构的完整性，同时还可以制备出综合性能与商用 PI 媲美的聚酰亚胺结构体，但尺寸收缩性及稳定性依然需要解决。

近年来，随着国内外研究人员对聚酰亚胺 3D 打印技术及其材料制备的研究，聚酰亚胺 3D 打印材料逐渐趋于成熟，部分技术成果在航空航天、光电工程及微电子制造等领域已得到商业化的应用。未来，聚酰亚胺 3D 打印材料及技术的研究重点向高精度、高综合性能、高稳定性等发展，重在提升聚酰亚胺打印材料的可应用性和成型件的精度等，进一步拓展其在关键应用零部件的智能制造。

聚氨酯由氨基甲酸乙酯结构组成，在聚合物链之间形成丰富的强氢键并且赋予材料的耐热性、柔韧性、抗冲击性及耐水性等。目前，3D 打印聚合物材料及制件普遍存在柔性、耐冲击性及机械强度不够等问题。四川大学夏和生教授团队将热塑性聚氨酯 / 单壁碳纳米管（TPU/SWCNTs）复合材料与 SLS 打印技术相结合，通过构建导电隔离网络的微观结构和最小比表面多孔宏观结构，制备的柔性压阻传感器具有优异的机械强度，可用于电子器件制造。在自修复领域，该团队将动态共价键聚合物引入巨物打印材料体系中，设计制备一种基于卤代双酚 A 氨基甲酸酯的动态交联自修复的高性能聚氨酯粉体，利用动态共价键不仅增强打印层之间的粘连，同时也能提高制件的机械性能，而且可以进行自修复，适用于工程制件的设计 3D 打印制造等领域。为了提高聚氨酯材料及其传感器的制造精度和设计性，Peng 等人合成了一种基于聚氨酯丙烯酸酯的低黏度光固化树脂，与 DLP 打印技术相结合，制备了一种高强度（6MPa）的压阻应变传感器和可穿戴的手指防护传感器。

Gama 等通过将软木颗粒添加到热塑性聚氨酯（TPU）中，进行 3D 打印，得到的硬质 PU 泡沫复合材料在隔热材料及隔热结构设计领域具有重要应用。此外，由于软木的黏弹性，产生的泡沫具有独特的弹性性能，使其在阻尼材料结构器件领域具有应用价值。但是软木的加入会导致零件的杨氏模量降低，并且由于泡沫的多孔特性而导致机械性能不足，因此难以应用到载荷过大的结构部件设计制造领域。近年来，对聚氨酯 3D 打印的研究主要集中于热熔挤出机光固化 3D 打印的聚氨酯材料，随着国内外研究人员的研究与发展，高性能聚氨酯材料已经被商业化并得到良好的应用。尤其在弹性体领域，聚氨酯 3D 打印材料在鞋底制造、工业密封垫等领域被广泛地认可。未来，聚氨酯 3D 打印材料的研究和发展，主要趋向于自修复性能、可回收性能、耐热性等研究热点。

环氧树脂具有优异的机械性能、电绝缘性能、耐腐蚀性、耐化学性以及耐疲劳性，已成为航空航天、汽车、航海等领域最常见的多功能黏合剂产品。然而，环氧树脂的韧性和导热性差，针对其复合改性和加工制造已成为研究热点。增材制造技术与环氧树脂材料结合实现高性能复杂结构的快速增材制造是至关重要的，基于环氧树脂良好的粘附性，使得各种材料可以与环氧树脂结合以增强其机械性能和其他功能性。Nadim 等人通过将纳米黏土颗粒与环氧树脂混合制备浆料并实现直书写 3D 打印，研究结果发现复合材料的机械强度和热性能显著提高，但纳米颗粒的引入降低其柔韧性和脆性。为了避免纳米材料的引入对其柔韧性的影响，Lin 等实现石墨烯增强环氧树脂复合材料的 SLA3D 打印，由于石墨烯可以提高聚合物的结晶度，其制件的抗拉强度和延展性增加了 62.2%。

未来，增材制造高性能环氧树脂主要对环氧树脂、固化剂及引发剂等进行系统的研究，通过纤维、晶须、二维纳米材料等填料的引入改善环氧树脂打印制件的机械强度、韧性及耐热性；借助增材制造技术的优势，实现环氧树脂及复合材料复杂部件的高精度制造、设计及优化，拓展其在微电子、航空航天及化学化工等高端领域的应用。

在设备方面，由于装备水平以及成形工艺的限制，目前国内外 SLS 技术主要用于成形低熔点的通用或普通工程聚合物材料。PA12 及其复合材料目前仍是 SLS 技术应用最多、最成功的成形材料，占 SLS 商品化材料的 90% 以上。而对于高性能聚芳醚酮（PAEKs）、聚芳酰胺（Aromafic Polyamides）这类特种聚合物材料而言，其一般具有较高的熔点（例如聚醚醚酮 PEEK 材料，其熔点约为 330 ~ 340℃），为防止成形过程中零件翘曲变形，要求 SLS 成形过程中预热温度设置在激光烧结窗口（起始结晶温度到起始熔融温度）范围内。而对于循环使用后的 PEEK 粉末其熔点更高，烧结窗口更窄，预热温度设置也要求更高。

为此，华中科技大学史玉升教授团队对高性能聚合物材料成形的难点与改进需求，构建了具有独立控温功能的高温激光选区烧结（HT-SLS）装备实验平台，为后续高性能聚合物材料的 HT-SLS 成形奠定装备基础。该装备预热温度可达 400℃，可成形熔点低于此温度的绝大多数特种聚合物材料，并通过对具备独立空间的送粉腔体和成形腔体分别重新设计，有效地实现了送粉与成形两个关键操作的独立预热及温度场均匀性控制，使粉末在送粉前就可达到可烧结温度（进入烧结窗口），降低两者之间的温度梯度，相应顺利解决高性能聚合物材料在高温激光烧结成形时的翘曲问题。同时，成形腔与送粉腔的高度差设计解决了腔体之间的粉末输送与热耗散问题，为激光扫描系统及其热力防护系统提供了更好的设计空间。此外，设备针对性地增设了水冷与风冷层叠设置的热力防护及冷却系统，使得激光器及其他光学布局均处于合适的工作温度范围内，对整个光学模块形成有效的降温和热力防护效果。

在应用方面，SLS 工艺已经成功应用于汽车、造船、航空航天、通信、微机电系统、建筑、医疗、考古等诸多行业，为许多传统制造业注入了新的创造力，也带来了信息化的气息。概括来说，SLS 工艺可以应用于以下场合：

（1）快速原型制造。SLS 工艺可快速制造所设计零件的原型，并对产品及时进行评价、修正以提高设计质量；可使客户获得直观的零件模型；能制造教学、试验用复杂模型。

（2）新型材料的制备及研发。利用 SLS 工艺可以开发一些新型的颗粒，以增强复合材料和硬质合金。

（3）小批量、特殊零件的制造加工。在制造业领域，经常遇到小批量及特殊零件的生产。这类零件加工周期长、成本高，对于某些形状复杂零件，甚至无法制造。采用 SLS 技术可经济实惠地实现小批量和形状复杂零件的制造。

（4）快速模具和工具制造。SLS 制造的零件可直接作为模具使用，如熔模铸造、砂型铸造、注塑模型、高精度形状复杂的金属模型等；也可以将成型件经后处理后作为功能零件使用。

（5）在逆向工程上的应用。SLS 工艺可以在没有设计图样或者图样不完全以及没有 CAD 模型的情况下，按照现有的零件原型，利用数字技术和 CAD 技术重新造出原型 CAD 模积。

（6）在医学上的应用。SLS 工艺烧结的零件由于具有很高的孔隙率，因此可用于人工骨的制造。根据国外对于用 SLS 技术制备的人工骨进行的临床研究表明，人工骨的生物相容性良好。

（二）金属增材制造技术

1. 概述

金属增材制造技术是工程需求迫切和应用价值巨大的技术，其技术工艺多、材料种类宽、应用范围广。高精度、大尺寸、高效率、多材料是金属增材制造技术未来发展的方向。金属增材制造技术主要分为粉末床增材制造技术和沉积增材制造技术。按照能量形式的不同，金属粉末床增材制造技术又可以分为：激光选区熔化（Selective Laser Melting，SLM）、电子束粉末床熔融（Electron Beam-Powder Bed Fusion，EB-PBF）和粘结剂喷射（Binder Jet Printing，BJP）。其中，研究最多的是激光增材制造技术，以 SLM 技术和激光直接能量沉积（DED）技术为主，因而以此为重点介绍金属增材制造技术的研究进展。

2. 研究进展

金属激光增材制造的关注点主要是组织性能调控，目前已开展了较多有关 SLM 组织、缺陷、性能及其与工艺参数的关系研究。例如，对于不锈钢零件 SLM，增加激光功率、降低扫描速度均有利于提高致密度；高的表面粗糙度和孔隙率都会降低 AlSi10Mg 铝合金 SLM 的耐腐蚀性能，而形成的氧化膜可提高耐腐蚀性能；AW7075 铝合金 SLM 试样内部产生垂直于增材方向的裂纹，而预热铝粉对裂纹控制无改善作用，内部裂纹导致疲劳寿命远低于传统工艺。

国外开展了较多精细的研究。德国设备商针对一种新材料进行 SLM 工艺开发，需耗时 6 ~ 8 个月，调整参数达 70 余个。通过拓扑优化来实现结构轻量化设计也是 SLM 应用研究的重点，国外对应提出了设计引导制造、功能性优先等新理念。SLM 还发展了特殊支撑设计技术，使得制件与基板分离无须线切割，有效缩短了取件周期。金属激光增材制造标准研究和制定工作一直与技术应用同步发展。2002 年，美国发布了《退火 Ti-6Al-4V 钛合金激光沉积产品》，随后陆续颁布了 19 项相关标准，涵盖产品退火和热等静压制度、时效制度，制造过程消除应力退火制度等诸多方面。相关标准的及时形成对 SLM 技术的产业应用发挥了基础支撑作用。

在材料方面，常用的激光增材制造材料主要有铝合金、钛合金、钢铁合金和高温合金。

传统铝合金按合金元素的含量与加工工艺的不同，分为铸造铝合金与变形铝合金两类。在铸造铝合金中，Al-Si 系合金由于流动性好、收缩小、铸件致密、不易产生铸造裂纹，其具有良好的抗腐蚀性能，是铸造铝合金中品种最多、用途最广的合金系，典型的牌号有 AlSi7（A356、A357）、AlSi10Mg（A359）和 AlSi12 等。变形铝合金在力学性能上比铸造铝合金的强度、延展性高，主要的牌号为 2××× 系（Al-Cu）合金、3××× 系（Al-Mn）合金、5××× 系（Al-Mg）合金、6××× 系（Al-Mg-Si）合金、7××× 系（Al-Zn-Mg-Cu）合金、8××× 系（Al-Li）合金，其中 2××× 系和 7××× 系高强铝合金最受关注。增材制造专用铝合金的研究重点是开发适应激光增材制造技术的高强铝合金。目前，已经涌现出了一批专用铝合金牌号，代表性的增材制造专用铝合金牌号有 Airbus 的 Scalmalloy®、英国铸造业领导企业 Aeromet 的 A20X、莫纳什大学的 Al250C 和 AmaeroHotAl、美国休斯研究实验室（HRL）的 7A77.60L 等，以及国内中车集团和长沙新材料研究院有限公司提出的自研牌号。这些专用合金具有一些共性的特征，即通过添加 Sc、Zr、Ti 等元素，在凝固过程中优先形成 Al_3（Sc、Zr、Ti）颗粒，作为 α-Al 的异质形核核心，促使增材制造条件下的凝固组织由外延生长柱状晶转化为等轴晶，避免形成长液膜而抑制热裂，从而满足增材制造成形性，不同牌号专用合金在强化相的选择上存在一定区别。

钛合金几乎对于所有的增材制造工艺都具有很好的适用性。钛合金增材制造的研究也很广泛，包括高温性能优异的近 α 钛合金（Ti60、TA15、TA19）、综合性能优异的 α + β 钛合金（TC4、TC11、TC21）、高强韧的近 β 钛合金（BT22、Ti55531）、低模量的生物医用钛合金、耐摩擦磨损的钛基复合材料等。其中以 Ti-6Al-4V（TC4）的增材制造研究最多、最全面。增材制造钛合金已经在航空航天、生物医疗等领域获得了很多应用。例如，西北工业大学针对激光增材制造大型钛合金构件一体成形成功建立了材料、成形工艺、成套装备和应用技术的完整技术体系，服务于中国商飞 C919 客机和空客大型客机的研制，成形钛合金构件最大尺寸超过 3m。北京航空航天大学在军用飞机钛合金大型整体主承力复杂构件激光增材制造工艺研究、成形构件一体化检测、工程化装备研发与装机应用等关键技术攻关方面取得了突破性进展。中国航发商发公司在商用航空发动机短舱安装节平台等大型钛合金构件送粉增材制造工艺开发、质量过程控制、考核评价等方面也取得了显著成果。目前，在大型整体钛合金复杂构件的激光增材制造研究与应用方面，我国处于国际领先地位。此外，SLM 制造的钛合金义齿、替代骨等已经应用于临床医疗中。

钢铁材料性能优异、体系丰富、成本低廉，是应用最为广泛的金属材料，也是增材制造研究的重点材料体系。钢铁材料的增材制造适应性与钛合金相似，同样比较优良，几乎适用于所有主流的增材制造技术。典型的增材制造钢铁材料有奥氏体不锈钢 316L 和 304L，析出硬化不锈钢 17-4PH 和 15-5PH、马氏体不锈钢 420 和 410、马氏体时效钢 18Ni300、工具钢 H13，以及超高强钢 300M 和 Aer Met100。增材制造钢的研究重点聚焦在其独特的跨尺度微观组织、丰富的固态相变及独特的力学行为。最具代表性的当属激光选区熔化 316L 不锈钢，具有以晶粒 - 胞状结构 - 胞壁位错 - 胞壁元素偏析 - 纳米析出相为特征的从毫米到纳米的跨尺度组织结构，亚微米胞状结构的成分偏析引起的晶格错配导致了高密度位错网络的产生，并促进了孪晶诱发塑性（TWIP）效应，使材料的强度和塑性相比传统制造技术均获得了显著提升。

高温合金按基体成分可分为铁基、镍基和钴基三大类。铁基高温合金成本较低，一般在 700℃以下的环境中使用；镍基高温合金在 600℃以上仍可长期服役，具有优异的综合性能，应用最为广泛；钴基高温合金具有更为优异的抗氧化性能和抗热腐蚀能力，但成本较高。高温合金按强化类型可分为固溶强化型、沉淀析出强化型和弥散强化型，其中沉淀析出强化型又分为 γ' 强化和 γ'' 强化两类。沉淀析出强化型高温合金的综合力学性能相比之下最具优势。增材制造专用高温合金的设计重点就是获得不开裂的高 γ' 体积分数的合金成分。英国牛津大学 Reed 院士团队与美国霍尼韦尔公司合作，设计出使用温度超过 900℃的增材制造专用镍基高温合金——ABD-850AM 和 ABD-900AM。国内中国科学院金属研究所也开发了一款适应增材制造的镍基高温合金——ZK401。相比传统镍基高温合金，这两款专用合金添加了比较多的难熔 γ' 形成元素 Ta 或 Nb。同时，美国加州大学圣芭芭拉分校的 Pollock 团队则设计出具有较高 γ' 熔解温度（约 1200℃）和较高 γ' 体积分数（$>50\%$）的适用于增材制造的 Co-Ni 基高温合金——DMREF-10。相比传统镍基单主元体系，Co-Ni 二主元体系的元素凝固偏析减弱了，有利于阻止凝固裂纹，且 SLM 成形过程中不析出 γ' 相，没有产生应变时效裂纹。

在设备方面，德国是 SLM 技术及设备研究起步最早的国家，EOS 公司推出的 SLM 设备具有一定的技术优势，相关设备应用于 GE 公司 LEAP 航空发动机燃油喷嘴的加工制造，通过监控增材制造过程来进一步提高制造产品的质量；Realizer GmbH 公司的全方位设计、零件堆叠技术方案别具特色；Concept Laser 公司的设备以构建尺寸大见长；SLM Solutions 公司的激光技术和气流管理技术处于领先位置。美国 3D Systems 公司依靠其专用粉末沉积系统的技术优势，可以成形精密的细节特征。英国 Renishaw PLC 公司在材料使用灵活性、更换便捷性方面具有技术特色。激光选区熔化技术国内商用化 SLM 装备对外发售的最大的成形尺寸为西安铂力特增材技术股份有限公司的 BLT-S800，成形幅面 800mm × 800mm × 800mm；效率最高为德国 SLM Solutions 公司的 NXGXII600 设备，配备 12 台激光器，成形效率可达 2000cm^3/h。由于 SLM 工艺中激光光斑较小，层厚一般在 20 ~ 100μm，成形零件表面质量较好，一般在 *Ra*3.2 左右。

美国 EFESTO 公司在大尺寸金属激光增材制造方面具有技术优势，所研制的 DED 设备工作室尺寸可达 1500mm × 1500mm × 2100mm。美国 Optomec 公司推出的 DED 设备具有 900mm × 1500mm × 900mm 的工作室空间，配置了 5 轴移动工作台，最大成形速度为 1.5kg/h。德国企业提供的激光综合加工系统也是主流的 DED 设备。近年来，增减材复合加工设备成为市场新热点。日本 DMG 公司推出了配有 2kW 激光器、辅以 5 轴联动数控铣床的 DED 设备，成形速度较普通粉床提高 20 倍，可在制造过程中铣削最终零件的不可达部位。日本 Mazak 公司推出的相关设备能够进行 5 轴车铣复合加工，使用对象包括多棱体锻件或铸件、回转体零件和复杂异形零件。

电子束粉末床熔融技术（EB-PBF）装备主要来自瑞典和我国，最大的成形尺寸为 350mm × 350mm × 400mm，保证了大型零件的成形。EB-PBF 制件的表面粗糙度较高，一般为 *Ra*20，符合医疗植入器械对粗糙表面的需求，被大量应用于钛合金、钴铬合金医疗植入器械的增材制造中。近年来，通过将激光集成到 EB-PBF 设备中，实现了电子束填充 + 激光轮廓扫描的复合选区熔化（EB-LHM）技术，改善了制件的表面质量。

粘结剂喷射金属增材制造技术（BJP）装备主要来自德国、瑞典和美国，代表性企业主要包括 Voxeljet、Digital Metal、HP、Desktop Metal 等。BJP 制件质量会受到粉末分布、粉末填充密度、粘结剂沉积、粘结剂饱和度和打印过程中粘结剂的干燥等因素的影响。粘结剂的稳定性和后期烧结工艺至关重要。目前，由于粘结剂制备技术还不成熟，加之粉体材料的批次稳定性问题，BJP 的产品精度还不能与激光增材制造相媲美。

在应用方面，钛合金激光增材制造在航空领域取得重要应用。美国率先将 DED 钛合金承力零件用于舰载歼击机；Carpenter 技术公司采用高强度的定制不锈钢进行增材制造，生产先进的航空齿轮；F-22 飞机维修采用了 SLM 耐蚀支架，使得维修时间显著缩短。英国成功将 DED 技术应用于无人机的整体框架制造。SLM 技术在航空发动机的复杂零件制造方面获得广泛应用。美国 GE 公司率先将 SLM 技术应用于高压压气机的温度传感器外壳生产，产品获得美国联邦航空管理局（FAA）批准，配装了超过 400 台 GE90–40B 航空发动机。GE 公司 LEAP 系列航空发动机的燃油喷嘴同样采用 SLM 技术进行生产（2020 年具备 44,000 个 / 年的生产能力）。美国 HP 公司采用 SLM 技术生产管道镜套筒，配装了 PW1100G–JM 航空发动机。英国罗罗公司采用 SLM 制造了遄达 XWB–97 航空发动机的钛合金前轴承组件（包含 48 个翼型导叶）。

2012 年起，激光增材制造技术获得了航天飞行器制造方面的应用。NASA 采用激光增材制造技术制造 RS–25 火箭发动机的弯曲接头，在零件、焊缝、机械加工工序的数量方面相比传统方法下降了约 60%；若氢氧火箭发动机采用整体化设计和制造方法，零件总数将下降 80%。法国泰雷兹集团采用 SLM 技术制造了 Koreasat–5A、Koreasat–7 通信卫星的测控天线支撑零件（铝合金），降低质量约 22%，节省经费约 30%。

激光增材制造技术的推广应用，加速了航空航天飞行器的结构拓扑优化和点阵结构设计。欧洲 Astrium 公司 Eurostar–E3000 卫星平台的遥测 / 遥控天线铝合金安装支架，采用激光增材制造进行整体制造后降低质量约 35%、提高结构刚度约 40%。美国 Cobra Aero 公司与英国 Renishaw PLC 公司合作，完成了具有复杂点阵结构的发动机整体部件激光增材制造制造。此外，增减材复合加工技术开始走向应用。维珍轨道公司（Virgin Orbit）使用增减材混合机床进行火箭发动机燃烧室零件制造与精加工，2019 年完成了 24 次发动机测试运行。

（三）陶瓷增材制造技术

1. 概述

陶瓷材料作为一种结构材料，因其具有耐高温、耐磨损、耐腐蚀、抗氧化、弹性模量高、抗压强度大等优点，被广泛应用于化学工业、机械、电子、航空航天和生物医学工程。传统的陶瓷制备方法，即从微粉制备、成型、烧结等加工方法，虽经过多年研究，在各个环节都有突破，新技术层出不穷，但同时也暴露出传统方法制备温度高、成形困难、加工性差、结构不匀称等局限性。新兴的增材制造技术在高性能陶瓷的成型制造领域具有巨大的发展潜力，有望突破传统陶瓷加工和生产的技术瓶颈，为陶瓷关键零部件的应用开辟新的途径，为解决传统制造问题和挑战提供了全新的可能性。

陶瓷增材制造的研究几乎涉及了所有七大类增材制造工艺，分为一步和多步两大类工艺。一步工艺是指陶瓷材料成形的同时获得所需的最终力学性能或其他性能。多步工艺是指陶瓷材料先成形得到素坯，然后结合一定的后处理工艺（如脱脂、烧结）获得所需的最终力学性能或其他性能，是目前主流的陶瓷增材制造技术。工业中常用的陶瓷原料大多为粉材，这些粉材一般不能直接用于增材制造，需要将粉材制备成增材制造能使用的专用形态才能使用，主要包括专用陶瓷粉材、专用陶瓷丝材、专用陶瓷浆料 / 膏料和专用陶瓷墨水。

2. 研究进展

陶瓷 3D 打印技术的研究与产业化起步较晚，但近年来也取得了长足的发展。调查机构 Smar Tech 的研究报告指出，2024 年陶瓷 3D 打印的综合市场将超过 10 亿美元，预计未来增长更为强劲，到 2028 年可达 36 亿美元，而陶瓷 3D 打印高端装备与先进陶瓷打印件产品则将是其中的两大市场。此外，与陶瓷光固化 3D 打印技术相关的材料、软硬件和应用市场更是占据了至少 40% 的份额，其中 DLP 光固化以其效率较高、成本较低的优势，成为陶瓷光固化 3D 打印研究和产业化的龙头。

当前陶瓷光固化 3D 打印的研究与产业化热度正逐步从欧美转向亚太地区，尤其是国内陶瓷光固化 3D 打印研发增长迅猛，引发国外厂商纷纷涌入竞争，然而其技术优势如原理性专利及高端装备等知识产权仍然由部分欧美国家持有。高性能工业陶瓷或特种先进陶瓷的增值效益将有望在中长期内推动业界对陶瓷光固化 3D 打印技术研发的进一步需求，未来发展潜力巨大。

国外陶瓷光固化 3D 打印技术的研究始于 20 世纪 90 年代，较活跃的国家主要有美国、奥地利、法国、德国、荷兰、意大利等。1994 年以来，作为较早开展陶瓷光固化 3D 打印的先驱，美国密歇根大学的 Halloran 团队对陶瓷 SL 工艺进行了广泛而深入的开拓性研究。他们开发并使用了高固含量（最高可达 65%，体积分数，下同）的二氧化硅、氧化铝和氮化硅等陶瓷浆料进行打印。

陶瓷浆料的制备和性能是良好打印效果的关键前提。陶瓷浆料应具有适当的流变特性，包括合适的黏度和长久的分散稳定性。陶瓷颗粒必须均匀有效地分散在光敏溶液中，良好的陶瓷浆料还应在打印过程中保持合适的黏度以保证流动性，并在合理的时间内（如数小时至数天）保持稳定而不产生明显的颗粒沉淀。快速沉淀的不稳定浆料会导致打印件材料和性能不均匀。早期需要将所配制的陶瓷浆料黏度调配成与市售树脂的黏度相当（小于 3000mPa · s），以适应当时从树脂打印移植过来的陶瓷 SL 工艺需求。而如今也研发了很多高黏度的陶瓷浆料，黏度可达数十 Pa · s，一方面满足更高固含量和打印件密度要求，另一方面则可采用添加增稠剂的方法使浆料成为高黏度膏体状态，这样可使打印过程中高黏度陶瓷膏料的湿强度足够对固化部件提供较好的支持，因此无须人为设计和添加支撑结构。然而这种膏料不太适合打印多孔或薄壁件，因为未固化高黏度材料的去除和清洗等后处理过程可能会对强度较低的多孔或薄壁结构产生破坏。此外，固化深度（以及层厚）与陶瓷的粒径和体积分数以及曝光功率和材料的反射指数有关。光敏树脂与陶瓷颗粒之间的折射率和光吸收率的显著差异不利于光穿透浆料，会降低光固化单元尺寸，进而影响 SL 的尺寸精度，甚至导致陶瓷浆料无法固化。

近年来，国内也有较多学者在陶瓷光固化 3D 打印方面开展了大量工作。主要的研究高校有西安交通大学、华中科技大学、深圳大学、广东工业大学、北京理工大学等。西安交通大学李涤尘教授团队使用包括氧化物陶瓷浆料以及磷酸三钙生物陶瓷浆料等进行了

3D 打印研究。在陶瓷光固化成型机理、陶瓷浆料组分配制与光固化成型效果关系规律以及工艺应用等方面开展了大量的工作。制造出了如多孔骨支架、三维光子晶体、空心涡轮叶片和叶轮模型以及满足熔模铸造需求的复杂结构铸型等各类多孔或致密陶瓷零部件。由于水基陶瓷浆料打印件的湿强度较低，所以陶瓷 SL 大多使用非水基陶瓷浆料，以丙烯酸酯单体树脂为主。周伟召详细研究了陶瓷粒径、固相含量、单体浓度、分散剂、稀释剂浓度等因素对陶瓷浆料黏度的影响，确定了最佳组分含量，成功地开发出一种新的基于硅溶胶的水基陶瓷浆料，制备出了固含量可达 50% 的氧化硅陶瓷浆料。

陶瓷激光选区烧结成形技术既可制备复杂结构的多孔陶瓷，又可结合冷等静压（CIP）等技术制备性能优良的致密陶瓷，是制备高性能复杂陶瓷的主流方向之一。此外，SLS 技术结合反应熔渗技术制备高性能的碳化硅陶瓷基复合材料也取得了较好的应用效果。

多孔陶瓷是一种通过成形方法、脱脂和烧结过程在陶瓷内部形成大量彼此相互连通或闭合孔洞的新型功能陶瓷材料。多孔陶瓷不仅具有耐高温、比强度高、化学稳定性好等特性，还兼具比表面积高、密度低、透过性高等优势。多孔陶瓷作为过滤材料、保温材料、生物材料被广泛地应用于净化分离、航空航天、生物工程等领域。

多孔陶瓷的性能和其内部气孔的结构孔径分布和孔径大小密切相关。而多孔陶瓷的成形方法又决定着气孔的形貌，它是调控多孔陶瓷性能的关键因素。目前制备多孔陶瓷的方法有很多，但仍存在对多孔陶瓷的孔径大小、分布和陶瓷的性能可控性不高、依赖模具、难以直接制备复杂结构等问题，而 SLS 成形由于粘结剂的存在，经脱脂和烧结后可以很容易地形成大量孔隙，此方法易获得多孔材料，因此利用 SLS 来成形复杂结构的多孔陶瓷，将会更具明显的优势。

华中科技大学史玉升教授团队进行了大量的 SLS 成形多孔陶瓷的研究。他们以平均粒径 75.5μm 的粉煤灰空心球为原材料，选取平均粒径 55μm 的 PA12 为粘结剂，通过混粉机使其混合均匀，而后通过 SLS 设备成形出了高孔隙率（79.9% ~ 88.7%）的多孔莫来石陶瓷。以平均粒径 38.6μm 的堇青石为原材料，以环氧树脂为粘结剂，球磨混合均匀，通过 SLS 成形获得了复杂多孔堇青石陶瓷。以煤系高岭土为原材料，选取环氧树脂 E12 作为粘结剂，将煤系高岭土与 15wt% 环氧树脂 E12 放入混粉机中进行机械混合制备了适用于 SLS 成形的粉体；同时，采用化学共沉淀法将 MnO_2 烧结助剂包覆于高岭土表面，并通过溶剂蒸发法将酚醛树脂粘结剂包覆上述粉末，制备得到 SLS 成形复合粉体，之后通过 SLS 成形制备了机械性能优良并具有复杂结构的高岭土多孔陶瓷。以直径为 5 ~ 15μm 的莫来石纤维为原材料，以环氧树脂 E12 为粘结剂，将其置于混粉机上混合均匀，获得适于 SLS 成形的复合粉体，并通过 SLS 设备获得了莫来石纤维素坯，而后通过真空浸渍 SiO_2 浆料得到孔隙率为 45% 的复合材料。

基于粉体铺覆的 SLS 陶瓷成形，由于陶瓷粉体间存在大量的空隙，陶瓷粉体经激光扫描后仍无法完全填充这些空隙，因此很容易产生大量的孔隙，适于多孔陶瓷的成形，但借助后处理（熔渗、冷等静压、热等静压等）仍可制备出性能优良的致密陶瓷。

目前应用 SLS 结合 CIP 技术制备致密陶瓷的研究较为广泛。史玉升教授团队等通过溶解沉淀法得到适于 SLS 成形的 ZrO_2 复合粉体后，通过 SLS 成形并在 200MPa 的压力下保压 5min，得到了致密的 ZrO_2 陶瓷。以平均粒径为 39.43μm 的 $SiC-Al_2O_3-Y_2O_3$ 为原材料，以粒径 8.9μm 的双酚 A 型环氧树脂为粘结剂，将其置于球磨机中机械混合 24h，得到均匀混合的复合陶瓷粉体，SLS 成形后在 80MPa 的压力下保压 5min，得到了致密的 SiC 陶瓷。LIU 等以粒径 100 ~ 120μm 的高岭土为原材料，以粒径 20 ~ 28μm 的环氧树脂 E06 为粘结剂，将其置于混粉机中 24h 来获得均匀的、流动性好的适于 SLS 成形的复合陶瓷粉体，经过 SLS 成形获得高岭土素坯，而后通过冷等静压进行致密化处理来获得高岭土致密陶瓷。以粒径 50 μm 的 Al_2O_3 为原材料，以环氧树脂 ER06 为粘结剂，经混粉机混合均匀，而后通过 SLS 成形并在 200 MPa 的压力下保压 5min 获得了致密的 Al_2O_3 陶瓷。为进一步改善氧化铝陶瓷的性能，提高其致密度，他们以 0.4μm 的 Al_2O_3 为原材料，通过喷雾干燥法使其表面均匀包覆上 PVA，而后通过滚粉机使其与粘结剂 ER06 混合均匀，经 SLS 成形、冷等静压处理、脱脂和烧结过程获得了相对密度高达 92% 的 Al_2O_3 致密陶瓷。以 ZrO_2 陶瓷粉体为原材料，以环氧树脂 E12 为粘结剂，以 MgO 为烧结助剂，将其置于混粉机混合均匀获得适合于 SLS 成形的粉体，经过 SLS 成形获得 ZrO_2 素坯，而后通过冷等静压进行致密化处理来获得 ZrO_2 致密陶瓷。

三、存在的问题及面临的挑战

（一）聚合物增材制造

现阶段聚合物粉末床增材制造存在材料强度低、耐高温性差、装备工艺控制不成熟等突出问题。在工艺方面，控温技术是关键，高性能聚合物一般熔点较高（超过 250℃），极易出现因温度场不均和表面张力过大造成的翘曲变形、分层明显等缺陷，导致精度和性能下降，如何精准控制成形面温度场，建立合适的智能扫描策略，是性能提升面临的重要挑战。在应用方面，聚合物成形件材料老化、缺乏循环与再利用能力，难以应用在特殊环境中，如何从概念设计转向应用，实现复杂结构聚合物功能零件的直接制造，是产业化应用的重要挑战之一。

（二）金属增材制造

在缺损测量方面，为提升再制造数模构建精度和处理速度，需探索与装备零件结构复杂性、损伤随机性、修复区域不确定性等相适应的高效处理方法，主要面临着三维形貌快速测量、关键特征准确提取、再制造模型精确重构、复杂构型科学分层及路径规划等难题。为提高再制造成形质量，探索适用于增材再制造工艺特性的集约化材料设计方法，主要面临着冶金相容性、界面匹配性、性能稳定性及工艺适配性等问题。为兼顾金属增材再制造的高性能和高效率，需探索高能效增材再制造技术及成形过程动态监测及反馈方法，主要面临着热源特性表征、几何精度调控及工艺特性－成形特征关联关系揭示等挑战。为提升金属增材再制造装备的现场适应性，需突破传统设计理念，主要面临着与现场多约束条件件相适应的装备系统架构设计、部组件研制等挑战。

（三）陶瓷增材制造

与传统的制造技术相比，当前光固化增材制造技术所用的陶瓷原料存在品种较少、品质较低且制备成本较高等问题，难以满足陶瓷零件增材制造的需求。对我国来说，在高性能陶瓷粉体方面仍然依赖进口。陶瓷增材制造工艺还不够成熟，陶瓷零件增材制造工艺直接影响着制品的宏观和微观结构、性能以及生产周期与成本。陶瓷粉体与树脂折射率差大、紫外线吸收强且陶瓷颗粒容易发生散射和沉淀，导致高精度复杂陶瓷构件成形难、尺寸小、易开裂。

四、未来发展战略需求及方向

（一）聚合物增材制造

高精度、高效率和大幅面光固化技术是重要发展方向。连续和一次性体成形光固化技术的出现则大幅提高了光固化增材制造的效率，可将打印效率较传统立体光刻造型技术提升上百倍。近年来具有突破性的光固化增材制造工艺主要有：基于氧阻聚效应的连续生长光固化成形技术（CLIP）；基于轴向计算光刻的光固化体成形技术（CAL）；基于移动液面的大面积高速光固化打印技术（HARP）；基于双色光聚合的光固化体成形技术（Xolography）。由于上述连续或体成形光固化技术在成形过程中不再引入物理成形单元的叠加，因此其打印精度特别是打印方向精度得到很大提升，这样也能够更有利于提高打印件表面光洁度和各向同性性能，具有极高的应用前景和价值。光固化材料是该技术发展的核心，当前光固化增材制造基本采用单一材料体系进行，由于其他不溶无机填料粉体在树脂中引发的分散性和光散射等问题，目前光固化技术在制造具有一定性能差异的多材料混合体系的应用方面不成熟，随着当今工业科技发展对复杂材料组分陶瓷零部件需求的与日俱增，如何能够同时制造具有异种材料的结构，成为领域内的一个研究前沿。

聚合物粉末床增材制造技术在未来市场需求中主要涉及产品原型、模具或母模和聚合物功能零件三个方面。产品原型主要包括日用消费品、电子产品、艺术品等；航空航天、汽车等工业领域产品开发过程中所使用的设计、装配验证性模型，如飞机叶片、发动机等复杂零件模型；个性化定制辅助医疗器械，如外科手术模型、导板等辅助器械，满足个性化、定制化高端医疗应用需求。模具或母模主要包括满足低熔点材料的注塑成形，如蜡、聚氨酯等材料的注塑成形；或作为母模使用，用来代替熔模铸造工艺中的蜡模或聚氨酯母模，实现单件或小批量产品的快速制造。聚合物功能零件主要包括尼龙汽车仪表盘、PEEK 人工植入物等复杂结构塑料功能零件的直接制造，有望在航空航天、汽车等领域替代金属获得轻质高性能零件，在生物医疗领域替代钛合金，制造个性化植入物。

在材料方面，研发耐高温、高强度、轻量化的聚合物（如 PEEK 等）体系，发展纤维增强的复合材料，实现增材制造的材料标准化和成形零部件的认证。在装备方面，发展多激光扫描技术实现高效率成形，研发在线测量系统，实现温度场和扫描策略精确控制，监测成形过程沉积层的热分布，减少或避免翘曲变形、裂纹等缺陷，并减小不同装备间工艺和产品性能的差异性。在工艺方面，提升成形件性能，拓展和推广其在航空航天、生物医疗等领域的应用，如针对航天应用领域研发适应空间环境的高性能聚合物及其改性材料超过 20 种，拉伸强度大于 150MPa，弯曲强度大于 200MPa，拉伸和弯曲模量大于 5GPa，在超过 150℃高温环境下长期有效服役等。

（二）金属增材制造

针对航空航天、船舶等领域应用需求，在完成小批应用试验后，逐步进入批量化生产阶段，扩大工件的成形尺寸、大幅提高成形效率、大幅降低生产成本，是粉末床金属增材制造技术实现工业化应用必须克服的挑战。细分应用领域，综合考量成本、周期、性能、应用需求，进行专用装备开发，突破大尺寸复杂薄壁镂空结构、点阵夹层结构成形过程变形控制等将成为未来的技术发展重点。

金属沉积技术可以快速、高效制备航空航天、船舶、能源、交通等领域重大装备中高性能大型关键金属构件，在大型整体复杂钛合金、高强度钢、铝合金等金属构件的成形制造中具有快速响应、周期短、成本可控等优势，特别适合于研制期间小批量快速成型。金属沉积技术未来可以满足诸如飞机主承力钛合金眼镜框、超高强度钢起落架、三维复杂钛合金框梁，航空发动机整体叶盘、进气机匣，重型运载火箭连接环、舱段，船舶螺旋桨，核反应堆耐压壳体等多领域大型整体金属构件的制造需求，市场前景广阔。

随着我国高端装备制造领域的不断升级，对金属材料性能和功能的要求越发严苛，迫切需要设计和制备具有高性能、多功能的新型多合金材料以满足服役环境需求。增材制造新型多合金材料是解决传统金属材料性能不足及功能受限的有效途径。开展面向增材制造的新型多合金材料设计与优化，扩展多材料体系，探明材料组分设计—激光加工性能—材料性能与功能的调控技术。研发面向新型多合金材料的高端精密增材制造装备及智能监控—反馈系统，通过增材制造工艺进行精确的微观—介观—宏观跨尺度调控与优化，形成新型多合金材料增材制造“材料 – 结构 – 工艺 – 性能 – 功能”一体化关键技术工艺数据库，满足高端装备领域对高性能金属构件不同部位的不同性能和功能需求。

（三）陶瓷增材制造

纤维增强复合材料是一种用于先进结构制造的重要材料，与金属合金材料相比，具有轻量化、高承载、高强度及可设计强等优点，逐步成为先进飞行器设计的首选材料。采用挤出成形工艺，实现多层级复杂结构连续纤维增强复合材料构件低成本快速制造，成为突破传统复合材料成形工艺周期长、成本高、结构简单等瓶颈问题的关键技术。

基于膏体/浆料挤出成形的功能陶瓷产品，采用陶瓷膏体挤出成形工艺可实现多层级多孔陶瓷结构的一体化成形，通过原材料体系改性、工艺优化、后处理等工艺流程，可实现如生物陶瓷支架、催化剂载体等多孔陶瓷结构的快速制备，采用陶瓷膏体挤出成形制备的多孔陶瓷催化剂载体，在石油化工领域具有重要的应用前景。

在材料开发方面，能够研究发展出新型光固化成形机理和材料。研发出面向大尺寸陶瓷制件增材制造的材料体系，实现多尺度下结构—性能一体化调控，以更低成本和更短时间生产出大尺寸、高致密度、低内应力的高性能陶瓷零件。在制造工艺方面，陶瓷光固化成形技术向更高精度、更高效率增材制造方向发展，向规模化、低成本商业化应用方向发展，实现多样化、个性化和可编程化产品制造。

参考文献

[1] 史玉升. 3D打印技术的工业应用及产业化发展［J］. 机械设计与制造工程，2016，45（2）：11-16.

[2] 史玉升，伍宏志，闫春泽，等. 4D打印——智能构件的增材制造技术［J］. 机械工程学报，2020，56（15）：15-39.

[3] 陈花玲，罗斌，朱子才，等. 4D打印：智能材料与结构增材制造技术的研究进展［J］. 西安交通大学学报，2018，52（2）：1-12.

[4] 陈鹏. 高性能工程塑料的高温激光选区烧结研究［D］. 武汉：华中科技大学，2020.

[5] 伍宏志. 聚合物基磁性复合材料形状/性能/功能可控变化4D打印研究［D］. 武汉：华中科技大学，2021.

[6] Fu H, Zhu W, Xu Z F, et al. Effect of silicon addition on the microstructure, mechanical and thermal properties of Ci/SiC composite prepared via selective laser sintering［J］. Journal of Alloys and Compounds, 2019, 792: 1045-1053.

[7] Chen A N, Gao F, Li M, et al. Mullite ceramic foams with controlled pore structures and low thermal conductivity prepared by SLS using core-shell structured polyamide12/F AHSs composites［J］. Ceramics International, 2019, 45（12）: 15538-15546.

[8] Wang Y R, Wang X Q, Liu C B, et al. Aluminum titanate based composite porous ceramics with both high porosity and mechanical strength prepared by a special two-step sintering method［J］. Journal of Alloys and Compounds, 2021, 853: 157193.

[9] Chen A N, Chen J Y, Wu J M, et al. Porous mullite ceramics with enhanced mechanical properties prepared by

SLS using MnO, and phenolic resin coated double-shell powders [J]. Ceramics lnternational, 2019, 45 (17): 21136-21143.

[10] Diermann S H, Lu M Y, Zhao Y T, et al. Synthesis, microstructure, and mechanical behaviour of a unique porous PHBV scaffold manufactured using selective laser sintering [J]. Journal of the Mechanical Behavior of Biomedical Material, 2018, 84: 151-160.

[11] Dong Y, Jiang H Y, Chen A N, et al. Porous Al_2O_3 ceramics with spontaneously formed pores and enhanced strength prepared by indirect selective laser sintering combined with reaction bonding [J]. Ceramics International, 2020, 46 (10): 15159-15166.

[12] Mukherjee T, Zuback J S, De A, et al. Printability of alloys for additive manufacturing [J]. Scientific Report, 2016, 6: 19717.

[13] Martin J, Yahata B, Hundley J, et al. 3D printing of high-strength aluminium alloys [J]. Nature, 2017, 549: 365-369.

[14] Zhang D, Qiu D, Gibson M A, et al. Additive manufacturing of ultrafine-grained high-strength titanium alloys [J]. Nature, 2019, 576: 91-95.

[15] Zhao C, Parab N D, Li X X, et al. Critical instability at moving keyhole tip generates porosity in laser melting [J]. Science, 2020, 370 (6520): 1080-1086.

[16] Gu D D, Shi X Y, Poprawe R, et al. Material-structure-performance integrated laser-metal additive manufacturing [J]. Science, 2021, 372 (6545): eabg1487.

[17] Aboulkhair N T, Simonelli M, Parry L, et al. 3D printing of aluminium alloys: Additive manufacturing of aluminium alloys using selective laser melting [J]. Progress in Material Science, 2019, 106: 100578.

[18] Olakanmi E O, Cochrane R F, Dalgarno K W. A review on selective laser sintering/melting (SLS/SLM) of aluminium alloy powders: Processing, microstructure, and properties [J]. Progress in Material Science, 2015, 74: 401-477.

[19] Wu J, Wang X Q, Wang W, et al. Microstructure and strength of selectively laser melted AlSi10Mg [J]. Acta Materialia, 2016, 117: 311-320.

[20] F, Qin G K, Li L, et al. Formability, microstructure and mechanical properties of Ti-6Al-4V deposited by wire and arc additive manufacturing with different deposition paths [J]. Material Science and Engineering A, 2020, 772: 138654.

[21] Vrancken B, Thijs L, Kruth J P, et al. Heat treatment of Ti6Al4V produced by Selective Laser Melting: Microstructure and mechanical properties [J]. Journal of Alloys and Compounds, 2012, 541: 177-185.

[22] Xu W, Brandt M, Sun S, et al. Additive manufacturing of strong and ductile Ti-6Al-4V by selective laser melting via in situ martensite decomposition [J]. Acta Materialia, 2015, 85: 74-84.

[23] Bermingham M J, StJohn D H, Krynen J, et al. Promoting the columnar to equiaxed transition and grain refinement of titanium alloys during additive manufacturing [J]. Acta Materialia, 2019, 168: 261-274.

[24] Xue A T, Lin X, Wang L L, et al. Influence of trace boron addition on microstructure, tensile properties and their anisotropy of Ti6Al4V fabricated by laser directed energy deposition [J]. Material & Design, 2019, 181: 107943.

[25] Zhang K, Tian X, Bermingham M, et al. Effects of boron addition on microstructures and mechanical properties of Ti-6Al-4V manufactured by direct laser deposition [J]. Material & Design, 2019, 184: 108191.

[26] Xiong Z H, Pang X T, Liu S L, et al. Hierarchical refinement of nickel-microalloyed titanium during additive manufacturing [J]. Scripta Materialia, 2021, 195: 113727.

[27] Barriobero-Vila P, Gussone J, Stark A, et al. Peritectic titanium alloys for 3D printing [J]. Nature Communications, 2018, 9: 3426.

材料合成与加工工艺

一、概述

随着材料科学的发展，材料合成与加工的概念被正式提出，成分、组织、性能及材料使役性能的综合表现都依赖于材料的合成与加工工艺。

材料合成旨在改变原子、分子、结构（功能）基元的组成和排布，属于创造新材料的化学与物理过程，既包括新材料的合成，也包括已有材料的新合成方法及其新形态的合成。材料的主要合成方法包括：①经典合成方法：高温合成、低温合成、高压合成等；②软化学合成方法：水热与溶剂热合成、化学气相沉积、溶胶－凝胶法等；③特殊合成方法：电解合成、光化学合成、微波合成等。此外，还可依据热力学和动力学对材料合成过程进行分类。热力学控制的合成对应平衡或准平衡状态，与反应物和产物的能量有关，但与反应路径无关。动力学控制的合成对应非平衡状态，涉及不同反应路径，且需同时考虑反应与传质两个重要的动力学因素。

同样，材料加工工艺，包括材料制备与加工技术，是现代工业化生产的基础，在传统结构材料和新型功能材料的发展中扮演着重要角色。材料加工工艺决定着其微观组织和宏观性能，是材料得以发挥其应用价值的前提。掌握材料加工工艺和其成分、结构以及性质之间的关联信息，是研发满足目标性能材料需求和产品产业化的关键科学问题。通常，材料制备与加工技术是指通过原材料获得形状和性能符合最终产品的毛坯或零件；就金属材料而言，大致分为铸造成形、塑性成形、焊接成形和热处理等制备成形技术。

众所周知，材料在制备与加工过程中经历各种相变形成不同的微观组织结构，再通过变形体现其力学性能。因此，可将材料加工工艺中涉及的主要科学问题归结为相变和变形，例如在铸造和焊接过程中发生的凝固、热处理过程中发生的各种固态相变以及塑性加工过程中发生不同程度的变形等。与之相应的相变和变形理论则是设计和优化材料制备与加工工艺以改善其组织结构和调控其综合性能的基础所在。

材料合成与加工以“理性、高效、高选择性、环境友好、低能耗、可持续地创造具有优异性能的材料”为总体目标，解决与国计民生相关的重大基础科学问题。围绕材料合成与加工工艺，业内工作大体可归结为两类，即通过材料合成与加工工艺的设计来改善组织提升性能，以及面向目标组织的高性能材料合成与加工工艺设计；由此涉及的相变和变形设计主要体现在非平衡、多尺度和非均质方面，包括热力学、动力学和热 - 动力学协同调控。因此，从热力学、动力学和热 - 动力学协同角度出发，提炼材料合成与加工两类工作涉及的相变和变形特性和共性基础问题，在理论上实现对其具体工艺过程的统一描述，阐明工艺同成分、结构以及性质之间的关系和变化规律，可以针对性的指导材料合成与加工工艺的设计和优化，满足现代工业化生产大规模、短流程和高效率的实际需求。同时，结合大数据分析和人工智能等先进技术，借助多学科交叉的研究范式，多元化、跨尺度化和智能化等方向引领材料合成与加工工艺的发展潮流。

二、国内外最新研究进展

近年来，材料合成领域发展迅猛，新的合成方法与工艺层出不穷，结合人工智能等先进技术，兼具高效、精准、低能耗的材料合成发展态势已初步形成。与此同时，材料在制备与加工过程中往往经历一种或者多种相变和变形过程，形成不同的微观组织，体现不同的力学性能。研究表明，相变和变形可以统一描述为热力学驱动下的原子运动，也即热力学和动力学共同控制材料的组织演化和物化性能。因此，从热力学和动力学角度理解材料制备与加工工艺的发展，归纳和总结其中的共性基础问题，对于设计和优化材料制备和加工，调控微观组织和力学性能具有重要的意义。

（一）材料合成工艺

本小节依据热力学、动力学、热 - 动力学协同控制对材料合成工艺进行分类。热力学控制的合成过程，主要对应平衡或准平衡态，与反应物、产物的能量有关，而与路径无关，控制因素主要包括：成分、组织与组成单元（如畴、链段、单体等）、温度、相平衡、表面能和界面能等。动力学控制的合成对主要应于非平衡态，涉及不同反应路径，且需同时考虑反应与传质两个重要的动力学因素，动力学合成的控制因素主要包括：形核及生长动力学、化学反应速率、熔融析出与熔体浸润动力学等。热 - 动力学协同控制的材料合成过程往往涉及多路径、多组元、多影响因素，其热力学和动力学均与具体的合成路径相关。

1. 热力学控制的合成工艺

（1）成分设计与热力学。

近年来，高熵合金的高通量成分设计与高通量合成技术发展迅速。美国空军实验室

Senkov 教授团队利用高通量 CALPHD 方法预测合金可能存在的相，快速评估了 130,000 余组合金成分。美国杜克大学 Curtarolo 团队利用机器学习，根据晶体结构的能量与化学系统之间的相关性预测了高熵合金的相与结构。北京科技大学曲选辉和张百成团队提出了一种新的高通量粉末床熔融系统，实现了连续成分梯度高熵合金的制备。香港城市大学刘锦川院士团队提出了一种新的 3D 打印策略，利用增材制造技术制备了成分不均匀的钛合金，获得了具有微米级成分梯度的结构，产生不同尺度的 β+α′ 双相微观结构，引入连续相变诱发的塑性效应。

（2）组织 / 组成单元设计与热力学。

有机共轭功能材料中基本组成单元纳米环自由基（OR3）由于存在未成对电子和环张力而极不稳定，其堆积方式与机理未知，稳定合成工艺较难实现。天津大学孙哲团队构建了 OR3 的 π 二聚体模型和范德华二聚体模型，发现范德华二聚体可借由更强的静电相互作用和色散力使体系具有热力学高稳定性。通过连接稳定的奥林匹克烯自由基和碳纳米环结构，形成了范德华二聚体，从而实现了 OR3 的稳定合成和分离。中国科学院上海有机化学研究所的洪缪课题组以五元环内酯为原料，构建了一种不可逆开环聚合（IROP）的新策略，实现了以五元环内酯为代表的非张力环的室温及高温聚合。华东理工大学的朱为宏课题组和英国利物浦大学 Cooper 课题组提出了基于动态化学"重构共价有机框架（Reconstructed COF）"的合成新策略，利用可逆共价键，将有机基元预组装成晶态框架，再进行合成后的限域重构，实现高稳定性、高结晶 COF 材料的高效制备。

（3）表面能 / 界面能设计与热力学。

包覆剂与表面活性剂被广泛应用于纳米材料的合成中，通过高选择性地结合在纳米晶的不同晶面或表面，调控材料的表面能并控制其生长过程，使具有最低表面能的晶面尽可能多的暴露，从而获得单分散、形貌规整可控的纳米材料。Franconetti 等研究了以壳聚糖为包覆剂制备的 Au 纳米颗粒的稳定性机制，当溶液的 pH 值低于氨基的 pKa 时，壳聚糖主链和 Au 表面相互作用，质子化的氨基则指向溶液一端，从而产生位阻效应；当溶液的 pH 值低于氨基的 pKa 时，静电作用和位阻效应共同抑制了 Au 纳米材料的团聚，并控制其合成过程。多组分系统中，界面能是主要的热力学调控因素之一，添加剂的加入可以改变界面能，从而合成不同形貌的多组分纳米粒子。Chen 等选择 PVP 为表面活性剂制备了 ZnO-Au 复合材料，并发现 PVP 的加入改变了 Au 与 ZnO 之间的界面能（$\sigma_{Au/ZnO}$），当 $\sigma_{Au/ZnO}$ 大于 $\sigma_{ZnO/ZnO}$ 时，形成了 ZnO-Au Janus 异质结构，当 $\sigma_{Au/ZnO}$ 约等于 $\sigma_{ZnO/ZnO}$ 时，形成 Au@ZnO 核壳结构。复旦大学赵东元院士团队通过选择具有不同极性的溶剂调控了材料的界面能，实现了拥有双介孔尺寸（2.1nm 和 3.5 ~ 5.5nm）的、直径约为 300nm 的 SiO_2 & PMO（PMO，周期性介孔有机 SiO_2）Janus 纳米颗粒的可控合成。高的水 - 乙醇比例下，CTAB- 有机 SiO_2 胶束难以在 SiO_2 表面铺展，而是以岛状形核并长大，从而形成非对称的介孔 Janus 结构。这种基于界面能调控实现胶束在纳米颗粒表面非对称组装的策略被广泛用于 Janus 结构纳米材料和介孔材料的合成中。

（4）自蔓延高温合成与热力学。

自蔓延高温合成（SHS）是一种利用反应体系的自发化学反应放热原位合成材料的新方法，广泛用于以 TiC 为代表的高熔点无机非金属材料的合成中。Li 等采用 SHS 技术在 Al–Ti–C 体系中原位合成了 TiC 颗粒，并研究了不同 Al 含量下 TiC 的反应特征和形成途径，发现 Al 在控制反应行为和产物形态方面起着重要作用，不仅作为稀释剂抑制 TiC 颗粒的生长，而且作为中间反应物参与反应过程。SHS 也用于制备金属间化合物，Maznoy 等采用 SHS 成功制备了大孔 NiAl 金属间化合物。在镍和铝细粉的混合物中加入 $CaCO_3$ 或 $Ca(OH)_2$ 添加剂，以缓慢燃烧方式实现了大孔 NiAl 金属间化合物的制备；并发现其多孔结构可以通过反应混合物组成、添加剂类型及其数量、混合物相对密度、预热值等初始合成条件来调控。武汉理工大学唐新峰教授团队发展了半导体热电材料的自蔓延高温合成原位复合技术，快速制备了具有特殊界面结构的 Cu_2Se/BiCuSeO 复合材料，材料的热电性能优值 ZT 达到 2.7。近期，清华大学林元华教授团队采用自蔓延高温合成方法将 Cu_2Se 与铋铜硒氧（BiCuSeO）基含氧化合物原位复合，提升了 Cu_2Se 的稳定性和力学性能，该复合热电材料的 ZT 峰值达 2.82（1000K），473 ~ 1000K 范围内的平均 ZT 值达 1.73。

2. 动力学控制的合成工艺

（1）形核 / 生长与动力学。

电沉积是在外部电场作用下，溶液中的正负离子迁移至电极表面并发生氧化还原反应形成镀层的工艺，涉及金属原子的聚集形核与长大的成膜过程。通过调控基体表面状态、电解液组成、电沉积模式以及电沉积工艺参数能够改变形核和生长动力学，从而调控电沉积薄膜的成分、厚度、形貌以及缺陷，实现材料可控制备。Wang 等报道了 Ni–Mo 电催化剂的一步电沉积法制备工艺，发现大电流密度能诱导材料的三维生长，使 Ni–Mo 催化剂具有更高的析氢反应活性。在电沉积过程中施加周期性的电流或电压能够促进均质形核，有望获得更紧密的结构。Sharma 等利用脉冲电流法电沉积合成了 Sn 纳米棒，并通过改变脉冲频率、脉冲电流及脉冲间歇调控晶核生长速率，从而获得具有不同长径比和表面粗糙度的纳米棒。

化学气相沉积（CVD）是一种气相物质在高温下通过化学反应而生成固体产物并沉积在基板上成膜的方法，被广泛应用于石墨烯等二维材料的制备中。在 CVD 法制备石墨烯薄膜的过程中，石墨烯晶粒通常在催化金属基底表面随机形核，然后晶片长大相互连接形成石墨烯薄膜。通过表面清洗、抛光、热处理等方式减少基底表面杂质和缺陷，结合基底的晶向选择、反应区内的碳源分压控制、氧辅助生长等举措能够降低石墨烯晶片的形核密度并使形核点分布均匀，有助于大尺寸石墨烯单晶的合成。此外，基底的单晶化处理、选用无定形的熔融铜基底、反应区域的特殊构型设计等策略可以调控石墨烯晶片的生长方式与生长速度，使晶片呈近似各向同性的生长并借助液体金属为原子移位提供旋转平台，从而使相邻石墨烯晶片的排列可以微弱调整以相互匹配，进而实现晶片间的平滑缝合，获得大尺寸高质量的石墨烯材料。

（2）反应速率控制与动力学。

化学反应速率与反应物浓度、温度、压力、催化剂等因素密切相关，材料合成中的反应速率影响了合成速率、产率以及纯度。香港科技大学孙建伟等面向大反应速率进行了高活性亲电体筛选，通过使用烯醇硅醚在温和条件下实现了氧杂环丁烷分子间开环构建 C—C 键，从而高效合成了 1,5- 氧杂化合物。该氧杂环丁烷的 3 号位上具有良好的官能团容忍度，能实现产物的多功能化。北京航空航天大学宫勇吉团队提出了一种全新的熔体辅助生长二维材料的新策略，利用经典生长单晶的熔体析出过程辅以空间限域，通过 Te 和 $FeCl_2$ 等熔剂前驱体的添加和熔体浸润性调整来降低反应熔点并提高反应速率，促进原子级超薄二维薄片的形核和结晶，成功制备了 80 种超薄二维单晶材料。中国科学院化学所邱东课题组报道了一种类似传统种子乳液聚合的 SiO_2 种子生长策略，通过在水油界面控制前驱体正硅酸乙酯（TEOS）的水解反应速率，实现了水解产物以特定四配位形式在种子颗粒表面的完全沉积。该方法在 SiO_2 胶体颗粒的制备中具有 1nm 级别的调控精度，且对反应温度、原料分散性、pH 值及搅拌速率等制备条件具有较大容错空间，因此可选用商品化的多分散 SiO_2 胶体颗粒作为种子，实现特定尺寸单分散胶体颗粒的定制，成本优势显著。此外，改变种子生长过程中前驱体的化学组分，基于反应动力学调控，可实现对单分散 SiO_2 胶体颗粒表面形貌的精确调控，这得益于反应动力学调控的化学计量式种子生长策略所赋予的优异尺寸调节精度以及可靠的批间稳定性。

（3）微流控合成与动力学。

近年来，微流控技术被成功用于有机材料基、金属基、无机非金属基等多种复合材料的合成中，比较有代表性的是 Janus 微粒和金属有机骨架化合物的合成。譬如，Sun 等利用微流控技术合成了一种新型 Janus 微粒，其拥有两个能单独释放药物的独立隔室。该技术基于流体聚焦型微流控芯片，能在聚乳胶 – 乙醇酸和甘油三酯型脂质的混合溶液中制备水包油型液滴，然后利用溶剂蒸发诱导相分离过程，使液滴分离并固化形成 Janus 微粒，且每个微粒都含有一个聚合物隔室和一个脂质隔室。此外，表面活性剂类型、溶剂类型、溶剂与脂质体浓度比等因素对流体动力学与反应速率具有重要影响，通过这些参数的调控和优选，能够灵活调控 Janus 微粒的形貌，获得补丁状、三重、四重或核壳状 Janus 微粒。南京工业大学陈苏教授团队以微流控技术为手段，合成了一系列新材料。以自愈合高分子水凝胶微珠为组装单元，在微流体限域通道内实现了超分子水凝胶微珠的连续化定向组装，并可通过不同类型通道的设计，实现特定形貌组装体的可控组装。利用高通量微流控气喷纺丝技术规模化合成了高荧光性钙钛矿量子点纳米纤维膜，如甲胺铅卤（$MAPbX_3$）、铯铅溴（$CsPbBr_3$）等。相较于传统的静电纺丝技术，该微流控气喷纺丝技术所合成的纤维更细，且纤维更易干燥，解决了钙钛矿材料遇水不稳定的难题，并具有优异的光学特性。

3. 热 – 动力学协同控制的合成工艺

某些合成过程由热力学与动力学共同控制。例如，Fan 等通过 Cu 的缓慢氧化合成了多形貌的 Cu_2O 纳米粒子。通过热力学与动力学控制，Cu_2O 的形貌经历了六角形—三角形—八面体等演变过程。首先，I^- 吸附在 Cu_2O 纳米粒子的（111）晶面，降低（111）晶面的生长速度，属于动力学控制的过程；在熟化过程中，片状 Cu_2O 纳米粒子溶解再生长，得到了热力学稳定的八面体形状，属于热力学控制的过程。Bianchini 等研究了双层（P2）钠氧化物 $Na_{0.67}MO_2$（M = Co，Mn）的多级结晶路径，提出了多级结晶过程是受热 – 动力学协同控制的新观点。在形成平衡双层 P2 多形体之前，发生了一系列亚稳三层 O3、O3′和 P3 相的非平衡相变。第一个相形成的机制为：粉末前驱体界面处成核的第一个相是具有最大非成分约束反应能的化合物，具有最负反应自由能，其形成过程属热力学控制。而随后的转变通常可以通过简单的成分变化或拓扑转变来动力学选择。这就表明多级结晶过程是受热 – 动力学协同控制的，其中的快速反应动力学是大驱动力的结果，而小驱动力会导致慢动力学，此时反应的完成需要更高的温度。该工作初步揭示了材料合成过程中的复杂热力学与动力学关系。

西北工业大学刘峰教授团队提出了热 – 动力学相关性，基于热 – 动力学协同合成了一系列高性能功能材料，揭示了弹性应变对 Cu 材料 CO_2 电还原反应驱动力和能垒的影响规律，利用“大驱动力小能垒”准则合成了具有拉伸弹性应变的 Cu 薄膜材料。进一步地，将微量 Fe 引入 TiO_2，降低了光激发过程的能垒，提高了光生载流子迁移的驱动力，获得了具有优异的光催化抗生素降解与光催化 CO_2 还原特性的半导体材料。

（二）材料制备与加工工艺

本小节将从热力学、动力学以及热 – 动力学 3 个方面，简要梳理当前主要的材料制备和加工工艺。其中，热力学控制的制备与加工旨在调控材料体系的热稳定性（如自由能、表面能、界面能等），主要影响相变和变形的方向、限度以及热力学条件和状态。动力学控制的制备与加工旨在利用动力学条件改变直接影响相变和变形过程的微结构演化（如界面演变、位错运动等），实现动力学过程控制。热 – 动力学协同控制的制备与加工则综合考虑热力学和动力学关联，聚焦于“将热力学应用于非平衡动力学转变过程”，通过同时调控相变和变形过程中热力学和动力学因素 / 条件而改变体系热力学状态和动力学过程。

1. 热力学控制的制备与加工

（1）铸造成型与热力学。

热力学控制的铸造成型技术特点在于改变过冷度、表面能、界面能以及相变热力学条件，调控微观组织。定向凝固技术是典型的热力学控制的铸造成型技术，旨在采用强制手段在未凝固熔体中建立起沿特定方向的温度梯度，使熔体在气壁上形核后沿着与热流相反的方向，从而通过改变凝固区热力学状态来改变相变发生方向。常见的有，电磁定向凝固技术、超高温度梯度连续定向凝固和单晶连铸技术等。定向凝固技术的共性特征在于利用外场改变热力学条件，控制凝固方向和最终组织取向。譬如，电磁定向凝固技术中通过外加磁场可以使得铁磁性金属磁化，从而引起体系自由能变化，并使得其磁性自由能呈现各向异性，调控体系相变热力学条件，控制凝固过程朝着预设方向进行，提高铸件纤维组织的取向度。

西北工业大学傅恒志院士团队将电磁约束成形技术与定向凝固技术相结合，开发了无接触电磁约束成形与凝固控制、软接触电磁约束成形与凝固技术。清华大学柳百成院士团队针对钢铁铸造成型工艺，开发了异型铸件充型流体流动和传热的模拟算法，实现了对铸件内部应力的准确预测。中国科学院金属研究所李殿中院士团队发展了铸件宏观偏析形成理论，开发了多包延迟浇注、多梯度稳态热冒口及低氧纯净化控制技术，阐明了系列材料中合金相的作用与调控机理。

（2）塑性成型与热力学。

基于热力学的塑性成型基本思路是通过控制温度、应力条件，将材料加工成所需的形状和尺寸。通常，高温下材料变形的流变应力降低，可以实现更大的塑性变形；与此同时，通过变形引入晶体缺陷，材料往往会发生动态再结晶，随变形程度的增加再结晶的热力学驱动力增加，越易形成细小的晶粒。上述两种热加工工艺的关键在于控制材料内部晶粒度和裂纹，也即通过选择合适的温度和应力条件来增大体系的总晶界能且降低总的表面能。究其根本，这一工艺调控体系热力学界面能和畸变能，也即①高温下材料发生完全再结晶，晶粒度细化，增大晶界能；②改变材料的受力方式，减少了裂纹萌生，降低了表面能；③热轧工艺释放了局部残余应力，降低了畸变能。

武汉理工大学华林教授针对环件冷辗扩的特点，结合环件冷辗扩机的工作原理，提出了 4 种不同的芯辊进给速度设计规范。中国科学院金属所张士宏教授团队致力于金属板材先进成形技术、精密管材成形技术、塑性加工过程与组织演变数值模拟和智能信息化技术应用研究。西北工业大学李淼泉教授团队针对有色合金、北京航空航天大学万敏教授团队针对轻质材料、上海交通大学陈军教授团队针对平面应变与剪切应力不协调材料，围绕塑性成型对微观组织和力学性能展开了大量研究。

（3）焊接成型与热力学。

热力学控制的焊接成型技术主要体现在利用加热方式调控加热及冷却速率，影响焊缝区域相变的热力学驱动力。激光焊和电子束焊是基于热力学调控的焊接成型典型代表。其中，激光焊作为一种先进的材料连接技术，特点在于激光束优良的传输和聚焦特性，激光束经过聚焦后几乎可以将全部能量集中于一点。因此，激光焊接可以使用最少的能量作用于最小的区域，作用时间大大缩短。较快的冷却速率增加了焊接熔池凝固的驱动力，促进晶粒形核，利于获得细小的焊缝组织，保证焊接接头良好的力学性能。电子束焊与激光焊原理类似，电子束焊是由高能电子束轰击工件，巨大的动能转化为热能，使焊接处材料快速熔化，随后较快的冷却速率对应凝固的大热力学驱动力，降低了形核功而利于形核。

上海交通大学吴毅雄教授团队开展大结构材料高功率激光制造研究及应用，提出焊接制造过程质量控制理念。哈尔滨工业大学陈彦宾教授团队揭示了激光与金属相互作用过程中热力学行为及弹塑性变形机理，揭示了双光束激光、短波长半导体激光加热金属的热循环特征及熔化行为，开发了轻量化、复杂结构激光快速焊接技术。上海理工大学张振宇等利用激光焊接 6061-T6 铝合金，得益于较大的形核驱动力，焊缝中心区主要由细小等轴晶组成。

（4）热处理工艺与热力学。

利用热力学控制热处理技术的共性特点在于改变外场条件而调控材料的热力学稳定性，不同热处理工艺的本质在于影响相变的热力学驱动力。比如，钢铁材料热处理中正火、退火、回火和淬火温度、升 / 降温速率以及铝合金中固溶和时效温度的选择，对应不同的相变类型以及相变驱动力。又如，化学热处理中（如渗碳、渗氮、碳氮共渗）材料在一定温度的介质中保温，保温温度和介质浓度的选择本质在于调控相变热力学驱动力，可以使一种或几种元素渗入其表层，从而改变表层化学成分、组织和性能。

近年来，电脉冲热处理成为基于热力学控制的热处理技术的典型代表。武汉理工大学宋燕利团队利用脉冲电流处理了 TC11 钛合金，改变 $\beta\rightarrow\alpha$ 相变驱动力，调控微观组织的各相比例及尺寸，明显提升了力学性能。哈尔滨工业大学蒋少松团队发现在经过电脉冲辅助退火后合金出现再结晶晶粒，织构弱化，材料的力学性能各向异性明显改善。大连理工大学张洪潮团队利用脉冲电流在裂纹尖端产生焦耳热效应，同时脉冲电流也会促进原子扩散和位错运动到裂纹处，有助于裂纹愈合。法国里昂大学 Fabregue 教授团队发现利用电脉冲辅助热处理工艺可以迅速实现金属组织的优化调控，较低的脉冲电流密度就能加速变形纯铜的再结晶过程。

2. 动力学控制的制备与加工

（1）铸造成型与动力学。

动力学控制的铸造成型工艺特点在于冷却过程中凝固速度较快或者改变熔体动力学性质 / 特征进而影响凝固行为，典型的工艺有快速凝固、连续铸造成型等。快速凝固工艺中凝固速率较快，抑制原子扩散和晶体生长，晶粒更加细小，同时伴随着大量晶体缺陷（如位错）。譬如，相比传统铸造工艺，基于快速凝固铸造的 6061 铝合金的晶粒与第二相尺寸得到明显细化，组织和成分的不均匀性均得到显著改善。连续铸造成型中，将熔融的金属不断浇入结晶器中，连续不断地将已经凝固铸件从结晶器的另一端拉出，从而获得特定长度的铸件。该工艺中，金属在流动过程中的速度分布、涡流和湍流行为对凝固行为起关键作用，决定了凝固速度、晶粒生长速率以及可能出现的缺陷（如孔洞、夹杂等）。通过施加适当的压力，可以控制熔体流动的动力学行为。

上海交通大学李建国教授团队建立了亚快凝固枝胞转变的时空条件模型，开发了区域熔化液态金属冷却超高梯度定向凝固方法。西北工业大学刘峰教授团队提出了描述多元合金枝晶非平衡凝固动力学行为的数理模型，完善了快速凝固理论。清华大学熊守美教授团队建立了压铸过程中铸件 / 铸型界面换热系数与铸件凝固速率的关系，系统研究了合金成分和工艺参数对压铸过程中铸件 / 铸型界面换热系数的影响。国外，德国航空航天中心空间模拟研究所主要侧重于航天航空使用合金的快速凝固以及在特殊环境下（如微重力等）的快速凝固行为研究。日本前沿学科交叉研究所围绕快速凝固制备高性能金属玻璃做了大量工作。

（2）塑性成型与动力学。

动力学控制的塑性成型的基本思路是控制应变速率和应力分布来改变材料的塑性变形行为，典型的方法包括冲压、热冲压、累积叠轧和大塑性变形等。冲压和热冲压成型的共性在于通过冲击力和压力对金属板材或带材进行塑性变形；冲压过程中，材料具有较大的应变速率，位错运动速率提高。不同于其他基于准静态的变形方式，冲压工艺中较快的位错动力学将显著影响变形微结构的演化。异质板材的累积叠轧是一种将多种不同材料的板材叠压在一起金属加工方法。异质板材在累积叠轧过程中，不同材料的界面相互作用，产生晶界和相界迁移、动态再结晶、析出以及不同层状板材之间的元素扩散等动力学过程。上述动力学过程的控制对最终材料的晶粒取向和织构的演变影响较大，进而决定复合板的力学性能。类似地，大塑性变形工艺，如等通道转角挤压和高压扭转等，材料在高应变速率下经历多次变形，产生多种动力学转变（如元素扩散、位错和晶界运动以及再结晶等），直接决定最终组织形成。

基于动力学的塑性变形有很多种工艺，主要可以总结为两方面：①局部形变；②多次形变。西北工业大学李宏伟教授致力于成形过程多尺度建模仿真与形性协同优化调控，以及薄壁复杂结构多能场柔性成形新原理与技术的研究。李淼泉教授团队发展了精密塑性变形与智能新技术，提出了面向设计指标的变形工艺参数优化方法与全过程分析方法。哈尔滨工业大学苑世剑教授团队提出了流体介质加载调控应力状态的变形原理，创建整体化金属薄壁件流体压力成形技术体系。华中科技大学李建军教授开发了电磁渐进成形技术，揭示了电磁成形过程的塑性动力学行为。

（3）焊接成型与动力学。

基于动力学的焊接成型技术的共性特点在于焊接温度往往不高，主要通过大塑性变形引入晶体缺陷促进原子扩散及再结晶，进而促进材料的连接。典型工艺有搅拌摩擦焊、冷压焊、爆炸焊和超声波焊等。在此着重介绍近年来迅速发展的搅拌摩擦焊工艺，该工艺旨在利用高速旋转的搅拌头与工件摩擦产生的热量使被焊材料局部软化，当搅拌头沿着焊接界面向前移动时，被塑性化的材料在搅拌针的转动摩擦力作用下由搅拌针的前部流向后部，并在轴肩的挤压下形成致密的固相焊缝。其中，搅拌头高速旋转带动了焊缝组织流动，搅拌头的剪切作用导致晶粒破碎，同时引入的大量位错可以增强原子扩散，进而促进焊缝区域后续再结晶过程，利于形成细小的等轴晶组织。

清华大学史清宇团队揭示了铝合金薄板搅拌摩擦焊接残余变形和搅拌头机械载荷在搅拌摩擦焊接中的作用。西北工业大学李文亚团队针对钛合金线性搅拌摩擦焊接过程金属材料流动，接头残余应力预测与测试、焊接接头温度场数值模拟等方面进行了广泛研究。哈尔滨工业大学刘会杰团队侧重于陶瓷 / 金属和铝 / 铜等异质金属材料搅拌摩擦焊接工艺改进、焊缝组织和力学性能改善等。南昌航空大学柯黎明团队研究了镁合金、铝合金的搅拌摩擦焊接，聚焦于搅拌针形状改进和材料流动物理模型建立。此外，日本大阪大学 Katoh 团队，得克萨斯大学埃尔帕索分校 Esparza 团队，美国南卫理公会大学 Ouyang 团队围绕镁合金、铝合金、铁基合金等材料搅拌摩擦焊的工艺改进和物理模型建立等方面展开了大量研究。

（4）热处理与动力学。

基于动力学的热处理技术的共性特点在于体系动力学参量或者动力学转变特征产生变化，如扩散增强、形核数目增多或相变序列发生变化。较为常见的基于动力学的热处理方法有：形变热处理、磁场热处理、形变和化学热处理复合等。

其中，热机械控制工艺（Thermo-Mechanical Control Process，TMCP）是一种较为常见的形变热处理。TMCP 中控轧可以引入各种缺陷（如空位、位错）或引起晶界面积变化；但定量计算表明，上述缺陷产生的自由能相变较小，相比相变驱动力可以忽略。因此，高温控轧的主要作用在于引入缺陷，提高形核率和增强扩散，进而促进新相形核和生长。磁场热处理是指通过将材料在居里温度附近进行热处理，使合金中磁性离子出现方向有序，从而引起微观结构的变化，改善材料力学性能。澳大利亚莫纳什大学的 Suzuki 教授团队论证了磁场热处理后微结构和磁性能间的内在联系，通过针对性的处理调控材料的磁导率，提升材料综合磁性能。针对化学热处理，预变形可以大大促进扩散过程。据此，卢柯院士团队发展了复合表面纳米化技术，将金属材料的表面纳米化与表面化学热处理（渗氮、渗铬、渗铝等）相结合，大幅度降低了钢铁材料的渗氮温度和渗铬温度。

3. 热 - 动力学协同控制的制备与加工

（1）铸造成型与热 - 动力学协同。

基于热 - 动力学协同的铸造成型技术有：离心铸造、压力铸造、反重力铸造等。离心铸造成型中液态树脂或树脂分散体放在旋转模具中，使其绕单轴高速旋转，在离心力作用下分布在模具近壁部位。一方面，物料离心到模具壁使得凝固形核方式由均质形核相非均质形核转变，形核功减小而形核率提高。另一方面，在液固前沿形成温度梯度，改变凝固区热力学状态，控制相变发生方向。此时，同时调控热力学和动力学控制微观组织。压力铸造成型中熔体在高压下以较高的速度填充入压铸型的型腔内，并使金属或合金在压力下凝固。热力学上，高压提高了凝固热力学驱动力；动力学上，由于高压力作用，熔融金属在模具中迅速流动并填充模腔，元素扩散动力学被加强，利于成分均匀化。类似地，常见的反重力铸造成型，如低压铸造、差压铸造、调压铸造及真空吸铸等，共性特征在于利用压力同时调控凝固的热力学和动力学。挤压铸造成型旨在将一定量的金属液直接浇注入涂有润滑剂的型腔中，并持续施加机械静压力，利用金属铸造凝固成型时易流动和锻造技术使已凝固的硬壳产生塑性变形，使金属在压力下结晶凝固并强制消除因凝固收缩形成的缩孔缩松，以获得无铸造缺陷的液态模锻制件。该工艺中集成压力和塑性变形，影响凝固热力学驱动力和动力学扩散。

西北工业大学魏炳波教授团队针对金属材料的超常凝固过程，研制了电磁悬浮、超声悬浮、静电悬浮、熔体浸浮和自由落体 5 种实验设备，建立了一套超常条件下金属材料快速凝固实验系统。介万奇教授团队成功研制了一种反重力铸造设备，有力推动了 A357 铝合金复杂薄壁铸件的产业化制造。黄卫东教授团队系统研究了大型复杂薄壁铸件精密铸造技术的工艺参数，阐明了凝固界面形态选择的时间相关性和历史相关性。刘峰教授团队提出了描述多元合金枝晶非平衡凝固动力学行为的数理模型，发现了与非平衡凝固工艺相关的热 – 动力学效应，准确描述了相变机理，实现了对凝固过程的准确控制以及对凝固组织的精确预测。清华大学熊守美教授团队建立了压铸镁合金微观组织演变的数学模型，实现了对压铸合金组织结构的准确预测。华中科技大学周建新教授团队开发了用于分析铸造工艺的 CAE 软件，研究了铸件在充型凝固过程中产生的缺陷。

（2）塑性成型与热 – 动力学协同。

基于热 – 动力学协同的塑性成型方法往往通过控制温度、应变速率和应力等参数同时影响热力学和动力学因素；常见的方法有，特种塑性成型、精密锻造成型、多点成型、爆炸成型等。其中，特种塑性成型可进一步细分为：①微细晶粒超塑成型；②微成型；③粉体成型；④电塑成型。以超塑性成型为例，该工艺往往需要高温（约为热力学熔化温度的一半）和低应变速率（$10^{-2} \sim 10^{-4}s^{-1}$）。温度和应变速率是控制变形中位错运动的重要因素。温度越高所需流变应力降低，对应驱动力降低；而低的应变速率往往对应较慢的位错滑移。因此，超塑性的获得需综合考量如何控制位错运动的热力学和动力学。精密锻造和多点热压成型的共性在于，高温条件下材料可能会发生各种相变，如固溶体溶解、相分解等。类似地，爆炸成型工艺中，爆炸冲击波作用下的高压和高温环境会引发材料相变。譬如，基于爆炸成型制备多层 AZ31 和 AA1050 复合材料，界面附近的局部熔化和快速凝固形成了由各种化学成分和结构的相组成反应区域，爆炸产生的高温高压使得界面处元素快速扩散，最终基体板材内大部分凝固的熔体由非平衡相组成，并呈现出超细晶粒结构。

针对热 – 动力学协调的特种塑性成形技术的研究较多。西北工业大学詹梅教授团队致力于轻质高强板管件精确成形，高性能复杂承力构件精确体积成形，难变形材料复杂结构形性一体化调控，发展了适用于塑性成形微观组织演化、力学响应与损伤演化的全过程多尺度模型；发展了点、线、面、体局部加载技术，解决了航空航天关键复杂构件的成形难题。哈尔滨工业大学单德彬教授团队致力于精密塑性成形理论、工艺和锻件组织性能控制，微型零件精密微成形机理和关键技术，开发了模拟大规模金属成形过程的三维刚塑性有限元仿真程序。

（3）焊接工艺与热 – 动力学协同。

基于热 – 动力学协同调控相变及组织的焊接技术快速发展。例如，扩散焊、闪光对焊、锻焊、高频焊等。以扩散焊为例，扩散焊首先将清洁后的金属表面进行加热到一定温度，随后短时间内施加压力，使金属工件的晶体结构在接触面上发生改变，并形成了新的晶体缺陷（如位错和晶界）。由此可见，加热到一定温度首先保证相变满足热力学条件，也即具备足够的相变驱动力；而压力越大，材料塑性变形增加，焊件接触面积增加，促进高温下原子扩散，利于再结晶和其他相变进行。因此，扩散焊由焊件表面体系相变的热力学与动力学共同控制。类似地，闪光对焊、锻焊和高频焊的共性特点在于焊接过程中微观组织演化的热力学和动力学共同控制焊接区域微观组织演化。

中南大学韩勇团队针对合金（90W–7Ni–3Cu）与 304 不锈钢低温扩散焊接展开了研究，分析了加热温度、保温时间、加压压力对异质金属扩散焊接头质量的影响。哈尔滨工业大学王长文团队研究了添加中间层的铝锂合金扩散焊，侧重于中间层材料对于扩散焊接头力学性能的影响。西北工业大学熊江涛团队利用瞬时液相扩散焊焊接镁 / 钛异种合金，采用低温防止镁合金烧损蒸发，同时添加其他合金元素调整界面反应，实现了异种金属可靠连接。此外，英国剑桥大学 Shirzadi 团队提出了“一种带有温度梯度的扩散焊”的新工艺，突破了传统的扩散焊惯用的焊接区温度均匀分布的束缚。

（4）热处理与热 – 动力学协同。

利用热 – 动力学协同调控组织的常见热处理工艺有：第三代 TMCP 工艺、激光热处理、闪烧等。其中，东北大学王国栋院士团队围绕第三代 TMCP 工艺做了大量工作。第三代 TMCP 工艺往往用于 V–N 微合金化的高强度低合金钢制备，由两个阶段组成。第一阶段是在奥氏体再结晶区轧制，通过形变 – 再结晶的反复进行，获得尽可能细的奥氏体晶粒。第二阶段轧制是在 VN 析出温度区间，即 VN 析出的鼻子温度区间进行，促进 VN 在奥氏体晶界和晶内析出，在随后的加速冷却过程中在奥氏体晶界和晶内以 VN 粒子为核心生成大量铁素体，细化钢的最终组织。由此可见，第一阶段再结晶热 – 动力学与第二阶段析出热 – 动力学共同主导微观组织演化。激光热处理和闪烧工艺基本原理类似，材料经过快速升温和冷却，分别对应较大的过热度和过冷度，热力学驱动力大，动力学形核能垒降低，形核率大；与此同时，短时加热会抑制元素扩散和界面迁移。可见，激光热处理技术同时利用热力学和动力学协同，调控微观组织和力学性能。

针对激光热处理，长春理工大学黄根哲教授团队和沈阳工业大学李荣德教授团队分析了激光表面热处理与传统处理手段对金属材料微观组织和力学性能的差异性。上海工程技术大学苏钰教授团队则侧重于研究 5kW 光纤激光加工制造系统激光器，通过对 EX1 钢表面的激光强化处理，细化了硬化层的显微组织，提高了表面的光滑度。国外方面，葡萄牙米尼奥大学 Pereira 教授团队围绕高强度双相钢分析复杂零件的多重成型，通过数值模拟分析，改善工业零件的成形性。美国阿拉巴马大学 Brewer 教授团队则系统研究了激光热处理冷喷涂 AA7050 的工艺与微观组织关系。

三、存在的问题及面临的挑战

近年来，材料合成与加工领域中新技术和新材料快速发展。与之不相称的是，本领域中基础理论发展则相对缓慢，这俨然成为制约新材料和新技术进一步发展、创新的根本性因素。鉴于基础理论是优化和设计工艺以及调控材料微观组织和性能的根本所在，本小节聚焦材料合成与加工领域背后亟待解决的基础性理论问题。

（一）关键科学问题

相变理论可大致分为热力学和动力学两方面。相变热力学描述体系状态，主要针对自由能、焓值等热力学参量和相应材料性质的变化，旨在研究平衡系统各宏观性质之间的相互关系，揭示变化过程的方向和限度；相变动力学针对体系状态参量随时间的演化，依赖转变路径而主要探讨动力学能垒、转变速率及体系特征参量（新相晶核数量、尺寸、相分数等）的演化问题。从涉及的理论基础方面，这些理论的建立主要基于经典平衡态热力学、唯象不可逆热力学和统计力学。近年来随纳米、低维、功能材料的兴起，纳米相变热力学理论问世，该理论研究纳米材料相变与性能，侧重于界面热力学和界面吸附热－动力学，是相变热－动力学基础理论的重要完善。

相变热－动力学旨在利用非平衡态热力学实现“如何将热力学应用于非平衡动力学过程”的目标，属于从普适性角度来研究宏观过程的共性。相变过程既博大到系统内、晶粒间的宏观输运，也细微至界面处、原子、分子间的跃迁，属于典型的宏/微观多尺度问题。作为指导相变调控的关键理论，前人在热－动力学理论方面取得的显著成果基于大量假设，譬如局域平衡、理想溶液、单一尺度假设等，因此大大限制该理论在实际材料加工过程中的应用。

解决上述三类问题的根本目的在于，更深入地掌握相变热－动力学理论，更精确地获取热力学驱动力和动力学能垒，进而实现相变热－动力学的终极目标——通过复杂非平衡条件下的相变调控来设计目标材料。根据经典理论，相变针对组织形成；变形体现力学性能；（热和机械）稳定性判断相变或变形的难易程度。长久以来，上述 3 个概念被业界分而治之。能否且如何合并上述概念？其合并会带来什么功效？这些问题背后的重大科学价值和工程潜力被业界相对忽视，这源于长久以来根深蒂固的理念：热力学与动力学的相对独立。

相变调控决定金属材料组织性能，而热力学和动力学是指导相变调控的关键理论。简单近平衡条件下，传统理论认为热－动力学相对独立。为适应现代工业生产高效率、高性能要求，工艺趋于复杂化和极端化，导致热－动力学相互关联。基于热－动力学相对独立的传统理论已无法应对复杂非平衡相变的机理描述、组织预测和过程控制。为开展复杂非平衡条件下的精确相变调控，必须阐明热－动力学的协同或耦合作用。这不仅是金属相变理论领域的科学难题，也是材料加工技术领域亟待解决的关键问题。

（二）面临的挑战

相变热－动力学协同主要体现在热力学和动力学均与转变路径相关，也就是说，不同的形核和生长方式、不同的耗散机制会伴随转变进行而发生变化，这源于相变体系所蕴含的不同层次的物理耦合：热力学与动力学、形核与长大、微观与介观、扩散与切变。

1. 形核与长大的统一处理

一级相变的理论描述大都源于对经典形核 / 长大理论的修正和发展。由于形核和长大基于不同的理论框架，描述同一相变时其理论修正也有所不同，因此上述思路难以获得自洽的相变理论，同时在描述一些难以区分形核和长大阶段的相变时存在困难。在微观尺度，形核及长大过程均通过基本单元（原子、团簇等）的吸附 / 脱附过程进行，两者并无本质区别，人为假定并任意区分形核和长大，必然会带来系统误差。通过形核与长大的统一处理，建立自洽的相变理论，且该理论可以在适当尺度内回归至经典的形核或长大理论。这不仅具有重大的理论价值，也必将促进相变理论在材料加工过程中的应用。

2. 扩散与切变的统一处理

由于扩散型和切变型相变及其产物区别显著，前人通常用两类相对独立的理论分别处理。随体系温度和变形条件连续变化，转变机制可在单纯扩散型、扩散 / 切变混合型和单纯切变型三者间连续变化。只有将扩散型和切变型相变统一处理才能在建模中合理描述转变机制与热－动力学条件的相互关联。扩散型相变中，体系自由能耗散通过晶型转变、组元扩散及储存应变能三种方式进行；切变型相变发生在较低温度，组元扩散导致的耗散由于扩散系数足够小而被忽略，体系自由能耗散通过晶型转变及储存应变能两种方式进行。因而，两类相变的自由能耗散机制均可归纳为晶型转变、组元扩散及储存应变能三种类型，利用最大熵产生原理建立自由能耗散对应的微观速率方程，即可实现扩散与切变的统一处理。

3. 微观和介观的统一处理

经典的相变热－动力学理论不能实现从微观到介观的过渡，而相变属于从微观到介观乃至宏观的演化过程；经典理论未能触及体系整体状态和全流程演化。所谓相变，就是体系所有热力学构成因素发生所有动力学路径对应概率的有效组合。处理该问题涉及 3 个步骤：微观体系热－动力学、介观体系热－动力学以及非平衡相变体系演化。也就是说，基于热力学和动力学，建立一个从微观合理过渡到介观，不必区分相变阶段（形核和长大），同时考虑各种可能发生的相变机制（如扩散和切变），建立可实现组织结构与形貌预测的相变统一模型。

4. 基于热 - 动力学协同的微观速率方程

反应速率理论认为，微观速率方程将微观过程的速率与热力学驱动力、动力学能垒联系起来，旨在描述相变过程中热力学驱动力与动力学能垒间函数关系。不可逆热力学是处理非平衡相变的理论基础；最大熵产生原理是获取非平衡体系演化中动力学耗散通量与热力学驱动力间函数关系的有效手段；分子动力学模拟和第一原理计算则侧重于原子尺度动力学机制分析、转变激活能及相关动力学系数计算。基于不可逆热力学理论，考虑动力学通量对热力学状态的影响而处理局域非平衡问题；分析自由能耗散机制，利用最大熵产生原理得到动力学耗散通量与热力学驱动力的函数关系；结合分子动力学模拟和第一原理计算阐明微观相变机制，计算反应能垒及相关动力学系数；最终可以获得局域非平衡条件下体现相变热 - 动力学函数关系的微观速率方程。这就是热 - 动力学相关性，即热力学驱动力和动力学能垒函数关联的数学物理方程。

四、未来发展战略需求及方向

在我国制造业从数量扩张向质量提高转型的特殊历史时期，对成分 / 工艺、组织、性能的准确定量理解已成为金属材料科学与工程领域亟待解决的共性基础性难题。当前，科学界专注于某组织为何能提升力学性能但忽视得到该组织的工艺过程，工业界专注于得到对应优异性能的成分和工艺但忽视其微观组织的强韧化机理。这直接导致业界无法实现材料设计的定量化；也同时表明，当前缺少能够贯通成分 / 工艺、组织、性能的普遍理论或规律。

（一）热 - 动力学理论研究

在上述目标牵引下，本领域的重要理论研究方向包括如下几个方面。

1. 非平衡、多尺度、多组元体系中晶体学与相变热 - 动力学的结合

当前相变调控的三大特点在于：极端非平衡效应旨在应对极其难以发生的相变，即需要极大的热力学驱动力，多组元体系互作用旨在通过高熵效应来提升相变动力学机制的能垒，而多尺度效应在于热 - 动力学同晶体学集成的微观组织演化。事实上，前两个效应在于提倡大驱动力大能垒的相变设计原则，而晶体学的界面设计保证了微观体积单元的确定。也就是说，界面晶体学—微观热 - 动力学—介观热 - 动力学—组织演化链式的形成。

2. 基于相变热 - 动力学相关性的微观组织预测

热力学体现相变的驱动力从而促进相变发生，动力学虽然表现为相变速率但由于受控于动力学能垒而实际体现相变的阻力。正是由于驱动力和阻力之间的协调变化，才导致相变路径、相变产物及其形态的千变万化。如果可以总结出热 – 动力学关联，并对其进行定量描述，就可以定量设计材料。针对给定合金，可计算相变过程的有效驱动力和有效能垒，得到不同转变条件下热力学驱动力、动力学能垒及相变组织特征间对应关系，即相变的热 – 动力学相关性；在给定转变条件下，利用上述关系可得到转变机制及组织特征，结合相变模型计算得到组织特征参数，即实现终态组织的理论预测。

3. 基于相变热 – 动力学相关性的材料设计

根据热 – 动力学相关性的概念，相变热力学驱动力的提升总是伴随有效动力学能垒的降低，即热 – 动力学“互斥”。相变和变形属于不同级别的原子运动，可统一为热力学驱动下的动力学行为。变形中位错热 – 动力学表明，流变应力的提高对应位错自由运动能垒的降低，也就是说，加工硬化中位错所承受局部载荷提高导致其继续开动所需的驱动力增大，体现为强度或流变应力的提升；与此同时，位错自由运动能垒降低导致位错密度快速增加，林位错增多，位错运动的阻碍进一步增强，最终体现为塑性较小时材料断裂。这就是位错理论框架下金属材料的强塑性“互斥”现象；强塑性“互斥”与热 – 动力学“互斥”对应。如此，可以通过设计不同加工工艺来实现对微观组织强塑性的定量设计。

4. 相变热 – 动力学在纳米和低维领域的应用

多晶材料相变时，母相的晶粒长大热 – 动力学不可避免会影响母相转变为新相的相变热 – 动力学，继而影响相变发展及相变产物的微观组织。该效应在微米以上尺度的粗晶体系内可合理忽略，但在纳米尺度体系内，由于界面体积分数剧增，该效应非常显著。类似的尺寸、表面和界面效应也强烈影响在电子、化学催化、磁存储等领域有重要应用的低维金属材料的相变过程。结合近年来建立的纳米材料相变热力学理论，将纳米 / 宏观材料表面能函数同热 – 动力学协同控制机制结合，不仅可以设计高强韧纳米结构材料，也可以辅助研发多种高效催化与储能材料。随纳米和新能源材料发展得如火如荼，获得适用于纳米和低维材料体系的相变热 – 动力学协同理论是大势所趋，具有充分的发展空间。

（二）合成与加工技术发展

热 – 动力学基础理论应用于材料合成与加工领域，将推动金属材料制备和加工技术的快速发展，进一步提高金属材料的性能、精度和质量，有利于先进制备技术、数字化加工和绿色化加工实现。

1. 材料合成领域

发展材料合成过程中热 – 动力学理论，阐明分子活化与转化、分子组装、固态反应与固态相变、有机合成等重要合成机制，能够有效指导新材料的合成。同时，开发可实现各种新反应的强大化学键“工具库”也至关重要，如常温常压下的惰性体系活化、极端条件或外场调控下的合成、生物合成和仿生合成等，以实现对分子堆积、多级结构以及材料缺陷的精细控制，进而实现材料性能的可控调节。此外，建立完备、规范、开放的材料合成数据库，利用人工智能等先进技术，开发可用于分子与物质精准高效合成的深度学习方法与规则算法，将引领材料合成研究范式从“试验试错型”向“智能化与自动化”的升级。

2. 铸造领域

基于热－动力学协同凝固理论的发展，有助于分析和预测熔体流动、凝固行为和微观组织演化过程，优化铸造工艺参数和模具设计，以获得高质量的铸件。具体体现在：非平衡、多尺度、多组元体系相的选择与形态选择研究、复杂体系合金液态结构与凝固行为的热－动力学研究、铸件中对流效应影响和枝晶模型开发。基于获得的凝固热力学和动力学信息，优化铸造工艺参数、提高铸造质量和性能、研发智能化铸造技术将是该领域未来的重点研究方向。

3. 塑性加工领域

揭示金属变形和组织演变机制，对开发新型塑性制备和加工技术具有重要意义。尤其随着新型塑性加工技术的发展，如多重锻造工艺、精密锻造工艺、高温合金锻造等，单一工艺中往往涉及多种物理过程（位错滑移、孪生、马氏体相变和动态再结晶等）。面向新型塑性成型工艺，基于热－动力学协同的研究，有助于精确控制温度、变形速率和应变量，揭示形变和应力分布特征，实现组织优化和性能提升。因此，基于热－动力学协同，利用实验和材料建模技术，耦合位错滑移、孪生、相变和动态再结晶等物理机制，合理设计和控制工艺参数，开发新型塑性加工技术，实现组织和性能精确控制是本领域值得深入的方向之一。

4. 焊接领域

控制焊接过程中相变行为对提高焊接接头质量和性能具有重要意义。新型焊接技术的发展，如激光焊接、电子束焊接、等离子弧焊接、相变超塑性焊等，使得基于热－动力学协同的焊接技术研究显得愈发重要。主要体现在 3 个方向上创新与改进：基于热－动力学的焊接工艺参数优化、焊缝形成组织热－动力学机制以及焊接接头性能的热－动力学控制。可见，基于热－动力学理解焊接过程中相变行为，揭示熔池形态和热应力等相关参数的热－动力学变化规律，优化和控制焊接参数，开发新型焊接工艺，提高焊接接头的质量和工艺效率是未来的重点发展方向。

5. 热处理领域

优化热处理参数，开发热处理工艺，控制材料的相变过程和组织形成，精确控制性能一直是本领域的重点研究方向。基于热－动力学的热处理工艺和高性能设计是将来的研究重点，相关思路可简述如下。

利用理论建模、微观组织表征技术和计算材料学，基于热－动力学协同研究热处理的相变路径，定量表征关键相变的热－动力学，计算热力学驱动力、动力学能垒同微观组织及力学性能演化间定量关系。据此，实现位错热－动力学的表征与计算，实现不同加工工艺下微观组织强韧化机制的定量表征及不同相变（变形）组合下强塑性的选择与预测。

参考文献

[1] 朱继平，李家茂，罗派峰．材料合成与制备技术［M］．北京：化学工业出版社，2018.
[2] 马景灵，熊毅，曲明贵．材料合成与制备［M］．北京：化学工业出版社，2017.
[3] 黄天佑．材料加工工艺［M］．北京：清华大学出版社，2004.
[4] Bag S, Paul C P, Baruah M. Next Generation Material and Processing Technologies［M］. Singapore: Springer Singapore, 2021.
[5] Hashmi M S J. Comprehensive Material Processing［M］. London: Newnes, 2014.
[6] Christian J W. The Theory of Transformations in Metals and Alloys［M］. London: Newnes, 2002.
[7] 徐祖耀，李麟．材料热力学［M］．2 版．北京：科学出版社，1999.
[8] Hillert M. Phase Equilibria, Phase Diagrams and Phase Transformations: Their Thermodynamic Basis［M］. Cambridge: Cambridge University Press, 2007.
[9] Liu F, Yang G C. Rapid solidification of highly undercooled bulk liquid superalloy: Recent developments, future directions［J］. International Material Reviews, 2006, 51 (3): 145-170.
[10] 刘峰，黄林科．相变热 - 动力学［M］．北京：科学出版社，2023.

材料基因工程

一、概述

材料基因组工程发展之初是借鉴生物学上的基因工程技术，探究材料结构（或配方、工艺）与材料性质（性能）变化的关系，并通过调整材料的原子或配方、改变材料的堆积方式或搭配，结合不同的工艺制备，得到具有特定性能的新材料研发设计技术，后续发展形成材料数据库技术、材料数字化技术、材料高通量设计与仿真技术、材料全生命周期评价技术等方向。材料基因组工程是可实现高速、绿色、智能化的新材料研发方法，是全球材料研发方法的革命，是当前材料科学中不可或缺的一部分。材料智能化是指借助数据共享、数字化技术、高通量设计、仿真、模拟等技术对先进材料的物理化学性质进行预测、筛选，从而加快新材料的合成和生产，同时实现材料的智能制造。

人工智能技术与材料研发和生产技术的融合，成为材料基因工程的核心，将形成材料自主计算设计、自主实验研发和智能制造等新软件、新技术和新装备，推动新材料研发-生产-应用全链条的智能化发展；将颠覆传统的研发模式和理念，构筑全新的材料发展模式，促进新材料的快速研发和应用。在可以预见的时间内，材料基因工程的思想和技术将全面贯穿于材料领域的方方面面，构建以材料基因工程为主要技术手段的基础设施条件夯实技术基础和创新能力将成为重要的发展方向。开发前沿技术和软件，充分利用中国超算资源和大科学装置，发展高通量计算和实验技术，将形成适合中国国情发展、具有中国特色的材料基因工程的发展模式和技术条件。

建设材料创新基础与研发高端制造业先进材料是材料基因工程计划的核心理念，也是加强我国制造业强国战略的科学及物质基础。材料创新基础以高通量自动流程集成计算、高通量材料组合实验、数据库及数据科学、微观结构分析及表征以及算法与软件开发为核心内涵，相互关联、相互融合，将为快速、低耗创新发展、预测、发现新材料提供科学基础。材料基因工程将颠覆现有材料研发的范式。建设高通量自动流程集成计算系统，发展高通量组合材料实验方法与技术，建立统一规划的材料数据库与材料数据科学，发展微观结构实验与表征分析技术，创新发展材料基因组算法及开发自主知识产权软件；基于材料基因组变革研发模式的理念及科学内涵，预测并重点发展关系高技术、国家安全以及具有重大突破意义的高端制造业关键材料，包括航空发动机叶片材料如镍基单晶高温合金、核武及核能与极端条件下材料、新型超硬材料、稀土材料、光电材料、能源材料、生物材料、催化材料、非晶 / 高熵合金等高强高韧合金材料、量子材料及前沿材料等；建立国家级大型研究材料基因工程研究平台，围绕影响国家安全、国家经济发展重大战略需求以及具有重大突破意义的高端制造业关键材料为突破点，开展材料基因组计划研究。

二、国内外最新研究进展

（一）国外发展现状

近年来，世界各国特别是以美国为首的西方发达国家不断加速布局大数据与人工智能，以及新材料研发与应用的战略计划，推动了人工智能在新材料领域的广泛应用。美国提出的材料基因组计划，欧盟提出的地平线 2020 和地平线欧洲（2020—2027）规划，英国提出的工业 2050 战略，日本提出的元素战略计划等，均体现出大数据和人工智能与新材料研发技术融合的思想。这些战略计划的实施，推动了材料大数据的发展和人工智能在材料领域的应用，促进了新材料研发智能化关键技术的发展，以及基础设施和支撑条件的建设，在新材料研发中彰显出巨大的应用成效。

1. 材料智能计算设计技术和软件

随着材料计算理论和算法的发展、计算机算力的快速提升，材料科学计算已经贯穿材料发展的各个环节，用于探索材料物理、化学性质的产生机制，建立材料结构 - 组成 - 性质之间的构效关系；用于材料成分筛选、结构设计和工艺优化，提高新材料的研发效率；用于新材料发现、性能优化和寿命预测，加速产品的迭代升级，加快工程化应用。材料计算设计已经成为新材料研发的基础技术，是材料理性设计的重要方法，是新材料探索发现与优化迭代的重要途径。人工智能快速融入材料计算领域，已在多尺度计算、高通量计算、集成计算等多个方面取得显著进展。

密度泛函理论（DFT）计算广泛应用于材料科学领域，其准确性受到交换相关泛函的限制。半个多世纪以来，从物理原理和实验数据出发，发展了数百种泛函。但是，由于材料体系化学成分和结构的复杂性，现有泛函方法仍然不能满足对材料体系多样化和计算精度需求，仍需依据研究对象遴选泛函。因此，构建精准且具有普适性的泛函是计算材料领域的重要研究方向之一。近年来，使用大数据和机器学习改进泛函，在不增加计算成本的基础上，显著提升了 DFT 计算的精度和适用性。目前利用机器学习优化泛函主要采用两种方法，一是逼近 Kohn-Sham（KS）动能泛函，从而绕过求解 KS 方程，提高计算速度；另一种是改进现有泛函参数或创建新的泛函，提高计算结果的准确性。

原子间作用势是材料介观尺度模拟计算的基础。应用机器学习，利用第一性原理计算得到的大量数据，构建原子间作用势已获得广泛的应用。传统的势函数来源于对化学键本质的物理认识，而机器学习势通过高维数学回归，在参考态之间进行插值，以获得具有较高可靠性的原子间作用势。大量机器学习势的开发得益于材料高通量计算产生的丰富数据，通过完善数据库并训练模型，可以不断提高势函数的准确性。目前，机器学习势已经成为材料计算建模和新材料发现的有力工具，在获得接近 DFT 计算精度的同时，计算速度可以提升几个数量级，将 DFT 计算扩展到更大体系和更长模拟时间。

相图在材料设计研发中占有重要地位。近年来，融合计算模拟和机器学习，建立了多种材料的热力学数据库，促进了新材料的研发。但目前的绝大多数相图仅限于热力学平衡相，而材料合成和加工中，材料不可避免地处于势能面的亚稳态。美国阿贡国家实验室发展了基于第一性原理计算、深度神经网络和支持向量机的亚稳态相图生成流程，将自由能计算结合到基于神经网络的状态方程，快速探索亚稳态相，为远离平衡的材料构建亚稳态相图。例如，自动构建了碳的亚稳态相图，获得从近平衡态到远离平衡态的数百个亚稳相，确定了亚稳态材料的相对稳定性和合成域，通过高温高压实验和高分辨透射电镜分析，验证了相图预测的固体碳亚稳相。

数据驱动的材料多尺度建模正在兴起，逐渐开启了大数据时代材料多尺度计算的范式转变。例如，数据驱动的复合材料和结构多尺度有限元方法（data-driven FE2），将数据驱动材料建模思想应用到多尺度仿真框架，建立了一种尺度分离模型，替代在两个尺度之间进行有限元仿真的传统方法，即首先在微观尺度上计算模拟，将模拟结果存储在离线数据库，将离线数据库用于在线预测。离线数据生成和在线预测，构成了数据驱动的 FE2 工作流程。与经典 FE2 相比，数据驱动 FE2 在保持相同计算精度的同时，显著提高了结构分析的计算效率，成功应用于纤维增强塑料等复合材料的开发。

机器学习应用于材料集成计算工程（ICME）的多个方面，如材料微结构表征、多尺度建模、高保真数据生成和传递、基于数字孪生的智能制造等。利用多尺度多物理模型，建立计算模拟数据库，应用机器学习进行多尺度分析，显著降低了数据库的成本，数据的保真度明显提升。机器学习驱动的 ICME 已成功应用于开发晶体塑性模型，预测晶体在非单调应变路径下的力学响应和织构演化。同时，机器学习与 ICME 的结合，推动材料制造和加工过程向数字孪生的智能制造延伸，从材料设计开发到产品服役全过程，数字孪生使制造商能够预测最终产品的性能，减少对过度设计的依赖，可以选择与产品性能相匹配的材料，从选材和用量两个方面降低成本。与单纯的实验数据库相比，ICME 可以产生更为丰富的材料数据和材料知识，与机器学习和大数据分析等集成，获得更准确的工艺参数，使材料的性能在制造和服役过程得到充分应用。

材料计算模拟与人工智能的融合，提升了材料计算在新材料研发中的贡献度，材料模拟计算的研究范围持续扩大，从解释实验、预测实验向替代实验发展，研究对象趋向多尺度、复杂和真实体系，应用范围从新材料研发链扩展到生产链和应用链。材料多尺度计算、集成计算材料工程等与人工智能的融合，显著提升了模拟精度和计算效率，推动了计算在材料多尺度和全流程设计研发中的应用。

2. 材料自主 / 智能实验技术和装置

人工智能与实验的深度融合，推动了材料实验的自主化和智能化发展，正在孕育着材料自主和智能实验技术的革命性突破。2010 年美国空军研究实验室与空军理工学院合作启动了全球第一套材料自主研究系统（ARES）的开发，目标是在无人干预条件下，依靠自动化实验和人工智能，实现自主的实验设计、操作和数据分析，大幅缩短材料研发周期，彻底颠覆材料研究范式。2014 年公布了 ARES 的建设成果和研发能力，通过每天 100 次左右的实验通量，结合高效的原位表征技术，以及逻辑回归算法降维参量网格，成功地从影响碳纳米管生长的 10 维参数网络中筛选出决定碳纳米管壁层数量的温度和烃压条件。尽管当时的机器学习和预测是通过人工离线的方式完成，但已经展示出闭环自主实验的潜力。2016 年利用 ARES 对碳纳米管的生长率开展深入研究，通过先期 84 组实验获得先验知识，采用随机森林算法建立模型，通过遗传算法确定实验迭代的反应参数，在自主闭环模式下进行了 600 余次实验，最终成功地按照不同的预设生长速率制备出了碳纳米管。2018 年 ARES 研发团队指出，自主实验系统可能会使新材料的发现按照“摩尔定律”增长，而且可以比人类研究人员更快地完成多维参量空间内的研究工作，更有效地应对愈发复杂和高维化的材料研发需求。2021 年发布了基于 ARES 的增材制造自主实验系统，该系统结合注射器挤压打印成型技术和云端机器学习优化算法，通过自主调节打印参数，实现了符合目标规格单层打印特征的直接写入，采用自动图像分析作为在线贝叶斯优化器的闭环反馈，在不到 100 次实验迭代下，实现了预定的打印目标。同年可用于全方位控制和驱动 ARES 的自主研究开源操作系统 ARESOS 问世，包含接口、数据分析及设计规划三大模块。目前，ARESOS 已在碳纳米管合成、流动化学和增材制造三类自主研究系统上使用。

2018 年，美国麻省理工学院报道了一种即插即用模块的连续流动化学合成系统，通过硬件和软件的集成组合，避免了烦琐的化学实验过程。该系统将流动化学合成过程分解成一系列可自由排列组合的硬件模块，软件系统可根据用户需求自由选择试剂、硬件模块（反应器和分离器）和过程反应分析（高效液相色谱、质谱、振动光谱）模块，为用户提供图形界面、远程启动优化、远程监控实验进度和分析结果等功能，并依据测试结果自动优化，用于研究 C–C 和 C–N 交叉偶联、烯烃化、还原胺化、亲核芳烃取代、光氧化还原催化等。

2020 年，英国利物浦大学开发了一种称为“移动化学家”的自主实验系统，可以在实验室中自由移动，使用激光扫描和触摸反馈组合，实现在尺寸为 7.3m × 11m 的实验室空间内精确定位，空间定位精度为 ±0.12mm，取向定位精度为 θ±0.005°。在高精度操控下，机器人可以在实验室的各个站点进行灵巧的操作，与研究人员的执行精度相当。该机器人系统可同时考虑十个维度的变量，每天工作 21.5 个小时（剩下的时间用于暂停充电），利用 8 天时间，独立完成了 688 个实验，研发出了一种全新的高效化学催化剂。

2022 年，加拿大英属哥伦比亚大学研发出了针对多个材料性能目标进行协同优化的自主实验系统。针对燃烧合成钯膜实验，通过多目标优化算法指导循环迭代实验，快速找到了电导率和加工温度的最优性能边界。多目标性能协同优化的自主实验系统，有效消除了人类研究人员先验知识对相互冲突性能指标的主观偏向，实现了材料性能此消彼长的协同平衡优化，提升了材料的综合性能，推动了新材料工程化应用进程。

3. 材料大数据与人工智能

以材料大数据为基础，以人工智能为核心的新材料研发智能化彰显出巨大潜能，孕育着材料科技和产业的巨大变革，成为材料科技和产业的颠覆性前沿技术。各国政府和科技界、产业界高度重视，从国家战略和抢占未来科技制高点的高度布局材料数据基础设施建设，以及材料人工智能核心软件的研发。

针对材料数据“多源、多模态、多粒度、多维度”的特点，开展了材料数据存储技术、数据交换标准与协议、云资源管理技术等研究，并取得了显著进展。利用非关系型数据库技术，提升材料数据存储系统的可扩展性，实现数据个性化表达，以及大数据的高效存储和检索。例如，美国标准化技术研究院早在 2000 年就开发出了材料数据信息存储和交换的可扩展标记语言，为材料数据标签定义了连贯一致的文档结构，美国 Material Project 平台利用基于分布式文件存储数据库系统进行材料大数据的存储，欧洲 NOMAD 平台提出了材料数据交换标准与协议，促进了材料数据的融合、交换和互操作。

以主动学习和贝叶斯优化为代表的自主决策技术，通过对巨大材料探索空间的有效采样，以较少的实验验证和迭代，筛选出具有最优目标性能的材料，成为材料智能化研发广泛采用的技术策略。德国马克斯普朗克钢铁研究所开发了一种广泛适用的主动学习框架，结合了生成模型、回归集成、物理驱动学习和实验，从数百万种高熵合金成分成功开发出了 2 种在 300K 时热膨胀系数极低的高熵因瓦合金，证明了主动学习框架利用小样本数据，在广域空间内优化多目标性能的巨大潜力。

深度学习用于挖掘材料复杂的构效关系，大幅提升了前沿新材料的发现效率。麻省理工学院发展了晶体图卷积神经网络的深度学习框架，直接从晶体结构的原子连接方式挖掘材料性质，提出了具有第一性原理计算精度的材料性质预测方法，预测出了数十种新的晶体结构和分子材料特性。基于深度学习的逆向设计，直接对新材料的“成分 / 结构”信息进行预测，在超大材料设计空间中成功找到目标材料的成分 / 结构。德国明斯特大学使用神经网络结合蒙特卡洛树搜索，构建新的人工智能算法，逆向生成了分子合成路线，显著提升了搜索效率。

基于自然语言处理算法，实现机器辅助材料科技文献阅读与知识获取，直接从科技文献文本语言获取材料知识，实现语义知识理解与发现，预测和发现新材料，成为材料人工智能领域的研究前沿和热点。劳伦斯伯克利国家实验室采用无监督学习，将材料文献中的科学知识有效地编码为信息密集的单词向量，提取了材料结构和性质之间的关系，成功发现了新的热电材料。IBM 公司建设了 RXN 在线化学系统，自主解析文献，学习化学反应规律，预测正逆反应及其产率，将科技文献知识转化成机器学习语言作为自主实验的输入，通过自主实验的循环迭代，构建合成路线，实现化合物的全自动合成。

2019 年，美国科学院《材料研究前沿：十年调查》报告指出，以计算 – 实验 – 数据等技术融合创新的材料基因工程，尤其是材料大数据和人工智能在新材料研发中的应用，将有效地解决新材料研发和应用效率低的问题。构建基于模拟计算和数据模型的虚拟设计，在自主学习和自主决策的基础上，通过与材料实验实时双向信息交互和智能计算 – 自主实验 – 机器学习的融合，发展材料数字孪生技术，实现材料多尺度和全流程一体设计和综合优化，有望获得突破，成为未来的重点方向。

4. 材料智能化研发平台和基础设施

通过网络化协同，建设材料研发智能化基础设施和支撑条件，成为推动新材料研发智能化技术发展和规模化应用的有效途径。2011 年，美国实施材料基因组计划初期，计划建设 15 个创新平台，2015 年扩大到 45 个，美国能源部、国防部、科学基金会、国家实验室、科技企业等机构支持并参与了创新研发平台的建设。美国自然科学基金会布局建设材料创新平台，分别建设了界面材料分析发现、二维晶体材料、生物高分子材料和聚糖材料等 4 个智能化创新研发平台，构建材料制备 / 加工、表征 / 评价、理论 / 建模 / 仿真等闭环式迭代的研发模式和支撑条件，构筑工具 / 代码 / 样本 / 数据 / 技术的共享生态，推动跨学科和跨团队的密切合作。聚糖材料创新平台建设的“生物车间”已经成为国家级开放共享的基础设施，用于生物学和微生物工程的自动化合成，从微生物中生产具有精确重复单元、结构域和手性的单体和聚合物。界面材料分析发现平台推动了跨学科和跨团队的密切合作共享，2016—2021 年共有 41 所大学和国家实验室的 170 余名科学家在平台工作，为联合设计研发电子产品用新材料提供了共享平台。以标准化技术研究院（NIST）为核心，集成美国西北大学等近百家科研单位和企业的材料数据、代码、计算工具等软硬件资源与服务，开发了支持材料协同创新网络的“材料资源注册”和“材料数据管理系统”，通过集成材料高通量实验数据采集、计算建模软件工具，引领了美国和国际材料数据基础设施的发展。2022 年 NIST 发表《制造业中的人工智能：真实世界的成功案例与经验》指出，在美国“制造业拓展合作伙伴计划”支持下，人工智能和机器学习应用于制造业 89 个企业项目，技术投入的投资回报率显著提升。

加拿大建设的材料加速平台（MAPs）在清洁能源材料研发中获得瞩目的进展，通过人工智能模型、实验机器人、自主决策软件和数据库的融合，以及科学家的参与，在自主实验的闭环反馈过程协同调度各类算法和实时数据交互，驱动机器人执行实验，实验数据实时存储在数据库，自动调用数据训练机器学习预测模型，机器人自主执行下一次实验等的反馈迭代和循环，快速地发现了新材料。

2018 年，哈佛大学发布《材料加速平台：利用高通量方法和人工智能加速先进能源材料发现》报告，提出了 6 项建设材料加速平台的关键技术，包括：构建材料自动化和智能化的自驱动研发闭环系统、研发可组装不同制备表征手段的模块化材料机器人平台、发展跨时间和空间尺度的材料计算模拟的新方法、探索更适用于材料研发需求的人工智能算法、发展支撑自主实验的逆向设计方法、建设更先进的数据基础设施和交换平台等。报告同时指出，材料智能化研发和支撑平台建设，将释放“材料科学发现的摩尔定律”效应，加速材料研发至少 10 倍，研发周期从 20 年缩短至 1 ~ 2 年。

（二）国内研究发展现状

我国新材料研发智能化理念和关键技术的研发主要是在“十三五”国家重点研发计划“材料基因工程关键技术与支撑平台”专项的支持和引领下，逐渐形成并发展。2016 年以来，以高通量计算设计、高通量实验和大数据为核心的材料基因工程关键技术获得了突破性发展，推动了新材料研发理念的转变，促进了材料研发技术的进步，推动了材料大数据和人工智能在材料研发中的应用，为新材料智能化发展和关键技术的研发与应用奠定了良好的基础。

1. 材料高通量 / 智能计算与平台

自主开发了 ALKEMIE、MatCloud、MIP、CNMGE、MAGMISS 等大型高通量 / 集成计算软件，实现微观 – 介观 – 宏观多尺度、并发式和自动流程计算，填补了国内空白，材料高通量计算设计技术快速跨入国际先进行列。依托国家超级计算中心（天津、长沙和广州等），建立了材料高通量计算平台，开发了高通量计算和数据处理一体化技术，基于互联网和云计算环境，实现超级计算与用户之间快速、高效的信息交互。材料高通量技术和软件及平台建设，为材料智能计算技术的发展奠定了坚实的基础，提供了世界一流水平的软硬件设施。

利用人工智能技术发展了高精度泛函，开发了深度势，高通量计算结合机器学习，预测出了拓扑绝缘体、催化材料和二维材料等新材料。由中美科学家组成的“深度势能”团队，结合分子建模、机器学习和高性能计算，将具有从头算精度的分子动力学模拟极限提升至 1 亿个原子规模，将原本需要 60 年才能完成的计算任务缩短到了 1 天，获得 2020 年度戈登 · 贝尔奖。虽然目前我国智能计算仅集中在部分材料的研发，但已经显示出了巨大的先进性和优越性，为未来在更大范围实现人工智能与材料计算的融合，发展材料智能计算技术积累了经验。

2. 材料高通量 / 自主实验与平台

研发出涵盖材料芯片、粉体阵列，以及凝固、锻造和热处理工艺等的系列化薄膜、粉体、块体、复合材料等高通量制备技术和 30 余种关键装置，大幅度提高了新材料实验筛选和发现的效率；研发出多种材料高通量表征和服役行为评价技术和装置，基于同步辐射的高通量白光阵列散 / 衍射技术，提高材料成分和结构表征的速率 100 倍，材料高通量制备表征与服役评价技术和装备，进入国际领先行列；建设了网络化的材料高通量制备实验平台。

材料自主实验技术和装置的研发处于起步阶段，但迎来了快速突破期。研发出了面向自主研究和智能发现的固液异相自动化 / 数字化反应平台，通过开发基于操作栈的硬件环境和化学方案描述语言层，以及数字化控制系统，实现了无人值守情况下的数字化实验流程控制，为自主实验系统的研发奠定了良好基础。集成移动机器人、化学工作站、智能操作系统和数据库等，研制出数据智能驱动的全流程“机器化学家”平台，实现了大数据与智能模型双驱动的化学合成 – 表征 – 测试全流程的自主化，具有智能和广泛的化学制品研发能力，目前已涵盖光催化与电催化材料、发光分子、光学薄膜材料等。

3. 材料大数据技术与平台

自主研发出了具有国际先进水平的无模式存储材料数据库系统软件，建成了“数据采集 – 数据库 – 数据挖掘 – 材料设计”一体化的数据库示范平台，服务于不同层次材料数据的累积和共享服务。研发出了材料数据云技术，基本实现了逻辑统一、物理分散数据库的统筹管理和集中开放共享。研发的材料数据库技术和软件在科研单位和企业获得较广泛的应用，为我国规模化地建设材料数据基础设施和材料数据网奠定了技术和软件基础。

数据驱动的新材料研发快速发展，在高性能金属材料、高熵合金和高温合金等新材料和前沿材料研发中取得系列突破。中国和美国成为国际材料人工智能应用基础研究贡献度最大的国家，材料人工智能应用技术达到国际领先水平，实现了工程转化或临床应用。

4. 应用成效

材料基因工程和智能化技术在前沿新材料探索与发现方面获得突破性进展。材料基因工程和智能化技术利用材料高通量计算和数据技术，在近 4 万种材料中发现了 8000 余种拓扑材料，十几倍于历史上发现的拓扑材料总和。其次，我国发现了新型无机塑性半导体 Ag_2S 和 InSe，研制出兼具良好塑性与优异热电性能的 Ag_2S 基无机半导体材料，形成国际上首个全无机柔性热电器件，开辟了无机塑性半导体和无机柔性热电新方向。利用自主研发的材料组合芯片等高通量实验技术，研发出了国际上使用温度最高（1162K）、强度最高（1000K 时达 3.7GPa）、具有良好热塑成形性能的高温块体金属玻璃 Ir–Ni–Ta–（B）。采用高通量计算 – 机器学习 – 高通量单晶和薄膜生长技术，研发出更高效、更稳定的有机无机杂化平面结构钙钛矿太阳能电池，经美国纽波特公司认证，转换效率连续 3 年居全球同类电池中最高，打破了英国、韩国和瑞士在这一领域的统治地位。

高端关键材料研发和工程化应用方面，通过高通量制备与表征实验，结合数据挖掘技术，开发出了强光照明光源器件的高热导率 Ce：YAG 荧光陶瓷，单颗光源芯片功率

1200W、光通量 16.8 万流明，在国际上率先实现 1000W 级 COB 光源芯片的量产，功率及性能远超日本西铁城（500W）等国际先进水平。开发出了高性能铈基稀土永磁材料，实现 5000 吨级生产，累计经济效益达 6 亿元，显著推动高丰度稀土的平衡利用。研发出了具有自主知识产权的新型结构分子筛催化材料，反应活性和选择性超过国外同类催化剂，在 84 万吨 / 年世界级超大型乙苯生产装置等实现工业应用，累积经济效益近百亿元。此外，利用高通量计算 – 高通量制备 – 服役性能评价 – 工程应用考核的全链条协同高效研发，研发了新型核燃料（UO2–BeO 复合燃料），从设计到入堆考核周期不到 2 年（国际上通常需要约 10 年）。发展了软骨修复材料从发现到临床试验的全链条协同研发模式，开发了医用软骨修复材料应用于 7 种软骨损伤，完成临床试验 61 例，临床治疗成本降低 30% ~ 40%，通过国家药监局第三类创新医疗器械特别审批申请，成为国际首例软骨再生修复产品，将研发周期由 10 年以上缩短至 5 年。通过建立高通量计算 – 高通量实验 – 组织性能预测 – 工业应用的全链条技术，研发出了多种铝基复合材料和大尺寸构件，在嫦娥五号月球表面采样机械臂组件、高分辨率卫星上实现空间在轨应用。利用材料基因工程技术加速了涡轮叶片、发动机机匣等航空航天钛基合金结构件的研制及工程化，部分构件在国际上率先实现工程应用，研制出耐热腐蚀镍基单晶高温合金叶片，支撑自主研发 G/H 级重型燃气轮机，实现了研发周期与成本减半，开发出高强耐热镁合金，舱体铸件通过飞行试验考核。

5. 发展趋势与国内外对比分析

近年来，大数据和人工智能技术在材料科技领域中的应用迅速发展，推动了跨学科交叉和多技术融合，推动了材料研发、制造和应用的智能化。机器学习与材料计算的深度融合，将显著提升计算设计的效率，突破跨尺度计算的瓶颈，加速新材料的发现，实现材料多尺度和全流程的高效计算模拟和设计优化。人工智能与材料实验的深度融合，将推动材料实验向自动化、自主化、智能化方向发展，显著提升新材料发现和验证的能力和效率。大数据和人工智能与材料制造的深度融合，将从根本上变革传统材料制造模式，显著提升新材料研发和工程化应用的效率和水平，为从根本上解决材料研发和生产效率低的瓶颈问题提供了新途径。新材料研发智能化关键技术或将在未来 5 ~ 10 年内成为材料新型研发模式的核心技术，智能化研发基础设施与支撑平台的建设和应用，以及高层次多学科交叉复合人才的培养，将体现和决定一个国家新材料科技的原始创新能力和水平，极大地提升新材料研发和工程化应用的效率，对高新技术和社会发展具有深远的影响。

美国和部分欧洲国家从 20 世纪 90 年代起先后启动多个材料计算科技计划，在计算方法和软件方面具有坚实的基础和雄厚的实力，具有优良的文化和悠久的历史。以此为基础，近十年来，材料高通量计算发展迅速，在新型电极材料、高熵合金等新材料设计研发中发挥了重要作用。我国在材料计算领域规模大、进步快。近年来，我国在高通量计算领域取得系列突破，计算设计效率呈数量级增长，接近国际并跑水平，部分领域迅速进入世界先进行列。材料计算和数据一体化发展、材料计算与人工智能融合、计算平台迈向 E 级机时代，将成为国内外共同的发展方向，预计在未来 3 ~ 5 年将形成材料智能计算技术雏形，5 ~ 10 年将主导新材料的计算设计和虚拟筛选，成为新材料研发的支柱技术。但是，我国在材料计算领域的繁荣缺乏坚实的基础，核心软件严重依赖国外，数据积累不足，制约了智能化计算技术的健康发展。

我国研发了一批高通量实验技术和关键装备，显著提升实验研究效率，高通量制备实验技术进入国际领先行列。但相较于国外迅速发展的材料自动化实验和自主实验，我国还处于起步阶段。目前多集中于自动化控制下材料化学合成实验装置的开发，在联用材料表征、数据挖掘，以及人工智能辅助决策和智能设计等方面的研究较少。未来 15 ~ 20 年内，材料自主实验有望在全球范围内以云平台和网络化实现集成，届时将实现实验 – 计算 – 数据等与科学家的研究有机结合，形成自主的“合作伙伴”或“人机团队”，将以当今几乎无法想象的速度发现新材料和新知识。

我国在材料大数据与人工智能的多个领域取得了较大的进展，在材料人工智能技术应用层面基本与国外发展同步，进入国际并跑行列，但在材料人工智能技术原理与底层算法、先进算法开发和综合应用方面与国外相比仍存在差距。国外已经发展了以人工智能位牵引的材料自主实验和智能计算，以及人工智能 – 计算模拟 – 先进实验融合的核心算法和操作系统，形成了材料大数据与人工智能科学研究与产业结合、产业应用反哺科学研究等发展生态。我国在该领域的研究目前主要依靠政府投资引领，工程应用引领和技术发展内驱力不足，开展基础算法研究和核心软件开发的投入和积极性不高，急需构建材料大数据和人工智能可持续发展的生态环境，夯实基础研究，培育和发展良好的市场和商业环境，拓展工程应用场景，推动数据和知识双驱动的新材料设计研发，有效地促进材料研发智能化的健康发展。

在科技部《“十三五”材料领域科技创新专项规划》和地方政府的支持下，2016 年以来，我国建设了以材料基因工程为创新理念，以高通量计算和实验为核心技术的创新平台。但与国外相比，总体上看，我国在材料智能化研发平台和基础设施建设处于尚待起步的阶段，无论是投资和建设规模、联合建设的单位数量和平台数量，还是智能化水平等均与西方发达国家存在明显的差距。西方国家建设的材料研发创新平台的特色特点是：各部门联合建设，通过网络化开发共享；合作开发和共享工具、代码和程序，推动计算 – 实验 – 数据等技术融合；充分应用人工智能技术，提升平台的智能化水平和材料数据的应用能力。例如，HTE-MVL 为美国能源部实施的能源材料网络计划（Light MAT、Calori Cool 和 Electro Cat）提供支持，将分布于世界各地的高通量实验、计算和数据库等平台集成和互联，构建美国和国际材料研发协同网络平台。在欧盟地平线 2020 创新计划持续资助下，2014 年由德国洪堡大学、弗里茨・哈伯研究所联合欧洲近 20 家机构联合建成欧洲新材料发现卓越中心（NOMAD），在国际范围内推动材料科学领域数据共享和材料创新研发。材料智能化研发平台的互联互通，将形成各国乃至国际的材料协同创新网络，形成数据、代码、工具等的合作开发与共享、科学家协作研究的支撑条件和工作环境，促进多学科交叉，以及跨国界和跨地域的团队化协作，变革材料研发文化。我国在该领域的布局和建设明显落后，急需从国家层面进行顶层设计和统筹实施，建设网络化的材料研发智能化平台，支撑新型举国体制下的有组织科研和协同创新。

三、存在的问题及面临的挑战

1. 系统性的材料研发理念和模式变革滞后，缺乏智能化研发前沿技术的推动和引领，难以应对全球材料智能化快速发展的冲击

数字化和智能化已经成为国际材料科技与产业发展的大趋势，在全球范围内快速发展，正在迅速变革着材料的发展理念和模式。但是，传统的“经验 + 试错”法研发理念和模式仍然是当前我国材料科技和产业发展的主流。由于缺乏长期稳定的科技计划战略布局和资金支持，缺乏以“智能化”为核心的高水平和整体实力的技术研发团队引领，导致我国新材料研发理念和模式的系统性变革相对滞后，材料智能化关键技术的整体发展水平落后于西方发达国家。以美国为代表的西方国家以材料智能化发展为契机，加速变革材料研发模式和发展模式，将对我国材料科技发展带来巨大冲击，存在再次拉大我国与发达国家差距的风险。

2. 材料计算设计核心软件自主保障能力差，数据资源和数据基础设施规模和支撑能力不足，缺乏稳定和整体实力的高水平研究队伍，严重掣肘材料科技创新发展

我国材料计算设计关键软件长期依赖进口，具有自主知识产权的材料计算设计核心软件、面向产品和制造的集成计算材料工程核心技术与美欧西方国家仍存在明显差距，自主保障能力不足，已经成为威胁材料科技创新潜在的“卡脖子”瓶颈。材料数据库建设碎片化和孤岛化严重，数据生产、管理和共享机制不健全，数据基础设施建设缺乏统一的发展规划，材料数据资源规模成为目前材料发展“短板中的短板”。由于缺乏稳定和具有整体实力的坚持开展软件开发和数据库建设等基础性工作的科研队伍，缺乏持续稳定的资金投入和良好的市场化和商业化发展生态，我国材料计算核心软件和数据资源整合的问题长期未能破解，导致新材料创新发展和数字化与智能化转型的基础支撑薄弱，成为新的国际竞争形势下材料发展的重大隐患和掣肘。

3. 材料科技和新材料研发高端装置大量依赖进口，制约着新材料科技原始创新能力的提升

新材料智能化研发装置研发处于起步阶段，面临着再次落后的潜在风险。我国材料科学研究和新材料研发的高端装置大量依赖进口，需要大量的资金投入。即便如此，也很难购买到国际顶级的装备，制约着材料科技原始创新能力的提升和重大的科学突破。人工智能技术与材料研发装置的融合，变革了高端装置的设计研发理念，孕育着一批有可能替代

传统技术和装置的新型高端装置的出现，也为我国通过智能化实现高端装置领域的“变道超车”，缩小该领域的与国际先进国家的差距提供了难得的机遇。目前国际上商业化的高端自主实验装置已经市场化，垄断格局正在形成，我国需要尽快布局，加大投入，抓住难得的历史机遇，开展智能化高端装置的研发，推进市场化进程。

4. 缺乏以材料基因工程创新理念为指导，以智能化研发技术为核心的创新平台和融合创新中心等基础条件支撑

创新理念、智能化研发技术制约着材料智能化关键技术研发和规模化应用，制约着跨学科跨团队的有组织科研协同创新。我国应以颠覆性前沿材料和智能化关键技术研发为目标，以材料基因工程理念为指导，建设国家材料数据网络，以及“计算 – 实验 – 数据”技术融合和网络协同的融合创新中心，以此为支撑，培养高层次创新人才，开展跨单位和跨学科协作研究，变革材料研发模式和创新文化，加速新材料研发和应用，是西方发达国家推动材料研发智能化关键技术发展和工程化应用的重要途径。我国尚未布局新材料智能化研发创新平台和融合创新中心建设，缺乏规模化的技术创新平台和基础设施支撑，制约着新材料研发智能化的健康稳定发展和原始创新研究。

四、未来发展战略需求及方向

建设材料创新体系，提升原始创新能力，构筑材料研发新模式，加速新材料研发与应用，大幅度降低材料研发成本、缩短研发时间。材料基因工程将通过前沿技术与先进装备的研发、专业平台和创新中心建设，构筑材料协同创新网络；通过材料基因工程技术的推广应用，构筑新的材料研发理念和文化，培养和造就一大批高素质的综合型创新型人才，提升新材料的原始创新能力，从根本上解决高端制造业材料受制于人的问题，引领新材料的国际发展。

重点任务：建设创新平台，构建协同创新网络，研发国际领先的材料基因工程前沿技术和装备，通过集成，建成 30 个以上材料基因工程专业平台；通过专业平台协同创新，建成若干材料基因工程创新中心，形成新材料协同创新网络。提升高端制造业关键材料的自主保障能力，构建以材料大数据与人工智能协同驱动的材料研发新模式，通过全面应用材料基因工程关键技术与平台，大幅度提升材料的研发与应用效率，在“卡脖子”的战略前沿新技术关键材料领域获得突破，解决高端制造业关键材料受制于人的问题。构筑材料研发新模式，提升原始创新能力，构建以材料理论、大数据、人工智能协同驱动的材料研发新模式，通过全面应用材料基因工程关键技术与平台，大幅度提升材料的原始创新能力和水平。

我国还应建设材料教育新体系，培养高层次人才队伍，形成以材料科学理论、材料大数据、人工智能技术有机融合的材料学科新体系和人才培养新模式，为材料科技强国的发展提供人才基础和优势。平台建设—科学研究—人才培养一体化实施，培养和凝聚一批高水平的人才队伍。

材料基因工程需要突破的关键核心技术包括：基于大科学装置的材料原位表征与评价技术、材料微观组织的三维重构技术、基于材料集成计算与高通量自主计算的材料设计技术、材料数据库技术、极端环境下关键新材料性能预测及高效测试评价技术、数据驱动的长服役周期材料的等效加速评价技术、材料微观参数和服役性能的多维多尺度高通量表征与评价、材料研发智能技术、材料高通量自动智能实验技术与装备、金属材料高通量增材制造设计与跨尺度仿真、数据驱动材料 - 组织 - 性能一体化结构设计与金属增材制造精确调控技术、基于材料基因工程的新材料融合创新技术。

参考文献

[1] 宿彦京，杨明理，祝伟丽，等. 新材料研发智能化技术发展研究［J］. 中国工程科学，2023，25（3）：161-169.

[2] Xie J, Su Y, Zhang D, et al. A Vision of Material Genome Engineering in China［J］. Engineering, 2022, 10（3）: 10-12.

[3] 谢建新，宿彦京，薛德祯，等. 机器学习在材料研发中的应用［J］. 金属学报，2021，57（11）：1343-1361.

[4] 宿彦京，付华栋，白洋，等. 中国材料基因工程研究进展［J］. 金属学报，2020，56（10）：1313-1323.

[5] Gtuchowski W, Stobrawa J, Rdzawski Z, et al. Ultrafine Grained Copper Alloys Processed by Continuous Repetitive Corrugation and Straightening Method［J］. Material Science Forum, 2011, 674: 177-188.

[6] Wen C, Wang C, Zhang Y, et al. Modeling solid solution strengthening in high entropy alloys using machine learning［J］. Acta Materialia, 2021, 212: 116917.

[7] Flores-Leonar M M, Luis M. Mejía-Mendoza, Andrés Aguilar-Granda, et al. Material Acceleration Platforms: on the way to autonomous experimentation［J］. Current Opinion in Green and Sustainable Chemistry, 2020.

[8] Jain A, Ong S P, Hautier G, et al. Commentary: The Material Project: A material genome approach to accelerating material innovation［J］. APL Material, 2013, 1（1）: 011002.

材料科学与其他学科融合发展

一、概述

材料科学是研究材料的组织结构、性质、生产流程和使用效能以及它们之间的相互关系，集物理学、化学、冶金学等于一体的科学。同时材料科学也是一门与工程技术密不可分的应用科学，它涵盖了从基础研究到应用开发的全过程，包括新材料的设计与合成、材料性能的表征和测试、材料加工与制备技术、材料性能调控和改善等。为促进材料科学的发展，从深度和广度上拓展材料科学的研究领域，深度的学科交叉十分必要。材料科学与其他学科是指在材料科学的基础上，结合与之相关联的其他学科，衍生出新的思路和知识脉络，催生原创性的重大科学研究，推动跨领域学科发展和拓展，促进材料科学新理念和新技术的形成。

随着科学技术的进步，材料科学逐渐扩展到纳米材料、生物材料、功能材料等新兴领域，逐渐形成了材料科学与其他学科领域，其可以细分为材料科学与纳米科学、材料科学与能源科学、材料科学与生物医学、材料科学与计算机科学、材料科学与可持续发展 5 个领域。材料科学与其他学科的特点包括融合多学科、创新性研究、解决实际问题、跨越尺度与层次以及合作与合成。这些特点使得材料交叉学科在推动科学进展和解决实际问题方面具有重要的作用。本部分总结了近年来材料科学与其他学科的研究进展及国内外研究比较，分析了目前本学科面临的问题与挑战，并研究了其在学术建制、人才培养、基础研究平台等方面的进展，最后展望了本学科的未来发展趋势。

二、国内外最新研究进展

（一）材料科学与纳米科学最新研究进展

在材料科学中，纳米科学是高度交叉的综合性学科，纳米科技所代表的发展方向已经成为各大科研机构争相研究的领域，纳米科技涉及诸多学科领域，包括物理学、化学、生物学、医学、材料科学、信息科学、能源科学、先进制造科学等，它也体现了前沿科学和高技术的融合。

1. 二维纳米材料的研究

石墨烯、魔角石墨烯以及其他二维纳米材料如二硫化钼、二硒化钼等仍然是研究的热点。2018 年，美国麻省理工学院的曹原、Pablo Jarillo-Herrero 等在《自然》杂志报道了石墨烯领域的重大发现：当两层平行石墨烯堆成约 1.1°的微妙角度时，就会产生神奇的超导效应，这为超导体的实际应用打开了新世界的大门。魔角扭曲石墨烯是把一块石墨烯断成两块，把其中一块相对于另一块转一个角度，然后再把两块叠起来，从而在原子尺度获得莫尔超晶格，这种物理结构会产生能量状态，阻止电子分开，迫使它们相互作用。基于当前的超导理论，魔角扭曲石墨烯超导行为被认为是源自电子之间的强相互作用。

在二维纳米材料制备方面，韩国基础科学研究院 Rodney S. Ruoff 教授和 Luo Da 等探索了利用乙烯前驱体在单晶 Cu-Ni（111）箔上生长的石墨烯薄膜的褶皱 / 折叠过程，确定了临界生长温度（1030K），高于该温度时，在随后的冷却过程中会自然形成褶皱，特别是，在大约 1030K 时，冷却过程中由于热收缩而产生的压缩应力由于箔片中台阶束的突然出现而被释放，从而在垂直于台阶边缘的方向形成石墨烯折叠。二维纳米材料通过将初始生长温度限制在 1000K 和 1030K 之间，可以制备大面积，高质量且无折叠的单晶单层石墨烯薄膜，为其在电子学和电化学等领域的应用提供了更多可能性。

2. 纳米材料与催化领域结合

纳米材料催化剂具有独特的晶体结构及表面特性（表面键态与内部不同，表面原子配位不全等），其催化活性和选择性都大大优于常规催化剂，甚至使原来进行很慢的反应也能完全进行。设计、合成高活性和高选择性的纳米催化剂，研究纳米催化剂的结构 - 活性关系，用于驱动重要化学反应，如氧化还原反应、催化转化和能源转化等，是材料科学的重要方向。金属和氮掺杂纳米碳（M-Nx/C）是电化学催化能源转化过程中一种极具前景的贵金属替代材料催化剂，具有优异的初始性能和价格优势。深圳大学刘剑洪、张黔玲课题组联合加拿大西安大略大学孙学良教授利用独特的液态聚丙烯腈作为碳源，合成了类石墨烯负载的 $MnFeN_8$ 双核原子对结构，用作高效的氧还原催化剂。实验和理论计算结果表明，$MnFeN_8$ 双核原子对结构由 MnN_4 和 FeN_4 共同组成，FeN_4 与 MnN_4 之间存在电子相互作用，使 FeN4 结构的 Fe 中心转变为高自旋态。得益于催化位点独特的化学结构和电子结构，合成的类石墨烯负载的 $MnFeN_8$ 双核原子对结构展现出优异的氧还原催化活性。

3. 纳米光子学

纳米光子技术最近被认为是传统光检测和测距（LiDAR）系统的支持甚至替代技术。特别是一些小型化的光束控制平台，例如芯片级光学相控阵和基于超表面的平面光学设备，可以切实缩小设备的占地面积。纳米光子 LiDAR 平台还可以在扫描速度和图像信息内容方面提供改进的成像功能。例如，韩国和法国的科学家与工程师在 *Nature Nanotechnology* 上发表综述文章，系统总结了新型纳米光子平台克服现有激光雷达技术的硬件限制的方法、路径与潜力。研究团队提出了一种基于纳米光子学的超紧凑 LiDAR 技术。研究人员解释了这种纳米光子技术如何在各个方面创新 LiDAR 传感器系统，从 LiDAR 的基本测量原理到最新的超快速和超精确的纳米光子测量方法，以及纳米光子设备（例如超表面、孤子微梳和光波导）。

4. 纳米材料的力学性能

作为一种新兴的力学超材料，微纳米点阵材料具有低密度、高模量、高强度、高能量吸收率和良好的可恢复性等优异的力学性能，极大地拓展了已有材料的性能空间。如何通过拓扑结构设计获得具有优异力学性能的三维微纳米点阵材料是固体力学领域的研究热点之一。微纳米点阵材料通常由具有特定结构的单胞在三维空间中周期阵列形成。根据组成单胞的基本元素的种类，可以将三维微纳米点阵材料分为基于桁架（truss）、平板（plate）和曲壳（shell）3 种类型。目前，基于桁架的微纳米点阵材料已经表现出良好的力学性能，但其节点处的应力集中限制了其力学性能的进一步提升。近年来的研究表明，基于平板的微纳米点阵材料可以达到各向同性多孔材料杨氏模量的理论上限，然而其闭口的结构特点为其通过增材制造的手段进行制备带来了挑战。相比之下，具有光滑、连续、开口特点的曲壳结构则在构筑具有优异力学性能的微纳米点阵材料方面具有天然的优势。近期，清华大学李晓雁教授课题组采用面投影微立体光刻设备（microArch S240，摩方精密 BMF）制备了特征尺寸在几十至几百微米量级的多种桁架、平板和曲壳微米点阵材料，所研究的结构包括 Octet 型和 Iso 型两种桁架结构、cubic + octet 平板结构以及 Schwarz P、I-WP 和 Neovius 3 种极小曲面结构。其中，cubic + octet 平板结构是早先研究报道的能够达到各向同性多孔材料杨氏模量理论上限的平板结构。研究表明，基于极小曲面的点阵材料能够表现出比传统的桁架点阵材料更为优异的力学性能，同时其光滑、连续、无自相交区域的特点使得其在构筑结构功能一体化的微纳米材料方面具有重要的应用前景。

纳米技术和材料领域的特殊性，使得它们的研究开发迅速推进，技术潮流澎湃向前，展现了广阔的应用前景。世界主要国家都十分重视纳米技术、材料科学，纷纷制定国家计划，积极进行投资，大力推进研究开发。

（二）材料科学与新能源科学最新研究进展

作为材料科学的一个重要分支，新能源材料在解决能源与环境问题上有着重要地位。目前，以化石燃料为基础的能源满足了大部分能源需求。然而，这些不可再生能源产生了大量的温室气体和污染物，对环境造成了严重的破坏。因此，可再生能源开发已成为我们最丰富的能源——阳光来解决能源短缺问题，太阳能光伏（PV）技术已成为 21 世纪产生清洁能源的最有前途和最可靠的方法之一。全球新能源领域研究正进入加速发展期，太阳能、储能和氢能 3 个领域受到全球广泛的关注。储能、生物质能和太阳能的研究成果转化率相对较高，锂离子电池和有机太阳能电池是科研界和产业界共同关注的技术热点；储能技术的快速进步将成为可再生能源电力和电动汽车大规模发展的有力支撑，氢能将是打造未来能源体系、实现能源变革的重要媒介，太阳能燃料技术的突破及其成本降低或将摆脱对化石燃料的依赖，而能源互联网将发挥“互联网 +”智慧能源双重优势，实现能源统筹优化配置。

1. 太阳能电池

太阳能电池是通过光电效应或者光化学效应直接把光能转化成电能的装置。太阳能电池根据所用材料的不同，太阳能电池可分为：硅太阳能电池、薄膜太阳能电池、有机太阳能电池、钙钛矿太阳能电池等，其中硅太阳能电池是目前发展最成熟的，在应用中居主导地位，钙钛矿等薄膜太阳能电池正在商业化发展的阶段之中。

晶硅太阳能电池主要分为单晶硅太阳能电池与多晶硅太阳能电池。其中单晶硅太阳能电池是目前市场上应用最广泛的太阳能电池类型之一，其主要特点是转换效率高、稳定性好、寿命长等。经过十多年的快速发展，我国光晶硅光伏产业成就显著，已成为全球光伏产业引领者，是我国少有的具备全球竞争优势，实现端到端自主安全可控并有望率先成为高质量发展典范的新兴产业。2023 年以来，我国光伏制造端产业链供应保持高速增长，1—5 月，我国多晶硅产量 48.4 万吨，硅片 202.8GW、电池片 180.7GW、组件 164.2GW。当前，钝化发射极和背面电池技术（PERC）仍然是光伏产业的主流技术，占有市场份额最大，但面临着被更高效率的 n 型电池技术迭代的技术挑战。目前，TOPCon 技术是继 PERC 技术之后市场占有率快速增长的技术。2022 年被业内人士称为 n 型电池技术量产的“元年”，在这样的供需格局下，2022 年 TOPCon 电池出货量接近 20GW，占据光伏市场 8.3% 的份额，PERC 电池片市场占比进一步降低至 88%。常规电池片（BSF 电池）市场占比从 2021 年 5% 进一步下降到 2.5%，市场相对固定。其他 n 型电池，如 HJT 相对成本较高，市场占比仍然不多，2022 年异质结电池片市场占比合计约 0.6%。总之，在产业化规模不断加大、配套辅材供应稳定增长的背景下，2023 年 n 型电池片 TOPCon + HJT 市场份额仍将处于快速上升趋势，预计将超过 20% 市场份额。除了占比的提升，n 型光伏电池的转换效率也在不断提高。据统计，2022 年，我国企业 / 研究机构刷新晶硅电池实验室效率纪录 14 次，其中 10 次为 n 型电池技术。在技术创新的驱动下，我国 TOPCon、HJT 及钙钛矿叠层电池的转换效率分别高达 26.7%、26.81% 及 31.8%，不断刷新着世界纪录。n 型电池技术是未来光伏行业发展的重点方向，也是我国光伏产业实现技术领先和市场竞争力提升的重要途径。薄膜太阳能电池可分为碲化镉（CdTe）薄膜电池、铜铟镓硒（CIGS）薄膜电池、砷化镓（GaAs）薄膜电池、钙钛矿太阳能电池（Perovskite Solar cells，PSC）等。其中，新兴的薄膜太阳能电池中，钙钛矿太阳能电池因其具有带隙可调、激子结合能小、载流子扩散距离长、强的光吸收系数等优异的光电特性成为光伏器件研究的热点。

钙钛矿太阳能电池自 2009 年以来迅速发展。2023 年 2 月，韩国蔚山国立科学技术研究院（UNIST）研制的钙钛矿太阳能电池最高认证效率 25.73%。2023 年 7 月，钙钛矿太阳能电池的效率达到了创纪录的 26.1%（图 1、图 2 为钙钛矿目前研究效率演变与主要阶段），接近商业化应用的晶硅太阳能电池，因此钙钛矿太阳能电池作为最有可能赶超传统电池行业的技术，备受各国关注。研究者通过生长高质量钙钛矿薄膜的策略、选择合适的电荷输运材料、晶界钝化与应力调控等方法极大地提升了钙钛矿太阳能电池效率。在过去的十多年中，随着光伏产业规模不断扩大，技术迭代升级不断加快，智能制造迅速推广，光伏发电成本下降了 90% 以上，具备了大规模应用、逐步替代化石能源的条件，已成为全球发展可再生能源的中坚力量。在商业化光伏电池产品中单晶硅电池占据 95% 左右的市场份额，从目前光伏产业的发展来看，这个市场份额将长期保持在高位水平。

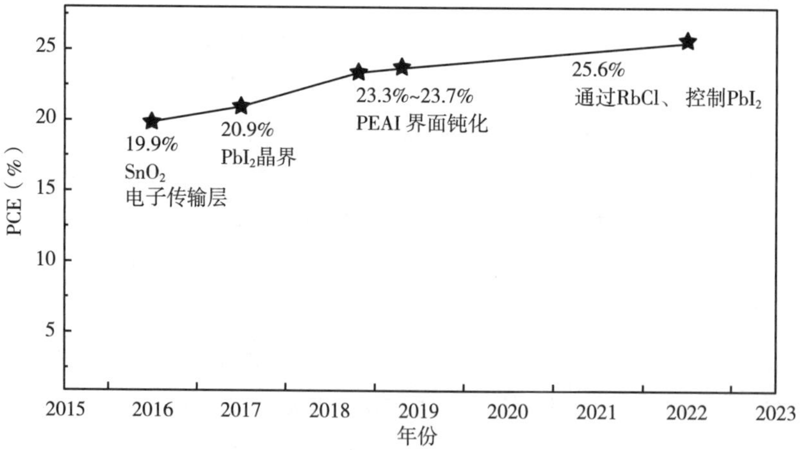

图 1 常规 PSC 的效率演变及相关策略

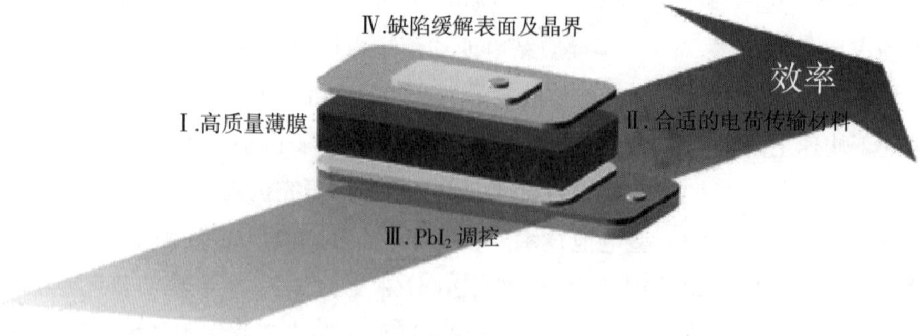

图 2 目前钙钛矿太阳能电池研究的主要阶段

我国钙钛矿太阳电池研究与国际先进水平基本持平，且多项技术保持世界前列。国内庞大的钙钛矿科研团队的众多创新性研究成果对钙钛矿光伏技术的发展起到巨大推动作用。如 2016 年，刘生忠教授团队首次将离子液体引入到钙钛矿器件中，即可用作 ETL，也可用作界面改性材料，取得了非常好的效果，对钙钛矿太阳电池的发展具有重要的指导意义。2016 年，方国家教授团队通过低温（95℃）水热方法制备出一种纳米多级结构 SnO_2 电子传输层，用以提高电池的稳定性。这种多级结构 SnO_2 电子传输层，主要由一层纳米 SnO_2 致密层和一层由竖立的 SnO_2 纳米片阵列组成的多孔层组成。其中，致密层主要起到挡空穴的作用，而多孔层起到加快电子的传输、阻挡水汽的侵入、抑制钙钛矿界面处的分解从而提高电池的稳定性和充当钙钛矿支架层来增加电池吸光等。基于这种低温水热方法生长的 SnO_2，钙钛矿太阳电池的能量转换效率可达 16.17%。更值得关注的是，这种多级结构 SnO_2 钙钛矿太阳电池在低湿度无封装室温条件下放置 3000 小时后，其效率衰减不超过 10%。这种多级结构二氧化锡电子传输层可在柔性衬底上制备，为制备稳定高效柔性钙钛矿光伏器件提供了一种可能。2021 年，龚旗煌院士、朱瑞研究员团队对钙钛矿光伏器件的“埋底界面”开展系统深入研究，首次阐明了“埋底界面”中“微结构 - 化学分布 - 光电功能”的科学关系，明确指出“埋底界面”非辐射复合能量损失的主要来源，建立起钙钛矿光伏器件“埋底界面”的可视化研究平台；基于对钙钛矿“埋底界面”的深入认知与理解，最终对卤化铵上表面钝化技术提出了全新的机理解释——“分子辅助微结构重构”机制，为钙钛矿多晶薄膜的未来钝化技术发展和钝化分子设计提供了指导。2021 年，黄维院士团队开发出一种新的离子液体溶剂醋酸甲胺（MAAc）制备钙钛矿光伏器件。该离子液体具有无臭、无味、无污染、不易燃、蒸气压极低、良好的热稳定性和化学稳定性等特点，是传统挥发性溶剂的理想替代品。使用 MAAc 离子液体制备的钙钛矿薄膜、优势不仅仅体现在对环境友好、无毒无害等方面，且可以在空气中（湿度 20% ~ 80%）无须在惰性气氛保护和反溶剂条件下实现一步成膜，有效避免了有毒溶剂的使用。这种溶剂还可以调控结晶过程、钝化晶界等。所制备钙钛矿薄膜致密、无针孔、晶粒尺寸大并且表现出极其优异的稳定性。制备的纯甲脒钙钛矿太阳电池的 PCE 达到了 24.1%，且未封装器件在 85℃加热和标准太阳光连续照射 500 小时后，PCE 分别保持其初始效率的 80% 和 90%，该工作降低了钙钛矿制备对环境的苛刻要求，对于正式平面电池结构钙钛矿光伏的发展意义重大。2022 年，杨旭东教授团队将 1,1,2,2,3,3- 六氟丙烷 -1,3- 二磺酰亚胺（HFDF）引入到 PTAA 薄膜中通过离子耦合正聚合物自由基和分子阴离子的离子交换过程来稳定 PTAA 层作为空穴传输层。HFDF-PTAA 的空穴电导率比传统锂掺杂的 PTAA（Li-PTAA）提升了 80 倍，且能级与钙钛矿薄膜相匹配。基于 HFDF-PTAA 作为 HTL 的器件获得了 23.9% 的认证效率，且未封装器件在相对湿度 50% 的空气中连续光照（$100mWcm^{-2}$）576 小时后仍保持初始效率的 90%，而基于 Li-PTAA 的器件在同样条件光照 100 小时后效率损失超过 60%。此外，封装器件在 85℃加热和全光谱太阳光连续照射 1000 小时后基于 Li-PTAA 器件的效率下降了 49%，而 HFDF-PTAA 器件仍保持初始效率的 92%。此项工作解决了 PTAA 因其空穴电导率差而在正式电池中无法获得高效率的难题，为具有高稳定平面正式结构钙钛矿太阳电池的制备具有重要的参考价值。2022 年，受 PbS 的 n 型和稳定的无机特性的启发，方俊锋教授团队提出了一种表面硫化处理（SST）的策略，通过富含铅（Pb）的钙钛矿薄膜的表面硫化，为平面反式钙钛矿太阳电池构建了稳定的钙钛矿异质结。形成的铅 - 硫（Pb–S）键提高了钙钛矿传输层界面的费米能级，并为电子提取产生了额外背场。由此制备的反式器件表现出 > 24% 的效率，具有 1.19V 的高开路电压（Voc）和 0.36V 的低电压损耗。研究表明，Pb–S 键强度远高于钙钛矿中的 Pb–I 键，可以有效抑制老化过程中钙钛矿的衰减，同时 PbS 与钙钛矿的晶格参数接近，能够进一步稳定钙钛矿的晶体结构，从而实现电池稳定性的大幅提升。

国内专注于介观结构器件的团队相对较少。2014 年，韩宏伟教授团队采用气溶胶喷雾热解法在 FTO 基底上制备致密 TiO_2 层，再用丝网印刷技术制备介孔 TiO_2 层、介孔 ZrO_2 层和炭黑与石墨混合的顶电极层，其间要经历 3 次 400℃以上的高温退火过程，然后钙钛矿溶液通过孔道填充到整个介孔中，再经过低温退火完成器件的制备，其中绝缘的介孔 ZrO_2 层主要是为了防止顶电极和背电极接触造成短路。该结构最大的好处是所有层都可以实现大面积印刷制备，无须空穴传输层，且稳定性非常好。但由于去掉了空穴传输层导致空穴的收集效率较低，器件的 FF 也较低。同时，数次高温退火使得器件的制备周期也比平面结构器件长好几倍。2018 年，张文华研究员发展了一种基于无机空穴传输材料的新型双层反式介观结构，首先利用溶液法制备出形貌规整的 $CuGaO_2$ 纳米晶材料，并将其设计为介观结构，介孔的形成可以有效增加钙钛矿材料与空穴传输材料的接触面积，缩短空穴传输距离，进一步减少载流子复合。为了避免钙钛矿层与 FTO 直接接触，导致器件性能下降，作者还引入一层超薄 NiO_x 作为致密层，构建了双层反式介观结构钙钛矿电池。同时，NiO_x、$CuGaO_2$ 和钙钛矿材料三者的价带具有梯度变化的趋势，形成了良好的能级匹配，非常有利于空穴的传输。基于此种结构的太阳能电池获得了接近 20% 的稳态输出效率，更重要的是，由于采用了无机空穴传输材料，器件显示出非常优异的热稳定性，85℃下连续退火 1000 小时后，器件仍然能够保持初始效率的 80% 以上，为进一步推动高稳定、高效率的钙钛矿电池的实用化发展提供了参考。

在大面积器件上，尽管钙钛矿太阳电池的性能取得了长足的进步，但器件的活性面积大多都在 $0.1cm^2$ 左右，且该器件是在实验室利用溶液旋涂法制备的，而旋涂法不适合大面积钙钛矿薄膜的制备。要达到产业化的要求，首先要解决的是各个功能层材料的大面积制备技术。与实验室溶液旋涂技术衔接最紧密的是溶液涂布技术（刮涂技术、狭缝涂布技术、喷涂技术等），无须过多的调整，直接将旋涂法所用的前驱体溶液通过涂布设备覆盖到整个基底上，再经过风刀或其他技术使溶剂快速挥发而得到大面积薄膜。其中，狭缝涂布技术被认为是溶液法中最为理想的制备大面积钙钛矿器件的技术，也是现在学术界和产业界制备大面积钙钛矿器件的主流技术。2018 年，黄劲松教授团队就使用刮涂技术制备了钙钛矿器件，通过微量表面活性剂的改性，增加了钙钛矿层和电荷传输层之间的粘附力，从而以 180m/h 的速度制备出表面平整、致密的钙钛矿薄膜，相应的器件在 $33.0cm^2$

和 57.2cm^2 的活性面积上分别获得了 15.3% 和 14.6% 的转化效率。但刮涂技术有一定的局限性，它需要将溶液先滴加到刮刀上，利用溶液的毛细作用，溶液很快会朝两端分散开，然后刮涂到整个基底上。可以预见这个过程不仅耗时，操作复杂，而且要进一步扩大制备面积的难度很大。而狭缝涂布技术是一种非常高效的制备技术，不仅具有溶液消耗量低、操作简单、薄膜均匀、重复性好、可以连续生产等优点，且不受基底面积的约束，非常适合产业化生产，因此得到了广泛的研究和应用。2023 年 8 月，华东理工大学团队吴永真、朱为宏团队与合作者在钙钛矿太阳能电池有机空穴传输材料领域取得新成果，他们基于这项技术得到的太阳能电池的功率转换效率达到 25.4%，创造了世界纪录。喷涂、刀片喷涂、槽模喷涂和喷墨印刷等是大面积钙钛矿太阳能电池制备的常用的方法。

2. 储能电池

储能电池一般指的是储能蓄电池，储能蓄电池主要是指使用于太阳能发电设备和风力发电设备以及可再生能源储蓄能源用的蓄电池。常见的储能蓄电池为铅酸蓄电池。目前正在逐步开发以磷酸铁锂为正极材料的锂离子储能电池。

中国储能电池行业市场现状分析：2020—2022 年，我国储能电池出货量增长速度迅猛，如图 3 所示。尤其是 2022 年，由于地缘冲突导致的欧洲能源危机，叠加国内电力市场改革，我国储能电池出货量延续了上一年强劲增长的势头，全年储能电池出货量达到 130GW · h，同比增长 170.8%。从市场来看，电力储能电池出货量最大达 92GW · h，同比增长 216.2%，占比 70.8%。户用储能电池紧随其后，出货量 25GW · h，同比增长 354.5%，占比 19.2%。通信储能电池出货量 9GW · h，同比减少 25%，占比 6.9%。便携式储能电池出货量 4GW · h，同比增长 207.7%，占比 3.1%，如图 4 所示。

我国一直重视锂离子电池材料的研究，在 20 世纪 80 年代就将其列为 863 计划的重点项目。近年来随着新能源汽车产业的发展，对锂离子电池材料的研发投入仍一直保持较高的强度。与发达国家相比，我国锂离子电池中的部分新材料高端产品占比还比较低，技术

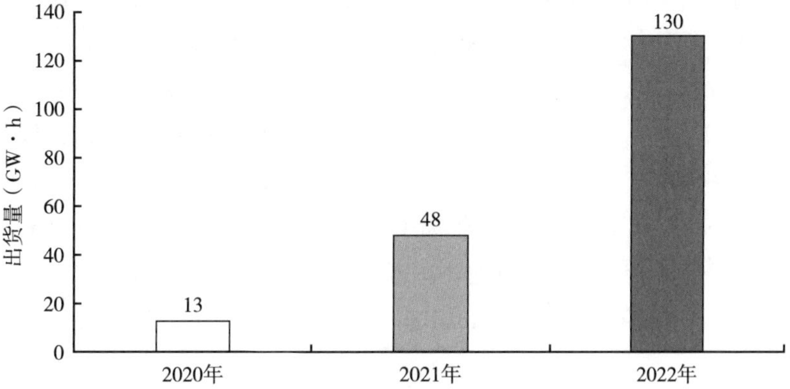

图 3　2020—2022 年中国储能电池出货量统计情况
（资料来源：公开资料、灵动核心收集整理）

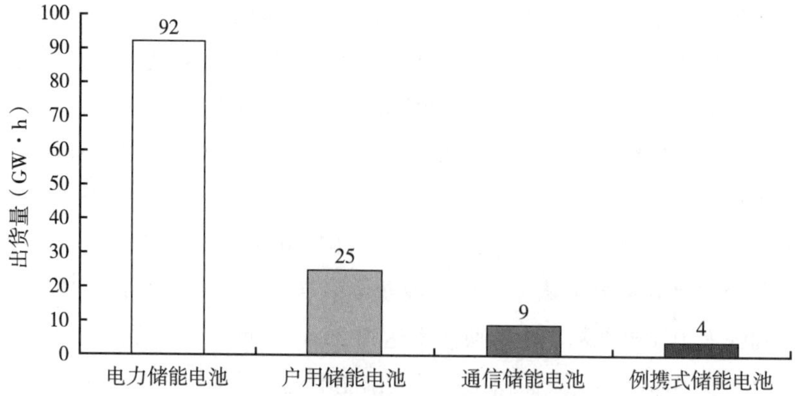

图 4　2022 年中国各类储能电池出货量统计情况
（资料来源：公开资料、灵动核心收集整理）

含量不高，产品的附加值较低，高端材料和电池的高精度自动化装备仍需大量进口。近年来，在国家相关部门的支持和推动下，特别是受益于我国新能源汽车和智能手机领域的快速发展，宁德时代新能源科技有限公司和比亚迪股份有限公司已成为全球动力电池的主力供应商。在电极材料方面，上海杉杉科技有限公司和贝特瑞新材料集团股份有限公司的产能规模已位于全球前列，我国的电解液和隔膜产能已占全球总产能的 50% 以上。

国外储能电池研究表明，美国能源部西北太平洋国家实验室开发出一种铝镍熔盐电池，其理论能量密度高于铅酸电池和液流电池，在热循环的情况下，12 周内可保持 92% 的电池容量；能源部橡树岭国家实验室开发出快速充电锂离子电池所需的钼－钨－铌酸盐化合物材料，其具有快速充电和高效率的特点，有可能取代商业电池中的石墨。韩国电工技术研究院下一代电池研究中心开发出具有空心核的一维锂限制多孔碳结构，并在空心核中添加金纳米粒子，制造出具有更高倍率性能和稳定性的高容量锂金属电池。俄罗斯斯科尔科沃科技研究院开发出一种新的快速充电电池阳极材料 NiBTA，并揭示了该材料的电荷存储机制。合肥工业大学和美国得克萨斯大学奥斯汀分校合作开发出用于钠金属电池的基于聚（1,3- 二氧戊环）的准固体电解质，改善了全固态电池整体性能。

锂离子电池材料发展正在飞速前进。目前，锂离子电池领域的核心技术多被欧盟、美国、日本、韩国等地区和国家掌握。其中，日本最早开始生产锂离子电池，技术实力最为雄厚。日本松下电器产业株式会社控制了特斯拉汽车公司的电池产业链；日本电气株式会社（NEC）和韩国 LG 化学公司生产的锂离子电池在日产 Leaf 电动车、通用 Volt 电动车各有良好的安全运行记录；村田制作所是中国强制性产品认证（3C）电池供应商，韩国乐金（LG）化学公司、三星 SDI 公司、SK Innovation 电池公司是大众汽车、宝马汽车和奔驰汽车的主力供应商。

3. 氢燃料电池

氢燃料电池是将氢气和氧气的化学能直接转换成电能的发电装置。其基本原理是电解水的逆反应，把氢和氧分别供给阳极和阴极，氢通过阳极向外扩散和电解质发生反应后，放出电子通过外部的负载到达阴极。

在全球范围内，氢能源的应用正在逐步扩大。而欧洲作为世界上最早开发和利用氢能源的地区之一，一直致力于推动氢能源的发展，为了摆脱对俄罗斯能源的依赖，欧洲更加积极推进氢能发展。据欧洲《2022 年氢能源报告》显示，欧洲的氢能源项目已经超过 100 个，涵盖了从电力生产到交通运输等多个领域。同时，欧洲已经设立了目标，到 2030 年氢能源将为其提供总能源 20% 的需求，其中以风能、太阳能为主要能源来源。日本也视氢能源为实现碳中和的重要工具，致力于其研发和应用。早在 2018 年，日本便发布了《氢能源战略》，设定了未来发展氢能源的目标。该战略目标包括到 2050 年将氢能源在能源消费中的占比提高到 10%，并推动氢燃料电池的商业化应用。美国尤其是加利福尼亚州，也是氢能源发展的重要地区。氢燃料电池汽车在加州正逐渐成为常见的交通工具，目前已有超过 8000 辆氢燃料电池汽车在加州的道路上行驶。同时，加州政府积极推动氢能源技术的研发和应用，提供财政激励措施来支持氢燃料电池汽车的购买和建设氢燃料充电基础设施。据中国氢能源和燃料电池产业联盟的数据，到 2022 年，中国的氢能源产业已经形成了近千亿规模的市场，涉及的领域包括汽车、能源、石化等多个行业。此外，各地政府也在积极推广氢能源汽车和公共交通，像北京、上海、广州等城市的公交车队中，已经有氢能源公交车在为市民服务。

在政策支持上，我国 2021 年发布的《新能源汽车产业发展规划（2021—2035 年）》明确了我国对氢能源的期待，预计到 2035 年，新能源汽车中燃料电池汽车的比重将达到半数。此外，《氢能产业发展中长期规划（2021—2035 年）》等一系列政策的出台，预示着国家对氢能源行业的关注和认可，随着战略的相继落地将进一步推动氢能源产业的进步。欧盟已经在 2020 年提出了一项雄心勃勃的计划，预计到 2030 年，将投入至少 650 亿欧元使欧洲的清洁氢产能达到 4000 万吨。在技术趋势方面，氢能源的进步主要集中在储存和运输、电解水和燃料电池技术。固态氢存储技术的研发正在解决储存问题，提高效率和降低成本。电解水技术的改进以及可再生能源的引入，有望推动氢能源向绿色发展。燃料电池技术的不断进步，预计将在汽车和重型运输等领域带来更多应用。氢能源的技术发展前景广阔，各种创新技术持续涌现。这些新技术有望在未来十年内实现商业化应用，从而极大地推动氢能源的发展。

总体来看，氢能源的未来前景非常明朗。政策、业务模式和技术的变革共同推动着这个行业的发展。我们有理由相信，氢能源将会在不远的未来，发挥出它的重要作用，为我们的社会带来重大的改变。

（三）材料科学与生物医学最新研究进展

随着临床的成功应用，生物医用材料及其制品产业已经形成，它不但是整个医疗器械产业的基础，而且是世界经济中最有生机的朝阳产业。随着社会经济的发展，生活水平的提高，以及人口老龄化、新技术的注入，生物医用材料产业正以约 20% 的年增长率持续增长，正在成长为世界经济的支柱性产业。发展生物医用材料科学与产业不仅是社会、经济发展的迫切需求，而且对国防事业以及国家安全也具有重要意义。

我国生物医用材料研制和生产迅速发展，初具规模，现已经成为一个新兴产业，总产值的增长率远高于国民经济平均发展速度。随着市场发展的需要，我国也制定了相应政策来鼓励支持并引导生物医用材料行业的大力发展。例如 2017 年 5 月发布的《"十三五"生物技术创新专项规划》表明，到 2020 年，实现本领域整体"并跑"、部分"领跑"。2016 年 6 月发布的《"十三五"生物技术发展专项规划》提出，要把生物技术领域核心、前沿的技术和产业化应用结合起来，形成我国能够领先世界的战略技术。目前，我国生物医用材料在临床应用中主要用作医疗器械，已成为整个医疗器械产业的重要基础，其产品占医疗器械市场的 4 ~ 5 成。但目前我国约 80% 的成果仍处于实验阶段，企业基本只能生产中、低端产品，约 70% 的高端生物医用材料依靠进口。其目前的研究进展主要涉及以下几个方面。

1. 仿生组织功能替代

研究人员致力于开发仿生组织，以替代受损组织或器官的功能，在人工组织制造方面，取得了重要进展。例如，替代血管的研究已经成为医用生物材料领域的焦点之一。但小口径人工血管制造工艺流程复杂，周期长、投入大、技术壁垒较高，涉及材料工程、生物工程、医学与纺织工程等多学科专业技术，目前国内仅少数企业布局研发（表 1）。上海纳米生物材料与再生医学工程技术研究中心使用纳米纤维素与聚多巴胺复合制造的人工血管促凝学性能优异。日本产业技术综合研究所通过研究浸渍溶液的 pH 值和交联剂的综合影响，使得人造血管形成了由白蛋白质和肝素组成的稳定多层膜，并表现出抗血栓形成能力。

表 1　国内厂家对于人造血管研发进度

	武汉杨森	杭州领博	苏州海迈	深圳柔脉	天津心恒
产品	pathway® 三层仿生小口径人造血管	PULSSIBLE™ 生物型人工血管	小口径人工血管	第二代小口径组织工程化人工血管	体内可视化小口径水凝胶人工血管
材质	全球首创聚氨酯复合材料	聚合物骨架脱细胞基质	自体和同种异体脱细胞基质	组织工程血管，采用人类细胞库和尖端技术创新	双层水凝胶
优势	有弹性，更柔软，无针眼渗血，无水肿期、抗凝效果好、与周围组织无粘连等	可降解，减少缝合口渗血、漏血，抗感染性	通畅率高、抗感染、具有自我修复功能，减少患者术后干预，显著延长使用寿命	利用微流控技术、创新材料技术、组织工程技术，抗感染、抗钙化、抗增生，远期通畅率高	提供合适的力学强度，生物相容性好，可降解生物免疫排斥反应，核磁成像下可视化，减少对患者的伤害，提高检查效率

续表

	武汉杨森	杭州领博	苏州海迈	深圳柔脉	天津心恒
适应度	心脏搭桥、周围血管疾病	血液透析患者动静脉造瘘AVG手术	用于慢性肾透析血管通路建立、下肢动脉外伤血管替代、下肢动脉粥样硬化及冠心病搭桥	透析、外周动脉搭桥、血管创伤修复、冠状动脉搭桥等	—

2. 生物可降解及再生材料的研究

生物可降解和再生材料的研究不断推进，延长了医用生物材料的使用寿命，并降低了对环境的影响。由于这些材料具有可降解性，可以促进合成材料的吸收和再生。目前，研究人员已经成功开发了可降解的植入物，例如桥梁、支架和外科螺钉等，这些材料可以直接用于手术，无须再次手术取出，减轻了患者的外科痛苦。

在目前所有金属材料中，镁的生物力学性能与人体骨最为接近。镁合金的密度与正常的骨组织接近。如表2所示，镁的物理机械性能比其他金属材料更接近于生物骨，可有效缓解传统医用金属材料临床上的应力遮挡效应。医用镁合金作为可生物降解的医用材料，被认为是具有良好生物相容性和可降解性的第三代生物医用材料。然而，由于腐蚀速度过快和机械强度低，极大地限制了它们的应用。暨南大学研究了镁-0.8Ca合金球磨表面和进一步磁针磁磨表面，磁磨有效地提高镁合金的使用强度和使用性能。与此同时，这些材料在体内可以逐渐分解吸收，减少了长期住院或观察的风险。东南大学研究了AZ31B镁合金在高压钢中的生物腐蚀行为，在无应力条件下，拉伸载荷和压缩载荷的应力大小在20～150 MPa之间变化，为研究镁合金在真实生理胁迫环境下的生物医学应用提供新的科学参考。

表2　各种植入材料与人骨的物理性能对比

特征	人骨	镁合金	钛合金	钴铬合金	不锈钢	羟基磷灰石
密度（g/cm^3）	1.8～2.1	1.78～2.1	4.4～4.5	8.3～9.2	7.9～8.1	3.1
弹性模量（GPa）	3～20	35～45	110～117	230	189～205	73～117
压缩屈服强度（MPa）	130～180	100～200	758～1117	450～1000	170～310	600
断裂韧性（$MPa \cdot m^{1/2}$）	3～6	15～35	55～115	—	50～200	0.7

3. 多功能医用生物材料的设计

多功能医用生物材料的设计是当前研究的热点之一。通过结合纳米技术和生物技术，研究人员开发了具有多功能性的生物材料，用于治疗多种疾病。一些材料可以同时用于诊断和治疗癌症，通过靶向病变部位释放抗癌药物。费萨拉巴德农业大学发现银掺杂可以显著提高氧化锌纳米材料的抗癌活性。巴基斯坦拉合尔大学发现氧化锌与生物相容性更好的二氧化钛复合后，纳米氧化锌的毒性降低，能适应氧化锌和二氧化钛纳米颗粒在体外破坏癌细胞的内在细胞毒性。中国科学院深圳先进技术研究院的研究团队发现了新型纳米材料“黑磷”精准生物分子靶向的新机制，该项研究相比较传统的运输抗肿瘤药物的纳米功效，能直接与生物系统的 PLK1 激酶分子发生作用，阻断了细胞周期，给未来研发新型领创可用的抗肿瘤纳米药物提供了理论依据。

生物医用材料正在成为世界经济的一个支柱性产业，其年贸易额复合增长率为 25%，是世界贸易中最活跃的领域。预计 2010—2020 年，生物医用材料全球市场复合年均增长率保持在 15% 左右。到 2020 年，生物医用材料世界市场将达 6000 多亿美元。同时，生物医用材料市场必将带动其他相关产业的发展，新增产值将达到 3 倍，直接和间接销售总额达 24,560 余亿美元。2018 年生物医用材料新增工作岗位 300 万个，与 2018 年相比，2020 年新增工作岗位 600 万个，将提供近 850 万个工作岗位。因此，随着科学技术和材料科学的不断进步，医用生物材料的应用前景将更加广阔，未来的研究将更加深入，推动医用生物材料领域的发展，进一步拓展其应用领域。

（四）材料科学与计算机科学融合最新研究进展

在众多新颖算法和模拟技术的基础上，利用具有强大计算能力的计算机，能够大幅度提高材料科学中的细致程度和准确程度，可对物质内部情况有更深层次的研究。因此，计算机在材料科学研究中的应用越来越受到重视，并衍生出材料科学与计算机科学这一学科。材料科学与计算机科学学科是两个领域的交叉研究领域。通过结合材料科学和计算机科学的理论、方法和技术，探索材料的设计、开发、模拟和应用等方面的新途径和新模式。这种交叉学科的目标是利用计算机科学的工具和技术来加速材料科学的发展并推动新材料的发现和应用。具体而言，这种交叉学科采用多种模拟和计算手段，进行所谓的“计算机实验”，以分析和理解材料的各种物理化学性质。它涉及材料、物理、计算机、数学、化学等多门学科。通过高通量计算、机器学习等方法，甚至可以对成千上万种候选材料进行预测和筛选，从而大大加快新材料的研发速度。这种方法使得我们能够理性设计具有目标性能的材料。材料科学与计算机科学学科发展为材料研究和应用带来了新的思路、方法和工具，推动了材料科学的数字化、智能化和高效化。这种发展与计算机科学与技术的迅猛发展密切相关。

不同的空间 / 时间尺度范围内，材料科学与计算机科学所采用的方法包括量子力学第一性原理计算、分子动力学、蒙特卡洛模拟、计算热力学 / 动力学以及连续介质力学等。不同空间 / 时间尺度范围内的计算方法常常相互交叉和联合使用，常见的情况是并发多尺度和顺序多尺度问题。这种多尺度计算方法的应用使得研究人员能够更好地理解和模拟材料的行为，并探索跨尺度的性质和相互作用。材料科学与计算机科学的交叉发展为材料研究提供了强大的计算能力和理论支持，为材料设计、优化和应用提供了更多的可能性。随着计算机科学的不断进步和技术的创新，预测、设计和开发新材料的能力将进一步提升，为实现可持续发展和满足社会需求提供更多的解决方案。

1. 预测材料的性质和行为，加速新材料的发现和设计过程

使用高通量计算方法，研究人员可以快速筛选出具有特定电子、光学或力学性能的材料候选者，从而加速材料研发的速度。麻省理工学院（MIT）的 Gerbrand Ceder 教授和他的研究团队利用计算机模拟和机器学习方法，预测和优化了各种电池材料的性质和光伏材料设计。通过模拟和优化材料的离子扩散特性、电荷传输性能和晶体结构等参数，提出了新型锂离子电池材料的候选者，如锂离子电池正极材料和电解质料。英国圣安德鲁斯大学 Nongnuch Artrith 教授团队将原子力信息纳入人工神经网络的势函数训练中，避免了对高阶导数的复杂计算需求。首先，通过一个分析示例演示了该方法的基本原理，然后将其应用于越来越复杂的系统，如水分子簇、大块水和季元金属氧化物。研究团队发现，在人工神经网络电位构建中，相较于仅使用能量训练，较少数量的参考结构就足以减小力误差，从而提高了模型的收敛性。这项研究为材料科学领域的电池和光伏材料设计提供了新的方法和工具，使得研究人员能够更加准确地预测和优化材料的性质。通过结合计算机模拟和机器学习的方法，可以加速材料研发过程，为可持续能源和环境保护等领域提供更高效的解决方案。

2. 改进材料的性能

通过分子动力学模拟和密度泛函理论计算，可以优化材料的力学强度、热导率、光学性能等。这种方法可以指导实验设计，提高材料的性能和可靠性。剑桥大学的 Angelos Michaelides 团队在该领域取得了重要突破。他们利用量子蒙特卡洛（QMC）方法，这是一种分子材料研究中最精确的第一性原理方法之一，来确定研究系统中最适合的 DFT 泛函。通过这种方法，他们能够避免在计算过程中需要在精度和成本之间进行权衡的困扰，确保计算结果的准确性。此外，为了降低计算成本，他们还开发了一种机器学习算法（MLPs），能够以更低的成本预测 DFT 计算得到的能量变化。这项研究的成果不仅深化了对该领域的理解，还提供了更高效的计算方法，为相关研究和应用领域带来了广阔的前景和潜力。东南大学王金兰团队通过对 212 种已报道的无铅有机 - 无机杂化钙钛矿（HOIPs）的带隙值进行第一性原理计算，并利用机器学习模型进行训练，开发了一种靶向驱动法，用于发现稳定的 HOIPs 材料。实验结果表明，机器学习可以在理论计算数据与实验数据一致性得到保证的情况下，同时利用实验数据和理论计算数据，以更高效的方式进行模拟计算。传统的分子动力学方法在模拟较大结构体系和极端环境时非常有效，但它们依赖于精确的势能信息，即势函数。然而，势函数的开发工作量大、难度高，限制了分子动力学的发展和应用。通过运用机器学习的方法，可以通过大量原始数据拟合空间力场，更精确地描述原子间的位能关系，优化计算模拟方法。目前，许多科研工作者已经利用机器学习技

术拟合空间力场的势能信息，以完善势函数。这一领域的进展为材料研究和模拟计算提供了新的可能性和发展方向。西安交通大学宗洪祥等开创性地将卷积神经网络（CNN）与分子动力学模拟相结合，以 DFT 实验数据为基础建立特征参量，并成功设计了一个从头算分子动力学（AIMD）模型。该模型通过拟合锆合金马氏体相变势函数的空白，实现了高度准确的分子动力学计算。这项研究为材料科学领域带来了新的突破，并为合金相变的理解和控制提供了重要工具。这种基于 CNN 的 AIMD 模型的应用潜力巨大，对于加速材料设计和优化过程具有重要意义。未来，这一方法可能在各种材料体系的研究中发挥重要作用，并推动材料科学的进一步发展。

3. 优化材料制造过程和工艺参数以提高生产效率和质量控制

使用有限元分析和计算流体动力学模拟，可以优化材料成型过程中的温度、压力和流动条件，从而减少材料损伤和能耗。德国马普钢铁研究所韦业博士与 Dierk Raabe 教授联合提出了一种主动学习策略，以基于非常稀少的数据，在几乎无限的成分空间中加速高熵因瓦合金的设计。该研究方法是一个闭环，将机器学习与密度泛函理论、热力学计算和实验相结合。研究人员首先使用了 699 种合金的公开数据训练了学习算法，然后让算法生成大量具有低热系数的候选成分，在加工和表征了 17 种可能的新合金后，研究人员确定了两种热膨胀系数极低的高熵因瓦合金（在 300K 下约为 $2\times10^{-6}\,K^{-1}$）。

4. 预测材料的性能和寿命

使用机器学习算法，可以建立材料的结构 – 性能关联模型，快速预测材料在不同环境和应力条件下的性能表现。斯坦福大学的 Evan Reed 教授和他的团队利用机器学习方法揭示了界面诱导的液体有序对晶体生长的影响，并证明与固液界面相邻的液体呈现出显著的结构有序性。他们通过原子模拟有效地降低了原子的迁移率，从而减慢了结晶动力学过程。这项研究的结果揭示了界面现象对晶体生长的重要性，并提供了关于界面对液体结构和动力学的影响的新洞见。通过机器学习的方法，研究团队成功地揭示了界面诱导的液体有序性的机制，这对于理解和控制晶体生长过程具有重要意义。另外，这项研究为材料科学领域的晶体生长提供了新的理论和方法，有助于优化晶体生长过程，改善材料的质量和性能。这对于材料制备、能源存储和传感器等领域的应用具有潜在的影响，并为材料科学和工程领域的进一步研究提供了新的方向。数据驱动的材料基因工程研究方法通过“大数据 + 人工智能”技术预测材料性能和设计新材料，再通过实验验证和开发新材料，可大幅缩短研发周期、降低研发成本，为有效解决贵金属新材料研发的两难问题提供了新思路。目前，国内外已经建立起多个知名的材料数库，其中包括由美国多家单位联合共建的 Material Proiect（MP）计算材料数据库，由杜克大学组建的 AFLOW 计算材料数据库，由美国西北大学组建的开放量子材料数据库（Open Quantum Material Database），以及由日本国立材料科学研究所开发的 Mat Nav 数据库。我国近几年对一批重点研发计划项目的投入也使得数据及其分析应用成为材料研究热点，材料基因工程项目支持的材料数据库有如中国科学院金属研究所等单位联合建立的材料科学领域基础科学数据库，以及北京科技大学等单位联合建立的国家材料科学数据共享网和材料基因工程专用数据库（Materiacenetc Enoineerino Database）等。

5. 材料科学与可持续发展最新研究进展

材料科学与可持续发展的发展脉络可以追溯到对环境和资源可持续性的关注。过去几十年来，人们逐渐认识到传统材料的生产和使用对环境造成的污染和资源的过度消耗。这引发了对环境保护和资源可持续利用的意识。为了减少对有限资源的依赖和减少环境污染，绿色材料的研究和开发逐渐成为关注的焦点。绿色材料是指具有较低的环境影响、可再生或可循环利用的材料，例如生物基材料、可降解材料和可再生能源材料。随着可持续发展理念的普及，材料科学开始关注材料在整个生命周期中的环境影响。

发达国家持续加大材料回收技术及可持续材料的研发力度。美国特拉华大学开发出强化反应蒸馏–还原催化解构（RD–RCD）工艺将木质素升级为新产品并降低成本的方法，可将工业加工的木质素转化为高性能塑料；莱斯大学开发出一种新技术，可以将废塑料转化为工业用的二氧化碳吸附剂。伯明翰大学与美国杜克大学合作，从糖基原料中创造了一个新的聚合物系列，既保留了普通塑料的所有品质，也可进行降解和机械回收。日本东北大学基于熔盐电解原理，利用固态电解工艺回收废铝，生产出的铝纯度与铝铸造合金中的原铝相当，达到 99.9%。美国麻省理工学院发现利用少量铜处理的沸石可有效从空气中吸收甲烷，催化反应过程即使在极低浓度下也可进行，他们证明了该反应是由 $[Cu\text{–}O\text{–}Cu]^{2+}$ 催化的。

澳大利亚皇家墨尔本理工大学改善了将二氧化碳快速转化为固体碳的方法，利用液态金属共晶镓铟合金催化剂将固体碳无限期储存或转化为有用的材料。日本北海道大学开发出一种由铂、钴和铟三种不同金属制成的新型催化剂，可利用二氧化碳合成丙烯，并将反应速率提高了大约 5 倍。

2023 年，深圳合成生物学研究所合成生物学和材料科学的最新进展是，产生了一种新的材料形式，即工程活材料（ELM），它由嵌入自身或人造支架的自我再生基质中的生物物质或细胞群落组成。受自然界中材料的动态和响应行为的启发，研究人员开发了具有生物系统环境适应性和生物合成能力的 ELM，以满足我们社会对可持续性的需求。作为生物材料的重要组成部分，生物体赋予物质产品许多令人兴奋的特性，例如环境响应性、自我修复、自我再生、自我组装和其他动态特性。特别是，生命系统的可编程性允许通过简单地重写遗传信息来调节物质特性，这使这些材料比传统的非生命材料具有独特的优势。由于生物体的可编程性和与非生物材料的易于整合，已经创造了无数类型的自组织生命材料和具有新兴和有吸引力特征的混合生命材料。尽管面临许多挑战，但通过减少环境污染、提高作物产量和 / 或产生负碳排放，生物材料在可持续发展方面也显示出良好的前景。随着该领域的进一步发展，生活材料可能会在健康、能源、农业、工业和节能基础设施的广泛应用中发挥更加重要的作用。

朱拉隆功大学研究发现天然橡胶（NR）是众所周知的可再生生物基聚合物，已广泛用于从普通家用到航空航天产品的各种应用。该大学的研究提供了有关 NR 可持续发展的最新信息，包括使用低氨 / 非氨系统的 NR 乳胶生产以及有效固化活化剂和生物基加工油的使用。此外，这里描述了使用来自植物和动物（如纤维素和几丁质）的可再生生物质有机填料的环保绿色 NR 复合材料的问题。

中国科学院大连化学物理研究所开发出一种基于镉（Cd）簇的 Cd/TiO_2 催化剂，在 15.8% 的二氧化碳转化率下实现了 81% 的甲醇选择性，高于传统 CuZnO 催化剂。目前，二氧化碳捕集与转化的技术瓶颈之一是在工业应用场景下，催化剂长时间使用导致其效率及稳定性降低，影响反应效率和产物收率。

俞书宏院士在北大新工科国际论坛（2021）上指出，面向未来其他环保型的应用，我们还利用稻草、秸秆做出了一款各向同性的材料，这种板材每一个方向的力学强度是一样的。我们希望今后能够解决这一材料量产的问题，将生物质做成零甲醛、零有机污染物、零添加剂的环保型材料，同时具有阻燃、防火、隔热、电磁屏蔽、甚至导电等其他功能。另外，还可以把这种技术跟其他钻土、矿物质相结合，可以做出很多拥有不同性质的新材料。在 2023 中国国际橡塑展媒体发布会上，万华化学以“迎新境‘塑’未来”为主题，介绍了万华化学创新探索塑料领域的可持续发展路径，战略性布局“可再生、可循环、可降解、可减碳”四大材料解决方案，助力构建生物基经济发展模式。万华化学采用玉米淀粉、天然油脂等生物质原料、以生物发酵和化学转化等技术成功研发并向市场推出了聚醚多元醇、聚酚多元醇、生物基 TPU、水性丙烯酸树酚，PLA 等产品。其中，WANOL® 聚醚多元醇系列生物基含量达 50%，可减少 30% ~ 50% 的碳排放；WANTHANOL®Bio 聚酚多元醇系列生物基含量可达 100%，可减少 30% ~ 70% 的碳排放；WANTHANE®WHT-ECO TPU 系列生物基含量为 10% ~ 100% 的 PU 产品。多产品线“可再生”进程的不断加速，为下游行业提供多元化环保发展路径。让材料生于自然，归于自然，在“禁塑令”的政策推动下，可降解材料行业迎来更大的发展空间。万华化学积极布局 PBAT 和 PLA 上下游产业链，实现了全链路一体化自主、稳定供应。

基于可持续发展新价值观的思政教育、工程人才培养的要求，结合社会发展需求，北京工业大学设计开发了“含动态共价键的可自修复热固性材料的制备与表征”高分子科学实验，采用对苯二甲醛、二元聚醚胺和三元聚醚胺为原料，构建了席夫碱型的交联网络结构，制备了一种可自修复、可重塑的热固性材料。其三维网络结构不仅能够在室温下保持材料的性能，还可在一定刺激下进行拓扑结构重组，赋予材料自修复、可重塑、易回收等性质，符合社会可持续发展的需要。

在可持续能源方面，光伏、氢能、风能等崭露头角。为了缓解中国能源安全问题及生态环境问题，中国政府也在着力推进能源供给转型，举国实施新能源发展政策。同时随着新兴产业、新能源汽车产业的蓬勃发展，也将在未来对中国全社会用电量增长形成强有力的支撑与带动。按照目前的电力需求平均增速，“十四五”期末，我国用电缺口或将超过1亿千瓦，因此寻找清洁、廉价及可再生的能源替代传统化石燃料为当务之急。

（五）国内外研究进展比较

在材料交叉学科的发展上，国外与国内之间存在一定的差距。这主要体现在以下几个方面。

科研投入：一些发达国家在材料交叉学科的研究方面投入较多的资金和资源。这些国家注重科学研究的基础建设，提供了先进的实验设施和技术支持，为材料交叉学科的发展提供了有力的支持。相比之下，一些发展中国家的科研投入相对较少，导致在材料交叉学科的研究上存在一定的差距。

人才培养：一些国外的高等教育机构在材料交叉学科的人才培养方面具有较强的优势。它们提供多样化的课程设置和交叉学科的培养计划，培养出具备跨学科背景的材料科学人才。此外，这些国家还鼓励学生参与科研项目和实习经验，提供更多的机会和平台培养学生的创新能力。与之相比，国内一些高校和培养机制在跨学科人才培养方面还有待进一步完善。

学术交流与合作：国外的材料交叉学科研究机构和学者之间的交流与合作较为频繁。他们通过国际会议、研讨会和合作项目等方式，加强学术交流，促进合作研究。这有助于推动材料交叉学科的创新和发展。相比之下，国内的学术交流与合作相对较少，需要进一步加强与国际学术界的联系与合作。

尽管存在差距，但随着国内对材料交叉学科的重视和投入的增加，国内的材料交叉学科研究与发展也在不断加强。政府、高校和研究机构纷纷加大对材料交叉学科的支持力度，提供更多的资金和资源。同时，加强国际交流与合作，借鉴国外的经验和先进技术，也是弥补差距的一种途径。通过这些努力，国内的材料交叉学科与国外的差距将逐渐缩小，实现更好的发展。

三、存在的问题及面临的挑战

（一）学术建制、人才培养及基础研究平台

我国高校内部管理体制结构经过70余年的建设和发展已经形成了相对固定的划分：领导体制、行政体制和学术体制。领导体制和学术体制已基本定论。行政体制的架构形式对学科的交叉融合具有十分重要的影响。行政体制组织结构可简要分为校级行政机构和二级学院教学科研行政机构，如果行政组织结构功能失调将不利于学科的发展。

当前，我国高校普遍采用是分专业进行的教学体系，学校—学院—系—专业—班级

逐级架构的模式。为在材料专业知识的教学中，基本以教师向学生传授书面知识和笔试考试考核为主，学生在这种模式下所学习到的材料相关知识都是间接的，实际的动手探究和直接知识的获得不足，国家要求材料学科创新型人才的实践能力和直接知识需要占据其自身知识结构的大部分。传统的高校教育方式不利于培养材料专业创新型人才。就教育方式而言，开放的实践教育更有利于大学生发现问题，独立思考，通过对于具体材料的实践操作，找出解决问题的办法。高校在进行体系创新时应加强学科交叉，以材料学科为中心，并向联系紧密的其他相关学科延伸，增加具体的材料实践环节，培养大学生的辩证思维，提高其创新思维能力。加强学科交叉，深挖师资价值，可以有效促进教师在教学科研中的创新，学校需要打破原有的以专业师资进行环境封闭式教学为主的教学管理方式，允许学生跨专业、跨学科选择课程，利用好理工科的资源优势，形成以多学科专业教师组成的科学、合理、优质的多学科团队保障了高校多学科创新人才的培养。

2015 年国务院发布了《统筹推进世界一流大学和一流学科建设总体方案》，提出以学科为基础的基本原则，引导和支持高等学校优化学科结构，凝练学科发展方向，突出学科建设重点，创新学科组织模式。2018 年教育部、财政部、发改委发布了《关于高等学校加快“双一流”建设的指导意见》，要求学科建设要明确学术方向和回应社会需求，打破传统学科之间的壁垒，加强协同，形成“双一流”建设合力，打造具有中国特色、中国风格、中国气派的一流学科。2020 年交叉学科成为第 14 个学科门类，意味着学科交叉融合发展的时代正式到来。但是行政机构的划分仍停留在与学科精细划分相适应的模式中，这种模式已经不能完全适应目前学科交叉融合发展的大趋势。

学科交叉融合是当前科学技术发展的重大特征，是新学科产生的重要源泉，是培养全球可持续发展和中国特色社会主义新时代建设急需复合型创新人才的有效路径，是我国经济社会发展的内在需求。党中央、国务院高度重视交叉学科发展，习近平总书记多次指出：“厚实学科基础，培育新兴交叉学科生长点”“要下大气力组建交叉学科群”“鼓励具备条件的高校积极设置基础研究、交叉学科相关学科专业”“用好学科交叉融合的‘催化剂’”。为贯彻习近平总书记重要指示精神，落实立德树人的根本任务，国务院学位委员会印发了《交叉学科设置与管理办法（试行）》的通知。

（二）本学科存在的问题与挑战

材料科学与其他学科领域存在许多问题和挑战，以下是其中一些主要的问题和挑战。

复杂性和多尺度性：材料的复杂性和多尺度性是一个重要的挑战。材料结构和性能的理解涉及多个尺度，从原子、分子水平到宏观材料水平，需要开发跨尺度的建模和实验技术来解决这一挑战。

材料设计与优化：开发新材料并优化其性能是材料科学的核心目标之一。然而，材料的设计和优化过程往往是复杂且耗时的，需要综合考虑结构、组成、工艺和性能之间的相互作用。因此，开发高效的材料设计策略和计算方法是一个重要的挑战。

可持续性和环境影响：在面临全球气候变化和资源短缺的背景下，材料科学需要解决可持续性和环境影响的问题。这包括开发可再生材料、生物可降解材料，减少对有限资源的依赖，同时减少材料生产和利用过程对环境的负面影响。

新兴材料的集成和应用：新兴材料如二维材料、有机电子材料等具有许多独特的性质和潜在应用，但将其成功地集成到实际设备和应用中仍然面临许多技术挑战。这包括材料的合成、制备、加工和性能稳定性等方面的问题。

跨学科合作：材料科学的研究越来越需要跨学科合作、与其他领域的专家进行深入合作，这需要克服学科之间的语言障碍、知识交流和合作平台的建立，以实现跨学科的创新和突破。

高性能材料的可扩展性：许多高性能材料在实际应用中面临可扩展性的挑战。这些材料在小尺度或实验室规模上表现出色，但难以实现大规模生产和工业化应用。因此，我们需要开发可扩展的制备方法和工艺，以满足实际应用需求。

可靠性和持久性：材料的可靠性和持久性是许多应用的重要考虑因素。材料在长期使用、恶劣环境或极端条件下的性能稳定性和寿命预测是一个重要挑战。需要开发可靠的评估方法和可靠性设计策略，确保材料在实际应用中的可靠性和持久性。

这些问题和挑战需要跨学科的研究和合作来解决，涉及材料科学、物理学、化学、工程学等多个领域的专家和研究人员的共同努力。通过创新的思维、先进的技术和合作精神，可以推动材料科学的发展并应对当前和未来的挑战。

四、未来发展战略需求及方向

材料科学与其他学科的发展趋势是在不同学科之间建立更深入的合作和交流，以解决复杂的材料科学问题和推动创新。以下是材料科学与其他学科发展的发展趋势。

材料与计算科学：材料科学和计算科学之间的结合是一个重要的趋势。通过计算模拟、机器学习和数据驱动的方法，可以加速材料设计、优化和预测材料性能的过程。这种融合有助于发现新的材料候选者，并提供有关材料行为的深入理解。

材料与生命科学：材料科学与生命科学的交叉领域日益受到关注。生物医学材料、仿生材料和组织工程等领域的研究将材料科学与生物学、医学和工程学结合起来，以开发用于医疗、生物传感和生物制造等领域的材料。

材料与能源科学：能源是全球关注的重要领域，材料科学与能源科学的融合有助于开发高效的能源转换和储存材料。这包括太阳能电池、燃料电池、锂离子电池等能源材料的研究和开发，以满足清洁能源的需求。

材料与环境科学：环境保护和可持续发展是全球性的挑战，材料科学与环境科学的交叉有助于解决环境问题。开发环境友好型材料和技术，包括光催化材料、吸附材料和可降解材料，以净化水和空气，降低环境污染和资源消耗。

材料与纳米科学：纳米科学和纳米技术的发展为材料科学带来了新的机遇和挑战。材料在纳米尺度上的特殊性质和应用潜力受到广泛关注。材料科学与纳米科学的融合推动了纳米材料的合成、表征和应用研究。

材料与电子学：电子学领域对材料科学的需求不断增长。材料科学在电子器件、光电子器件、柔性电子等领域的应用得到广泛探索。新兴材料如二维材料、有机电子材料等在电子学中发挥重要作用。

跨学科合作：材料交叉学科的发展需要加强跨学科合作。材料科学研究人员需要与物理学、化学、生物学、工程学等领域的专家进行密切合作，推动创新，共同解决复杂的科学问题。

以上只是材料科学与其他学科的一部分发展趋势与展望，随着科学和技术的不断进步，我们可以期待更多创新和令人兴奋的发展成果。

参考文献

[1] 张路平. 新能源材料上市公司连续并购企业价值创造研究 [D]. 合肥：安徽财经大学，2022.

[2] 黄学杰，赵文武，邵志刚，等. 我国新型能源材料发展战略研究 [J]. 中国工程科学，2020，22（5）：60-67.

[3] Zhao J, Hou M, Wang Y, et al. Strategies for large-scale perovskite solar cells realization [J]. Organic Electronics, 2023, 122: 106892.

[4] Zhuang J, Wang J, Yan F. Review on Chemical Stability of Lead Halide Perovskite Solar Cells [J]. Nano-Micro Letters, 2023, 15 (1): 84.

[5] Thakur S, Kwon S-N, Mann D S, et al. Effects of heterofunctional alkali-metal formate doping on perovskite solar cell performance [J]. Journal of Materiomics, 2022, 8 (6): 1165-1171.

[6] Manjunath V, Bimli S, Shaikh P A, et al. Understanding the role of inorganic carrier transport layer material and interfaces in emerging perovskite solar cells [J]. Journal of Material Chemistry C, 2022, 10 (42): 15725-15780.

[7] Zhang T, He Q, Yu J, et al. Recent progress in improving strategies of inorganic electron transport layers for perovskite solar cells [J]. Nano Energy, 2022, 104: 107918.

[8] Park J, Kim J, Yun H-S, et al. Controlled growth of perovskite layers with volatile alkylammonium chlorides [J]. Nature, 2023, 616 (7958): 724-730.

[9] Xu X, Lin Z, Cai Q, et al. Defect management by a cesium fluoride-modified electron transport layer promotes perovskite solar cells [J]. Physical Chemistry Chemical Physics, 2022, 24 (37): 22562-22571.

[10] Martínez-Puente M A, Tirado J, Jaramillo F, et al. Unintentional Hydrogen Incorporation into the SnO_2 Electron Transport Layer by ALD and Its Effect on the Electronic Band Structure [J]. ACS Applied Energy Material, 2021, 4 (10): 10896-10908.

[11] Chen Q, Peng C, Du L, et al. Synergy of mesoporous SnO_2 and RbF modification for high-efficiency and stable perovskite solar cells [J]. Journal of Energy Chemistry, 2022, 66: 250-259.

[12] Li X, Zhang W, Guo X, et al. Constructing heterojunctions by surface sulfidation for efficient inverted perovskite solar cells [J]. Science, 2022, 375 (6579) : 434-437.

[13] Ma J, Feng X, Wu Y, et al. Stable sodium anodes for sodium metal batteries (SMBs) enabled by in-situ formed quasi solid-state polymer electrolyte [J]. Journal of Energy Chemistry, 2023, 77: 290-299.

[14] Kang D W, Park S S, Choi H J, et al. One-Dimensional Porous Li-Confinable Hosts for High-Rate and Stable Li-Metal Batteries [J]. ACS Nano, 2022, 16 (8) : 11892-11901.

[15] Zhu H, Teale S, Lintangpradipto M N, et al. Long-term operating stability in perovskite photovoltaics [J]. Nature Reviews Material, 2023.

[16] Chen X-Z, Luo Q, Ma C-Q. Inkjet-Printed Organic Solar Cells and Perovskite Solar Cells: Progress, Challenges, and Prospect [J]. Chinese Journal of Polymer Science, 2023, 41 (8) : 1169-1197.

[17] Zhang S, Ye F, Wang X, et al. Minimizing buried interfacial defects for efficient inverted perovskite solar cells [J]. Science, 2023, 380 (6643) : 404-409.

[18] Ali N, Shehzad N, Uddin S, et al. A review on perovskite material with solar cell prospective [J]. International Journal of Energy Research, 2021, 45 (14) : 19729-19745.

[19] 刘亮，胡高铨，韦昭，等. 细菌纳米纤维素 / 聚多巴胺复合管作为小口径人工血管的潜力 [J]. 中国组织工程研究，2022，26 (22)：3535-3542.

[20] Manabe K, Nara H. Construction of stable biological albumin/heparin multilayers for elastic coatings on hydrophobic antithrombogenic artificial blood vessels [J]. Tribology International, 2021, 156: 106843.

[21] Lv S, Wei W, Qiao Y. Study on the effect of magnetic needle grinding on the surface integrity and service performance of medical Mg-0.8Ca alloy [J]. Journal of Physics: Conference Series, 2023, 2469 (1) : 012021.

[22] Han L, Zhang Z, Dai J, et al. In vitro bio-corrosion behaviors of biodegradable AZ31B magnesium alloy under static stresses of different forms and magnitudes [J]. Journal of Magnesium and Alloys, 2023, 11 (3) : 1043-1056.

[23] Ullah A, Saadullah M, Alvi F, et al. Synergistic effect of silver doped ZnO_2 nanomaterials enhances the anticancer potential against A459 lung cancer cells [J]. Journal of King Saud University-Science, 2022, 34 (1) : 101724.

[24] Khalid A D, Ur-Rehman N, Tariq G H, et al. Functional bioinspired nanocomposites for anticancer activity with generation of reactive oxygen species [J]. Chemosphere, 2023, 310: 136885.

[25] Xing F, Nakaya Y, Yasumura S, et al. Ternary platinum-cobalt-indium nanoalloy on ceria as a highly efficient catalyst for the oxidative dehydrogenation of propane using CO_2 [J]. Nature Catalysis, 2022, 5 (1) : 55-65.

[26] 施思齐，徐积维，崔艳华，等. 多尺度材料计算方法 [J]. 科技导报，2015 (10)：22-32.

[27] Zhao X, Tian Y, Lun Z, et al. Design principles for zero-strain Li-ion cathodes [J]. Joule, 2022, 6 (7) : 1654-1671.

[28] Cooper A M, Kästener J, Urban A, et al. Efficient training of ANN potentials by including atomic forces via Taylor expansion and application to water and a transition-metal oxide [J]. npj Computational Material, 2020, 6 (1) : 54.

[29] Kapil V, Schran C, Zen A, et al. The first-principles phase diagram of monolayer nanoconfined water [J]. Nature, 2022, 609 (7927) : 512-516.

[30] Lu S, Zhou Q, Ouyang Y, et al. Accelerated discovery of stable lead-free hybrid organic-inorganic perovskites via machine learning [J]. Nature Communications, 2018, 9 (1) : 3405.

[31] Zong H, Pilania G, Ding X, et al. Developing an interatomic potential for martensitic phase transformations in zirconium by machine learning [J]. npj Computational Material, 2018, 4 (1) : 48.

[32] Rro Z, Tung P-Y, Xie R, et al. Machine learning-enabled high-entropy alloy discovery [J]. Science, 2022, 378 (6615) : 78-85.

[33] Freitas R, Reed E J. Uncovering the effects of interface-induced ordering of liquid on crystal growth using machine

learning [J]. Nature Communications, 2020, 11 (1): 3260.
[34] 张爱敏，王卓，刘艺琴，等. 贵金属材料基因工程数据库建设策略 [J]. 稀有金属，2023，47 (2)：281-291.
[35] Robert M O, Paula A P, Yuqing L, et al. Ambient-pressure lignin valorization to high-performance polymers by intensified reductive catalytic deconstruction [J]. Science Advances, 2022, 8 (3): 1-31.
[36] Wala A A, Paul E S, Zhe Y, et al. Plastic Waste Product Captures Carbon Dioxide in Nanometer Pores [J], ACS Nano, 2022, 16 (5): 7284-7290.
[37] Connor J S, Joshua C W, Hannah P, et al. Sugar-Based Polymers with Stereochemistry-Dependent Degradability and Mechanical Properties [J], J. Am. Chem. Soc. 2022, 144 (3): 1243-1250.
[38] Xin L, Zheng Y Z, Takehito Hiraki, et al. A solid-state electrolysis process for upcycling aluminium scrap [J]. Nature, 2022, 606: 511-515.
[39] Kimberly T D, Mark M S, Karthik N, et al. Continuous Partial Oxidation of Methane to Methanol Catalyzed by Diffusion-Paired Copper Dimers in Copper-Exchanged Zeolites [J], J. Am. Chem. Soc. 2019, 141 (29): 11641-11650.
[40] Dorna E, Ali Z, Rouhollah J, et al. Room temperature CO_2 reduction to solid carbon species on liquid metals featuring atomically thin ceria interfaces [J], Nature Communications, 2019, 10: 865.
[41] Feilong X, Yuki N, Shunsaku Y, et al. Ternary platinum-cobalt-indium nanoalloy on ceria as a highly efficient catalyst for the oxidative dehydrogenation of propane using CO_2 [J], Nature Catalysis volume, 2022, 5: 55-65.
[42] Bolin A, Yanyi W, Yuanyuan H, et al. Engineered Living Material For Sustainability. [J]. Chem. Rev, 2023, 123 (5): 2349-2419.
[43] Anyaporn B, Kanoktip B. Sustainable development of natural rubber and its environmentally friendly composites [J]. Current Opinion in Green and Sustainable Chemistry, 2021, 28: 100446.
[44] Tang Z, Liu R, Junsheng Chen, et al. Highly Efficient and Ultralong Afterglow Emission with Anti-Thermal Quenching from $CsCdCl_3$: Mn Perovskite Single Crystals [J]. Angewandte Chemie International Edition, 2022, 51: 61.
[45] 项锦文，俞书宏. 可持续材料的仿生设计合成与未来 [J]. 高科技与产业化，2021，27 (11)：32-35.
[46] 索尔维. 新材料解决方案助力更可持续发展 [J]. 现代化工，2023，43 (5)：242-243.
[47] 孙璐璐，万雨卓，高明星，等. 面向可持续发展的高分子科学教学实验设计：含席夫碱型动态共价键的可修复热固性材料的制备与表征 [J]. 高分子通报，2023，36 (4)：521-528.

ABSTRACTS

Comprehensive Report

Report on Advances in Material Science

This report provides an extensive analysis of the current state and future trends in the field of material science, emphasizing its foundational role in driving technological innovation, economic development, and national security. The report begins by discussing the present landscape of material science, highlighting how new material serve as the backbone of high-tech industries, emerging sectors, advanced manufacturing, and significant engineering projects. The discipline is increasingly interdisciplinary, with deep integration across fields such as physics, mechanics, chemistry, mathematics, artificial intelligence, and electronics.

The report examines global strategies in material science, focusing on how leading nations, including the United States, Japan, and the European Union, are prioritizing the development of material technology to secure critical technological advantages.

The report outlines the key trends in material science, such as the convergence of material technology with nanotechnology, biotechnology, and information technology, leading to advancements in integrated structural and functional material, and the emergence of smart material. The rapid pace of development in the field is driven by the need to explore new theoretical domains and apply innovative technologies and methods to frontier areas.

A detailed analysis of global scientific output in material science over the past decade is presented, revealing a significant increase in publications, particularly from China.

Furthermore, the report explores future development trends across various subfields of material science. These include:

1. **Metal Material:** Evolution towards integrated structural and functional material, with applications in sectors like aerospace, defense, and advanced manufacturing.

2. **Inorganic Non-Metallic Material:** Significant advancements in construction, electronics, and energy storage, with a focus on low-carbon and sustainable material.

3. **Polymer Material:** Emerging applications in 3D printing and self-healing technologies, driven by the need for lightweight, high-performance material in medical and manufacturing sectors.

4. **Composite Material:** Development of multi-functional, high-performance composites, crucial for aerospace, energy, and electronic industries.

5. **Biomedical Material:** Progress in material for medical applications, including tissue engineering, drug delivery systems, and diagnostic devices, reflecting the interdisciplinary nature of material science.

6. **Energy Material:** Innovations in material for energy storage, conversion, and efficiency, such as batteries, fuel cells, and solar cells, are critical to meeting global energy demands.

7. **Environmental Material:** Focus on material that address pollution control and environmental sustainability, including the development of cost-effective, high-performance material for large-scale environmental remediation.

8. **Electronic Information Material:** Exploration of new material to overcome the limitations of traditional silicon-based semiconductors, with applications in AI, telecommunications, and advanced computing.

9. **Nanomaterial:** Continued exploration of nanoscale material, with applications across various industries due to their unique physical and chemical properties.

10. **Material Genomics:** The adoption of material genomics to accelerate the discovery and application of new material, reducing research and development time and costs through high-throughput computational methods.

The report concludes by emphasizing the strategic importance of material science as a field that will continue to shape the future of technology and industry. As material science progresses, it will increasingly rely on interdisciplinary collaboration, advanced computational methods, and a focus on sustainability to meet the challenges of the 21st century.

Reports on Special Topics

Advances in Metallic Material

This report divides metallic material into ferrous metals, non-ferrous metals, and functional metal material. Ferrous metals, especially steel, are crucial to national economies and continue to evolve with technological advancements, particularly in energy, transportation, and aerospace. The steel industry remains foundational, producing essential products for various sectors.

Non-ferrous metals like aluminum, copper, and magnesium are highlighted for their growing importance and technological progress, which has expanded their applications in high-tech fields such as aerospace and electronics. China has developed a strong industrial system for non-ferrous metals, positioning itself as a global leader in production and innovation.

Functional metal material, known for their special properties, are crucial in communication, electronics, energy, and space technology. The chapter emphasizes the significance of rare earth elements in advanced technologies and addresses the challenges facing the industry, including resource depletion and environmental concerns.

In summary, the report highlights the ongoing importance of metallic material in supporting technological and economic growth, while also recognizing the challenges of sustainability and innovation within the industry.

Advances in Inorganic Non-Metallic Material

The report provides a comprehensive overview of inorganic non-metallic material, tracing their evolution from traditional silicate material to advanced ceramics and functional material. It categorizes these material into structural ceramics, functional ceramics, artificial crystals, special coatings, and transparent ceramics, each with specific applications and technological advancements. The report also discusses the current state of research in these areas, highlighting both domestic and international progress. Additionally, it addresses the challenges faced by the industry, such as reliance on imported technologies, and explores the future direction of research, particularly the integration of AI and intelligent systems in material design and development.

Advances in Organic Polymer Material

This report provides an overview of the development and applications of organic polymer material, emphasizing their significant potential in various fields and their role in driving innovation to meet societal needs. The report discusses the environmental concerns associated with the non-degradability of such material, leading to the development of biodegradable alternatives. It also explores various functional polymer material, including those with shape memory, ion exchange capabilities, high water absorption, liquid crystal properties, and thermal conductivity, highlighting their applications in areas such as 3D printing, self-healing material, and advanced manufacturing technologies. Additionally, the report examines current research progress, challenges, and future directions in the field of polymer material.

Advances in Composite Material

This report offers a comprehensive overview of the development, research advancements, and strategic significance of composite material, with a particular focus on metal matrix composites (MMCs) and ceramic matrix composites (CMCs). It traces the historical evolution of these material, highlighting their critical role in aerospace, defense, transportation, and electronics. The report examines the unique properties and applications of MMCs and CMCs, detailing their advantages over traditional material in terms of strength, durability, and multifunctionality. It also addresses the challenges faced in the production and application of these material, such as the need for improved design theories, manufacturing techniques, and standardization. Additionally, the report discusses recent research trends, including the exploration of nanomaterial and high-entropy material, and the integration of advanced manufacturing technologies like additive manufacturing. The strategic importance of developing high-performance, cost-effective composites is underscored, particularly in the context of national defense and technological innovation. Finally, the report outlines the future directions for research and development in this field, emphasizing the need for interdisciplinary collaboration and the continuous evolution of material science to meet the demands of modern engineering and industrial applications.

Advances in Nanomaterial

This report provides an overview of the development and significance of nanomaterial, emphasizing their unique properties and broad applications in fields such as energy, environment, and medicine. The report discusses the fundamental characteristics of nanomaterial, highlighting their nanoscale effects like surface effect, quantum size effect, and macroscopic quantum tunneling. It categorizes nanomaterial based on dimensions, covering zero-dimensional nanoparticles, one-dimensional nanowires, and two-dimensional nanosheets.

The report also addresses challenges such as the complexities of synthesis, safety concerns, and environmental impact, emphasizing the need for precise control in material production.

Future directions include interdisciplinary collaboration and the development of scalable, cost-effective production methods. The report underscores the strategic importance of nanomaterial in advancing innovation across multiple sectors and highlights the necessity for ongoing research to address challenges and harness the full potential of nanotechnology.

Advances in Energy Material

This report provides an overview of the field of energy material, highlighting its role in developing and optimizing material for energy production, conversion, storage, and utilization. It emphasizes the interdisciplinary nature of energy material science, which integrates principles from physics, chemistry, material science, and engineering to address critical challenges in energy efficiency and sustainability. The report discusses the wide applicability of energy material in various energy systems, including solar cells, fuel cells, batteries, and nuclear energy, focusing on enhancing performance, efficiency, and cost-effectiveness. It also explores recent research advancements, such as the development of novel material with improved energy storage capacities, and the integration of new technologies like solid-state batteries. Additionally, the report examines the challenges faced in the field, such as the need for more efficient material design and the impact of energy material on the environment, while also outlining future directions for research, including the exploration of new energy conversion material and the advancement of interdisciplinary collaboration to drive innovation in sustainable energy technologies.

Advances in Electronic Information Material

This report provides an overview of the significant advancements in Electronic Information Material over the past decades, emphasizing their crucial role in modern life and their reflection of a nation's technological prowess. It highlights the foundational role of microelectronic and optoelectronic material in the development of electronic information material, which are essential for the generation, transmission, storage, and display of information. The report also discusses the strategic importance of these material in supporting modern high-tech industries, such as telecommunications, computing, and industrial automation, and their impact on national economic development, technological progress, and defense capabilities. Furthermore, the report outlines the latest global research advancements, particularly in semiconductor material, which are seen as critical indicators of a nation's comprehensive strength. The report also addresses the challenges faced by the industry, including the need for continued innovation, the development of high-performance material, and the importance of international collaboration to enhance competitiveness. Finally, the report explores future directions for the development of advanced electronic material, with a focus on meeting the demands of emerging technologies such as 5G, artificial intelligence, and quantum computing, and highlights the need for strategic planning to ensure the sustainable growth of this vital industry.

Advances in Biomedical Material

This report provides an overview of the development and applications of biomedical material, highlighting their critical role in diagnostics, treatment, and the repair or replacement of human tissues and organs. Biomedical material, which include polymers, metals, ceramics, and composites, are essential in the medical industry, ranging from basic medical devices to advanced implants such as artificial organs, stents, and drug delivery systems. The report emphasizes the interdisciplinary nature of biomedical material science, which integrates advancements in material science, biology, and medicine, and explores their significant applications in tissue engineering, regenerative medicine, and disease diagnosis. It also discusses the rapid growth of this field driven by emerging technologies such as 3D printing and nanotechnology. Furthermore, the report outlines the challenges faced by the industry, including the need for innovation in high-value material, overcoming barriers to commercialization, and the importance of developing a robust domestic biomedical material industry. Future directions include the development of smart and responsive material, advanced drug delivery systems, and personalized biomedical devices, which are crucial for the continued advancement of healthcare and medical technologies.

Advances in Environmental Material

This report provides an overview of China's environmental material development, emphasizing their importance in addressing pollution and supporting sustainable growth. Environmental material, which are relatively new compared to other material sciences, are designed to improve the ecological environment and support public health and safety. The report highlights the interdisciplinary nature of this field, combining advances in material science, chemistry, and environmental engineering. It discusses the rapid development driven by the need for effective pollution control, resource recovery, and energy efficiency, particularly in the context of China's "dual carbon" goals. Key challenges include the need for scalable, green production methods, comprehensive performance evaluation in real-world conditions, and bridging the gap between research and industrial application. Future directions focus on developing high-performance, multifunctional material, integrating artificial intelligence for material design, and fostering closer collaboration between academia and industry to accelerate the commercialization and application of new technologies. These efforts are essential for achieving China's environmental and sustainability goals.

Advances in Material Surface Engineering

This report provides an overview of modern material surface engineering technology, highlighting its emergence as a key interdisciplinary field with broad applications in advanced manufacturing. Surface engineering techniques, including thermal spraying, vacuum coating, and laser surface modification, have become central to enhancing material properties, conserving resources, and reducing environmental impact. The report discusses the rapid advancements in these technologies, particularly in the aerospace, automotive, and biomedical sectors. Challenges include the need for further innovation in high-performance material, scaling up production processes, and integrating surface engineering into the initial design phase of components. Future directions focus on developing intelligent design methods, advancing high-end equipment, and establishing reliable evaluation systems to ensure the durability and functionality of engineered surfaces, which are crucial for meeting the demands of modern industry.

Advances in Material Failure and Protection

This report provides an overview of material failure mechanisms, emphasizing the complexities and importance of understanding these processes for engineering applications. The report highlights recent advancements in understanding these failure mechanisms, particularly in fields such as aerospace, marine engineering, and energy. Significant progress has been made in developing new material, improving analytical techniques, and utilizing computational simulations to predict and mitigate material failure. Challenges include the need for better predictive models, scalable production methods for high-performance material, and more comprehensive standards for evaluating material performance under real-world conditions. Future directions focus on integrating advanced technologies like artificial intelligence, enhancing interdisciplinary collaboration, and strengthening the alignment between research and industry needs to ensure the reliability and longevity of material in various applications.

Advances in Material Testing and Analysis Technology

This chapter provides an overview of material testing and analysis technologies, underscoring their critical role in the development of new material. It highlights the evolution of testing methods, from traditional experience-based approaches to modern, high-resolution techniques essential for characterizing advanced material. Recent advancements include techniques like 4D-STEM, which allow for detailed analysis of material structures at atomic and molecular levels. These technologies are crucial for understanding material properties and ensuring their performance in various applications. Challenges include improving predictive models and scaling up technologies for industrial use. Future directions emphasize the integration of new technologies, interdisciplinary collaboration, and aligning research with industry needs.

Advances in Additive Manufacturing

This report provides an overview of additive manufacturing (AM), emphasizing its significance as a transformative technology in modern manufacturing. AM is a process that builds up material layer by layer based on 3D CAD data, offering high design freedom, customizability, and the ability to create complex structures. It has broad applications in aerospace, biomedical, automotive, and energy sectors, driving innovation and sustainable development. AM is characterized by its interdisciplinary nature, integrating material science, mechanical engineering, computer science, and other fields to solve complex problems in material, design, and manufacturing processes. The evolution of AM has expanded from 3D printing to include higher dimensions like 4D, 5D, and even 6D printing, which involve the incorporation of time and intelligent responses to environmental stimuli. This development reflects the deepening and broadening of AM's conceptual framework. The chapter also traces the history of AM from its origins in the 1980s, through its expansion and innovation in material and processes, to its current state, which includes large-scale production and intelligent manufacturing. The future of AM involves the continued integration of advanced technologies, interdisciplinary collaboration, and the expansion of applications across various industries.

Advances in Material Synthesis and Processing

This report delves into the advancement of material science, focusing on material synthesis and processing, highlighting how composition, structure, properties, and service performance are closely linked to these processes. Material synthesis involves altering atomic and molecular arrangements to create new material, employing methods like high-temperature synthesis and chemical vapor deposition. The processing of material, including casting, plastic forming, welding, and heat treatment, plays a crucial role in determining their microstructure and overall performance. The report emphasizes the importance of integrating thermodynamics and kinetics in optimizing these processes to achieve high-performance material. The latest research trends include the application of AI and advanced techniques to enhance the efficiency and precision of material synthesis and processing, addressing key scientific challenges and paving the way for innovative material design and industrial applications.

Advances in Material Genome Engineering

This report examines the development of material genome engineering, which draws inspiration from biological gene engineering to understand the relationship between material structure and properties. It has evolved to encompass material databases, digital technologies, and high-throughput design and simulation, offering a revolutionary approach to material research and development. The integration of AI and high-throughput techniques accelerates the discovery and production of new material, driving the intelligent manufacturing of advanced material. The report also highlights the global push towards intelligent material research platforms, focusing on the U.S. and Europe, and China's advancements in high-throughput and AI-driven material innovation. Key challenges include enhancing core software, expanding data infrastructure, and developing autonomous experimental technologies to support cutting-edge material science and its applications in high-tech industries.

Advances in Interdisciplinary Material Science

This report discusses the interdisciplinary nature of material science, which integrates physics, chemistry, and engineering to study the structure, properties, production processes, and performance of material. It emphasizes the importance of interdisciplinary collaboration in advancing the field and highlights emerging areas like nanomaterial, biomedical material, and sustainable development. The report outlines recent global research trends, including the application of AI and high-throughput techniques in material design, the development of renewable and degradable material, and advancements in energy storage and conversion. It also compares domestic and international progress, noting challenges such as the need for better academic systems, talent development, and research platforms in China to keep pace with global advancements. The report concludes by discussing future strategic directions, including enhancing cross-disciplinary cooperation and focusing on sustainable material solutions.

索 引

N

Q

S

W

X

Y

Z